高等数学

（第二版）

主　编　沈世云　朱　伟
副主编　孙春涛　何承春
　　　　游晓黔　耿金玲
主　审　郑继明

重庆大学出版社

内容提要

本书是根据编者多年来的教学经验编写而成的.全书分为上下两册,本书为下册,主要内容包括向量代数与空间解析几何、多元函数微分法及其应用、重积分、曲线积分与曲面积分及无穷级数.本书力求结构严谨、逻辑清晰,注重知识点的引入方法.本书对传统的高等数学内容进行了适当的补充,利用二维码拓展较难的高等数学理论知识、MATLAB 图形描绘、简单数学模型等知识,训练学生的解题能力.本书叙述深入浅出,理论及计算方法讲述清楚;每节配置习题,每章附有总习题,题型多样,选题典型,难易层次分明,特别是本书配备的 MATLAB 画图的知识介绍,有利于学生更好地理解和掌握多元函数积分的相关计算,提升学生的解题能力.

本书可作为高等院校非数学类各专业学生的教材,也可作为教师的教学参考用书.

图书在版编目(CIP)数据

高等数学.下／沈世云,朱伟主编. -- 2 版.-- 重
庆：重庆大学出版社,2020.1(2021.3 重印)
新工科系列. 公共课教材
ISBN 978-7-5689-1434-5

Ⅰ.①高… Ⅱ.①沈… ②朱… Ⅲ.①高等数学—高
等学校—教材 Ⅳ.①O13

中国版本图书馆 CIP 数据核字(2019)第 297272 号

高等数学(第二版)
(下)

主 编 沈世云 朱 伟
副主编 孙春涛 何承春
　　　 游晓黔 耿金玲
主 审 郑继明
策划编辑:范 琪

责任编辑:范 琪　　版式设计:范 琪
责任校对:万清菊　　责任印制:张 策

*

重庆大学出版社出版发行
出版人:饶帮华
社址:重庆市沙坪坝区大学城西路 21 号
邮编:401331
电话:(023) 88617190　88617185(中小学)
传真:(023) 88617186　88617166
网址:http://www.cqup.com.cn
邮箱:fxk@ cqup.com.cn (营销中心)
全国新华书店经销
POD:重庆新生代彩印技术有限公司

*

开本:787mm×1092mm　1/16　印张:15.5　字数:390千
2020 年 1 月第 2 版　　2021 年 3 月第 3 次印刷
ISBN 978-7-5689-1434-5　定价:39.80 元

前　言

　　本书是在习近平新时代中国特色社会主义思想指导下，落实"新工科"建设的新要求，在教育大众化和"互联网＋"的新形势下，集编者多年教学经验编写而成的．编写本书遵循的原则是：在教学内容的深度和广度上与信息类各专业高等数学课程要求一致，并与现行工科院校"高等数学课程教学基本要求"相适应，满足当前教与学的需要，渗透现代数学思想，加强应用能力培养．

　　本书编写过程中，我们尽可能遵循以下原则：

　　1. 在理论体系、知识系统与本书的上册能很好地衔接．

　　2. 以实际问题为引例，注重重积分、曲线积分、曲面积分概念的实际背景介绍，系统讲解空间解析、多元函数微积分和无穷级数等基本概念、理论和方法及应用．

　　3. 继承和保持经典高等数学类教材的优点，适当降低对解题训练方面的要求，注重对多元函数积分的计算知识和无穷级数理论的应用能力的培养，加强数学思想方法的训练．

　　4. 加强课程理论与工科专业的融合，在本书中适当加入与通信、计算机、自动化等专业相关的例题，注重学生应用知识分析和解决实际问题的能力以及构建数学建模的能力．

　　5. 加强数学文化的熏陶，利用二维码介绍数学史和数学家等，力争打造满足新时代要求的大学数学新型教材．

　　6. 本书注重例题和习题的多样性和层次性．习题按节配置，遵循循序渐进的原则；每章配备有总习题，其中包括一些考研题目．

　　本书由沈世云、朱伟主编．编写组耿金玲、何承春、游晓黔、孙春涛、沈世云等分别编写了第 8 章至第 12 章，刘显全提供附图及 MATLAB 绘图方法．全书由沈世云、朱伟统稿定稿，由郑继明主审．本书的编写得到了重庆邮电大学理学院领导和同行的支持和帮助．

　　本书在编写过程中，参考了较多的国内外教材，在此表示感谢．

　　由于编者水平有限，本书难免有不足和疏漏之处，恳请同行和读者批评指正．

编　者

2018 年 10 月

目录

第 **8** 章
向量代数与空间解析几何

自然界中的很多量既有大小,又有方向,对它们进行抽象、研究和发展,就得到了数学中的向量. 向量在自然科学与工程技术中有着广泛的应用,是一种重要的数学工具.

在平面解析几何中,通过坐标法把平面上的点与一对有顺序的数对应起来,把平面上的图形和方程对应起来,从而可用向量代数的方法来研究几何问题. 为学习多元函数微积分,必须先了解空间解析几何的知识. 与平面解析几何知识体系类似,空间解析几何也是用向量代数方法研究空间中的几何问题. 空间解析几何是多元函数微积分的重要基础.

本章先引进向量的概念,根据向量的线性运算建立空间直角坐标系,然后利用坐标讨论向量的运算,并介绍空间解析几何的有关内容,包括空间曲面与平面、空间曲线与直线.

8.1 向量及其线性运算

8.1.1 向量的概念

客观世界中,人们熟知的位移、速度、力、力矩等物理量不仅有大小,而且有方向. 这类既有大小又有方向的量,称为**向量**. 不论向量的具体特性如何,在数学上都可用一条有方向的线段(称为有向线段)来表示. 有向线段的长度表示向量的大小,有向线段的方向表示向量的方向.

(1)向量的表示

以 A 为起点、B 为终点的有向线段所表示的向量,记作 $\overrightarrow{AB}$,如图 8.1 所示. 向量常用小写黑体字母(书写时,在字母上加一箭头)来表示,如 a,b,α,β 或 $\vec{a},\vec{b},\vec{\alpha},\vec{\beta}$.

在实际问题中,有些向量与起点无关,有些向量与起点有关. 由于一切向

图 8.1

量的共性是它们都有大小和方向，因此，在数学上只研究与起点无关的向量，并称这种向量为**自由向量**，以下简称**向量**. 如果向量 *a* 与 *b* 的大小相等，且方向相同，则称向量 *a* 和 *b* 是**相等**的，记为 *a* = *b*. 也就是，相等的向量经过平移后可以完全重合.

（2）向量的模

向量的大小称为向量的模. 向量 *a*，$\overrightarrow{AB}$ 的模分别记为 $|\boldsymbol{a}|$，$|\overrightarrow{AB}|$. 模等于 1 的向量称为**单位向量**，一般记作 *e*. 模等于 0 的向量称为**零向量**，记作 **0** 或 $\vec{0}$. 零向量的起点与终点重合，它的方向可看成任意的.

（3）向量的夹角

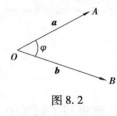

图 8.2

设有两个非零向量 *a* 与 *b*，任取空间一点 *O*，作 $\overrightarrow{OA} = \boldsymbol{a}$，$\overrightarrow{OB} = \boldsymbol{b}$，规定不超过 π 的角 ∠*AOB*（设 $\varphi = \angle AOB$，$0 \leqslant \varphi \leqslant \pi$）称为向量 *a* 与 *b* 的**夹角**，记作 $(\widehat{\boldsymbol{a},\boldsymbol{b}})$，即 $\varphi = (\widehat{\boldsymbol{a},\boldsymbol{b}})$，如图 8.2 所示. 若向量 *a* 与 *b* 中有一个是零向量，由于零向量的方向是任意的，因此，规定 *a* 与 *b* 的夹角可取 0 到 π 之间的任意值.

如果 $\varphi = (\widehat{\boldsymbol{a},\boldsymbol{b}}) = 0$（或 π），就称向量 *a* 与 *b* **平行**，记为 *a*∥*b*，即如果两个向量的方向相同或相反，就称这两个向量平行. 如果 $\varphi = (\widehat{\boldsymbol{a},\boldsymbol{b}}) = \dfrac{\pi}{2}$，就称向量 *a* 与 *b* **垂直**，记作 *a*⊥*b*. 可认为零向量与任何向量都平行，也可认为零向量与任何向量都垂直.

注 当两个平行向量的起点放在同一点时，它们的终点和公共的起点在一条直线上. 因此，两向量平行又称两向量**共线**. 类似还有共面的概念. 设有 $k(k \geqslant 3)$ 个向量，当把它们的起点放在同一点时，如果公共起点和其终点在一个平面上，就称这 k 个向量**共面**.

8.1.2　向量的线性运算

（1）向量的加法

在力学中，作用于一质点的两个力的合力是依"平行四边形法则"确定的，数学中向量的加法即依此法则而定.

设已知两个向量 *a* 与 *b*，任取一点 *O* 作为起点，作 $\overrightarrow{OA} = \boldsymbol{a}$，$\overrightarrow{OB} = \boldsymbol{b}$，再以 *OA*，*OB* 为边作平行四边形 *OACB*，则对角线的向量 $\overrightarrow{OC} = \boldsymbol{c}$ 称为向量 *a* 与 *b* 的和，记作 *c* = *a* + *b*，如图 8.3 所示. 这种规定两个向量之和的方法，称为**向量加法的平行四边形法则**.

注意图 8.3 中 $\overrightarrow{OB} = \overrightarrow{AC}$，所以上述向量的加法也可有以下描述：平移向量 *b*，使得 *b* 的起点与 *a* 的终点重合，此时，从 *a* 的起点到 *b* 的终点的向量称为向量 *a* 与 *b* 和，记作 *a* + *b*，即 *c* = *a* + *b*，如图 8.4 所示. 这种做法称为**向量加法的三角形法则**.

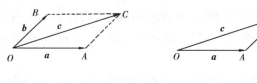

图 8.3　　　　　　　　图 8.4

由向量的加法运算规则很容易推知,向量的加法符合下列运算规律:

①**交换律**

$$a + b = b + a \qquad (8.1)$$

②**结合律**

$$a + b + c = (a + b) + c = a + (b + c) \qquad (8.2)$$

读者可以自己证明.

注　因向量的加法符合交换律与结合律,故可把向量的加法推广到 n 个向量. n 个向量 $a_1, a_2, \cdots, a_n (n \geqslant 3)$ 相加可写为

$$a_1 + a_2 + \cdots + a_n$$

并按向量相加的三角形法则,可得 n 个向量相加的法则如下:使前一向量的终点始终作为后一向量的起点,相继作向量 $a_1, a_2, \cdots, a_n$,再以第一个向量的起点作为起点,最后一个向量的终点作为终点连接起来作一向量,这个向量即为所求的和.

(2) 向量的减法

设 a 为一向量,与 a 的模相同而方向相反的向量,称为 a 的**负向量**,记为 $-a$,显然有 $a + (-a) = 0$. 由此规定两个向量 a 与 b 的**差** $a - b$ 为 a 与 $-b$ 的和,即 $a - b = a + (-b)$. 对应的法则如图 8.5(a)所示,$c = a - b$.

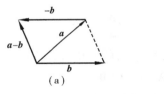

图 8.5

因此,若把向量 a, b 移到同一起点 O,则从 b 的终点 B 向 a 的终点 A 所引向量 $\overrightarrow{BA}$,便是向量 a 与 b 的差 $a - b$,如图 8.5(b)所示.

由三角形两边之和大于第三边,有不等式

$$|a + b| \leqslant |a| + |b|, \quad |a - b| \leqslant |a| + |b| \qquad (8.3)$$

成立. 其中,等号在 $a /\!/ b$ 时成立.

(3) 向量与数的乘法

定义 8.1　设 λ 是一个数,向量 a 与 λ 的乘积仍为一个向量,记为 λa,规定:

①当 $\lambda > 0$ 时,λa 与 a 同向,$|\lambda a| = \lambda |a|$;

②当 $\lambda = 0$ 时,$\lambda a = 0$;

③当 $\lambda < 0$ 时,λa 与 a 反向,$|\lambda a| = |\lambda| \cdot |a|$.

按上述运算规定,不难证明数与向量的乘积具有下列运算规律:

①结合律:

$$\lambda(\mu a) = \mu(\lambda a) = (\lambda \mu) a \qquad (8.4)$$

②分配律:

$$(\lambda + \mu) a = \lambda a + \mu a, \lambda(a + b) = \lambda a + \lambda b \qquad (8.5)$$

向量的加减法及数乘运算,统称为**向量的线性运算**.

当 $\lambda \neq 0$ 时,规定 $\dfrac{a}{\lambda} = \dfrac{1}{\lambda}a$. 于是当 $a \neq 0$ 时,向量 $\dfrac{a}{|a|}$ 就是与 a 同方向的单位向量,记为 e_a,即

$$e_a = \frac{a}{|a|} \tag{8.6}$$

这就是向量的**单位化**. 式(8.6)表明,**一个非零向量除以它的模的结果是一个与原向量同方向的单位向量**.

例 1 化简 $a - b + 5\left(-\dfrac{1}{2}b + \dfrac{b - 3a}{5}\right)$.

解 $a - b + 5\left(-\dfrac{1}{2}b + \dfrac{b - 3a}{5}\right) = (1 - 3)a + \left(-1 - \dfrac{5}{2} + \dfrac{1}{5} \cdot 5\right)b = -2a - \dfrac{5}{2}b$

数与向量的乘积可用来刻画两个向量之间的平行关系.

定理 8.1 非零向量 a,则 $b /\!/ a$ 的充分必要条件是:存在唯一的实数 λ,使得 $b = \lambda a$.

证 条件的充分性是显然的,下面证明条件的必要性.

当 $b /\!/ a$ 时,取 $|\lambda| = \dfrac{|b|}{|a|}$,并且规定 b 与 a 同向时 λ 取正值,而 b 与 a 反向时 λ 取负值,则有 $b = \lambda a$. 这是因为此时 b 与 λa 同向,且

$$|\lambda a| = |\lambda| \cdot |a| = \frac{|b|}{|a|} \cdot |a| = |b|$$

再证明数 λ 的唯一性. 设 $b = \lambda a$,又设 $b = \mu a$,两式相减,便得

$$(\lambda - \mu)a = 0$$

即 $|\lambda - \mu| \cdot |a| = 0$. 因 $a \neq 0$,故 $|a| \neq 0$,即 $|\lambda - \mu| = 0$,所以 $\lambda = \mu$.

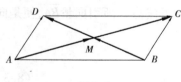

图 8.6

例 2 试用向量方法证明:对角线互相平分的四边形必是平行四边形(见图 8.6).

证 因为 $\overrightarrow{AM} = \overrightarrow{MC}$,$\overrightarrow{BM} = \overrightarrow{MD}$,所以

$$\overrightarrow{AD} = \overrightarrow{AM} + \overrightarrow{MD} = \overrightarrow{MC} + \overrightarrow{BM} = \overrightarrow{BC}$$

由定理 8.1 可知,$\overrightarrow{AD}$ 与 $\overrightarrow{BC}$ 平行且相等,故结论得证.

定理 8.1 是建立数轴的理论基础. 至此可知,给定一个点及一个单位向量就确定了一条数轴. 设点 O 及单位向量 i 确定了数轴 Ox,轴上的任一点 P,对应一个向量 $\overrightarrow{OP}$,由于 $\overrightarrow{OP} /\!/ i$,根据定理 8.1,必有唯一的实数 x,使 $\overrightarrow{OP} = xi$(实数 x 称为**轴上有向线段 $\overrightarrow{OP}$ 的值**),并且 $\overrightarrow{OP}$ 与实数 x 是一一对应. 因此,有对应关系

$$\text{点 } P \leftrightarrow \text{向量 } \overrightarrow{OP} = xi \leftrightarrow \text{实数 } x$$

从而轴上的点 P 与实数 x 有一一对应的关系(见图 8.7). 据此,定义实数 x 为轴上点 P 的坐标. 由上述对应关系可知,轴上点 P 的坐标为 x 的充分必要条件是 $\overrightarrow{OP} = xi$.

图 8.7

8.1.3 空间直角坐标系

在空间内取定一点 O 并作 3 条相互垂直的数轴 Ox，Oy，Oz（通常这 3 条数轴的长度单位相同），它们构成一个**空间直角坐标系**，称为 $Oxyz$ **坐标系**. 点 O 称为**坐标原点**，Ox，Oy，Oz 分别称为 x 轴（横轴）、y 轴（纵轴）、z 轴（竖轴），统称为**坐标轴**. 一般地，取从后向前，从左向右，从下向上的方向作为 x 轴、y 轴、z 轴的正方向（见图 8.8）. 3 个坐标轴的正方向符合**右手系**. 即以右手握住 z 轴，当右手的 4 个手指从 x 轴的正向以 $\dfrac{\pi}{2}$ 角度转向 y 轴的正向时，大拇指的指向就是 z 轴的正向.

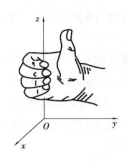

图 8.8　空间直角坐标系

由两个坐标轴所确定的平面，称为**坐标平面**，简称**坐标面**. x 轴、y 轴、z 轴可确定 xOy，yOz，zOx 3 个坐标面. 这 3 个坐标面可把空间分成 8 个部分，每个部分称为一个**卦限**. 含有 3 个正半轴的卦限称为第一卦限，它位于 xOy 面的上方. 在 xOy 面的上方，按逆时针方向还排列着第二卦限、第三卦限和第四卦限. 在 xOy 面的下方，与第一卦限对应的是第五卦限，按逆时针方向还排列着第六卦限、第七卦限和第八卦限. 8 个卦限分别用字母 Ⅰ，Ⅱ，Ⅲ，Ⅳ，Ⅴ，Ⅵ，Ⅶ，Ⅷ 表示（见图 8.9）.

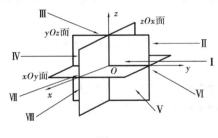

图 8.9

空间解析几何的诞生

设 i,j,k 分别表示与 x 轴、y 轴、z 轴正向方向相同的单位向量. 任给向量 r，对应有点 M，使 $r = \overrightarrow{OM}$. 以 OM 为对角线、3 条坐标轴为棱作长方体 $RCMB - OPAQ$（见图 8.10），有

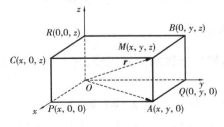

图 8.10

$$r = \overrightarrow{OM} = \overrightarrow{OA} + \overrightarrow{AM}$$
$$= (\overrightarrow{OP} + \overrightarrow{PA}) + \overrightarrow{AM}$$
$$= \overrightarrow{OP} + \overrightarrow{OQ} + \overrightarrow{OR}$$

设 $\overrightarrow{OP} = x\boldsymbol{i}$，$\overrightarrow{OQ} = y\boldsymbol{j}$，$\overrightarrow{OR} = z\boldsymbol{k}$，则

$$r = \overrightarrow{OM} = x\boldsymbol{i} + y\boldsymbol{j} + z\boldsymbol{k}$$

上式称为**向量 r 的坐标分解式**，$x\boldsymbol{i}, y\boldsymbol{j}, z\boldsymbol{k}$ 称为向量 r 沿 3 个坐标轴方向的**分向量**. 由上式可知，向量 r 与 3 个有序数 x, y, z 之间有一一对应的关系

$$r \leftrightarrow \overrightarrow{OM} = x\boldsymbol{i} + y\boldsymbol{j} + z\boldsymbol{k} \leftrightarrow (x, y, z)$$

有序数组 (x, y, z) 称为向量 r 的坐标表示，记为 $r = (x, y, z)$. 有序数组 (x, y, z) 也称**点 M 的坐标**，记为 $M(x, y, z)$. 3 个有序数 x, y, z 分别称为**点 M 的横坐标、纵坐标、竖坐标**.

向量 $r = \overrightarrow{OM}$ 称为点 M 关于原点 O 的向径. 上述定义表明，一个点与该点的向径有相同的坐标. 记号 (x, y, z) 既可表示点 M，又可表示向量 $\overrightarrow{OM}$，具体要从上下文认清它究竟表示点还是向量.

坐标面上和坐标轴上的点，其坐标各有一定的特征. 在 yOz 面上点的横坐标为 0；在 zOx 面上点的纵坐标为 0；在 xOy 面上点的竖坐标为 0. 在 x 轴上的点，只有横坐标不为 0；在 y 轴上的点，只有纵坐标不为 0；在 z 轴上的点，只有竖坐标不为 0.

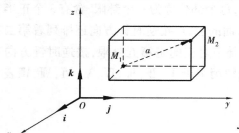

图 8.11

设 $\boldsymbol{a}$ 是以 $M_1(x_1, y_1, z_1)$ 为起点、$M_2(x_2, y_2, z_2)$ 为终点的向量，过 M_1, M_2 各作垂直于 3 个坐标轴的平面，这 6 个平面围成一个以线段 M_1M_2 为对角线的长方体（见图 8.11）.

设 $\overrightarrow{M_1M_2} = \boldsymbol{a}$，它在 3 个坐标轴上的分向量：$a_x\boldsymbol{i}, a_y\boldsymbol{j}, a_z\boldsymbol{k}$，即

$$\boldsymbol{a} = \overrightarrow{M_1M_2} = a_x\boldsymbol{i} + a_y\boldsymbol{j} + a_z\boldsymbol{k}$$

因为

$$\overrightarrow{M_1M_2} = \overrightarrow{OM_2} - \overrightarrow{OM_1} = (x_2\boldsymbol{i} + y_2\boldsymbol{j} + z_2\boldsymbol{k}) - (x_1\boldsymbol{i} + y_1\boldsymbol{j} + z_1\boldsymbol{k})$$
$$= (x_2 - x_1)\boldsymbol{i} + (y_2 - y_1)\boldsymbol{j} + (z_2 - z_1)\boldsymbol{k}$$

所以

$$a_x = x_2 - x_1, a_y = y_2 - y_1, a_z = z_2 - z_1$$

由此得到以 $\boldsymbol{a}$ 的起点坐标和终点坐标表示的坐标表达式

$$\boldsymbol{a} = (x_2 - x_1, y_2 - y_1, z_2 - z_1) \tag{8.7}$$

8.1.4 向量的线性运算的坐标表示

利用向量的坐标和向量线性运算的运算规律，可得向量的加法、减法以及向量与数的乘法的运算如下：

设 $\boldsymbol{a} = (a_x, a_y, a_z), \boldsymbol{b} = (b_x, b_y, b_z)$，且 λ 为实数，因

$$\boldsymbol{a} = a_x\boldsymbol{i} + a_y\boldsymbol{j} + a_z\boldsymbol{k}; \boldsymbol{b} = b_x\boldsymbol{i} + b_y\boldsymbol{j} + b_z\boldsymbol{k}$$

故有

$$\boldsymbol{a} + \boldsymbol{b} = (a_x + b_x)\boldsymbol{i} + (a_y + b_y)\boldsymbol{j} + (a_z + b_z)\boldsymbol{k} = (a_x + b_x, a_y + b_y, a_z + b_z) \tag{8.8}$$

$$\boldsymbol{a} - \boldsymbol{b} = (a_x - b_x)\boldsymbol{i} + (a_y - b_y)\boldsymbol{j} + (a_z - b_z)\boldsymbol{k} = (a_x - b_x, a_y - b_y, a_z - b_z) \tag{8.9}$$

$$\lambda\boldsymbol{a} = (\lambda a_x)\boldsymbol{i} + (\lambda a_y)\boldsymbol{j} + (\lambda a_z)\boldsymbol{k} = (\lambda a_x, \lambda a_y, \lambda a_z) \tag{8.10}$$

由此可见，向量的加、减及数乘，只需对向量的各个坐标进行相应的数量运算即可.

例 3　已知 $a = (2,1,2)$，$b = (-1,1,-2)$ 和线性方程组 $\begin{cases} 5x - 3y = a \\ 3x - 2y = b \end{cases}$，求未知向量 x,y。

解　如同解二元一次线性方程组，可得 $\begin{cases} x = 2a - 3b \\ y = 3a - 5b \end{cases}$，于是

$$x = 2(2,1,2) - 3(-1,1,-2) = (7,-1,10)$$
$$y = 3(2,1,2) - 5(-1,1,-2) = (11,-2,16)$$

例 4　设 $A(x_1,y_1,z_1)$ 和 $B(x_2,y_2,z_2)$ 为两已知点，而在 AB 直线上的点 M 将有向线段 $\overrightarrow{AB}$ 分为两部分 $\overrightarrow{AM}$，$\overrightarrow{MB}$（见图 8.12），使它们的模的比等于某数 $\lambda(\lambda \neq -1)$，即 $\overrightarrow{AM} = \lambda\overrightarrow{MB}$，求分点 M 的坐标。

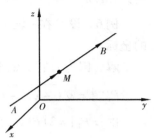

图 8.12

解　设 $M(x,y,z)$ 为直线上的点，则

$$\overrightarrow{AM} = (x-x_1,y-y_1,z-z_1), \quad \overrightarrow{MB} = (x_2-x,y_2-y,z_2-z)$$

由题意可知，$\overrightarrow{AM} = \lambda\overrightarrow{MB}$，所以有

$$(x-x_1,y-y_1,z-z_1) = \lambda(x_2-x,y_2-y,z_2-z)$$

从而有

$$x - x_1 = \lambda(x_2 - x), \quad y - y_1 = \lambda(y_2 - y), \quad z - z_1 = \lambda(z_2 - z)$$

所以

$$x = \frac{x_1 + \lambda x_2}{1 + \lambda}, \quad y = \frac{y_1 + \lambda y_2}{1 + \lambda}, \quad z = \frac{z_1 + \lambda z_2}{1 + \lambda}$$

本例中的点 M 称为有向线段 $\overrightarrow{AB}$ 的定比分点，也称 λ 分点。当 M 为中点时，则

$$x = \frac{x_1 + x_2}{2}, \quad y = \frac{y_1 + y_2}{2}, \quad z = \frac{z_1 + z_2}{2}$$

8.1.5　向量的模、方向角、投影

(1) 向量的模与两点间的距离公式

在空间取定一点 $M(x,y,z)$，则 $r = \overrightarrow{OM} = xi + yj + zk = (x,y,z)$，如图 8.10 所示。由勾股定理很容易推得

$$|r| = |\overrightarrow{OM}| = \sqrt{x^2 + y^2 + z^2}$$

一般地，如果 $a = (a_x, a_y, a_z)$，则

$$|a| = \sqrt{a_x^2 + a_y^2 + a_z^2} \tag{8.11}$$

设 $M_1(x_1,y_1,z_1)$，$M_2(x_2,y_2,z_2)$ 为空间中任意两点，则点 M_1 和点 M_2 的距离 $|M_1M_2|$ 就是向量 $\overrightarrow{M_1M_2}$ 的模 $|\overrightarrow{M_1M_2}|$。因为

$$\overrightarrow{M_1M_2} = (x_2-x_1,y_2-y_1,z_2-z_1)$$

所以点 M_1 和点 M_2 的距离为

$$|M_1M_2| = \sqrt{(x_2-x_1)^2 + (y_2-y_1)^2 + (z_2-z_1)^2} \tag{8.12}$$

这就是空间中两点之间的距离公式。

例5 证明以 3 点 $M_1(4,3,1)$，$M_2(7,1,2)$，$M_3(5,2,3)$ 为顶点的三角形是等腰三角形.

证 因为

$$|M_1M_2|^2 = (7-4)^2 + (1-3)^2 + (2-1)^2 = 14$$

$$|M_2M_3|^2 = (5-7)^2 + (2-1)^2 + (3-2)^2 = 6$$

$$|M_3M_1|^2 = (4-5)^2 + (3-2)^2 + (1-3)^2 = 6$$

所以 $|M_2M_3| = |M_3M_1|$，即 $\triangle M_1M_2M_3$ 是一个等腰三角形.

例6 设 P 在 x 轴上，它到 $P_1(0,\sqrt{2},3)$ 的距离为到点 $P_2(0,1,-1)$ 的距离的 2 倍，求点 P 的坐标.

解 因为 P 在 x 轴上，可设 P 点坐标为 $(x,0,0)$，则

$$|PP_1| = \sqrt{(-x)^2 + (\sqrt{2})^2 + 3^2} = \sqrt{x^2+11}, \quad |PP_2| = \sqrt{(-x)^2 + 1^2 + (-1)^2} = \sqrt{x^2+2}$$

由 $|PP_1| = 2|PP_2|$，得 $\sqrt{x^2+11} = 2\sqrt{x^2+2}$，解得 $x = \pm 1$，故所求点为 $(1,0,0)$，$(-1,0,0)$.

（2）向量的方向角与方向余弦

非零向量 r 与三条坐标轴的正向的夹角 α,β,γ 称为 r 的**方向角**，向量的方向角 α,β,γ 的余弦称为向量 r 的**方向余弦**（见图 8.13）.

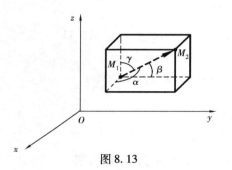

图 8.13

设 $a = \overrightarrow{M_1M_2} = a_x i + a_y j + a_z k = (a_x, a_y, a_z) \neq \mathbf{0}$（如图 8.13），则有

$$a_x = |a|\cos\alpha, \quad a_y = |a|\cos\beta, \quad a_z = |a|\cos\gamma$$

于是，向量 a 的方向余弦的坐标表示式

$$\cos\alpha = \frac{a_x}{\sqrt{a_x^2 + a_y^2 + a_z^2}}, \quad \cos\beta = \frac{a_y}{\sqrt{a_x^2 + a_y^2 + a_z^2}}, \quad \cos\gamma = \frac{a_z}{\sqrt{a_x^2 + a_y^2 + a_z^2}} \tag{8.13}$$

因为方向余弦满足

$$\cos^2\alpha + \cos^2\beta + \cos^2\gamma = 1 \tag{8.14}$$

所以 $(\cos\alpha, \cos\beta, \cos\gamma) = \dfrac{a}{|a|}$ 是与 a 同方向的单位向量.

例7 已知两点 $A(4,0,5)$ 和 $B(7,1,3)$，求与 $\overrightarrow{AB}$ 方向相同的单位向量 e.

解 因为 $\overrightarrow{AB} = (7-4, 1-0, 3-5) = (3,1,-2)$，$|\overrightarrow{AB}| = \sqrt{3^2 + 1^2 + (-2)^2} = \sqrt{14}$，所以

$$e = \frac{\overrightarrow{AB}}{|\overrightarrow{AB}|} = \frac{1}{\sqrt{14}}(3,1,-2)$$

例8 设有向量 $\overrightarrow{P_1P_2}$，它与 x 轴和 y 轴的夹角分别为 $\dfrac{\pi}{3}$ 和 $\dfrac{\pi}{4}$，且 $|\overrightarrow{P_1P_2}| = 2$，如果 P_1 的坐标为 $(1,0,3)$，求 P_2 的坐标.

解 设向量 $\overrightarrow{P_1P_2}$ 的方向角为 α,β,γ，则 $\alpha = \dfrac{\pi}{3}$，$\beta = \dfrac{\pi}{4}$. 因为

$$\cos^2\alpha + \cos^2\beta + \cos^2\gamma = 1$$

所以 $\cos\gamma = \pm\dfrac{1}{2}$，故 $\gamma = \dfrac{\pi}{3}$ 或 $\gamma = \dfrac{2\pi}{3}$.

设 P_2 的坐标为 (x,y,z)，则 $\overrightarrow{P_1P_2} = (x-1,y,z-3)$，并且

$$\cos\alpha = \frac{x-1}{|\overrightarrow{P_1P_2}|}, \cos\beta = \frac{y}{|\overrightarrow{P_1P_2}|}, \cos\gamma = \frac{z-3}{|\overrightarrow{P_1P_2}|}$$

故有 $\dfrac{x-1}{2} = \dfrac{1}{2}, \dfrac{y}{2} = \dfrac{\sqrt{2}}{2}, \dfrac{z-3}{2} = \pm\dfrac{1}{2}$，解得

$$x = 2, y = \sqrt{2}, z = 4 \ \text{或} \ z = 2$$

因此，P_2 的坐标为 $(2,\sqrt{2},4)$ 或 $(2,\sqrt{2},2)$.

(3) 向量在轴上的投影

设点 O 及单位向量 e 确定 u 轴. 任给向量 r，作 $\overrightarrow{OM} = r$，再过点 M 作与 u 轴垂直的平面交 u 轴于点 M'（点 M' 称为**点 M 在 u 轴上的投影**），则向量 $\overrightarrow{OM'}$ 称为向量 r 在 u 轴上的**分向量**（见图 8.14）. 设 $\overrightarrow{OM'} = \lambda e$，则数 λ 称为**向量 r 在 u 轴上的投影**，记作 $\mathrm{Prj}_u r$ 或 $(r)_u$.

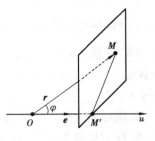

图 8.14

按此定义，在直角坐标系 $Oxyz$ 中，$a = (a_x, a_y, a_z)$，因 $a = a_x i + a_y j + a_z k$，故有

$$a_x = \mathrm{Prj}_x a, a_y = \mathrm{Prj}_y a, a_z = \mathrm{Prj}_z a \tag{8.15}$$

即 a_x, a_y, a_z 为向量 a 分别在 x 轴、y 轴、z 轴上的投影.

可以推知，向量的投影具有与向量的坐标相同的性质：

性质 1　$\mathrm{Prj}_u a = |a|\cos\varphi$，其中，$\varphi$ 是向量 a 与 u 轴的夹角；$\tag{8.16}$

性质 2　$\mathrm{Prj}_u(a + b) = \mathrm{Prj}_u a + \mathrm{Prj}_u b$；$\tag{8.17}$

性质 3　$\mathrm{Prj}_u(\lambda a) = \lambda\mathrm{Prj}_u a$.$\tag{8.18}$

后两个性质说明向量的投影具有线性性质，读者可以自己给予证明.

例 9　设 $m = 3i + 5j + 8k, n = 2i - 4j - 7k, p = 5i + j - 4k$，且 $a = 4m + 3n - p$，求向量 a 在 x 轴上的投影及在 y 轴上的分向量.

解　因为

$$\begin{aligned}
a &= 4m + 3n - p \\
&= 4(3i + 5j + 8k) + 3(2i - 4j - 7k) - (5i + j - 4k) \\
&= 13i + 7j + 15k
\end{aligned}$$

所以在 x 轴上的投影为 $a_x = 13$，在 y 轴上的分向量为 $7j$.

习题 8.1

1. 在空间直角坐标系中，指出下列各点在哪个卦限：

　　$A(1, -2, 3)$；　$B(2, 3, -4)$；　$C(2, -3, -4)$；　$D(-2, -3, 1)$.

2. 填空题:

（1）$M(x,y,z)$ 关于 x 轴的对称点为 M_1 _____，关于 xOy 平面的对称点为 M_2 _____，关于原点的对称点为 M_3 _____.

（2）自点 (x,y,z) 作 yOz 面的垂线和 Ox 轴的垂面，则垂足的坐标分别是 _____ 和 _____.

（3）已知点 $A(3,-1,1)$，则点 A 与 z 轴的距离是 _____，与 y 轴的距离是 _____，与 x 轴的距离是 _____.

（4）设 $u = a - b + 2c$，$v = -a + 3b - c$，则 $2u - 3v = $ _____.

（5）已知两点 $M_1(0,1,2)$ 和 $M_2(1,-1,0)$，用坐标表示式表示向量 $-2\overrightarrow{M_1M_2} = $ _____.

（6）设向量 r 的模是 4，它与轴 u 的夹角是 $60°$，则 $\mathrm{Prj}_u r = $ _____.

（7）设 $|a| = \sqrt{3}$，$|b| = 1$，$(\widehat{a,b}) = \dfrac{\pi}{6}$，则向量 $a + b$，$a - b$ 的夹角为 _____.

（8）向量 $a = (-2,6,-3)$ 的模是 $|a| = $ _____，方向余弦 $\cos\alpha = $ _____，$\cos\beta = $ _____，$\cos\gamma = $ _____，与 a 同方向的单位向量 $e_a = $ _____，$\sin^2\alpha + \sin^2\beta + \sin^2\gamma = $ _____.

3. 求点 $M_1(4,-3,5)$ 与原点及各坐标轴、坐标面间的距离.

4. 在 yOz 面上，求与点 $A(3,1,2)$，$B(4,-2,-2)$ 和 $C(0,5,1)$ 等距离的点.

5. 已知两点 $M_1(4,\sqrt{2},1)$，$M_2(3,0,2)$，计算向量 $\overrightarrow{M_1M_2}$ 的模，方向余弦和方向角.

6. 一向量的终点在 $B(2,-1,7)$，它在 x 轴、y 轴和 z 轴上的投影依次为 4，-4 和 7. 求这向量的起点 A 的坐标.

7. 一向量与 x 轴和 y 轴的夹角相等，而与 z 轴的夹角是与 z 轴夹角的 2 倍，求向量的方向角.

8. 设 $a = (1,1,-4)$，$b = (1,-2,2)$，求：

（1）$4(2a - 5b)$；

（2）$|a - b|$.

9. 利用向量的线性运算证明：三角形两边中点的连接平行于第三边且等于第三边的 $\dfrac{1}{2}$.

10. 设向量 x 与 j 成 $60°$，与 k 成 $120°$，且 $|x| = 5\sqrt{2}$，求 x.

8.2 数量积 向量积 混合积

8.2.1 向量的数量积

（1）数量积的定义和性质

引例 一物体在常力 F 作用下沿直线从点 M_1 移动到点 M_2，以 $s = \overrightarrow{M_1M_2}$ 表示位移，则力 F 所做的功为

$$W = |F||s|\cos\theta$$

其中，θ 为 F 与 s 的夹角. 两向量作这样的运算，其结果是一个数量. 这种运算在力学、工程中

经常遇到,抽象其具体背景,可引入下述概念.

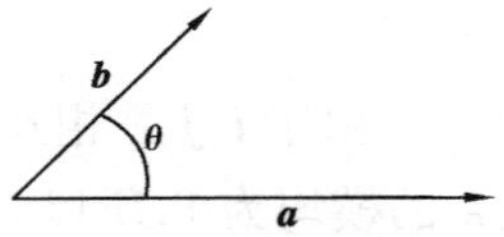

定义 8.2　向量 a 与 b 的模及它们夹角 θ 余弦的乘积(见图 8.15),称为 a 与 b 的**数量积**,记为 $a \cdot b$,即

图 8.15

$$a \cdot b = |a||b|\cos\theta \qquad (8.19)$$

其中,θ 为 a 与 b 的夹角.

按这个定义,物体在常力 F 作用下沿直线从点 M_1 移动到点 M_2,以 s 表示位移,则力 F 所做的功为 $W = F \cdot s$.

当 $a \neq 0$ 时,因为 $|b|\cos\theta = \mathrm{Prj}_a b$,所以

$$a \cdot b = |a|\,\mathrm{Prj}_a b$$

同理,当 $b \neq 0$ 时,有 $|a|\cos\theta = \mathrm{Prj}_b a$,因而

$$a \cdot b = |b|\,\mathrm{Prj}_b a$$

上面二式表明,两向量的数量积等于其中一个向量的模和另一个向量在这向量的方向上的投影的乘积.

利用数量积的定义,可很容易地推得:

① $a \cdot a = |a|^2$;

② 对于两个非零向量 a, b,则 $a \perp b$ 的充分必要条件是 $a \cdot b = 0$.

由于可以认为零向量与任何向量都垂直,因此,结论② 可叙述为:向量 $a \perp b$ 的充分必要条件是 $a \cdot b = 0$.

数量积符合下列运算规律:

①**交换律**

$$a \cdot b = b \cdot a \qquad (8.20)$$

②**分配律**

$$(a + b) \cdot c = a \cdot c + b \cdot c \qquad (8.21)$$

③**结合律**

若 λ 为实数,则

$$(\lambda a) \cdot b = a \cdot (\lambda b) = \lambda(a \cdot b) \qquad (8.22)$$

这些运算律都可根据数量积的定义或投影的性质来证明.下面只给出式(8.21)的证明.

证　当 $c = 0$ 时,式(8.21)显然成立;当 $c \neq 0$ 时,有

$$
\begin{aligned}
(a + b) \cdot c &= |c|\,\mathrm{Prj}_c(a + b) \\
&= |c|(\mathrm{Prj}_c a + \mathrm{Prj}_c b) \\
&= |c|\,\mathrm{Prj}_c a + |c|\,\mathrm{Prj}_c b = a \cdot c + b \cdot c
\end{aligned}
$$

由上述结合律,利用交换律,可以推得:若 λ, μ 为实数,则

$$(\lambda a) \cdot (\mu b) = \lambda\mu(a \cdot b)$$

(2)数量积的坐标表示式

设 $a = a_x i + a_y j + a_z k, b = b_x i + b_y j + b_z k$,按运算律则有

$$
\begin{aligned}
a \cdot b &= (a_x i + a_y j + a_z k) \cdot (b_x i + b_y j + b_z k) \\
&= a_x b_x i \cdot i + a_x b_y i \cdot j + a_x b_z i \cdot k + a_y b_x j \cdot i + a_y b_y j \cdot j +
\end{aligned}
$$

$$a_y b_z \boldsymbol{j} \cdot \boldsymbol{k} + a_z b_x \boldsymbol{k} \cdot \boldsymbol{i} + a_z b_y \boldsymbol{k} \cdot \boldsymbol{j} + a_z b_z \boldsymbol{k} \cdot \boldsymbol{k}$$

由于 $\boldsymbol{i},\boldsymbol{j},\boldsymbol{k}$ 相互垂直,因此,$\boldsymbol{i},\boldsymbol{j},\boldsymbol{k}$ 之中任意两个不同向量的数量积都等于零;又因为 $\boldsymbol{i},\boldsymbol{j},\boldsymbol{k}$ 的模均为1,所以 $\boldsymbol{i} \cdot \boldsymbol{i} = \boldsymbol{j} \cdot \boldsymbol{j} = \boldsymbol{k} \cdot \boldsymbol{k} = 1$,因而有

$$\boldsymbol{a} \cdot \boldsymbol{b} = a_x b_x + a_y b_y + a_z b_z \tag{8.23}$$

这就是两个向量的数量积的坐标表示式.

由于 $\boldsymbol{a} \cdot \boldsymbol{b} = |\boldsymbol{a}| |\boldsymbol{b}| \cos \theta$,因此,当 $\boldsymbol{a},\boldsymbol{b}$ 都不是零向量时,有

$$\cos \theta = \frac{\boldsymbol{a} \cdot \boldsymbol{b}}{|\boldsymbol{a}| |\boldsymbol{b}|} \tag{8.24}$$

将数量积的坐标表示式和向量模的坐标表示式代入式(8.24),就得

$$\cos \theta = \frac{a_x b_x + a_y b_y + a_z b_z}{\sqrt{a_x^2 + a_y^2 + a_z^2}\ \sqrt{b_x^2 + b_y^2 + b_z^2}}$$

这就是两向量夹角余弦的坐标表示式. 由此可知,两向量 $\boldsymbol{a} \perp \boldsymbol{b}$ 的充要条件为

$$a_x b_x + a_y b_y + a_z b_z = 0$$

例1 已知 $\boldsymbol{a} = (1,1,-4),\boldsymbol{b} = (1,-2,2)$,求:

(1)$\boldsymbol{a} \cdot \boldsymbol{b}$;

(2)$\boldsymbol{a}$ 与 $\boldsymbol{b}$ 的夹角;

(3)$\boldsymbol{a}$ 在 $\boldsymbol{b}$ 上的投影.

解 (1)$\boldsymbol{a} \cdot \boldsymbol{b} = 1 \cdot 1 + 1 \cdot (-2) + (-4) \cdot 2 = -9$;

(2)因为 $\cos \theta = \dfrac{a_x b_x + a_y b_y + a_z b_z}{\sqrt{a_x^2 + a_y^2 + a_z^2}\ \sqrt{b_x^2 + b_y^2 + b_z^2}} = -\dfrac{1}{\sqrt{2}}$,所以 $\theta = \dfrac{3\pi}{4}$;

(3)因为 $\boldsymbol{a} \cdot \boldsymbol{b} = |\boldsymbol{b}| \mathrm{Prj}_b \boldsymbol{a}$,所以 $\mathrm{Prj}_b \boldsymbol{a} = \dfrac{\boldsymbol{a} \cdot \boldsymbol{b}}{|\boldsymbol{b}|} = -3$.

例2 证明向量 $\boldsymbol{c}$ 与向量 $(\boldsymbol{a} \cdot \boldsymbol{c})\boldsymbol{b} - (\boldsymbol{b} \cdot \boldsymbol{c})\boldsymbol{a}$ 垂直.

证 因为

$$[(\boldsymbol{a} \cdot \boldsymbol{c})\boldsymbol{b} - (\boldsymbol{b} \cdot \boldsymbol{c})\boldsymbol{a}] \cdot \boldsymbol{c} = [(\boldsymbol{a} \cdot \boldsymbol{c})\boldsymbol{b} \cdot \boldsymbol{c} - (\boldsymbol{b} \cdot \boldsymbol{c})\boldsymbol{a} \cdot \boldsymbol{c}] = (\boldsymbol{c} \cdot \boldsymbol{b})[\boldsymbol{a} \cdot \boldsymbol{c} - \boldsymbol{a} \cdot \boldsymbol{c}] = 0$$

所以向量 $\boldsymbol{c}$ 与向量 $(\boldsymbol{a} \cdot \boldsymbol{c})\boldsymbol{b} - (\boldsymbol{b} \cdot \boldsymbol{c})\boldsymbol{a}$ 垂直.

8.2.2 向量的向量积

引例 设 O 为一根杠杆 L 的支点,有一力 $\boldsymbol{F}$ 作用于这杠杆上 P 点处,力 $\boldsymbol{F}$ 与 $\overrightarrow{OP}$ 的夹角为 θ. 在物理学中规定:力 $\boldsymbol{F}$ 对支点 O 的力矩是一向量 $\boldsymbol{M}$,$\boldsymbol{M}$ 的模 $|\boldsymbol{M}| = |OQ| |\boldsymbol{F}| = |\overrightarrow{OP}| |\boldsymbol{F}| \sin \theta$,$\boldsymbol{M}$ 的方向垂直于 $\overrightarrow{OP}$ 与 $\boldsymbol{F}$ 所决定的平面,指向符合右手系,如图8.16所示.

(1)向量积的定义和性质

定义8.3 向量 $\boldsymbol{a}$ 与 $\boldsymbol{b}$ 的**向量积**是一个向量,记为 $\boldsymbol{c} = \boldsymbol{a} \times \boldsymbol{b}$. 其中,$\boldsymbol{c}$ 满足:

①$\boldsymbol{c}$ 的大小:$|\boldsymbol{c}| = |\boldsymbol{a}| |\boldsymbol{b}| \sin \theta$(其中 θ 为 $\boldsymbol{a}$ 与 $\boldsymbol{b}$ 的夹角);

②$\boldsymbol{c}$ 的方向:既垂直于 $\boldsymbol{a}$,又垂直于 $\boldsymbol{b}$(即垂直于 $\boldsymbol{a},\boldsymbol{b}$ 所在的平面),指向符合右手系(见图8.17).

按此定义,上面引例中的力矩 $\boldsymbol{M} = \overrightarrow{OP} \times \boldsymbol{F}$.

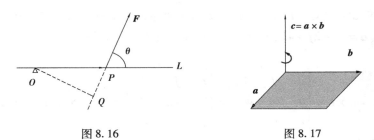

图 8.16　　　　　　　　　　　　　　　　　图 8.17

由向量积的定义可以推得：

① $a \times a = 0$；　　　　　　　　　　　　　　　　　　　　　　　　　　　（8.25）

②对于两个非零向量 a,b，则 $a /\!/ b$ 的充分必要条件是 $a \times b = 0$.

由于可以认为零向量与任何向量都平行，因此，结论②可叙述为：向量 $a /\!/ b$ 的充分必要条件是 $a \times b = 0$.

向量积符合下列运算规律：

①负交换律

$$a \times b = -b \times a \qquad\qquad (8.26)$$

②分配律

$$(a + b) \times c = a \times c + b \times c \qquad\qquad (8.27)$$

③结合律　若 λ 为实数，则

$$(\lambda a) \times b = a \times (\lambda b) = \lambda(a \times b) \qquad\qquad (8.28)$$

（2）向量积的坐标表示式

设 $a = a_x i + a_y j + a_z k, b = b_x i + b_y j + b_z k$，按运算律则有

$$
\begin{aligned}
a \times b &= (a_x i + a_y j + a_z k) \times (b_x i + b_y j + b_z k) \\
&= a_x b_x i \times i + a_x b_y i \times j + a_x b_z i \times k + a_y b_x j \times i + a_y b_y j \times j + \\
& \quad a_y b_z j \times k + a_z b_x k \times i + a_z b_y k \times j + a_z b_z k \times k
\end{aligned}
$$

因 $i \times i = j \times j = k \times k = 0$，又 i,j,k 相互垂直，故 $i \times j = k, j \times k = i, k \times i = j$，而 $i \times k = -j$，$j \times i = -k, k \times j = -i$，所以有

$$a \times b = (a_y b_z - a_z b_y)i + (a_z b_x - a_x b_z)j + (a_x b_y - a_y b_x)k \qquad (8.29)$$

这就是两个向量的向量积的坐标表示式. 式（8.29）可推出向量 $a /\!/ b$ 的充分必要条件为

$$\frac{a_x}{b_x} = \frac{a_y}{b_y} = \frac{a_z}{b_z}$$

注　①为了有利于记忆公式，向量积的坐标表示式还可用三阶行列式表示为

$$a \times b = \begin{vmatrix} i & j & k \\ a_x & a_y & a_z \\ b_x & b_y & b_z \end{vmatrix} \qquad\qquad (8.30)$$

②在 $\dfrac{a_x}{b_x} = \dfrac{a_y}{b_y} = \dfrac{a_z}{b_z}$ 中，b_x, b_y, b_z 不能同时为零，但允许一个或两个为零. 例如，$b_x = b_y = 0$ 应理解为 $a_x = 0, a_y = 0$.

③向量积的几何意义：$|a \times b|$ 表示以 a 和 b 为邻边的平行四边形的面积.

例 3 求与 $a = 3i - 2j + 4k, b = i + j - 2k$ 都垂直的单位向量.

解 因为

$$c = a \times b = \begin{vmatrix} i & j & k \\ a_x & a_y & a_z \\ b_x & b_y & b_z \end{vmatrix} = \begin{vmatrix} i & j & k \\ 3 & -2 & 4 \\ 1 & 1 & -2 \end{vmatrix} = 10j + 5k, |c| = 5\sqrt{5}$$

所以所求的向量为

$$\pm \frac{c}{|c|} = \pm \left(\frac{2}{\sqrt{5}} j + \frac{1}{\sqrt{5}} k \right)$$

例 4 在顶点为 $A(1, -1, 2), B(5, -6, 2)$ 和 $C(1, 3, -1)$ 的三角形中,求 AC 边上的高 BD,如图 8.18 所示.

解 因为 $\overrightarrow{AC} = (0, 4, -3)$, $\overrightarrow{AB} = (4, -5, 0)$,所以三角形 ABC 的面积为

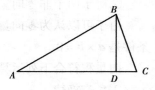

图 8.18

$$S = \frac{1}{2} |\overrightarrow{AC} \times \overrightarrow{AB}| = \frac{1}{2} \begin{vmatrix} i & j & k \\ 0 & 4 & -3 \\ 4 & -5 & 0 \end{vmatrix}$$

$$= \frac{1}{2} | -15i - 12j - 16k | = \frac{1}{2} \sqrt{(-15)^2 + (-12)^2 + (-16)^2} = \frac{25}{2}$$

又因为

$$|\overrightarrow{AC}| = \sqrt{4^2 + (-3)^2} = 5$$

$$S = \frac{1}{2} |\overrightarrow{AC}| \cdot |BD| = \frac{1}{2} \cdot 5 \cdot |BD| = \frac{25}{2}$$

所以 $|BD| = 5$.

例 5 设 3 个向量 m, n, p 两两垂直,符合右手规则,并且 $|m| = 4, |n| = 2, |p| = 3$,计算 $(m \times n) \cdot p$.

解 $$|m \times n| = |m| |n| \sin(\widehat{m, n}) = 4 \times 2 \times 1 = 8$$

依题意可知,$m \times n$ 与 p 同向,$\theta = (\widehat{m \times n, p}) = 0$,所以

$$(m \times n) \cdot p = |m \times n| \cdot |p| \cos \theta = 8 \cdot 3 = 24$$

*8.2.3 向量的混合积

定义 8.4 设已知 3 个向量 a, b, c,数量 $(a \times b) \cdot c$ 称为这 3 个向量的**混合积**,记为 $[a \ b \ c]$.

下面推导 3 个向量的混合积的坐标表达式.

设 $a = a_x i + a_y j + a_z k, b = b_x i + b_y j + b_z k, c = c_x i + c_y j + c_z k$,因为

$$a \times b = \begin{vmatrix} i & j & k \\ a_x & a_y & a_z \\ b_x & b_y & b_z \end{vmatrix} = \begin{vmatrix} a_y & a_z \\ b_y & b_z \end{vmatrix} i - \begin{vmatrix} a_x & a_z \\ b_x & b_z \end{vmatrix} j + \begin{vmatrix} a_x & a_y \\ b_x & b_y \end{vmatrix} k$$

再由数量积的坐标表达式,得到

$$[\boldsymbol{a}\ \boldsymbol{b}\ \boldsymbol{c}] = (\boldsymbol{a}\times\boldsymbol{b})\cdot\boldsymbol{c}$$

$$= \begin{vmatrix} a_y & a_z \\ b_y & b_z \end{vmatrix} c_x - \begin{vmatrix} a_x & a_z \\ b_x & b_z \end{vmatrix} c_y + \begin{vmatrix} a_x & a_y \\ b_x & b_y \end{vmatrix} c_z$$

$$= \begin{vmatrix} a_x & a_y & a_z \\ b_x & b_y & b_z \\ c_x & c_y & c_z \end{vmatrix} \tag{8.31}$$

这就是混合积的坐标表达式.

注 向量的混合积有下述的几何意义.

向量的混合积$[\boldsymbol{a}\ \boldsymbol{b}\ \boldsymbol{c}]$的绝对值表示以向量$\boldsymbol{a},\boldsymbol{b},\boldsymbol{c}$为棱的平行六面体的体积.

在图 8.19 中,因为$|\boldsymbol{a}\times\boldsymbol{b}|$表示以$\boldsymbol{a}$和$\boldsymbol{b}$为邻边的平行四边形(即平行六面体的底面)的面积 S,设 φ 为 $\boldsymbol{a}\times\boldsymbol{b}$ 与 $\boldsymbol{c}$ 的夹角,而 $|\boldsymbol{c}|\cdot|\cos\varphi| = |\mathrm{Prj}_{\boldsymbol{a}\times\boldsymbol{b}}\boldsymbol{c}|$ 表示平行六面体的高 h,所以平行六面体的体积为

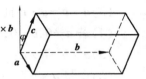

图 8.19

$$V = Sh = |\boldsymbol{a}\times\boldsymbol{b}|\cdot|\boldsymbol{c}|\cdot|\cos\varphi| = |(\boldsymbol{a}\times\boldsymbol{b})\cdot\boldsymbol{c}| = |[\boldsymbol{a}\ \boldsymbol{b}\ \boldsymbol{c}]|$$

由上式可推得,3 向量$\boldsymbol{a},\boldsymbol{b},\boldsymbol{c}$共面的充分必要条件是$[\boldsymbol{a}\ \boldsymbol{b}\ \boldsymbol{c}] = 0$,即 $\begin{vmatrix} a_x & a_y & a_z \\ b_x & b_y & b_z \\ c_x & c_y & c_z \end{vmatrix} = 0$.

向量的混合积具有性质

$$[\boldsymbol{a}\ \boldsymbol{b}\ \boldsymbol{c}] = (\boldsymbol{a}\times\boldsymbol{b})\cdot\boldsymbol{c} = (\boldsymbol{b}\times\boldsymbol{c})\cdot\boldsymbol{a} = (\boldsymbol{c}\times\boldsymbol{a})\cdot\boldsymbol{b}$$

例 6 已知$[\boldsymbol{a}\ \boldsymbol{b}\ \boldsymbol{c}] = 2$,计算$[(\boldsymbol{a}+\boldsymbol{b})\times(\boldsymbol{b}+\boldsymbol{c})]\cdot(\boldsymbol{c}+\boldsymbol{a})$.

解
$$[(\boldsymbol{a}+\boldsymbol{b})\times(\boldsymbol{b}+\boldsymbol{c})]\cdot(\boldsymbol{c}+\boldsymbol{a})$$
$$= [\boldsymbol{a}\times\boldsymbol{b}+\boldsymbol{a}\times\boldsymbol{c}+\boldsymbol{b}\times\boldsymbol{b}+\boldsymbol{b}\times\boldsymbol{c})]\cdot(\boldsymbol{c}+\boldsymbol{a})$$
$$= (\boldsymbol{a}\times\boldsymbol{b})\cdot\boldsymbol{c}+(\boldsymbol{a}\times\boldsymbol{c})\cdot\boldsymbol{c}+\boldsymbol{0}\cdot\boldsymbol{c}+(\boldsymbol{b}\times\boldsymbol{c})\cdot\boldsymbol{c}+(\boldsymbol{a}\times\boldsymbol{b})\cdot\boldsymbol{a}+$$
$$(\boldsymbol{a}\times\boldsymbol{c})\cdot\boldsymbol{a}+\boldsymbol{0}\cdot\boldsymbol{a}+(\boldsymbol{b}\times\boldsymbol{c})\cdot\boldsymbol{a}$$
$$= 2(\boldsymbol{a}\times\boldsymbol{b})\cdot\boldsymbol{c} = 2[\boldsymbol{a}\ \boldsymbol{b}\ \boldsymbol{c}] = 4$$

例 7 已知空间内的四点 $A(x_1,y_1,z_1),B(x_2,y_2,z_2),C(x_3,y_3,z_3),D(x_4,y_4,z_4)$ 不在一平面上,求四面体的体积.

解 由立体几何可知,四面体的体积等于以向量$\overrightarrow{AB},\overrightarrow{AC},\overrightarrow{AD}$为棱的平行六面体的体积的 $1/6$,即

$$V = \frac{1}{6}|[\overrightarrow{AB}\ \ \overrightarrow{AC}\ \ \overrightarrow{AD}]|$$

又因为

$$\overrightarrow{AB} = (x_2-x_1,y_2-y_1,z_2-z_1)$$
$$\overrightarrow{AC} = (x_3-x_1,y_3-y_1,z_3-z_1)$$
$$\overrightarrow{AD} = (x_4-x_1,y_4-y_1,z_4-z_1)$$

所以

$$V = \frac{1}{6} \begin{vmatrix} x_2 - x_1 & y_2 - y_1 & z_2 - z_1 \\ x_3 - x_1 & y_3 - y_1 & z_3 - z_1 \\ x_4 - x_1 & y_4 - y_1 & z_4 - z_1 \end{vmatrix}$$

习题 8.2

1. 下列哪些命题是正确的,哪些是错误的?

(1) $a \cdot b = 0$,则 $a = 0$ 或 $b = 0$;

(2) $a \times b = 0$,则 $a = 0$ 或 $b = 0$;

(3) $a \cdot b = a \cdot c$ 且 $a \neq 0$,则 $b = c$;

(4) 若 $a \neq 0, b \neq 0, c \neq 0$ 且 $a \times c = b \times c$ 则 $a = b$;

(5) $a \times b = b \times a$;

(6) 向量 $a \times b$ 既垂直于 a 也垂直于 b.

2. 填空题:

(1) 设 $a = (3,2,1)$, $b = (2, \frac{4}{3}, m)$,则 $m = $ _____ 时, a 垂直于 b;

(2) 设 $a = \alpha i + 5j - k$, $b = 3i + j + \beta k$,则 $\alpha = $ _____ , $\beta = $ _____ 时, a 平行于 b;

(3) 已知 a, b, c 为单位向量,且满足 $a + b + c = 0$,则 $a \cdot b + b \cdot c + c \cdot a = $ _____;

(4) 若向量 b 与向量 $a = (2, -1, 2)$ 共线,且 $a \cdot b = -18$,则 $b = $ _____;

(5) 已知 $|a| = 3$, $|b| = 5$,问 λ 为 _____ 时, $a + \lambda b$ 与 $a - \lambda b$ 相互垂直;

(6) 已知 $|a| = 2$, $|b| = 3$, $|a - b| = \sqrt{7}$,则 $(\widehat{a,b}) = $ _____;

(7) 已知 a 与 b 垂直,且 $|a| = 5$, $|b| = 12$,则 $|a + b| = $ _____ , $|a - b| = $ _____;

(8) 向量 a, b, c 两两垂直,且 $|a| = 1$, $|b| = 2$, $|c| = 3$,则 $s = a + b + c$ 的长度为 _____.

(9) 向量 $a = (2, 1, 3)$ 在向量 $b = (1, -1, 2)$ 上的投影 $\mathrm{Prj}_b a = $ _____.

(10) 向量 $a = (\lambda, 1, 5)$,向量 $b = (2, 10, 50)$,若 $a \parallel b$,则 $\lambda = $ _____;若 $a \perp b$,则 $\lambda = $ _____.

3. 选择题:

(1) 设向量 a 为非零向量,向量 a 与 b 的数量积 $a \cdot b = ($ _____).

    A. $|a| \mathrm{Prj}_b a$ B. $a \, \mathrm{Prj}_a b$ C. $|a| \mathrm{Prj}_a b$ D. $|b| \mathrm{Prj}_a b$

(2) 设 a 与 b 为非零向量,则 $a \times b = 0$ 是(_____).

    A. $a \parallel b$ 的充要条件   B. $a \perp b$ 的充要条件

    C. $a = b$ 的充要条件   D. $a \parallel b$ 的必要但不充分的条件

(3) 设 i, j, k 是 3 个坐标轴正方向上的单位向量,下列等式中正确的是(_____).

    A. $k \times j = i$ B. $i \cdot j = k$ C. $i \cdot i = k \cdot k$ D. $k \times k = k \cdot k$

4. 已知 $|a| = 3$, $|b| = 36$, $|a \times b| = 72$,求 $a \cdot b$.

5. 已知向量 $a = 2i - 3j + k, b = i - j + 3k$ 和 $c = i - 2j$,计算:

(1) $(a \cdot b)c - (a \cdot c)b$;

(2) $(a + b) \times (c + b)$;

(3) $(a \times b) \cdot c$.

6. 已知 $A(1, -1, 2), B(5, -6, 2), C(1, 3, -1)$,求:

(1) 同时与 $\overrightarrow{AB}$ 及 $\overrightarrow{AC}$ 垂直的单位向量;

(2) $\triangle ABC$ 的面积;

(3) 从顶点 A 到边 BC 的高的长度.

7. 已知 3 点 $A(-1, 2, 3), B(1, 1, 1), C(0, 0, 5)$,计算 $\angle ABC$ 及 $\triangle ABC$ 的面积.

8. 设质量为 100 kg 的物体从点 $M_1(3, 1, 8)$ 沿直线移动到点 $M_2(1, 4, 2)$,计算重力所做的功(长度单位为 m,重力方向为 z 轴负方向).

9. 利用向量积证明三角形正弦定理.

10. 设向量 a, b, c 满足 $a + b + c = 0$,且还满足 $|a| = 3, |b| = 4, |c| = 5$,求 $|a \times b + b \times c + c \times a|$.

11. 已知 $a = (7, -4, -4), b = (-2, -1, 2)$,向量 c 在向量 a 与 b 的角平分线上,且 $|c| = 3\sqrt{42}$,求 c 的坐标.

12. 设 $|a| = 3, |b| = 2$,向量 a, b 的夹角为 $\dfrac{\pi}{3}$,求:

(1) $(3a + 2b) \cdot (2a - 5b)$;　　　　(2) $|a - b|$.

13. 设 $a + 3b$ 与 $7a - 5b$ 垂直,$a - 4b$ 与 $7a - 2b$ 垂直,求 a, b 的夹角.

14. 设 $m = 2a + b, n = ka + b$,其中 $|a| = 1, |b| = 2, a \perp b$,求:

(1) k 为何值时,$m \perp n$?

(2) k 为何值时,以 m, n 为邻边的平行四边形面积为 6?

8.3　曲面及其方程

8.3.1　曲面方程的概念

在人们生活的三维空间中,到处都有曲面的实例,如水桶的表面、台灯的罩子面、沙发的表面等. 在中学平面解析几何中,将平面曲线看成动点的轨迹. 类似地,在空间解析几何中,任何曲面都可看成满足一定几何条件的动点的几何轨迹,从而可得到曲面方程的概念.

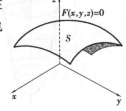

图 8.20

定义 8.5　如果曲面 S 与三元方程 $F(x, y, z) = 0$ 满足下述关系:

①曲面 S 上任一点的坐标都满足方程;

②不在曲面 S 上的点的坐标都不满足方程.

那么,方程 $F(x, y, z) = 0$ 则称为**曲面 S 的方程**,而曲面 S 则称为**方程**

17

$F(x,y,z)=0$ 的图形(见图 8.20).

通过上述定义,本书要研究的两个基本问题如下:

① 已知一个曲面作为点的几何轨迹时,求这个曲面的方程;

② 已知坐标 x,y,z 间的一个方程时,研究这个方程所表示的曲面的形状.

这里首先讨论第一个基本问题:建立几种常见的曲面方程.

例 1　建立球心在点 $M_0(x_0,y_0,z_0)$、半径为 R 的球面方程.

解　设 $M(x,y,z)$ 是球面上任一点,根据题意有 $|\overrightarrow{MM_0}|=R$,故

$$\sqrt{(x-x_0)^2+(y-y_0)^2+(z-z_0)^2}=R$$

或

$$(x-x_0)^2+(y-y_0)^2+(z-z_0)^2=R^2$$

这就是球面上的点的坐标满足的方程. 由于不在球面上的点的坐标都不满足这个方程,因此,上述方程就是所求的球面方程.

特别地,当球心在原点时,球面方程为

$$x^2+y^2+z^2=R^2$$

例 2　求与原点 O 及 $M_0(2,3,4)$ 的距离之比为 $1:2$ 的点的全体所组成的曲面方程.

解　设 $M(x,y,z)$ 是曲面上任一点,根据题意有 $\dfrac{|\overrightarrow{MO}|}{|\overrightarrow{MM_0}|}=\dfrac{1}{2}$,故有

$$\frac{\sqrt{x^2+y^2+z^2}}{\sqrt{(x-2)^2+(y-3)^2+(z-4)^2}}=\frac{1}{2}$$

化简得

$$\left(x+\frac{2}{3}\right)^2+(y+1)^2+\left(z+\frac{4}{3}\right)^2=\frac{116}{9}$$

例 3　已知 $A(1,2,3)$,$B(2,-1,4)$,求线段 AB 的垂直平分面的方程.

解　设 $M(x,y,z)$ 是所求平面上任一点,根据题意有 $|MA|=|MB|$,故有

$$\sqrt{(x-1)^2+(y-2)^2+(z-3)^2}=\sqrt{(x-2)^2+(y+1)^2+(z-4)^2}$$

两边平方并化简,得

$$2x-6y+2z-7=0$$

这就是垂直平分面上的点的坐标满足的方程.

以上是从已知一曲面作为点的几何轨迹时建立曲面方程,再看两个由已知方程来研究它所表示的曲面的例子.

例 4　方程 $z=(x-1)^2+(y-2)^2-1$ 的图形是怎样的?

解　根据题意有 $z\geq-1$. 用平面 $z=c$ 去截图形得圆

$$(x-1)^2+(y-2)^2=1+c \qquad (c\geq-1)$$

当平面 $z=c(c\geq-1)$ 上下移动时,得到一系列圆:圆心在 $(1,2,c)$,半径为 $\sqrt{1+c}$,并且半径随 c 的增大而增大. 因此,方程 $z=(x-1)^2+(y-2)^2-1$ 的图形是下封底而上不封顶的,如图 8.21 所示.

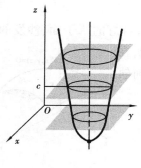

图 8.21

例 5　方程 $x^2 + y^2 + z^2 - 2x + 4y = 0$ 表示怎样的曲面？

解　通过配方，原方程可改写为

$$(x - 1)^2 + (y + 2)^2 + z^2 = 5$$

这是一个球面方程. 因此，原方程表示球心在点 $M_0(1, -2, 0)$、半径为 $R = \sqrt{5}$ 的球面.

注　一般地，设有三元二次方程

$$Ax^2 + Ay^2 + Az^2 + Dx + Ey + Fz + G = 0$$

这个方程的特点是缺 xy, yz, zx 各项，而且平方项系数相同，只要将方程经过配方就可化成方程

$$(x - x_0)^2 + (y - y_0)^2 + (z - z_0)^2 = R^2$$

的形式，它的图形就是一个球面.

8.3.2　旋转曲面

一条平面曲线绕其平面上的一条直线旋转一周所成的曲面，称为**旋转曲面**. 这条定直线称为旋转曲面的**轴**，曲线称为旋转曲面的**母线**.

那么，如何建立此类旋转曲面的方程呢？

设在 yOz 坐标面上有一已知曲线 C，它的方程为

$$f(y, z) = 0$$

将这个曲线 C 绕 z 轴旋转一周，就得到一个以 z 轴为旋转轴的旋转曲面. 下面建立这个旋转曲面的方程.

旋转体体积视频

设 $M(x, y, z)$ 为曲面上的任一点，它是曲线 C 上点 $M_1(0, y_1, z_1)$ 绕 z 轴旋转而得到的（见图 8.22）. 这时，$z = z_1$ 保持不变，点 M 到 z 轴的距离 d 保持不变且等于 $|y_1|$，而

$$|y_1| = \sqrt{x^2 + y^2}$$

因此，有关系等式

$$f(y_1, z_1) = 0,\ z = z_1,\ y_1 = \pm \sqrt{x^2 + y^2}$$

将后面的两个式子代入前面的式子，则得

$$f(\pm \sqrt{x^2 + y^2}, z) = 0 \tag{8.32}$$

这就是所求旋转曲面的方程（见图 8.22）.

注　①由以上推导可知，在平面曲线 C 的方程 $f(y, z) = 0$ 中，变量 z 保持不变，将 y 改成 $\pm \sqrt{x^2 + y^2}$，便得曲线 C 绕 z 轴旋转所成的旋转曲面的方程：$f(\pm \sqrt{x^2 + y^2}, z) = 0$.

②同理，曲线 C 绕 y 轴旋转所成的旋转曲面的方程为

$$f(y, \pm \sqrt{x^2 + z^2}) = 0$$

下面举例说明如何建立圆锥面（旋转曲面）的方程.

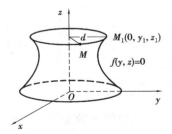

图 8.22

例 6　直线 L 绕另一条与 L 相交的直线旋转一周，所得旋转曲面称为**圆锥面**. 两直线的交

点称为圆锥面的**顶点**,两直线的夹角 $\alpha\left(0<\alpha<\dfrac{\pi}{2}\right)$ 称为圆锥面的**半顶角**. 试建立顶点在坐标原点、旋转轴为 z 轴、半顶角为 α 的圆锥面的方程(见图 8.23).

解 在 yOz 坐标面上,直线 L 的方程为

$$z = y\cot\alpha$$

因为旋转轴为 z 轴,所以在直线 L 的方程中将 y 改成 $\pm\sqrt{x^2+y^2}$,则得到圆锥面方程

$$z = \pm\sqrt{x^2+y^2}\cot\alpha$$

或

$$z^2 = a^2(x^2+y^2)$$

其中,$a = \cot\alpha$.

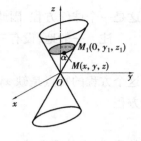

图 8.23

例7 将下列各平面曲线绕对应的轴旋转一周,求所形成的旋转曲面的方程:

(1)双曲线 $\begin{cases}\dfrac{x^2}{a^2}-\dfrac{z^2}{c^2}=1\\ y=0\end{cases}$ 分别绕 x 轴和 z 轴旋转一周;

(2)椭圆 $\begin{cases}\dfrac{y^2}{a^2}+\dfrac{z^2}{c^2}=1\\ x=0\end{cases}$ 绕 y 轴和 z 轴旋转一周;

(3)抛物线 $\begin{cases}y^2=2pz\\ x=0\end{cases}$ 绕 z 轴旋转一周.

解 (1)绕 x 轴旋转一周所形成的旋转曲面的方程为 $\dfrac{x^2}{a^2}-\dfrac{y^2+z^2}{c^2}=1$(**旋转双叶双曲面**),如图 8.24 所示;绕 z 轴旋转一周形成的旋转曲面的方程为 $\dfrac{x^2+y^2}{a^2}-\dfrac{z^2}{c^2}=1$(**旋转单叶双曲面**),如图 8.25 所示.

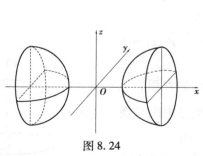

图 8.24

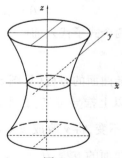

图 8.25

(2)绕 y 轴旋转一周形成的旋转曲面的方程为 $\dfrac{y^2}{a^2}+\dfrac{x^2+z^2}{c^2}=1$(**旋转椭球面**);绕 z 轴旋转一周形成的旋转曲面的方程为 $\dfrac{x^2+y^2}{a^2}+\dfrac{z^2}{c^2}=1$,如图 8.26 所示(**旋转椭球面**).

(3)绕 z 轴旋转一周形成的旋转曲面的方程为 $x^2+y^2=2pz$(**旋转抛物面**),如图 8.27 所示.

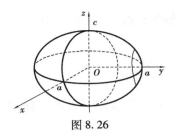
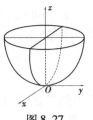

图 8.26 　　　　　　　　图 8.27

8.3.3　柱面

平行于定直线并沿定曲线 C 移动的直线 L 所形成的曲面,称为**柱面**. 这条定曲线 C 称为**柱面的准线**,动直线 L 称为**柱面的母线**.

例8　方程 $x^2 + y^2 = R^2$ 表示怎样的曲面?

解　在空间直角坐标系中,过 xOy 面上的圆 $x^2 + y^2 = R^2$ 上一点 $M(x,y,0)$ 作平行于 z 轴的直线 L,则直线 L 上的点的坐标都满足方程 $x^2 + y^2 = R^2$,故直线 L 一定在 $x^2 + y^2 = R^2$ 表示的曲面上. 因此,这个曲面是由平行于 z 轴的直线 L 沿 xOy 面上的圆 $x^2 + y^2 = R^2$ 移动而形成的圆柱面,如图 8.28 所示.

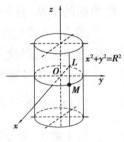

图 8.28

在本例中,不含 z 的方程 $x^2 + y^2 = R^2$ 在空间直角坐标系中表示圆柱面,它的母线平行于 z 轴,它的准线是 xOy 面上的圆 $x^2 + y^2 = R^2$.

注　①不含 z 的方程 $F(x,y) = 0$ 在空间直角坐标系中表示母线平行于 z 轴的柱面,其准线是 xOy 面上的曲线 $C:F(x,y) = 0$;

②不含 y 的方程 $G(x,z) = 0$ 在空间直角坐标系中表示母线平行于 y 轴的柱面,其准线是 zOx 面上的曲线 $C:G(x,z) = 0$;

③不含 x 的方程 $H(y,z) = 0$ 在空间直角坐标系中表示母线平行于 x 轴的柱面,其准线是 yOz 面上的曲线 $C:H(y,z) = 0$.

例如,方程 $y^2 = 2x$ 表示母线平行于 z 轴的柱面,它的准线是 xOy 面上的抛物线 $y^2 = 2x$,该柱面称为**抛物柱面**(见图 8.29).

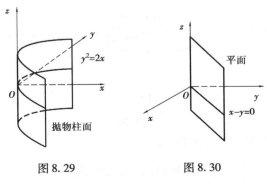

图 8.29　　　　　　　　图 8.30

又如,方程 $x - y = 0$ 表示母线平行于 z 轴的柱面,其准线是 xOy 面的直线 $x - y = 0$,故它是过 z 轴的平面(见图 8.30).

再如，方程 $x-z=0$ 表示母线平行于 y 轴的柱面，其准线是 zOx 面上的直线 $x-z=0$. 故它是过 y 轴的平面，读者可以试着画一下图.

8.3.4 二次曲面

与平面解析几何中的二次曲线相似，三元二次方程所表示的曲面，称为**二次曲面**. 相应地，平面被称为**一次曲面**.

二次曲面共有 9 种，适当选取空间直角坐标系，可得其标准方程. 下面针对 9 种二次曲面的标准方程讨论二次曲面形状.

通常讨论二次曲面形状的方法有以下两种：

①用坐标面和平行于坐标面的平面与曲面相截，通过其交线（称为**截痕**）的形状变化来了解曲面的形状. 这种方法称为**截痕法**.

②将已知的空间曲面沿某个方向伸缩适当的倍数而得到一个新的曲面，通过这种方式来了解新曲面的形状. 这种方法称为**伸缩变形法**.

下面讨论几种特殊的二次曲面.

（1）椭球面 $\dfrac{x^2}{a^2}+\dfrac{y^2}{b^2}+\dfrac{z^2}{c^2}=1$

用平面 $z=z_1$ 去截椭球面，当 $z_1=\pm c$ 时，得到点 $(0,0,\pm c)$；当 $|z_1|>c$ 时，平面 $z=z_1$ 与椭球面不相交；当 $|z_1|<c$ 时，截痕是平面 $z=z_1$ 上的椭圆

$$\frac{x^2}{\dfrac{a^2}{c^2}(c^2-z_1^2)}+\frac{y^2}{\dfrac{b^2}{c^2}(c^2-z_1^2)}=1$$

当 z_1 从 $(-c,c)$ 区间内逐渐增大时，这一系列椭圆的长半轴和短半轴都是由小到大，再由大到小，如图 8.31(a) 所示.

同理，用平面 $y=y_1$ 去截椭球面时，有相似的结果，如图 8.31(b) 所示.

综合上述讨论，可得椭球面的形状如图 8.31(c) 所示.

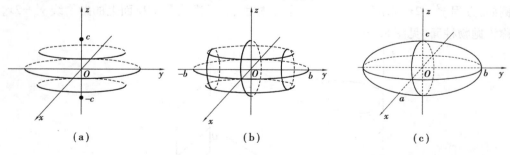

(a)　　　　　　　(b)　　　　　　　(c)

图 8.31

椭球面也可用下面的伸缩变形法得到.

将 zOx 面上的椭圆 $\dfrac{x^2}{a^2}+\dfrac{z^2}{c^2}=1$ 绕 z 轴旋转一周，生成的曲面称为**旋转椭球面**，见图 8.26，其方程为

$$\frac{x^2+y^2}{a^2}+\frac{z^2}{c^2}=1$$

再将上述旋转椭球面沿 y 轴方向伸缩 $\frac{b}{a}$ 倍,即将方程中的 y 换成 $\frac{a}{b}y$,即可得到椭球面的方程.

椭球面还可先将球面 $x^2+y^2+z^2=a^2$ 沿 z 轴方向伸缩 $\frac{c}{a}$ 倍,再沿 y 轴方向伸缩 $\frac{b}{a}$ 倍得到(旋转椭球面).

(2)椭圆锥面 $\frac{x^2}{a^2}+\frac{y^2}{b^2}=z^2$

以垂直于 z 轴的平面 $z=z_1$ 截此曲面,当 $z_1=0$ 时,得到一点 $(0,0,0)$;当 $z_1\neq0$ 时,得平面 $z=z_1$ 上的椭圆

$$\frac{x^2}{(az_1)^2}+\frac{y^2}{(bz_1)^2}=1$$

当 z_1 变化时,上式表示一簇长短轴比例不变的椭圆,而当 $|z_1|$ 从大到小并变为 0 时,这簇椭圆从大到小并缩为一点. 综合上述讨论,可得椭圆锥面的形状,如图 8.32 所示.

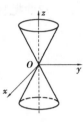

图 8.32

也可用伸缩变形法得到椭圆锥面. 将圆锥面 $\frac{x^2}{a^2}+\frac{y^2}{a^2}=z^2$ 沿 y 轴方向伸缩 $\frac{b}{a}$ 倍,则得椭圆锥面.

(3)单叶双曲面 $\frac{x^2}{a^2}+\frac{y^2}{b^2}-\frac{z^2}{c^2}=1$

把 zOx 面上的双曲线 $\frac{x^2}{a^2}-\frac{z^2}{c^2}=1$ 绕 z 轴旋转,得旋转单叶双曲面 $\frac{x^2+y^2}{a^2}-\frac{z^2}{c^2}=1$;再沿 y 轴方向伸缩 $\frac{b}{a}$ 倍,即得单叶双曲面 $\frac{x^2}{a^2}+\frac{y^2}{b^2}-\frac{z^2}{c^2}=1$(见图 8.33).

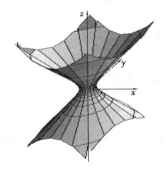

图 8.33

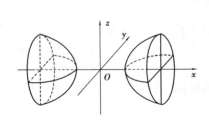

图 8.34

(4)双叶双曲面 $\frac{x^2}{a^2}-\frac{y^2}{b^2}-\frac{z^2}{c^2}=1$

把 zOx 面上的双曲线 $\frac{x^2}{a^2}-\frac{z^2}{c^2}=1$ 绕 x 轴旋转,得旋转双叶双曲面 $\frac{x^2}{a^2}-\frac{z^2+y^2}{c^2}=1$;再沿 y 轴

方向伸缩 $\dfrac{b}{c}$ 倍,即得双叶双曲面 $\dfrac{x^2}{a^2} - \dfrac{y^2}{b^2} - \dfrac{z^2}{c^2} = 1$(见图 8.34).

(5) 椭圆抛物面 $\dfrac{x^2}{a^2} + \dfrac{y^2}{b^2} = z$

把 zOx 面上的抛物线 $\dfrac{x^2}{a^2} = z$ 绕 z 轴旋转,所得曲面称为旋转抛物面 $\dfrac{x^2 + y^2}{a^2} = z$,再沿 y 轴方向伸缩 $\dfrac{b}{a}$ 倍,所得曲面称为椭圆抛物面 $\dfrac{x^2}{a^2} + \dfrac{y^2}{b^2} = z$(见图 8.35).

(6) 双曲抛物面 $\dfrac{x^2}{a^2} - \dfrac{y^2}{b^2} = z$

双曲抛物面又称**马鞍面**(见图 8.36).

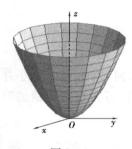

图 8.35

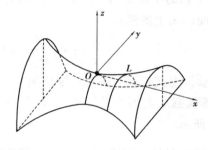

图 8.36

用平面 $x = t$ 截此曲面,则截痕 l 为平面 $x = t$ 上的抛物线

$$-\frac{y^2}{b^2} = z - \frac{t^2}{a^2}$$

此抛物线开口朝下,其顶点坐标为 $\left(t, 0, \dfrac{t^2}{a^2}\right)$. 当 t 变化时,l 的形状不变,位置只作平移,而 l 的顶点的轨迹 L 为平面 $y = 0$ 上的抛物线

$$z = \frac{x^2}{a^2}$$

因此,以 l 为母线、L 为准线,母线 l 的顶点在准线 L 上滑动,且母线作平行移动,这样得到的曲面便是双曲抛物面.

注 还有 3 种二次曲面是以 3 种二次曲线为准线的柱面

$$\frac{x^2}{a^2} + \frac{y^2}{b^2} = 1, \frac{x^2}{a^2} - \frac{y^2}{b^2} = 1, x^2 = ay$$

依次称为椭圆柱面、双曲柱面、抛物柱面. 也可通过截痕法获得它们的图像,读者可以尝试自己画出来.

习题 8.3

1. 方程 $x^2 + y^2 + z^2 - 2x + 6y + 4z - 35 = 0$ 在空间中表示什么曲面? 若将等式中常数项

-35 换为 14,那么图形又是什么?

2. 写出球心在点 $(6,2,3)$ 且通过原点的球面方程.

3. 求与点 $A(2,3,1)$ 和 $B(4,5,6)$ 等距离的点的轨迹方程.

4. 指出下列方程在平面解析几何中和在空间解析几何中分别表示什么图形:

(1) $y=3$;　　　　　　　　　　(2) $x=y+2$;

(3) $2x^2+3y^2=6$;　　　　　　(4) $x^2-y^2=1$.

5. 求下列曲线所生成的旋转曲面的方程,并指出表示什么曲面:

(1) 将 zOx 平面上的抛物线 $x^2=z$ 绕 z 轴旋转一周;

(2) 将 yOz 坐标面上的双曲线 $y^2-z^2=1$ 分别绕 y 轴和 z 轴旋转一周;

(3) 将 xOy 平面上的双曲线 $4x^2-9y^2=36$ 分别绕 x 轴和 y 轴旋转一周.

6. 指出下列方程所表示的曲面并画图:

(1) $\left(x-\dfrac{a}{2}\right)^2+y^2=\left(\dfrac{a}{2}\right)^2$;　　　　(2) $\dfrac{z}{2}=\dfrac{x^2}{4}+\dfrac{y^2}{9}$;

(3) $z=4-\sqrt{x^2+y^2}$;　　　　　(4) $y^2-z=0$;

(5) $\dfrac{x^2}{9}+\dfrac{z^2}{4}=1$;　　　　　　(6) $-\dfrac{x^2}{4}+\dfrac{y^2}{9}=1$;

(7) $x-y=0$;　　　　　　　　(8) $\dfrac{x^2}{4}+\dfrac{y^2}{9}+\dfrac{z^2}{16}=1$.

7. 说明下列旋转曲面是怎样形成的:

(1) $\dfrac{x^2}{9}+\dfrac{y^2}{4}+\dfrac{z^2}{4}=1$;　　　　(2) $x^2+y^2-\dfrac{z^2}{9}=1$;

(3) $x^2-y^2+z^2=1$;　　　　　(4) $(z-2)^2=\dfrac{x^2}{2}+\dfrac{y^2}{2}$.

8. 求母线平行于 y 轴,准线为 $\begin{cases} x^2+y^2+z^2=9 \\ y=1 \end{cases}$ 的柱面方程.

8.4　空间曲线及其方程

8.4.1　空间曲线的一般方程

空间曲线 C 可看成空间两个曲面的交线. 设

$$F(x,y,z)=0, G(x,y,z)=0$$

是两个曲面方程,它们的交线为 C. 因为曲线 C 上的任何点的坐标应同时满足这两个方程,所以应满足方程组

$$\begin{cases} F(x,y,z)=0 \\ G(x,y,z)=0 \end{cases} \tag{8.33}$$

反过来,如果一个点不在曲线 C 上,那么,它不可能同时在两个曲面上,故它的坐标不满

足方程组. 因此,曲线 C 可用方程组(8.33)来表示. 方程组(8.33)称为**空间曲线 C 的一般方程**(见图 8.37).

例 1 方程组 $\begin{cases} x^2 + y^2 = 1 \\ 2x + 3z = 6 \end{cases}$ 表示怎样的曲线?

解 方程 $x^2 + y^2 = 1$ 表示母线平行于 z 轴的圆柱面,其准线是 xOy 面上的圆,圆心在原点 O,半径为 1;方程 $2x + 3z = 6$ 表示平行于 y 轴的柱面,由于它的准线是 zOx 面上的直线,因此,它是一个平面. 方程组 $\begin{cases} x^2 + y^2 = 1 \\ 2x + 3z = 6 \end{cases}$ 就表示上述平面与圆柱面的交线,实际上是一个椭圆,如图 8.38 所示.

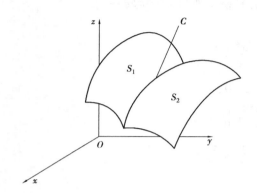

图 8.37

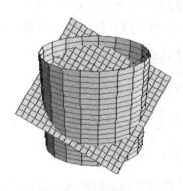

图 8.38

例 2 方程组 $\begin{cases} z = \sqrt{a^2 - x^2 - y^2} \\ \left(x - \dfrac{a}{2}\right)^2 + y^2 = \dfrac{a^2}{4} \end{cases}$ 表示怎样的曲线?

解 方程 $z = \sqrt{a^2 - x^2 - y^2}$ 表示球心在坐标系原点 O,半径为 a 的上半球面,而方程 $\left(x - \dfrac{a}{2}\right)^2 + y^2 = \dfrac{a^2}{4}$ 表示母线平行于 z 轴的圆柱面,它的准线是 xOy 面上的圆心在点 $\left(\dfrac{a}{2}, 0\right)$,半径为 $\dfrac{a}{2}$ 的圆. 方程组就表示上述半球面与圆柱面的交线,交线如图 8.39 所示.

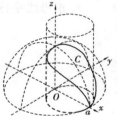

图 8.39

8.4.2 空间曲线的参数方程

空间曲线 C 的方程可用参数形式表示,只要将 C 上动点的坐标 x, y, z 表示为参数 t 的函数

$$\begin{cases} x = x(t) \\ y = y(t) \\ z = z(t) \end{cases} \tag{8.34}$$

当给定 $t = t_1$ 时,就得到曲线 C 上的一个点 (x_1, y_1, z_1),随着参数 t 的变化便得曲线 C 上的全部点. 方程组(8.34)称为空间曲线的参数方程.

例 3　如果空间一点 M 在圆柱面 $x^2 + y^2 = a^2$ 上以角速度 ω 绕 z 轴旋转,同时又以线速度 v 沿平行于 z 轴的正方向上升(其中,ω,v 都是常数),那么,点 M 构成的轨迹称为**螺旋线**. 试建立螺旋线的参数方程(见图 8.40).

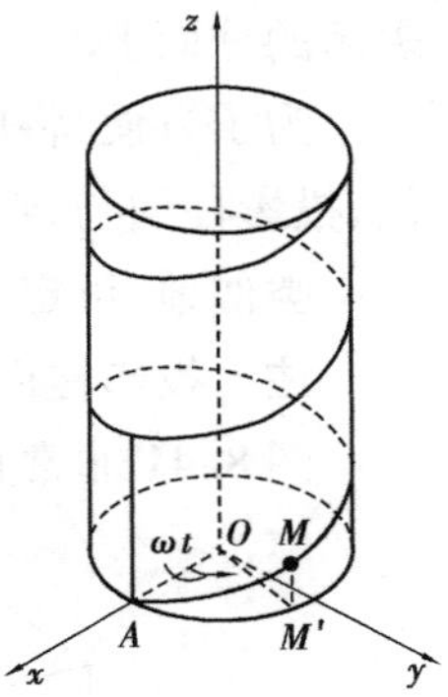

图 8.40

解　以时间 t 为参数,并设当 $t = 0$ 时,动点位于 x 轴上的点 $A(a,0,0)$ 处. 经过时间 t,动点由 A 运动到 $M(x,y,z)$ 点. 记 M 在 xOy 面的投影为 $M'(x,y,0)$,由于动点在圆柱面上以角速度 ω 绕 z 轴旋转,因此,经过时间 t,$\angle AOM' = \omega t$. 从而有

$$x = |OM'|\cos\angle AOM' = a\cos\omega t$$
$$y = |OM'|\sin\angle AOM' = a\sin\omega t$$

因为动点同时以线速度 v 沿平行于 z 轴的正方向上升,所以

$$z = MM' = vt$$

因此,螺旋线的参数方程为

$$\begin{cases} x = a\cos\omega t \\ y = a\sin\omega t \\ z = vt \end{cases}$$

或写为

$$\begin{cases} x = a\cos\theta \\ y = a\sin\theta \\ z = b\theta \end{cases}$$

其中,参数 $\theta = \omega t$,而 $b = \dfrac{v}{\omega}$ 为常数.

螺旋线是实践中常用的曲线. 例如,平头螺钉的外缘曲线就是螺旋线. 当拧紧平头螺钉时,它的外缘曲线上的任一点 M 一方面绕螺钉的轴旋转,另一方面又沿平行于轴线的方向前进,点 M 就走出一段螺旋线. 特别地,当 OM 转过一周,即 $\theta = 2\pi$ 时,点就上升固定的高度 $h = vt = 2\pi b$,这个高度在工程技术上称为**螺距**. 螺旋线具有一个重要的性质:螺旋线上的点沿螺旋线运动时垂直上升的高度与水平转过的角度成正比.

8.4.3　空间曲线在坐标面上的投影

设空间曲线 C 的一般方程为

$$\begin{cases} F(x,y,z) = 0 \\ G(x,y,z) = 0 \end{cases}$$

消去变量 z 后,得

$$H(x,y) = 0$$

由于方程 $H(x,y) = 0$ 是由方程组消去变量 z 后所得的方程,因此,当 x,y,z 满足方程组时,x,y 必定满足方程 $H(x,y) = 0$,故曲线 C 上的所有点都在方程 $H(x,y) = 0$ 所表示的曲面上. 又由于方程 $H(x,y) = 0$ 表示一个母线平行于 z 轴的柱面,因此,曲线 C 在方程 $H(x,y) = 0$

表示的柱面上.

为了方便,将以曲线 C 为准线、母线平行于 z 轴的柱面称为曲线 C 关于 xOy 面的**投影柱面**,投影柱面与 xOy 面的交线称为空间曲线 C 在 xOy 面上的**投影曲线**,或简称**投影**.

类似地,可定义空间曲线 C 在其他坐标面上的投影.

注 投影柱面的一个特征是其母线垂直于所投影的坐标面.

图 8.41 非常直观地表现了上面例 3 中的空间曲线、投影柱面、投影曲线之间的联系.

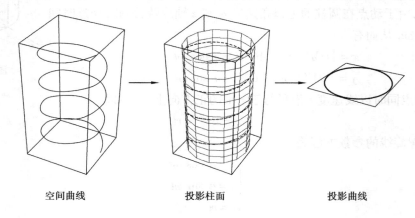

空间曲线   投影柱面   投影曲线

图 8.41

按上述定义,方程 $H(x,y)=0$ 表示的柱面就是曲线 C 关于 xOy 面的投影柱面. 曲线 C 在 xOy 面上的投影曲线的方程为

$$\begin{cases} H(x,y)=0 \\ z=0 \end{cases} \tag{8.35}$$

同样道理,在空间曲线 C 的一般方程中,消去变量 x 或变量 y 后得到方程 $R(y,z)=0$ 或 $T(x,z)=0$,再分别与 $x=0$ 或 $y=0$ 联立,就得到曲线 C 在 yOz 面上的投影曲线的方程或在 zOx 面上的投影曲线的方程

$$\begin{cases} R(y,z)=0 \\ x=0 \end{cases} \quad \text{或} \quad \begin{cases} T(x,z)=0 \\ y=0 \end{cases} \tag{8.36}$$

例 4 求曲线 $\begin{cases} x^2+y^2+z^2=1 \\ z=\dfrac{1}{2} \end{cases}$ 在各个坐标面上的投影.

解 (1)消去变量 z 后得投影柱面 $x^2+y^2=\dfrac{3}{4}$,所以该曲线在 xOy 面上的投影为

$$\begin{cases} x^2+y^2=\dfrac{3}{4} \\ z=0 \end{cases}$$

(2)因为曲线在平面 $z=\dfrac{1}{2}$ 上,所以该曲线在 zOx 面上的投影为线段

$$\begin{cases} x = x & |x| \leqslant \dfrac{\sqrt{3}}{2} \\ y = 0 \\ z = \dfrac{1}{2} \end{cases}$$

（3）与（2）同理,该曲线在 yOz 面上的投影也为线段

$$\begin{cases} x = 0 \\ y = y & |y| \leqslant \dfrac{\sqrt{3}}{2} \\ z = \dfrac{1}{2} \end{cases}$$

例 5 求抛物面 $y^2 + z^2 = x$ 与平面 $x + 2y - z = 0$ 的交线在 3 个坐标面上的投影曲线的方程（见图 8.42）.

解 交线方程为

$$\begin{cases} y^2 + z^2 = x \\ x + 2y - z = 0 \end{cases}$$

（1）消去 z 得 $x^2 + 5y^2 + 4xy - x = 0$,所以在 xOy 面上的投影为

$$\begin{cases} x^2 + 5y^2 + 4xy - x = 0 \\ z = 0 \end{cases}$$

（2）消去 y 得 $x^2 + 5z^2 - 2xz - 4x = 0$,所以在 zOx 面上的投影为

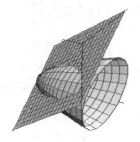

图 8.42

$$\begin{cases} x^2 + 5z^2 - 2xz - 4x = 0 \\ y = 0 \end{cases}$$

（3）消去 x 得 $y^2 + z^2 + 2y - z = 0$,所以在 yOz 面上的投影为

$$\begin{cases} y^2 + z^2 + 2y - z = 0 \\ x = 0 \end{cases}$$

例 6 一立体由上半球面 $z = \sqrt{4 - x^2 - y^2}$ 和锥面 $z = \sqrt{3(x^2 + y^2)}$ 所围成,求其在 xOy 面上的投影.

解 半球面和锥面的交线为

$$C: \begin{cases} z = \sqrt{4 - x^2 - y^2} \\ z = \sqrt{3(x^2 + y^2)} \end{cases}$$

由方程 $z = \sqrt{4 - x^2 - y^2}$ 和 $z = \sqrt{3(x^2 + y^2)}$ 消去 z 得到 $x^2 + y^2 = 1$. 这是一个母线平行于 z 轴的圆柱面,容易看出,这恰好是半球面与锥面的交线 C 关于 xOy 面的投影柱面. 因此,交线 C 在 xOy 面上的投影曲线为

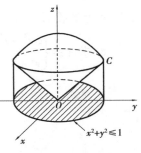

图 8.43

$$\begin{cases} x^2 + y^2 = 1 \\ z = 0 \end{cases}$$

这是 xOy 面上的一个圆,于是,所求立体在 xOy 面上的投影,就是该圆在 xOy 面上所围的部分,可记为 $D_{xy}: x^2 + y^2 \leqslant 1$,如图 8.43 所示.

习题 8.4

1. 选择题:

(1)空间曲线的方程是( ).

    A. 唯一的   B. 不唯一的   C. 可能不唯一   D. 不能确定

(2)方程组 $\begin{cases} 2x^2 + y^2 + 4z^2 = 9 \\ x = 1 \end{cases}$ 表示( ).

    A. 椭球面   B. $x = 1$ 平面上的椭圆

    C. 椭圆柱面   D. 空间曲线在 $x = 1$ 平面上的投影

2. 画出下列曲线在第一卦限内的图形:

(1) $\begin{cases} z = \sqrt{4 - x^2 - y^2} \\ x - y = 0 \end{cases}$;   (2) $\begin{cases} x^2 + y^2 = a^2 \\ x^2 + z^2 = a^2 \end{cases}$.

3. 指出下列方程组在空间解析几何中表示怎样的曲线:

(1) $\begin{cases} x = 1 \\ y = 2 \end{cases}$;   (2) $\begin{cases} y = 3 \\ x^2 + y^2 + z^2 = 16 \end{cases}$;   (3) $\begin{cases} z = \dfrac{x^2}{2} + \dfrac{y^2}{2} \\ x - y = 0 \end{cases}$.

4. 将下列曲线的一般方程化为参数方程:

(1) $\begin{cases} x^2 + y^2 + z^2 = 4 \\ x = y \end{cases}$;   (2) $\begin{cases} (x+1)^2 + y^2 + (z-1)^2 = 4 \\ z = 0 \end{cases}$.

5. 求球面 $x^2 + y^2 + z^2 = 4$ 与平面 $x + z = 1$ 的交线在 xOy 面的投影曲线的方程.

6. 求 $2x^2 + y^2 + z^2 = 16$ 与 $x^2 + z^2 - y^2 = 0$ 的交线在 zOx 面及 yOz 面的投影曲线方程.

7. 求由上半球面 $z = \sqrt{4 - x^2 - y^2}$ 与上半锥面 $z = \sqrt{3(x^2 + y^2)}$ 所围成的立体在 xOy 面和 zOx 面上的投影区域.

8. 求曲线 $\begin{cases} 2y^2 + z^2 + 4x = 4z \\ y^2 + 3z^2 - 8x = 12z \end{cases}$ 在 3 个坐标面上的投影.

8.5 平面及其方程

平面是空间中最简单而且最重要的曲面. 本节将以向量为工具,建立平面的方程,并进一步讨论有关平面的一些基本性质.

8.5.1　平面的点法式方程

如果一非零向量垂直于一平面,这向量就称为该**平面的法线向量**,简称**平面的法向量**. 容易知道,法线向量垂直于平面内的任一向量.

当平面 π 上已知一定点 $M_0(x_0,y_0,z_0)$ 和它的一个法线向量 $\boldsymbol{n}=(A,B,C)$ 时(见图 8.44),平面 π 的位置就完全确定了. 下面建立平面 π 的方程.

设 $M(x,y,z)$ 为平面 π 上的任一点,则有 $\overrightarrow{M_0M}\perp\boldsymbol{n}$,从而 $\overrightarrow{M_0M}\cdot\boldsymbol{n}=0$. 又因为

$$\overrightarrow{M_0M}=(x-x_0,y-y_0,z-z_0)$$

所以有

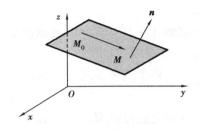

图 8.44

$$A(x-x_0)+B(y-y_0)+C(z-z_0)=0 \tag{8.37}$$

这就是平面 π 上任一点 M 的坐标 x,y,z 所满足的方程. 这是一个三元一次方程.

反过来,如果 $M(x,y,z)$ 不在平面 π 上,那么,向量 $\overrightarrow{M_0M}$ 不垂直于法线向量 $\boldsymbol{n}$,从而

$$\overrightarrow{M_0M}\cdot\boldsymbol{n}\neq0$$

即不在平面 π 上的点 M 的坐标 x,y,z 不满足此方程.

综上可知,方程(8.37)就是平面 π 的方程,而平面 π 就是平面方程的图形. 由于方程(8.37)是由平面 π 上的一点 $M_0(x_0,y_0,z_0)$ 及它的一个法线向量 $\boldsymbol{n}=(A,B,C)$ 确定的,因此,方程(8.37)称为**平面的点法式方程**.

例 1　求过点 $(2,-3,0)$ 且以 $\boldsymbol{n}=(1,-2,3)$ 为法线向量的平面的方程.

解　根据平面的点法式方程,所求平面的方程为

$$(x-2)-2(y+3)+3(z-0)=0$$

即

$$x-2y+3z-8=0$$

例 2　求过三点 $A(2,-1,4)$,$B(-1,3,-2)$ 和 $C(0,2,3)$ 的平面方程.

解　因为 3 点 A,B,C 均在平面上,且平面的法向量与向量 $\overrightarrow{AB}$ 与 $\overrightarrow{AC}$ 垂直,所求平面的法向量可取为

$$\boldsymbol{n}=\overrightarrow{AB}\times\overrightarrow{AC}=\begin{vmatrix} \boldsymbol{i} & \boldsymbol{j} & \boldsymbol{k} \\ -3 & 4 & -6 \\ -2 & 3 & -1 \end{vmatrix}=14\boldsymbol{i}+9\boldsymbol{j}-\boldsymbol{k}$$

故所求平面方程为

$$14(x-2)+9(y+1)-(z-4)=0$$

化简得

$$14x+9y-z-15=0$$

8.5.2 平面的一般式方程

由于任何平面都可用它上面的一点及它的法线向量来确定,而平面的点法式方程是 x,y,z 的一次方程,因此,任一平面都可用三元一次方程来表示.

反过来,设有三元一次方程

$$Ax + By + Cz + D = 0 \qquad (8.38)$$

这里 $A^2 + B^2 + C^2 \neq 0$. 任取满足该方程的一组数 x_0,y_0,z_0,即满足

$$Ax_0 + By_0 + Cz_0 + D = 0 \qquad (8.39)$$

将上述两等式相减,则得

$$A(x - x_0) + B(y - y_0) + C(z - z_0) = 0 \qquad (8.40)$$

这正是通过点 $M_0(x_0,y_0,z_0)$ 且以 $\boldsymbol{n} = (A,B,C)$ 为法线向量的平面方程. 由于方程(8.38)与方程(8.40)同解,因此,任一三元一次方程(8.38)的图形总是一个平面. 方程(8.38)称为**平面的一般式方程**. 其中, x、y、z 的系数是该平面的一个法线向量 $\boldsymbol{n}$ 的坐标,即 $\boldsymbol{n} = (A,B,C)$.

对于平面的一般方程的特殊情况,应熟悉它们图形的特点.

①当 $D = 0$ 时,方程(8.38)成为 $Ax + By + Cz = 0$,所表示的平面通过坐标系的原点.

②当 $A = 0$ 时,方程(8.38)成为 $By + Cz + D = 0$,法线向量 $\boldsymbol{n} = (0,B,C)$ 垂直于 x 轴,因此,方程(8.38)所表示的平面平行于(或包含)x 轴.

③当 $B = 0$ 时,方程(8.38)所表示的平面平行于 y 轴;当 $C = 0$ 时,方程(8.38)所表示的平面平行于(或包含)z 轴.

④当 $A = B = 0$ 时,方程(8.38)所表示的平面平行于 x 轴,也平行于 y 轴. 因此,平面平行于(或重合于)xOy 坐标面. 类似地,当 $A = C = 0$ 时,方程(8.38)所表示的平面平行于(或重合于)zOx 坐标面;当 $B = C = 0$ 时,方程(8.38)所表示的平面平行于(或重合于)yOz 坐标面.

特别地,方程 $x = 0,y = 0,z = 0$ 分别表示 3 个坐标平面:yOz 面、zOx 面、xOy 面.

例 3 求过点 $(1,1,1)$,且垂直于 $x - y + z = 7$ 和 $3x + 2y - 12z + 5 = 0$ 的平面方程.

解 已知两个平面的法线向量为 $\boldsymbol{n}_1 = (1,-1,1)$, $\boldsymbol{n}_2 = (3,2,-12)$,由 $\boldsymbol{n} = \boldsymbol{n}_1 \times \boldsymbol{n}_2 = (10,15,5) = 5(2,3,1)$,故可取法线向量为 $(2,3,1)$,所求平面的点法式方程为

$$2(x - 12) + 3(y - 1) + (z - 1) = 0$$

化简得

$$2x + 3y + z - 6 = 0$$

例 4 设平面过原点及点 $M(6,-3,2)$,且与平面 $4x - y + 2z = 8$ 垂直,求此平面方程.

解 设所求平面方程为 $Ax + By + Cz + D = 0$. 由平面过原点可知, $D = 0$. 由平面过点 $(6,-3,2)$,可知

$$6A - 3B + 2C = 0$$

因为 $\boldsymbol{n} \perp (4,-1,2)$,所以

$$4A - B + 2C = 0$$

将上述两式联立解得 $A = B = -\dfrac{2}{3}C$,以此代入平面的方程并消去 C,得所求平面方程为

$$2x + 2y - 3z = 0$$

注   此题还有其他的解法,读者可以试试.

例 5   设平面与坐标轴分别交于 $P(a,0,0)$,$Q(0,b,0)$,$R(0,0,c)$(其中,$a \neq 0$,$b \neq 0$, $c \neq 0$)3 点,求此平面的方程.

解   设平面为 $Ax + By + Cz + D = 0$. 将 3 点坐标代入得

$$\begin{cases} aA + D = 0 \\ bB + D = 0 \\ cC + D = 0 \end{cases}$$

解得 $A = -\dfrac{D}{a}$,$B = -\dfrac{D}{b}$,$C = -\dfrac{D}{c}$. 将其代入所设方程并消去 $D(D \neq 0)$,得

$$\frac{x}{a} + \frac{y}{b} + \frac{z}{c} = 1 \tag{8.41}$$

这个方程称为**平面的截距式方程**,而 a,b,c 分别称为平面在 x 轴、y 轴、z 轴上的截距.

*8.5.3   平面的三点式方程

设 3 点 $M_1(x_1,y_1,z_1)$,$M_2(x_2,y_2,z_2)$,$M_3(x_3,y_3,z_3)$ 不在同一直线上,通过这 3 个点能唯一确定空间一平面. 设 $M(x,y,z)$ 为所求平面上任意一点,则向量 $\overrightarrow{M_1M} = (x - x_1, y - y_1, z - z_1)$,$\overrightarrow{M_1M_2} = (x_2 - x_1, y_2 - y_1, z_2 - z_1)$,$\overrightarrow{M_1M_3} = (x_3 - x_1, y_3 - y_1, z_3 - z_1)$ 共面. 根据向量混合积的定义,则有

$$\left[\overrightarrow{M_1M} \quad \overrightarrow{M_1M_2} \quad \overrightarrow{M_1M_3} \right] = 0$$

$$\begin{vmatrix} x - x_1 & y - y_1 & z - z_1 \\ x_2 - x_1 & y_2 - y_1 & z_2 - z_1 \\ x_3 - x_1 & y_3 - y_1 & z_3 - z_1 \end{vmatrix} = 0 \quad (\text{平面的三点式方程}) \tag{8.42}$$

8.5.4   两平面的夹角

两平面法线向量之间的夹角 $\theta\left(0 \leqslant \theta \leqslant \dfrac{\pi}{2}\right)$,称为**两平面的夹角**(见图 8.45).

下面推导两平面夹角余弦的坐标表达式.

设平面 π_1 和平面 π_2 的法线向量分别为 $\boldsymbol{n}_1 = (A_1, B_1, C_1)$ 和 $\boldsymbol{n}_2 = (A_2, B_2, C_2)$,那么,平面 π_1 和平面 π_2 的夹角 θ 应是 $(\widehat{\boldsymbol{n}_1,\boldsymbol{n}_2})$ 或 $(\widehat{-\boldsymbol{n}_1,\boldsymbol{n}_2}) = \pi - (\widehat{\boldsymbol{n}_1,\boldsymbol{n}_2})$. 因此,有 $\cos \theta = \left| \cos(\widehat{\boldsymbol{n}_1,\boldsymbol{n}_2}) \right|$. 按两向量夹角余弦的坐标表示式,平面 π_1 和平面 π_2 的夹角 θ 可由

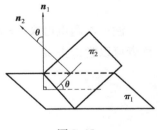

图 8.45

$$\cos \theta = \frac{|A_1A_2 + B_1B_2 + C_1C_2|}{\sqrt{A_1^2 + B_1^2 + C_1^2} \cdot \sqrt{A_2^2 + B_2^2 + C_2^2}} \tag{8.43}$$

来确定.

注   根据两向量垂直、平行的充分必要条件,可推得下列结论:

①平面 π_1 和平面 π_2 垂直的充分必要条件是 $A_1A_2 + B_1B_2 + C_1C_2 = 0$；

②平面 π_1 和平面 π_2 平行的充分必要条件是 $\dfrac{A_1}{A_2} = \dfrac{B_1}{B_2} = \dfrac{C_1}{C_2}$.

例6 研究以下各组里两平面的位置关系：

（1）$-x + 2y - z + 1 = 0, y + 3z - 1 = 0$；

（2）$2x - y + z - 1 = 0, -4x + 2y - 2z - 1 = 0$；

（3）$2x - y - z + 1 = 0, -4x + 2y + 2z - 2 = 0$.

解 （1）两平面的法线向量分别为 $\boldsymbol{n}_1 = (-1, 2, -1), \boldsymbol{n}_2 = (0, 1, 3)$，则

$$\cos\theta = \frac{|-1 \times 0 + 2 \times 1 - 1 \times 3|}{\sqrt{(-1)^2 + 2^2 + (-1)^2} \cdot \sqrt{1^2 + 3^2}} = \frac{1}{\sqrt{60}}$$

所以两平面相交，并且两平面的夹角为 $\theta = \arccos\dfrac{1}{\sqrt{60}}$.

（2）两平面的法线向量分别为 $\boldsymbol{n}_1 = (2, -1, 1), \boldsymbol{n}_2 = (-4, 2, -2)$，两平面平行. 又因为点 $M(1, 1, 0)$ 在平面 π_1 上但不在 π_2 上，所以两平面平行但不重合.

（3）因为两平面的法线向量分别为 $\boldsymbol{n}_1 = (2, -1, -1), \boldsymbol{n}_2 = (-4, 2, 2)$，两平面平行. 又因为点 $M(1, 1, 0)$ 同时在这两个平面上，所以这两个平面重合.

例7 一平面通过点 $M_1(1, 1, 1)$ 和 $M_2(0, 1, -1)$ 且垂直于平面 $x + y + z = 0$，求它的方程.

解 已知从点 M_1 到点 M_2 的向量为 $\boldsymbol{n}_1 = (-1, 0, -2)$，平面 $x + y + z = 0$ 的法线向量为 $\boldsymbol{n}_2 = (1, 1, 1)$. 设所求平面的法线向量为 $\boldsymbol{n} = (A, B, C)$. 因为点 $M_1(1, 1, 1)$ 和 $M_2(0, 1, -1)$ 在所求平面上，所以 $\boldsymbol{n} \perp \boldsymbol{n}_1$，即 $-A - 2C = 0$，所以 $A = -2C$. 又因为所求平面垂直于平面 $x + y + z = 0$，所以 $\boldsymbol{n} \perp \boldsymbol{n}_2$，即 $A + B + C = 0, B = C$. 于是，所求平面的点法式方程为

$$-2C(x - 1) + C(y - 1) + C(z - 1) = 0$$

约去 $C(C \neq 0)$，即为

$$-2(x - 1) + (y - 1) + (z - 1) = 0$$

化简得

$$2x - y - z = 0$$

注 本题也可取 $\boldsymbol{n} = \boldsymbol{n}_1 \times \boldsymbol{n}_2$ 作为所求平面的法线向量，然后用点法式求出平面的方程. 读者可以尝试去做.

习题 8.5

1. 填空题：

（1）过点 $(3, 0, -1)$ 且与平面 $3x - 7y + 5z - 12 = 0$ 平行的平面方程为 _____.

（2）当 $\lambda = $ _____ 时，平面 $x + 3y - 5 + \lambda(x - y - 2z + 4) = 0$ 在 x 轴和 y 轴上的截距相等，此时该平面的方程为 _____.

（3）通过点 $P(1, -3, 2)$，并且垂直于点 $A(0, 0, 3)$ 与点 $B(1, -3, -4)$ 连线的平面方程为

_____.

（4）过点 $P(2,0,-1)$ 且与向量 $\boldsymbol{a}=(2,1,-1)$，$\boldsymbol{b}=(3,0,4)$ 平行的平面方程为_____.

2. 求过 $(2,-3,1)$、$(-1,3,1)$、$(0,-5,6)$ 3 点的平面方程.

3. 按下列条件求平面方程：

（1）平行于 xOy 平面且经过点 $(2,-5,3)$；

（2）通过 x 轴和点 $(-3,1,2)$；

（3）平行于 x 轴且经过两点 $(4,0,-2)$ 和 $(5,1,7)$；

（4）过点 $(5,-7,4)$，且在 x,y,z 3 个轴上的截距相等.

4. 求平面 $2x-2y+z=0$ 与各坐标面夹角的余弦.

5. 已知平面在 x 轴上的截距为 2，且通过点 $(0,-1,0)$ 和 $(2,1,3)$，求此平面方程.

6. 过点 $(1,1,1)$，且垂直于平面 $x-y+z=7$ 和 $3x+2y-12z+5=0$ 的平面方程.

7. 求过 3 点 $A(2,3,0)$，$B(-2,-3,4)$ 和 $C(0,6,0)$ 的平面方程.

8. 求平面 $5x-14y+2z-8=0$ 与 xOy 面的夹角.

9. 求过点 $(6,2,1)$ 且在 y 轴和 z 轴上的截距分别为 -3 和 2 的平面方程.

8.6　空间直线及其方程

空间直线是最简单的空间曲线. 本节将以向量为工具来讨论空间直线.

8.6.1　空间直线的一般方程

空间直线 L 可看成两个相交平面 $\boldsymbol{\pi}_1$ 和 $\boldsymbol{\pi}_2$ 的交线（见图 8.46）. 如果平面 $\boldsymbol{\pi}_1$ 和 $\boldsymbol{\pi}_2$ 的方程分别为 $A_1x+B_1y+C_1z+D_1=0$ 和 $A_2x+B_2y+C_2z+D_2=0$，那么，直线 L 上的任一点的坐标应同时满足这两个平面的方程，即应满足方程组

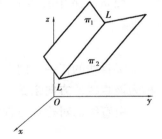

图 8.46

$$\begin{cases} A_1x+B_1y+C_1z+D_1=0 \\ A_2x+B_2y+C_2z+D_2=0 \end{cases} \qquad (8.44)$$

反之，如果点 M 不在直线 L 上，那么，它不可能同时在平面 $\boldsymbol{\pi}_1$ 和 $\boldsymbol{\pi}_2$ 上，所以它的坐标不满足方程组（8.44）. 因此，直线 L 可用方程组（8.44）来表示. 方程组（8.44）称为**空间直线的一般方程**.

注　通过空间一直线 L 的平面有无限多个，只要在这无限多个平面中任意选取两个，把它们的方程联立起来，所得的方程组就表示空间直线 L. 由此可知，空间直线的一般形式并不唯一.

8.6.2　空间直线的对称式方程与参数方程

由立体几何知识，过空间一点作平行于已知直线的直线是唯一的. 因此，如果知道直线上一点及与直线平行的某一向量，那么，该直线的位置也就是完全确定. 现在根据这个几何条件

建立直线的方程.

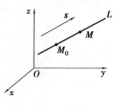

图 8.47

如果一个非零向量平行于一条已知直线,这个向量称为这条直线的**方向向量**(见图8.47).容易知道,直线上任一向量都平行于该直线的方向向量.方向向量有无穷多个,它们之间互相平行.

当直线 L 上的一点 $M_0(x_0, y_0, z_0)$ 和这直线的一个方向向量 $s = (m, n, p)$ 为已知时,直线 L 的位置就完全确定了.下面建立该直线方程.

设 $M(x, y, z)$ 为直线上另一异于 $M_0(x_0, y_0, z_0)$ 的点,则 $\overrightarrow{M_0M} \parallel s$.

因为

$$\overrightarrow{M_0M} = (x - x_0, y - y_0, z - z_0)$$

所以有

$$\frac{x - x_0}{m} = \frac{y - y_0}{n} = \frac{z - z_0}{p} \tag{8.45}$$

反之,当 $M(x, y, z)$ 不在直线 L 上时,$\overrightarrow{M_0M}$ 不平行于 s,则 $\overrightarrow{M_0M}$ 与 s 的对应坐标就不成比例.所以方程(8.45)就是直线 L 的方程,称为**直线的对称式方程**或**点向式方程**.

注 ①当 m, n, p 中有一个为零,如 $m = 0$,而 $n \neq 0, p \neq 0$ 时,式(8.45)表示为

$$\begin{cases} x = x_0 \\ \dfrac{y - y_0}{n} = \dfrac{z - z_0}{p} \end{cases}$$

当 m, n, p 中有两个为零,如 $m = n = 0$,而 $p \neq 0$ 时,式(8.45)表示为

$$\begin{cases} x - x_0 = 0 \\ y - y_0 = 0 \end{cases}$$

②直线的任一方向向量 s 的坐标 m, n, p 称为这直线的一组**方向数**,而向量 s 的方向余弦称为该直线的**方向余弦**.

由直线的对称式方程容易导出直线的参数方程.令

$$\frac{x - x_0}{m} = \frac{y - y_0}{n} = \frac{z - z_0}{p} = t$$

则有

$$\begin{cases} x = x_0 + mt \\ y = y_0 + nt \\ z = z_0 + pt \end{cases} \tag{8.46}$$

方程组(8.46)就是直线 L 的**参数方程**,t 为参数.

例 1 用对称式方程及参数方程表示直线

$$\begin{cases} x + y + z + 1 = 0 \\ 2x - y + 3z + 4 = 0 \end{cases}$$

解 取 $x_0 = 1$ 并代入方程组,解得 $y_0 = 0, z_0 = -2$,所以点 $(1, 0, -2)$ 就是直线上的一点.因为所求直线与两平面 $x + y + z + 1 = 0$ 和 $2x - y + 3z + 4 = 0$ 的法向量都垂直,所以可取法线

向量的向量积作为直线的方向向量 s，故

$$s = n_1 \times n_2 = \begin{vmatrix} i & j & k \\ 1 & 1 & 1 \\ 2 & -1 & 3 \end{vmatrix} = (4, -1, -3)$$

因此，所给直线的对称式方程为

$$\frac{x-1}{4} = \frac{y-0}{-1} = \frac{z+2}{-3}$$

而参数方程为

$$\begin{cases} x = 1 + 4t \\ y = -t \\ z = -2 - 3t \end{cases}$$

例 2　一直线过点 $A(2, -3, 4)$，且和 y 轴垂直相交，求其方程.

解　因为直线和 y 轴垂直相交，所以交点必为 $B(0, -3, 0)$，取方向向量为

$$s = \overrightarrow{BA} = (2, 0, 4)$$

由于有一个方向数为 0，故所求直线方程可写为

$$\begin{cases} \dfrac{x-2}{2} = \dfrac{z-4}{4} \\ y = -3 \end{cases} \quad \text{或} \quad \begin{cases} x = 2t + 2 \\ y = -3 \\ z = 4t + 4 \end{cases}$$

8.6.3　两直线的夹角

两直线的方向向量的夹角（一般是指锐角或直角），称为**两直线的夹角**. 下面推导两直线夹角余弦的坐标表达式.

设直线 L_1 和 L_2 的方向向量分别为 $s_1 = (m_1, n_1, p_1)$ 和 $s_2 = (m_2, n_2, p_2)$，那么，L_1 和 L_2 的夹角 φ 就是 $(\widehat{s_1, s_2})$ 和 $(\widehat{-s_1, s_2}) = \pi - (\widehat{s_1, s_2})$ 两者中的锐角或直角，因此，$\cos \varphi = |\cos(\widehat{s_1, s_2})|$. 根据两向量的夹角的余弦公式，直线 L_1 和 L_2 的夹角 φ 可由

$$\cos \varphi = \frac{|m_1 m_2 + n_1 n_2 + p_1 p_2|}{\sqrt{m_1^2 + n_1^2 + p_1^2} \cdot \sqrt{m_2^2 + n_2^2 + p_2^2}} \tag{8.47}$$

来确定.

注　根据两向量垂直、平行的充分必要条件，可推得下列结论：

① 直线 L_1 和直线 L_2 垂直的充分必要条件是 $m_1 m_2 + n_1 n_2 + p_1 p_2 = 0$；

② 直线 L_1 和直线 L_2 平行的充分必要条件是 $\dfrac{m_1}{m_2} = \dfrac{n_1}{n_2} = \dfrac{p_1}{p_2}$.

例 3　求直线 $L_1 : \dfrac{x-1}{1} = \dfrac{y}{-4} = \dfrac{z+3}{1}$ 和 $L_2 : \dfrac{x}{2} = \dfrac{y+2}{-2} = \dfrac{z}{-1}$ 的夹角.

解　两直线的方向向量分别为 $s_2 = (1, -4, 1)$ 和 $s_2 = (2, -2, -1)$. 设两直线的夹角为 φ，则

$$\cos \varphi = \frac{|1 \times 2 + (-4) \times (-2) + 1 \times (-1)|}{\sqrt{1^2 + (-4)^2 + 1^2} \cdot \sqrt{2^2 + (-2)^2 + (-1)^2}} = \frac{\sqrt{2}}{2}$$

所以 $\varphi = \frac{\pi}{4}$.

8.6.4　直线与平面的夹角

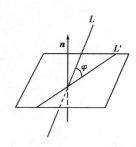

图 8.48

当直线与平面不垂直时,直线和它在平面上的投影直线的夹角 $\varphi\left(0 \le \varphi < \frac{\pi}{2}\right)$ 称为**直线与平面的夹角**(见图 8.48). 当直线与平面垂直时,规定直线与平面的夹角为 $\frac{\pi}{2}$.

下面推导直线与平面的夹角的坐标表达式.

设直线的方向向量为 $\boldsymbol{s} = (m, n, p)$,平面的法线向量为 $\boldsymbol{n} = (A, B, C)$,直线与平面的夹角为 φ,那么,$\varphi = \left| \frac{\pi}{2} - (\widehat{\boldsymbol{s}, \boldsymbol{n}}) \right|$,因此,$\sin \varphi = |\cos(\widehat{\boldsymbol{s}, \boldsymbol{n}})|$.

按两向量夹角余弦的坐标表示式,有

$$\sin \varphi = \frac{|Am + Bn + Cp|}{\sqrt{A^2 + B^2 + C^2} \cdot \sqrt{m^2 + n^2 + p^2}} \tag{8.48}$$

因为直线与平面垂直或平行,相当于直线的方向向量与平面的法线向量平行或垂直,所以有下列结论:

①直线与平面垂直的充分必要条件是 $\dfrac{A}{m} = \dfrac{B}{n} = \dfrac{C}{p}$;

②直线与平面平行的充分必要条件是 $Am + Bn + Cp = 0$.

注　$Am + Bn + Cp = 0$ 只是直线在平面上的必要条件,而非充分条件.

例 4　设直线 $L: \dfrac{x-1}{2} = \dfrac{y}{-1} = \dfrac{z+1}{2}$,平面 $\pi: x - y + 2z = 3$,求直线与平面的夹角 φ.

解　平面的法线向量为 $\boldsymbol{n} = (1, -1, 2)$,直线的方向向量为 $\boldsymbol{s} = (2, -1, 2)$,而

$$\sin \varphi = \frac{|Am + Bn + Cp|}{\sqrt{A^2 + B^2 + C^2} \cdot \sqrt{m^2 + n^2 + p^2}} = \frac{|1 \times 2 + (-1) \times (-1) + 2 \times 2|}{\sqrt{6} \cdot \sqrt{9}} = \frac{7}{3\sqrt{6}}$$

所以夹角 $\varphi = \arcsin \dfrac{7}{3\sqrt{6}}$.

例 5　求与两平面 $x - 4z = 3$ 和 $2x - y - 5z = 1$ 的交线平行并且过点 $(-3, 2, 5)$ 的直线的方程.

解　两个已知平面的法线向量分别为 $\boldsymbol{n}_1 = (1, 0, -4)$,$\boldsymbol{n}_2 = (2, -1, -5)$,根据题意可知,这两个平面交线的方向向量就是所求直线的方向向量 $\boldsymbol{s}$,并且 $\boldsymbol{s} \perp \boldsymbol{n}_1$,$\boldsymbol{s} \perp \boldsymbol{n}_2$. 故可取

$$\boldsymbol{s} = \boldsymbol{n}_1 \times \boldsymbol{n}_2 = (1, 0, -4) \times (2, -1, -5) = \begin{vmatrix} \boldsymbol{i} & \boldsymbol{j} & \boldsymbol{k} \\ 1 & 0 & -4 \\ 2 & -1 & -5 \end{vmatrix} = -(4, 3, 1)$$

因此,所求直线的方程为

$$\frac{x+3}{4}=\frac{y-2}{3}=\frac{z-5}{1}$$

例 6　求直线 $\frac{x-2}{1}=\frac{y-3}{1}=\frac{z-4}{2}$ 与平面 $2x+y+z-6=0$ 的交点.

解　所给直线的参数方程为

$$x=2+t,y=3+t,z=4+2t$$

代入平面方程中,得

$$2(2+t)+(3+t)+(4+2t)-6=0$$

解得 $t=-1$. 将 $t=-1$ 代入直线的参数方程,得所求交点的坐标为

$$x=1,y=2,z=2$$

例 7　求过点 $M(2,1,3)$ 且与直线 $\frac{x+1}{3}=\frac{y-1}{2}=\frac{z}{-1}$ 垂直相交的直线方程.

解　过点 M 且与已知直线垂直的平面 π 为

$$3(x-2)+2(y-1)-(z-3)=0$$

令 $\frac{x+1}{3}=\frac{y-1}{2}=\frac{z}{-1}=t$,则已知直线参数方程为

$$\begin{cases} x=3t-1 \\ y=2t+1 \\ z=-t \end{cases}$$

将其代入平面 π 的方程,得 $t=\frac{3}{7}$. 于是,已知直线与平面 π 的交点为 $N\left(\frac{2}{7},\frac{13}{7},-\frac{3}{7}\right)$.

取向量为 $\overrightarrow{MN}$ 所求直线的方向向量,则

$$\overrightarrow{MN}=\left(\frac{2}{7}-2,\frac{13}{7}-1,-\frac{3}{7}-3\right)=\left(-\frac{12}{7},\frac{6}{7},-\frac{24}{7}\right)=-\frac{6}{7}(2,-1,4)$$

因此,所求直线方程为

$$\frac{x-2}{2}=\frac{y-1}{-1}=\frac{z-3}{4}$$

例 8　设 $P_0(x_0,y_0,z_0)$ 是平面 $\pi:Ax+By+Cz+D=0$ 外一点,求 P_0 到平面的距离(见图 8.49).

解　记过点 P_0 并且垂直于平面 π 的直线为 l,则平面 π 的法线向量 $n=(A,B,C)$ 就可作为直线 l 的方向向量. 于是,直线 l 的方程为

$$\frac{x-x_0}{A}=\frac{y-y_0}{B}=\frac{z-z_0}{C}$$

其参数方程为

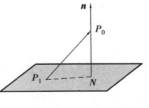

图 8.49

$$\begin{cases} x = x_0 + At \\ y = y_0 + Bt \\ z = z_0 + Ct \end{cases}$$

将直线 l 的参数方程代入平面 π 的方程,经过整理得

$$(A^2 + B^2 + C^2)t + Ax_0 + By_0 + Cz_0 + D = 0$$

解得直线 l 与平面 π 的交点 N 对应的参数值

$$t_0 = \frac{-(Ax_0 + By_0 + Cz_0 + D)}{A^2 + B^2 + C^2}$$

并且 $N(x_0 + At_0, y_0 + Bt_0, z_0 + Ct_0)$,$P_0(x_0, y_0, z_0)$ 到平面 $Ax + By + Cz + D = 0$ 的距离为

$$d = |P_0N| = \sqrt{(At_0)^2 + (Bt_0)^2 + (Ct_0)^2} = \sqrt{(A^2 + B^2 + C^2)t_0^2}$$

$$= \sqrt{\frac{(Ax_0 + By_0 + Cz_0 + D)^2}{A^2 + B^2 + C^2}} \tag{8.49}$$

$$= \frac{|Ax_0 + By_0 + Cz_0 + D|}{\sqrt{A^2 + B^2 + C^2}}$$

注 ①这个结果可作为公式使用.

②本例也可用投影与数量积的关系来解决(但用两点间距离公式更自然一些). 其解法如下.

令 $P_1(x_1, y_1, z_1)$ 是平面 π 上的一点,则有 $d = |\mathrm{Prj}_n \overrightarrow{P_1P_0}|$. 因为

$$\mathrm{Prj}_n \overrightarrow{P_1P_0} = \overrightarrow{P_1P_0} \cdot \boldsymbol{e}_n$$

而

$$\overrightarrow{P_1P_0} = (x_0 - x_1, y_0 - y_1, z_0 - z_1)$$

$$\boldsymbol{e}_n = \left\{ \frac{A}{\sqrt{A^2 + B^2 + C^2}}, \frac{B}{\sqrt{A^2 + B^2 + C^2}}, \frac{C}{\sqrt{A^2 + B^2 + C^2}} \right\}$$

所以

$$\mathrm{Prj}_n \overrightarrow{P_1P_0} = \frac{A(x_0 - x_1)}{\sqrt{A^2 + B^2 + C^2}} + \frac{B(y_0 - y_1)}{\sqrt{A^2 + B^2 + C^2}} + \frac{C(z_0 - z_1)}{\sqrt{A^2 + B^2 + C^2}}$$

$$= \frac{Ax_0 + By_0 + Cz_0 - (Ax_1 + By_1 + Cz_1)}{\sqrt{A^2 + B^2 + C^2}}$$

又因为 $Ax_1 + By_1 + Cz_1 + D = 0$,所以 $\mathrm{Prj}_n \overrightarrow{P_1P_0} = \dfrac{Ax_0 + By_0 + Cz_0 + D}{\sqrt{A^2 + B^2 + C^2}}$. 最后有

$$d = \frac{|Ax_0 + By_0 + Cz_0 + D|}{\sqrt{A^2 + B^2 + C^2}}$$

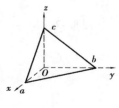

图 8.50

例 9 一平面平行于平面 $6x + y + 6z + 5 = 0$,且与 3 个坐标面所围成的四面体体积为一个单位,试求此平面方程(见图 8.50).

解 依题意,设所求平面方程为 $\dfrac{x}{a} + \dfrac{y}{b} + \dfrac{z}{c} = 1$,因 $V = 1$,故

$\dfrac{1}{6}abc = 1$.

因为所求平面与已知平面 $6x + y + 6z + 5 = 0$ 平行,所以两个平面的法向量平行,故有

$$\frac{\frac{1}{a}}{6} = \frac{\frac{1}{b}}{1} = \frac{\frac{1}{c}}{6}$$

化简得 $\dfrac{1}{6a} = \dfrac{1}{b} = \dfrac{1}{6c}$.

令 $\dfrac{1}{6a} = \dfrac{1}{b} = \dfrac{1}{6c} = t$,则有 $a = \dfrac{1}{6t}, b = \dfrac{1}{t}, c = \dfrac{1}{6t}$,代入体积式可得 $t = \dfrac{1}{6}$. 因此,$a = 1, b = 6$, $c = 1$,所求平面方程为 $6x + y + 6z = 6$.

8.6.5　平面束

有时,利用平面束的方程解决问题是比较方便的.

设直线 L 的一般方程为

$$\begin{cases} A_1 x + B_1 y + C_1 z + D_1 = 0 \\ A_2 x + B_2 y + C_2 z + D_2 = 0 \end{cases}$$

其中,系数 A_1, B_1, C_1 与 A_2, B_2, C_2 不成比例. 考虑三元一次方程

$$A_1 x + B_1 y + C_1 z + D_1 + \lambda(A_2 x + B_2 y + C_2 z + D_2) = 0$$

即

$$(A_1 + \lambda A_2)x + (B_1 + \lambda B_2)y + (C_1 + \lambda C_2)z + (D_1 + \lambda D_2) = 0$$

其中,λ 为任意常数. 因为系数 A_1, B_1, C_1 与 A_2, B_2, C_2 不成比例,所以对于任何一个 λ 值,上述方程的系数不全为零,从而它表示一个平面. 对于不同的 λ 值,所对应的平面也不同,而且这些平面都通过直线 L. 也就是说,这个方程表示通过直线 L 的一簇平面. 另一方面,任何通过直线 L 的平面(除平面 $A_2 x + B_2 y + C_2 z + D_2 = 0$ 外)也一定包含在上述通过 L 的平面簇中.

通过定直线的所有平面的全体称为**平面束**. 方程

$$A_1 x + B_1 y + C_1 z + D_1 + \lambda(A_2 x + B_2 y + C_2 z + D_2) = 0 \tag{8.50}$$

就是通过直线 L 的**平面束方程**.

例 10　求直线 $\begin{cases} x + y - z - 1 = 0 \\ x - y + z + 1 = 0 \end{cases}$ 在平面 $x + y + z = 0$ 上的投影直线的方程.

解　设过直线 $\begin{cases} x + y - z - 1 = 0 \\ x - y + z + 1 = 0 \end{cases}$ 的平面束的方程为

$$(x + y - z - 1) + \lambda(x - y + z + 1) = 0$$

即

$$(1 + \lambda)x + (1 - \lambda)y + (-1 + \lambda)z + (-1 + \lambda) = 0$$

其中,λ 为待定的常数. 平面束中只有一个平面与已知平面 $x + y + z = 0$ 垂直,其中,$\boldsymbol{n}_1 = (1 + \lambda, 1 - \lambda, -1 + \lambda)$, $\boldsymbol{n}_2 = (1, 1, 1)$ 与这个平面对应的 λ 必须满足条件 $\boldsymbol{n}_1 \cdot \boldsymbol{n}_2 = 0$,则

$$1 \cdot (1 + \lambda) + 1 \cdot (1 - \lambda) + 1 \cdot (-1 + \lambda) = 0$$

即

$$\lambda = -1$$

将 $\lambda = -1$ 代入平面束方程，经过整理得投影平面的方程为

$$y - z - 1 = 0$$

故投影直线的方程为

$$\begin{cases} y - z - 1 = 0 \\ x + y + z = 0 \end{cases}$$

例 11　求过直线 $\begin{cases} x + 2y - z - 6 = 0 \\ x - 2y + z = 0 \end{cases}$ 的平面 $\boldsymbol{\pi}$，使它垂直于平面 $x + 2y + z = 0$.

解　设过直线 $\begin{cases} x + 2y - z - 6 = 0 \\ x - 2y + z = 0 \end{cases}$ 的平面束的方程为

$$(x + 2y - z - 6) + \lambda(x - 2y + z) = 0$$

即

$$(1 + \lambda)x + 2(1 - \lambda)y + (\lambda - 1)z - 6 = 0$$

则有

$$\boldsymbol{n} = (1 + \lambda, 2(1 - \lambda), \lambda - 1)$$

已知平面 $x + 2y + z = 0$ 的法向量为

$$\boldsymbol{n}_1 = (1, 2, 1)$$

于是，有 $\boldsymbol{n} \cdot \boldsymbol{n}_1 = 0$，即

$$1 \cdot (1 + \lambda) + 4 \cdot (1 - \lambda) + 1 \cdot (\lambda - 1) = 0$$

即

$$\lambda = 2$$

故所求平面的方程为

$$3x - 2y + z - 6 = 0$$

习题 8.6

1. 填空题：

(1) 过点 $(4, -1, 3)$ 且平行于直线 $\dfrac{x-3}{2} = y = \dfrac{z-1}{5}$ 的直线方程是_____.

(2) 过两点 $M_1(3, -2, 1)$ 和 $M_2(-1, 0, 2)$ 的直线方程是_____.

(3) 直线 $\dfrac{x-1}{1} = \dfrac{y+3}{2} = \dfrac{z-4}{-1}$ 与平面 $x + 2y + 3z = 1$ 的夹角为_____，交点为_____.

(4) 空间直线 $\begin{cases} x - 2z - 5 = 0 \\ y - 6z + 7 = 0 \end{cases}$ 的对称式方程为_____.

(5) 点 $(1, 2, 1)$ 到平面 $x + 2y + 2z - 10 = 0$ 的距离为_____.

2. 求过点 $(2, 0, -3)$ 且与直线 $\begin{cases} x - 2y + 4z - 7 = 0 \\ 3x + 5y - 2z + 1 = 0 \end{cases}$ 垂直的平面方程.

3. 求出点$(-1,2,0)$在平面$x+2y-z+1=0$上的投影.

4. 求直线$\begin{cases}x+y-z-1=0\\x-y+z+1=0\end{cases}$在平面$x+y+z=0$上的投影直线方程(提示:利用平面束).

5. 求通过点$(2,1,3)$且与直线$\dfrac{x+1}{3}=\dfrac{y-1}{2}=\dfrac{z}{-1}$垂直相交的直线的方程.

6. 写出直线$L:\begin{cases}x-y+z=1\\2x+y+z=4\end{cases}$的对称式方程及参数方程.

7. 求满足下列条件的直线方程:

(1)过点$(4,-1,3)$且平行于直线$\dfrac{x-3}{2}=\dfrac{y}{1}=\dfrac{z-1}{5}$;

(2)过点$(0,2,4)$且同时平行于平面$x+2z=1$和$y-3z=2$;

(3)过点$(1,2,3)$且垂直于平面$2x+3y+z+1=0$.

8. 求点$(3,-1,2)$到直线$\begin{cases}2x-y+z-4=0\\x+y-z+1=0\end{cases}$的距离.

9. 求过点$P(3,-1,3)$和直线$\begin{cases}x=2+3t\\y=-1+t\\z=1+2t\end{cases}$的平面方程.

10. 已知两直线$L_1:\begin{cases}x+y-z-1=0\\2x+z-3=0\end{cases}$和$L_2:x=y=z-1$.

(1)求过L_1且平行于L_2的平面方程;

(2)求L_1与L_2间的最短距离.

11. 求两直线$\begin{cases}x+2y+5=0\\2y-z-4=0\end{cases}$与$\begin{cases}y=0\\x+2z+4=0\end{cases}$的公垂线的方程.

12. 一直线L过点$(-3,5,-9)$且与两直线$L_1:\begin{cases}y=3x+5\\z=2x-3\end{cases}$,$L_2:\begin{cases}y=4x-7\\z=5x+10\end{cases}$相交,求该直线方程.

13. 求平行于平面$3x+4z+7=0$,且两个平面相隔3个单位长度的平面方程.

总习题 8

1. 填空题:

(1)设$\boldsymbol{a}=(3,2,1)$,$\boldsymbol{b}=\left(2,\dfrac{4}{3},k\right)$,若$\boldsymbol{a}\perp\boldsymbol{b}$,则$k=$ _____;若$\boldsymbol{a}\;/\!/\;\boldsymbol{b}$,则$k=$ _____.

(2)设$|\boldsymbol{a}|=3$,$|\boldsymbol{b}|=4$,且$\boldsymbol{a}\perp\boldsymbol{b}$,则$|(\boldsymbol{a}+\boldsymbol{b})\times(\boldsymbol{a}-\boldsymbol{b})|=$ _____.

(3)设$|\boldsymbol{a}|=3$,$|\boldsymbol{b}|=26$,$|\boldsymbol{a}\times\boldsymbol{b}|=72$,则$\boldsymbol{a}\cdot\boldsymbol{b}=$ _____.

(4)已知直线$L:\dfrac{x-1}{2}=\dfrac{y-2}{-1}=\dfrac{z+1}{m}$,平面$\pi:-nx+2y-z+4=0$,则$m=$ _____,$n=$

_____时,直线在平面 π 内.

(5)向量 $\boldsymbol{a}=(2,1,3)$，$\boldsymbol{b}=(1,-1,2)$，则以 $\boldsymbol{a}$，$\boldsymbol{b}$ 为相邻两边的平行四边形的面积为_____.

(6)过点 $(1,2,-1)$ 且与直线 $\begin{cases} x=2-t \\ y=3t-4 \\ z=t-1 \end{cases}$ 垂直的平面方程为_____.

(7)设有平面 $x+4y-z=1$，直线 $\dfrac{x-1}{1}=\dfrac{y+2}{-2}=\dfrac{z}{2}$，则直线与平面的交点是_____.

(8)曲线 $\begin{cases} x^2-4z^2=1 \\ y=0 \end{cases}$ 绕 x 轴旋转而成的曲面方程是_____.

2. 设 $|\boldsymbol{a}|=4$，$|\boldsymbol{b}|=3$，它们的夹角是 $\dfrac{\pi}{6}$，求以 $\boldsymbol{a}+2\boldsymbol{b}$ 和 $\boldsymbol{a}-3\boldsymbol{b}$ 为边的平行四边形的面积.

3. 设 $\boldsymbol{a}=(2,-3,1)$，$\boldsymbol{b}=(1,-2,3)$，$\boldsymbol{c}=(2,1,2)$，向量 $\boldsymbol{r}$ 满足，$\boldsymbol{r}\perp\boldsymbol{a}$，$\boldsymbol{r}\perp\boldsymbol{b}$，$\text{Prj}_{\boldsymbol{c}}\boldsymbol{r}=1$，求 $\boldsymbol{r}$.

4. 利用向量的数量积证明平行四边形的对角线的平方和等于各边的平方和.

5. 求过两平面 $2x-3y-2z+1=0$ 与 $x+y+z-2=0$ 的交线，且与平面 $x+y-5z+3=0$ 垂直的平面方程(提示:利用平面束).

6. 求过点 $(-1,0,4)$ 且平行于平面 $3x-4y+z-10=0$ 又与直线 $\dfrac{x+1}{1}=\dfrac{y-3}{1}=\dfrac{z}{2}$ 相交的直线方程.

7. 求曲线 $\begin{cases} x^2+y^2+z^2=3 \\ x^2+y^2=2z \end{cases}$ 在 xOy 面上的投影.

8. 求由锥面 $z=\sqrt{x^2+y^2}$ 和柱面 $z^2=2x$ 所围成的立体在 3 个坐标面上的投影.

9. 已知点 $A(1,0,0)$ 和 $B(0,2,1)$，试在 z 轴上求一点 C，使 $\triangle ABC$ 的面积最小.

10. 证明:设 M_0 是直线外一点，点 M 是直线 L 上任意一点，且直线的方向向量为 $\boldsymbol{s}$，则点 M_0 到直线 L 的距离

$$d=\frac{|\overrightarrow{M_0M}\times\boldsymbol{s}|}{|\boldsymbol{s}|}$$

*11. 对任意 3 个向量 $\boldsymbol{a}$，$\boldsymbol{b}$，$\boldsymbol{c}$，试证 $\boldsymbol{a}-\boldsymbol{b}$，$\boldsymbol{b}-\boldsymbol{c}$，$\boldsymbol{c}-\boldsymbol{a}$ 共面.

12. 指出下列各平面的特点，并画出平面:

(1) $2x-z=0$；

(2) $2x+4y-8=0$；

(3) $z-8=0$.

13. 画出下列曲面所围成的立体的图形:

(1) $2x+3y+6z=5$，$x=0$，$y=0$，$z=0$；

(2) $x^2+y^2=2y$，$z=0$，$z=3$；

(3) $x^2+y^2+z^2=R^2$，$z=\sqrt{x^2+y^2}$；

(4) $z=4-x^2$，$2x+y=4$，$x,y,z\geq 0$；

(5) $z=x^2+y^2$，$y^2=x$，$z=0$，$z=1$；

(6) $x=0$，$y=0$，$z=0$，$x^2+y^2=R^2$，$y^2+z^2=R^2$ (在第一卦限内).

14. 一动点到点 $(1,0,0)$ 的距离为到平面 $x = 4$ 距离的一半,试求其所形成的轨迹方程,并判定它为何种二次曲面.

15. 求直线 $L_1: \dfrac{x-1}{1} = \dfrac{y+1}{2} = \dfrac{z}{1}$ 和 $L_2: \begin{cases} x = z+1 \\ y = 2z-3 \end{cases}$ 间的距离.

16. 求与直线 $L_1: \begin{cases} x = 3z-1 \\ y = 2z-3 \end{cases}$ 和 $L_2: \begin{cases} y = 2x-5 \\ z = 7x+2 \end{cases}$ 垂直相交的直线方程.

17. 椭球面 S_1 是椭圆 $\dfrac{x^2}{4} + \dfrac{y^2}{3} = 1$ 绕 x 轴旋转而成,圆锥面 S_2 是由过点 $(4,0)$ 且与椭圆 $\dfrac{x^2}{4} + \dfrac{y^2}{3} = 1$ 相切的直线绕 x 轴旋转而成,求:

(1) S_1 与 S_2 的方程;

(2) S_1 与 S_2 之间立体的体积.

部分习题答案

第 9 章

多元函数微分法及其应用

上册讨论了一元函数的微分法,但很多实际问题往往涉及多方面的因素,反映到数学上,就是一个变量依赖多个变量的情形. 这就提出了多元函数及其微积分问题. 本章将在一元函数微分学基础上,讨论以二元函数为主的多元函数的微分法及其应用.

9.1 多元函数的基本概念

9.1.1 平面点集

为了介绍多元函数,先引入一些概念.

(1)平面点集

由平面解析几何可知,平面上的点 P 与有序二元实数组 (x,y) 之间建立了一一对应关系. 因此,把有序实数组 (x,y) 与平面上的点 P 视为等同的.

坐标平面上具有某种性质 q 的点的集合,称为**平面点集**,记作

$$E = \{(x,y) \mid (x,y) \text{ 具有性质 } q\}$$

例如,平面上以原点为中心、r 为半径的圆内所有点的集合是

$$C = \{(x,y) \mid x^2 + y^2 < r^2\}$$

如果以点 P 表示 (x,y),以 $|OP|$ 表示点 P 到原点 O 的距离,那么,集合 C 可表示为

$$C = \{P \mid |OP| < r\}$$

现在引入 $\mathbf{R}^2$ 中的邻域的概念.

设 $P_0(x_0,y_0)$ 是 xOy 平面上的一个点,δ 是某一正数,与点 $P_0(x_0,y_0)$ 距离小于 δ 的点 $P(x,y)$ 的全体,称为点 P_0 的 δ **邻域**,记为 $U(P_0,\delta)$,即

$$U(P_0,\delta) = \{P \mid |PP_0| < \delta\}$$

或

$$U(P_0,\delta) = \{(x,y) \mid \sqrt{(x - x_0)^2 + (y - y_0)^2} < \delta\}$$

在 xOy 平面上,$U(P_0,\delta)$ 表示以点 $P_0(x_0,y_0)$ 为中心、$\delta > 0$ 为半径的圆的内部的点 $P(x,y)$ 的全体,这就是邻域的几何意义.

点 P_0 的**去心 δ 邻域**,记作 $\mathring{U}(P_0,\delta)$,即

$$\mathring{U}(P_0,\delta) = \{P \mid 0 < |PP_0| < \delta\}$$

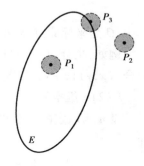

图 9.1

注　如果不需要强调邻域的半径 δ,则用 $U(P_0)$ 表示点 P_0 的某个邻域,用 $\mathring{U}(P_0)$ 表示点 P_0 的去心邻域.

可利用邻域来描述点与点集之间的关系.

在平面上,任意一点 P 与任意一个点集 E 之间必有以下 3 种关系之一:

①如果存在点 P 的某一邻域 $U(P)$,使得 $U(P) \subset E$,则称 P 为 E 的**内点**;

②如果存在点 P 的某一邻域 $U(P)$,使得 $U(P) \cap E = \phi$,则称 P 为 E 的**外点**;

③如果点 P 的任一邻域内既有属于 E 的点,又有不属于 E 的点,则称 P 为 E 的**边界点**.

如图 9.1 所示,P_1 是 E 的内点,P_2 是 E 的外点,P_3 是 E 的边界点.

E 的边界点的全体,称为 E 的**边界**,记作 ∂E.

显然,E 的内点必属于 E;E 的外点必定不属于 E;而 E 的边界点可能属于 E,也可能不属于 E.

任意一点 P 与任意一个点集 E 之间还有另一种关系.

如果对于任意给定的 $\delta > 0$,点 P 的去心邻域 $\mathring{U}(P,\delta)$ 内总有 E 中的点,则称 P 是 E 的**聚点**.

由聚点的定义可知,点集 E 的聚点 P 可能属于 E,也可能不属于 E.

例如,设平面点集

$$E = \{(x,y) \mid 1 < x^2 + y^2 \leq 2\}$$

满足 $1 < x^2 + y^2 < 2$ 的一切点 (x,y) 都是 E 的内点;满足 $x^2 + y^2 = 1$ 的一切点 (x,y) 都是 E 的边界点,它们都不属于 E;满足 $x^2 + y^2 = 2$ 的一切点 (x,y) 也是 E 的边界点,它们都属于 E;满足 $2 < x^2 + y^2$ 的一切点 (x,y) 都是 E 的外点,满足 $x^2 + y^2 < 1$ 的一切点 (x,y) 也都是 E 的外点;点集 E 以及它的边界 ∂E 上的一切点都是 E 的聚点.

注　点集 E 的孤立的边界点不是 E 的聚点.

根据点集中的点的特征可定义一些重要的平面点集.

如果点集 E 的点都是 E 的内点,则称 E 为**开集**. 如果点集 E 的边界 $\partial E \subset E$,则称 E 为**闭集**.

例如,集合 $\{(x,y) \mid 1 < x^2 + y^2 < 2\}$ 是开集,集合 $\{(x,y) \mid 1 \leq x^2 + y^2 \leq 2\}$ 是闭集,而集合

$\{(x,y)\mid 1<x^2+y^2\leqslant 2\}$ 既不是开集,也不是闭集.

如果点集 E 内任何两点都可用属于 E 的折线连接起来,则称 E 为**连通集**. 连通的开集称为**区域**（或**开区域**）. 开区域连同它的边界一起所构成的点集,称为**闭区域**.

例如,$\{(x,y)\mid 1<x^2+y^2<2\}$ 是区域,而 $\{(x,y)\mid 1\leqslant x^2+y^2\leqslant 2\}$ 是闭区域.

对于平面点集 E,如果存在某一正数 r,使得

$$E\subset U(O,r)$$

其中,O 是坐标原点,则称 E 为**有界点集**. 否则,称 E 为**无界点集**.

例如,集合 $\{(x,y)\mid 1\leqslant x^2+y^2\leqslant 2\}$ 是有界闭区域;集合 $\{(x,y)\mid x+y>1\}$ 是无界区域,而集合 $\{(x,y)\mid x+y\geqslant 1\}$ 是无界闭区域.

*（2）n 维空间

设 n 为取定的一个自然数,用 $\mathbf{R}^n$ 表示 n 元有序数组 $(x_1,x_2,\cdots,x_n)$ 的全体所构成的集合,即

$$\mathbf{R}^n=\mathbf{R}\times\mathbf{R}\times\cdots\times\mathbf{R}=\{(x_1,x_2,\cdots,x_n)\mid x_i\in\mathbf{R},i=1,2,\cdots,n\}$$

$\mathbf{R}^n$ 中的元素 $(x_1,x_2,\cdots,x_n)$ 有时也用单个字母 $\overrightarrow{x}$ 或 $\boldsymbol{x}$ 来表示,即 $\boldsymbol{x}=(x_1,x_2,\cdots,x_n)$. 当所有的 $x_i(i=1,2,\cdots,n)$ 都为零时,称这样的元素为 $\mathbf{R}^n$ 中的零元,记为 $\mathbf{0}$ 或 $\overrightarrow{0}$.

在解析几何中,通过直角坐标,$\mathbf{R}^2$（或 $\mathbf{R}^3$）中的元素分别与平面上（或空间中）的点或向量建立一一对应关系,并把有序实数组 (x,y)（或 (x,y,z)）,与平面上（或空间中）的点 P 视为等同的. 因而类似地,$\mathbf{R}^n$ 中的元素 $\boldsymbol{x}=(x_1,x_2,\cdots,x_n)$ 也可称为 $\mathbf{R}^n$ 中的一个**点**或一个 n **维向量**,x_i 称为点 $\boldsymbol{x}$ 的第 i **个坐标**或 n 维向量 $\boldsymbol{x}$ 的第 i **个分量**. 特别地,$\mathbf{R}^n$ 中的零元 $\mathbf{0}$ 称为 $\mathbf{R}^n$ 中的坐标原点或 n 维零向量.

为了在集合 $\mathbf{R}^n$ 中建立元素之间的联系,在 $\mathbf{R}^n$ 中定义线性运算如下:

设 $\boldsymbol{x}=(x_1,x_2,\cdots,x_n),\boldsymbol{y}=(y_1,y_2,\cdots,y_n)$ 为 $\mathbf{R}^n$ 中任意两个元素,$\lambda\in\mathbf{R}$,规定:

$$\boldsymbol{x}+\boldsymbol{y}=(x_1+y_1,x_2+y_2,\cdots,x_n+y_n)$$
$$\lambda\boldsymbol{x}=(\lambda x_1,\lambda x_2,\cdots,\lambda x_n)$$

这样两个线性运算为 $\mathbf{R}^n$ 中向量的加法运算和向量与数的乘法运算,此时,集合 $\mathbf{R}^n$ 称为 n **维空间**.

$\mathbf{R}^n$ 中点 $\boldsymbol{x}=(x_1,x_2,\cdots,x_n)$ 和点 $\boldsymbol{y}=(y_1,y_2,\cdots,y_n)$ 间的**距离**,记作 $\rho(\boldsymbol{x},\boldsymbol{y})$,规定

$$\rho(\boldsymbol{x},\boldsymbol{y})=\sqrt{(x_1-y_1)^2+(x_2-y_2)^2+\cdots+(x_n-y_n)^2}$$

显然,$n=1,2,3$ 时,上述规定与数轴上、直角坐标系下平面及空间中两点间的距离一致.

特别地,记 $\|\boldsymbol{x}\|=\rho(\boldsymbol{x},\boldsymbol{0})$（在 $\mathbf{R},\mathbf{R}^2,\mathbf{R}^3$ 中,通常将 $\|\boldsymbol{x}\|$ 记作 $|\boldsymbol{x}|$）,即

$$\|\boldsymbol{x}\|=\sqrt{x_1^2+x_2^2+\cdots+x_n^2}$$

采用这一记号,结合向量的线性运算,便得

$$\|\boldsymbol{x}-\boldsymbol{y}\|=\sqrt{(x_1-y_1)^2+(x_2-y_2)^2+\cdots+(x_n-y_n)^2}=\rho(\boldsymbol{x},\boldsymbol{y})$$

在 n 维空间 $\mathbf{R}^n$ 中定义了距离以后,就可以定义 $\mathbf{R}^n$ 中变元的极限:

设 $\boldsymbol{x}=(x_1,x_2,\cdots,x_n),\boldsymbol{a}=(a_1,a_2,\cdots,a_n)\in\mathbf{R}^n$. 如果

$$\| x - a \| \rightarrow 0$$

则称**变元 x 在 $\mathbf{R}^n$ 中趋于固定元** a,记作 $x \rightarrow a$.

显然,$x \rightarrow a$ 的充分必要条件是 $x_1 \rightarrow a_1, x_2 \rightarrow a_2, \cdots, x_n \rightarrow a_n$ 同时成立.

在 $\mathbf{R}^n$ 中线性运算和距离的引入,使得前面讨论过的有关平面点集的一系列概念,可方便地引入到 $n(n \geqslant 3)$ 维空间中来.

例如,设 $a = (a_1, a_2, \cdots, a_n) \in \mathbf{R}^n$,$\delta$ 是某一正数,则 n 维空间内的点集

$$U(a, \delta) = \{ x \mid x \in \mathbf{R}^n, \rho(x, a) < \delta \}$$

就定义为 $\mathbf{R}^n$ 中点 a 的 **δ 邻域**. 以邻域为基础,可定义点集的内点、外点、边界点和聚点,以及开集、闭集、区域等一系列概念. 在此不再一一叙述.

9.1.2　多元函数

(1)多元函数的概念

在实际问题中,经常有多个变量相互依赖的情况. 举例如下:

例 1　圆锥的体积 V 和它的底半径 r、高 h 之间具有关系

$$V = \frac{\pi r^2 h}{3}$$

当 r, h 在集合 $\{(r, h) \mid r > 0, h > 0\}$ 内取定一对值 (r, h) 时,V 的值就随之确定.

例 2　液体的压强 P、密度 ρ 和深度 h 之间具有关系

$$P = \rho g h$$

其中,g 为常数. 当 ρ, h 在集合 $\{(\rho, h) \mid \rho > 0, h > 0\}$ 内取定一对值 (ρ, h) 时,P 的对应值就随之确定.

例 3　设 R 是电阻,I 是电流,U 是电压,由电学知道,它们之间具有关系

$$I = \frac{U}{R}$$

当 R, U 在集合 $\{(R, U) \mid R > 0, U > 0\}$ 内取定一对值 (R, U) 时,I 的值就随之确定.

上述 3 个例子的具体意义虽然各不相同,但却具有共性,抽象出这些共性即可得出二元函数的定义.

定义 9.1　设 D 是 $\mathbf{R}^2$ 的一个非空子集,称映射 $f: D \rightarrow \mathbf{R}$ 为定义在 D 上的**二元函数**,通常记为

$$z = f(x, y), (x, y) \in D$$

或

$$z = f(P), P \in D$$

其中,点集 D 称为该函数的**定义域**,x, y 称为**自变量**,z 称为**因变量**.

上述定义中,与自变量 x, y 的一对值 (x, y) 相对应的因变量 z 的值,也称 f 在点 (x, y) 处的**函数值**,记作 $f(x, y)$,即

$$z = f(x, y)$$

集合 $f(D) = \{z \mid z = f(x, y), (x, y) \in D\}$ 称为函数 f 的**值域**.

二元函数也可用其他符号来表示,如 $z=z(x,y),z=g(x,y)$ 等.

类似地可定义三元函数 $u=f(x,y,z),(x,y,z)\in D$ 以及三元以上的函数.

一般地,把定义 9.1 中的平面点集 D 换成 n 维空间 $\mathbf{R}^n$ 内的点集 D,映射 $f:D\to\mathbf{R}$ 就称为定义在 D 上的 **n 元函数**,即 n 个自变量的函数,通常记为

$$u=f(x_1,x_2,\cdots,x_n),(x_1,x_2,\cdots,x_n)\in D$$

或简记为

$$u=f(\boldsymbol{x}),\boldsymbol{x}=(x_1,x_2,\cdots,x_n)\in D$$

也可记为

$$u=f(P),P(x_1,x_2,\cdots,x_n)\in D$$

在 $n=2,3$ 时,习惯上把点 (x_1,x_2) 与点 (x_1,x_2,x_3) 分别写成 (x,y) 与 (x,y,z),而用符号 $P(x,y)$ 或 $M(x,y,z)$ 来表示 $\mathbf{R}^2$ 或 $\mathbf{R}^3$ 中的点,相应的二元函数和三元函数可简记为 $z=f(P)$ 和 $u=f(M)$.

当 $n=1$ 时,n 元函数就是一元函数;当 $n\geq 2$ 时,n 元函数统称为**多元函数**.

关于多元函数定义域,约定如下:在讨论用算式表达的多元函数 $u=f(\boldsymbol{x})$ 时,以使这个算式有意义的变元 $\boldsymbol{x}$ 的值所组成的点集为这个**多元函数的自然定义域**.因此,对这类函数,它的定义域不再特别标出.

例如,函数 $z=\dfrac{1}{\sqrt{x+y}}$ 的定义域为 $\{(x,y)\mid x+y>0\}$,这是一个无界区域;函数 $z=\sqrt{1-(x^2+y^2)}$ 的定义域为 $\{(x,y)\mid x^2+y^2\leq 1\}$,这是一个有界闭区域.

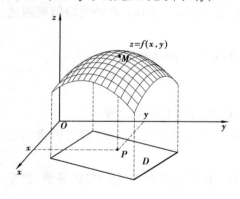

图 9.2

设函数 $z=f(x,y)$ 的定义域为 D,称点集 $\{(x,y,z)\mid z=f(x,y),(x,y)\in D\}$ 为**二元函数 $z=f(x,y)$ 的图形**.通常情况下,二元函数的图形是一张曲面(见图 9.2).

例如,根据空间解析几何的知识可知,$z=ax^2+by^2+c$ 是一张抛物面,而函数 $z^2=x^2+y^2$ 的图形是锥面.

(2)多元函数的极限

首先讨论二元函数 $z=f(x,y)$ 当 $(x,y)\to(x_0,y_0)$ 时,即 $P(x,y)\to P_0(x_0,y_0)$ 时的极限.需要说明的是,这里 $P\to P_0$ 是指点 P 与点 P_0 间的距离趋于零,即 $|PP_0|\to 0$,故点 P 趋向于点 P_0 方式是任意的.

与一元函数的极限概念类似,如果在 $(x,y)\to(x_0,y_0)$ 的过程中,对应的函数值 $f(x,y)$ 无限接近于一个确定的常数 A,则称 A 是函数 $f(x,y)$ 当 $(x,y)\to(x_0,y_0)$ 时的极限.下面给出严格的定义.

定义 9.2 设二元函数 $f(P)=f(x,y)$ 的定义域为 D,$P_0(x_0,y_0)$ 是 D 的聚点.如果存在常数 A,对于任意给定的正数 ε,总存在正数 δ,使得当 $P(x,y)\in D\cap\mathring{U}(P_0,\delta)$ 时,都有

$$| f(P) - A | = | f(x,y) - A | < \varepsilon$$

成立,则称常数 A 为函数 $f(x,y)$ 当 $(x,y) \to (x_0,y_0)$ 时的**极限**,记为

$$\lim_{(x,y) \to (x_0,y_0)} f(x,y) = A \text{ 或 } \lim_{\substack{x \to x_0 \\ y \to y_0}} f(x,y) = A, \text{ 或 } f(x,y) \to A((x,y) \to (x_0,y_0))$$

也记作

$$\lim_{P \to P_0} f(P) = A \text{ 或 } f(P) \to A(P \to P_0)$$

上述定义的极限也称**二重极限**.

例 4　设 $f(x,y) = (x^2 + y^2)\cos\dfrac{1}{x^2 + y^2}$,求证 $\lim\limits_{(x,y) \to (0,0)} f(x,y) = 0$.

分析　在本题中,$(x_0,y_0) = (0,0)$,$A = 0$. 证明的关键是对任意给定的 $\varepsilon > 0$,找到满足定义 9.2 中要求的正数 δ. 因为

$$| f(x,y) - 0 | = \left| (x^2 + y^2)\cos\frac{1}{x^2 + y^2} - 0 \right| = | x^2 + y^2 | \cdot \left| \cos\frac{1}{x^2 + y^2} \right| \leqslant x^2 + y^2$$

所以要使 $0 < \sqrt{(x-0)^2 + (y-0)^2} < \delta$ 时,$|f(x,y) - 0| < \varepsilon$,只需 $0 < \sqrt{(x-0)^2 + (y-0)^2} < \delta$ 时,$x^2 + y^2 < \varepsilon$. 因此,可取 $\delta = \sqrt{\varepsilon}$.

证　对于任意给定的 $\varepsilon > 0$,取 $\delta = \sqrt{\varepsilon}$,当 $0 < \sqrt{(x-0)^2 + (y-0)^2} < \delta$ 时,总有

$$| f(x,y) - 0 | = \left| (x^2 + y^2)\cos\frac{1}{x^2 + y^2} - 0 \right| \leqslant x^2 + y^2 < \varepsilon$$

成立,因此

$$\lim_{(x,y) \to (0,0)} f(x,y) = 0$$

注　①二重极限存在是指 P 以任何方式趋于 P_0 时,函数都无限接近于一个确定的常数;

②只是根据"当 P 以若干种特殊方式趋于 P_0 时,函数无限接近于同一个常数",不能肯定函数的极限存在,也不能否定函数的极限存在;

③如果当 P 以两种不同方式趋于 P_0 时,函数趋于不同的值,则函数的极限肯定不存在.

例 5　考察函数

$$f(x,y) = \begin{cases} \dfrac{x^2 y}{x^4 + y^2} & x^4 + y^2 \neq 0 \\ 0 & x^4 + y^2 = 0 \end{cases}$$

当 $(x,y) \to (0,0)$ 时有无极限?

解　当点 $P(x,y)$ 沿 x 轴趋于点 $(0,0)$ 时

$$\lim_{x \to 0, y=0} f(x,y) = \lim_{x \to 0} f(x,0) = \lim_{x \to 0} 0 = 0$$

当点 $P(x,y)$ 沿 y 轴趋于点 $(0,0)$ 时

$$\lim_{y \to 0, x=0} f(x,y) = \lim_{y \to 0} f(0,y) = \lim_{y \to 0} 0 = 0$$

但当点 $P(x,y)$ 沿曲线 $y = kx^2$ 趋于点 $(0,0)$ 时,有

$$\lim_{\substack{(x,y) \to (0,0) \\ y = kx^2}} \frac{x^2 y}{x^4 + y^2} = \lim_{x \to 0} \frac{kx^4}{x^4 + k^2 x^4} = \frac{k}{1 + k^2}$$

当 k 取不同数值时,极限是不同的. 因此,函数 $f(x,y)$ 当 $(x,y)\to(0,0)$ 时无极限.

以上二元函数的极限概念可类似推广到 n 元函数 $f(P)$ 上去. 多元函数的极限运算法则与一元函数的情况类似,这里不再一一叙述.

例 6 求 $\lim\limits_{(x,y)\to(0,2)}\dfrac{1-\sqrt{xy+1}}{\sin(xy)}$.

解
$$\lim_{(x,y)\to(0,2)}\frac{1-\sqrt{xy+1}}{\sin(xy)}=\lim_{(x,y)\to(0,2)}\frac{-xy}{\sin(xy)\left(1+\sqrt{xy+1}\right)}$$
$$=\lim_{(x,y)\to(0,2)}\frac{-1}{1+\sqrt{xy+1}}\times\lim_{(x,y)\to(0,2)}\frac{xy}{\sin(xy)}=-\frac{1}{2}$$

（3）多元函数的连续性及其性质

利用多元函数的极限,可定义多元函数的连续性及间断点.

1）多元函数的连续性定义

定义 9.3 设二元函数 $f(P)=f(x,y)$ 的定义域为 D, $P_0(x_0,y_0)$ 为 D 的聚点,且 $P_0\in D$. 如果

$$\lim_{(x,y)\to(x_0,y_0)}f(x,y)=f(x_0,y_0) \tag{9.1}$$

则称函数 $f(x,y)$ 在点 $P_0(x_0,y_0)$ **连续**,点 $P_0(x_0,y_0)$ 称为函数 $f(x,y)$ 的**连续点**.

如果函数 $f(x,y)$ 在 D 上每一点都连续,则称函数 $f(x,y)$ 在 D 上连续,或者称 $f(x,y)$ 是 D 上的连续函数.

二元函数的连续性概念可类似推广到 n 元函数 $f(P)$.

2）多元函数间断点的定义

定义 9.4 设函数 $f(x,y)$ 的定义域为 D, $P_0(x_0,y_0)$ 是 D 的聚点. 如果函数 $f(x,y)$ 在点 $P_0(x_0,y_0)$ 不连续,则称 $P_0(x_0,y_0)$ 为函数 $f(x,y)$ 的**间断点**.

例如,函数

$$f(x,y)=\begin{cases}\dfrac{x^2y}{x^4+y^2} & x^4+y^2\neq 0 \\[2mm] 0 & x^4+y^2=0\end{cases}$$

其定义域 $D=\mathbf{R}^2$, $O(0,0)$ 是 D 的聚点. 当 $(x,y)\to(0,0)$ 时, $f(x,y)$ 的极限不存在,故点 $O(0,0)$ 是该函数的一个间断点.

又如,函数 $f(x,y)=\dfrac{1}{x^2+y^2-1}$,其定义域为 $D=\{(x,y)\mid x^2+y^2\neq 1\}$,圆周 $C=\{(x,y)\mid x^2+y^2=1\}$ 上的点都是 D 的聚点,而 $f(x,y)$ 在 C 上没有定义,当然 $f(x,y)$ 在 C 上各点都不连续,故圆周 C 上各点都是该函数的间断点,即该函数的间断点组成一条曲线.

根据多元函数极限的运算法则可以证明,多元连续函数的和、差、积仍为连续函数;连续函数的商在分母不为零处仍连续;多元连续函数的复合函数也是连续函数.

与一元初等函数类似,**多元初等函数**是指可用一个式子所表示的多元函数,这个式子是由常数和具有不同自变量的一元基本初等函数经过有限次四则运算和有限次复合运算而得到的.

例如, $\dfrac{x+x^2-y^2}{1+y^2}$, $\sin\dfrac{1}{x^2+y^2-1}$, $e^{x^2+y^2+z^2}$ 都是多元初等函数.

多元初等函数有与一元初等函数类似的性质,即**一切多元初等函数在其定义区域内是连续的**. 所谓**定义区域**,是指包含在定义域内的区域或闭区域.

例 7　求 $\lim\limits_{(x,y)\to(1,2)}\dfrac{x^2+y^2}{\sin(xy)}$.

解　函数 $f(x,y)=\dfrac{x^2+y^2}{\sin(xy)}$ 是初等函数,它的定义域为 $D=\{(x,y)\mid xy\neq k\pi,k\in\mathbf{Z}\}$. 由于 $P_0(1,2)$ 为 D 的内点,存在 P_0 的某一邻域 $U(P_0)\subset D$,而任何邻域都是区域,故 $U(P_0)$ 是 $f(x,y)$ 的一个定义区域,因此 $f(x,y)$ 在点 $P_0(1,2)$ 连续,于是有

$$\lim_{(x,y)\to(1,2)}f(x,y)=f(1,2)=\frac{5}{\sin 2}$$

一般地,求 $\lim\limits_{P\to P_0}f(P)$ 时,如果 $f(P)$ 是初等函数,且 P_0 是 $f(P)$ 的定义域的内点,则 $f(P)$ 在点 P_0 处连续,于是

$$\lim_{P\to P_0}f(P)=f(P_0)$$

例 8　求 $\lim\limits_{(x,y)\to(1,2)}\dfrac{\sqrt{xy+2}-1}{\ln(xy)}$.

解
$$\lim_{(x,y)\to(1,2)}\frac{\sqrt{xy+2}-1}{\ln(xy)}=\frac{\sqrt{1\times 2+2}-1}{\ln(1\times 2)}=\frac{1}{\ln 2}$$

3) 多元连续函数的性质

有界闭区域上多元连续函数的性质与闭区间上一元连续函数的性质类似.

定理 9.1(有界性与最大值和最小值)　有界闭区域 D 上的多元连续函数,必定在 D 上有界,且有最大值和最小值.

定理 9.1 表明,若 $f(P)$ 在有界闭区域 D 上连续,则必定存在常数 $M>0$,使得对一切 $P\in D$,有 $|f(P)|\leqslant M$,且存在 $P_1,P_2\in D$,使得
$$f(P_1)=\max\{f(P)\mid P\in D\},f(P_2)=\min\{f(P)\mid P\in D\}$$

定理 9.2(介值定理)　有界闭区域 D 上的多元连续函数必取得介于最大值和最小值之间的任何值.

***定理 9.3**(一致连续性定理)　有界闭区域 D 上的多元连续函数必定在 D 上一致连续.

定理 9.3 表明,若 $f(P)$ 在有界闭区域 D 上连续,则对于任意给定的 $\varepsilon>0$,总存在 $\delta>0$,使得任意两点 $P_1,P_2\in D$,只要 $|P_1P_2|<\delta$ 时,都有
$$|f(P_1)-f(P_2)|<\varepsilon$$
成立.

习题 9.1

1. 填空题:

(1) 设 $f(x,y) = \dfrac{x-3y}{x^2+y^2}$, 则 $f(-1,2) = $ _____;

(2) 设 $f(x,y) = x^2 + 2y$, 则 $f(\sqrt{xy}, x-y) = $ _____;

(3) 设 $f\left(x-y, \dfrac{y}{x}\right) = x^2 - y^2$, 则 $f(x,y) = $ _____;

(4) $\lim\limits_{(x,y)\to(-1,0)} \ln(|x| + e^y) = $ _____;

(5) $\lim\limits_{(x,y)\to(0,1)} \left[\dfrac{\sin(2xy)}{x} + 1\right] = $ _____;

(6) 函数 $f(x,y) = \dfrac{1}{\sin(x^2 + y^2 - 1)}$ 在 _____ 处间断.

2. 求下列函数的定义域,并作出定义域的草图:

(1) $z = \dfrac{\sqrt{4x - y^2}}{\ln(1 - x^2 - y^2)}$;　　　　　　　(2) $z = \dfrac{\arcsin y}{\sqrt{x}}$.

3. 求下列各极限:

(1) $\lim\limits_{(x,y)\to(0,0)} \dfrac{x^2+y^2}{\sqrt{x^2+y^2+1}-1}$;　　　(2) $\lim\limits_{(x,y)\to(0,0)} (1+xy)^{\frac{-1}{xy}}$;

(3) $\lim\limits_{(x,y)\to(0,0)} \dfrac{1-\cos(x+y^2)}{x+y^2}$;　　　(4) $\lim\limits_{(x,y)\to(0,0)} x\sin\dfrac{1}{x}\sin y$;

(5) $\lim\limits_{(x,y)\to(0,-2)} \dfrac{2+xy}{x^2+y^2}$;　　　(6) $\lim\limits_{(x,y)\to(1,0)} \dfrac{\ln(3x-e^y)}{\sqrt{x^2-y^2}}$;

(7) $\lim\limits_{(x,y)\to(0,0)} \dfrac{3-\sqrt{x^2y+9}}{6x^2y}$;　　　(8) $\lim\limits_{(x,y)\to(0,0)} \dfrac{3xy^2}{\sqrt{2-e^{xy^2}}-1}$;

(9) $\lim\limits_{(x,y)\to(3,0)} \dfrac{\arctan(xy)}{y}$;　　　(10) $\lim\limits_{(x,y)\to(0,1)} \dfrac{1-\cos(x^2y^2)}{x^2e^{x^2+y^2}}$;

(11) $\lim\limits_{(x,y)\to(0,2)} \dfrac{\sin(xy)}{x}$;　　　(12) $\lim\limits_{(x,y)\to(0,2)} \dfrac{x+y}{xy}$.

4. 函数 $z = \dfrac{y^3 - 3x}{x^3 + 2y}$ 在何处是间断的?

5. 证明极限 $\lim\limits_{(x,y)\to(0,0)} \dfrac{x^2-y^2}{xy}$ 不存在.

6. 设圆锥的高为 h, 母线长为 l, 试将圆锥的体积 V 表示为 h, l 的二元函数.

7. 下列函数在点 $(0,0)$ 是否连续? 并说明原因.

(1) $f(x,y) = \sqrt{x^2 + y^2}$;　　　　　(2) $f(x,y) = \begin{cases} 1 & x^2+y^2 \neq 0 \\ 0 & x^2+y^2 = 0 \end{cases}$.

9.2 偏导数

9.2.1 偏导数的定义及其计算法

(1)偏导数的定义

一元函数的导数概念是在研究其变化率时引入的. 类似地,多元函数同样需要讨论它的变化率,但由于多元函数的自变量不止一个,因此,引入的概念是偏导数. 对于二元函数 $z = f(x, y)$,如果只有自变量 x 变化,而自变量 y 固定,这时它就是 x 的一元函数,这函数对 x 的导数,就称为二元函数 $z = f(x, y)$ 关于 x 的偏导数. 具体定义如下:

定义9.5 设函数 $z = f(x, y)$ 在点 (x_0, y_0) 的某一邻域内有定义,当 y 固定在 y_0,而 x 在 x_0 处有增量 Δx 时,相应地函数有增量

$$f(x_0 + \Delta x, y_0) - f(x_0, y_0)$$

如果极限

$$\lim_{\Delta x \to 0} \frac{f(x_0 + \Delta x, y_0) - f(x_0, y_0)}{\Delta x} \tag{9.2}$$

存在,则称此极限为**函数 $z = f(x, y)$ 在点 (x_0, y_0) 处对 x 的偏导数**,记作

$$\left. \frac{\partial z}{\partial x} \right|_{\substack{x=x_0 \\ y=y_0}}, \quad \left. \frac{\partial f}{\partial x} \right|_{\substack{x=x_0 \\ y=y_0}}, \quad \left. z_x \right|_{\substack{x=x_0 \\ y=y_0}}, \quad \text{或} \quad f_x(x_0, y_0)$$

类似地,**函数 $z = f(x, y)$ 在点 (x_0, y_0) 处对 y 的偏导数定义为**

$$\lim_{\Delta y \to 0} \frac{f(x_0, y_0 + \Delta y) - f(x_0, y_0)}{\Delta y} \tag{9.3}$$

记作

$$\left. \frac{\partial z}{\partial y} \right|_{\substack{x=x_0 \\ y=y_0}}, \quad \left. \frac{\partial f}{\partial y} \right|_{\substack{x=x_0 \\ y=y_0}}, \quad \left. z_y \right|_{\substack{x=x_0 \\ y=y_0}}, \quad \text{或} \quad f_y(x_0, y_0)$$

如果函数 $z = f(x, y)$ 在区域 D 内每一点 (x, y) 处对 x 的偏导数都存在,那么,这个偏导数就是 x, y 的函数. 将这个函数称为**函数 $z = f(x, y)$ 对自变量 x 的偏导函数**,并记作

$$\frac{\partial z}{\partial x}, \quad \frac{\partial f}{\partial x}, \quad z_x, \quad \text{或} \quad f_x(x, y)$$

类似地,可定义**函数 $z = f(x, y)$ 对 y 的偏导函数**,并记为

$$\frac{\partial z}{\partial y}, \quad \frac{\partial f}{\partial y}, \quad z_y, \quad \text{或} \quad f_y(x, y)$$

两个偏导函数的定义式

$$f_x(x, y) = \lim_{\Delta x \to 0} \frac{f(x + \Delta x, y) - f(x, y)}{\Delta x} \tag{9.4}$$

$$f_y(x,y) = \lim_{\Delta y \to 0} \frac{f(x,y+\Delta y) - f(x,y)}{\Delta y} \tag{9.5}$$

(2)偏导数的计算法

由偏导函数的概念易知,函数 $z=f(x,y)$ 在点 (x_0,y_0) 处对 x 的偏导数 $f_x(x_0,y_0)$ 就是函数 $z=f(x,y)$ 对 x 的偏导函数 $f_x(x,y)$ 在点 (x_0,y_0) 处的函数值;函数 $z=f(x,y)$ 在点 (x_0,y_0) 处对 y 的偏导数 $f_y(x_0,y_0)$ 就是函数 $z=f(x,y)$ 对 y 的偏导函数 $f_y(x,y)$ 在点 (x_0,y_0) 处的函数值. 在不至于引起混淆的情况下,偏导函数简称偏导数.

根据定义,偏导数可认为是当 x(或 y)固定时关于 y(或 x)的一元函数对 y(或 x)的导数. 因此,求 $\frac{\partial z}{\partial x}$ 时,只要把 y 暂时看成常量而对 x 求导数;求 $\frac{\partial z}{\partial y}$ 时,只要把 x 暂时看成常量而对 y 求导数.

至此可得,求 $z=f(x,y)$ 在点 (x_0,y_0) 的偏导数的计算方法有下列 3 种:

①利用定义求,即

$$f_x(x_0,y_0) = \lim_{\Delta x \to 0} \frac{f(x_0+\Delta x,y_0) - f(x_0,y_0)}{\Delta x}$$

$$f_y(x_0,y_0) = \lim_{\Delta y \to 0} \frac{f(x_0,y_0+\Delta y) - f(x_0,y_0)}{\Delta y}$$

②首先求偏导函数,然后将 $x=x_0,y=y_0$ 代入偏导函数,即

$$f_x(x_0,y_0) = f_x(x,y)\bigg|_{\substack{x=x_0 \\ y=y_0}}, \quad f_y(x_0,y_0) = f_y(x,y)\bigg|_{\substack{x=x_0 \\ y=y_0}}$$

③首先将 $x=x_0$(或 $y=y_0$)代入函数,然后对 y(或 x)求导数,最后代入 $y=y_0$(或 $x=x_0$)即可,即

$$f_x(x_0,y_0) = \left[\frac{\mathrm{d}}{\mathrm{d}x}f(x,y_0)\right]\bigg|_{x=x_0}, \quad f_y(x_0,y_0) = \left[\frac{\mathrm{d}}{\mathrm{d}y}f(x_0,y)\right]\bigg|_{y=y_0}$$

偏导数的概念还可推广到二元以上的函数. 例如,三元函数 $u=f(x,y,z)$ 在点 (x,y,z) 处对 x 的偏导数定义为

$$f_x(x,y,z) = \lim_{\Delta x \to 0} \frac{f(x+\Delta x,y,z) - f(x,y,z)}{\Delta x} \tag{9.6}$$

其中,(x,y,z) 是函数 $u=f(x,y,z)$ 的定义域的内点. 它们的求法与二元函数的偏导数的求法类似.

一般地,求多元函数 $u=f(x_1,x_2,\cdots,x_n)$,对 $x_i(i=1,2,\cdots,n)$ 的偏导数 f_{x_i},只需把除 x_i 之外的其他自变量暂时看成常量而对自变量 x_i 求导数.

例 1 求 $z=3x^2+xy+4y^2$ 在点 $(1,2)$ 处的偏导数.

解 由于 $\frac{\partial z}{\partial x}=6x+y,\frac{\partial z}{\partial y}=x+8y$,因此

$$\frac{\partial z}{\partial x}\bigg|_{\substack{x=1 \\ y=2}} = 6\times 1 + 2 = 8, \frac{\partial z}{\partial y}\bigg|_{\substack{x=1 \\ y=2}} = 1 + 8\times 2 = 17$$

例 2 求 $z=\mathrm{e}^{-x}\sin 2y$ 的偏导数.

解
$$\frac{\partial z}{\partial x} = -e^{-x}\sin 2y, \frac{\partial z}{\partial y} = 2e^{-x}\cos 2y$$

例 3　求 $r = e^{x^2+y^2+z^2}$ 的偏导数.

分析　在本例的函数中,3 个自变量 x,y,z 具有相同的地位. 这种情况称为函数关于自变量具有对称性. 以后将会更多地看到,在某些情况下,利用对称性解题是方便的.

解
$$\frac{\partial r}{\partial x} = 2xe^{x^2+y^2+z^2} = 2rx$$

由函数关于自变量的对称性得
$$\frac{\partial r}{\partial y} = 2ry, \qquad \frac{\partial r}{\partial z} = 2rz$$

例 4　已知欧姆定律为 $U = IR$,求证:$\dfrac{\partial I}{\partial R} \cdot \dfrac{\partial R}{\partial U} \cdot \dfrac{\partial U}{\partial I} = -1$.

证　因为
$$I = \frac{U}{R}, \frac{\partial I}{\partial R} = -\frac{U}{R^2} = -\frac{I}{R}$$
$$R = \frac{U}{I}, \frac{\partial R}{\partial U} = \frac{1}{I}$$
$$U = IR, \frac{\partial U}{\partial I} = R$$

所以
$$\frac{\partial I}{\partial R} \cdot \frac{\partial R}{\partial U} \cdot \frac{\partial U}{\partial I} = -\frac{I}{R} \cdot \frac{1}{I} \cdot R = -1$$

注　①例 4 表明,偏导数的记号是一个整体记号,不能看成分子与分母之商. 这与一元函数导数的记号不同.

②求偏导数关键是要弄清求偏导时哪些量可看成常量.

(3)偏导数的几何意义

根据一元函数导数的几何意义,可推出二元函数 $z = f(x,y)$ 在点 (x_0,y_0) 的偏导数的几何意义.

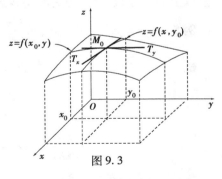

图 9.3

如图 9.3 所示,设 $M_0(x_0,y_0,f(x_0,y_0))$ 为曲面 $z = f(x,y)$ 上的一点,则过点 M_0 的平面 $y = y_0$ 与该曲面的交线是一条曲线. 该曲线在平面 $y = y_0$ 内的方程为 $z = f(x,y_0)$,则导数 $\left[\dfrac{\mathrm{d}}{\mathrm{d}x}f(x,y_0)\right]\bigg|_{x=x_0}$,即偏导数 $f_x(x_0,y_0)$ 就是这条曲线在 M_0 处的切线 T_x 对 x 轴的斜率. 同样地,偏导数 $f_y(x_0,y_0)$ 就是曲面被平面 $x = x_0$ 所截得的曲线在点 M_0 处的切线 T_y 对 y 轴的斜率.

(4)多元函数的偏导数与其连续性之间的关系

对于一元函数来说,函数在某一点处的导数存在,则函数在该点必然连续. 但对于多元函数来说,即使各偏导数在某点 P_0 都存在,也不能保证函数在该点 P_0 连续. 这是因为各偏导数

在该点 P_0 都存在,只能保证点 P 沿着平行于坐标轴的方向趋于 P_0 时,函数值 $f(P)$ 趋于 $f(P_0)$. 但不能保证点 P 按任何方式趋于 P_0 时,函数值 $f(P)$ 都趋于 $f(P_0)$.

例如,在 9.1 节中已知函数

$$f(x,y) = \begin{cases} \dfrac{x^2 y}{x^4 + y^2} & x^4 + y^2 \neq 0 \\ 0 & x^4 + y^2 = 0 \end{cases}$$

在点 $(0,0)$ 并不连续,即点 $(0,0)$ 是函数 $f(x,y)$ 的间断点. 但由偏导数的定义可推得 $f_x(0,0) = 0$,$f_y(0,0) = 0$,即各偏导数在点 $(0,0)$ 都存在.

9.2.2 高阶偏导数

定义 9.6 设函数 $z = f(x,y)$ 在区域 D 内具有偏导数

$$\frac{\partial z}{\partial x} = f_x(x,y), \frac{\partial z}{\partial y} = f_y(x,y)$$

那么,在 D 内 $f_x(x,y)$,$f_y(x,y)$ 都是 x,y 的函数. 如果这两个函数的偏导数也存在,则称它们是函数 $z = f(x,y)$ 的**二阶偏导数**. 按照对变量求偏导顺序的不同有 4 个二阶偏导数,即

$$\frac{\partial}{\partial x}\left(\frac{\partial z}{\partial x}\right) = \frac{\partial^2 z}{\partial x^2} = f_{xx}(x,y), \frac{\partial}{\partial y}\left(\frac{\partial z}{\partial x}\right) = \frac{\partial^2 z}{\partial x \partial y} = f_{xy}(x,y) \tag{9.7}$$

$$\frac{\partial}{\partial x}\left(\frac{\partial z}{\partial y}\right) = \frac{\partial^2 z}{\partial y \partial x} = f_{yx}(x,y), \frac{\partial}{\partial y}\left(\frac{\partial z}{\partial y}\right) = \frac{\partial^2 z}{\partial y^2} = f_{yy}(x,y) \tag{9.8}$$

其中,$f_{xy}(x,y)$,$f_{yx}(x,y)$ 称为**混合偏导数**. 同样,可得三阶、四阶……以及 n 阶偏导数. 二阶和二阶以上的偏导数,统称为**高阶偏导数**.

例 5 设 $z = yx^4 + xy^4 - xy$,求 $\dfrac{\partial^2 z}{\partial x^2}$,$\dfrac{\partial^3 z}{\partial x^3}$,$\dfrac{\partial^2 z}{\partial y \partial x}$ 和 $\dfrac{\partial^2 z}{\partial x \partial y}$.

解
$$\frac{\partial z}{\partial x} = 4yx^3 + y^4 - y, \frac{\partial z}{\partial y} = 4xy^3 + x^4 - x$$

$$\frac{\partial^2 z}{\partial x^2} = 12x^2 y, \frac{\partial^3 z}{\partial x^3} = 24xy$$

$$\frac{\partial^2 z}{\partial x \partial y} = 4x^3 + 4y^3 - 1, \frac{\partial^2 z}{\partial y \partial x} = 4y^3 + 4x^3 - 1$$

在例 5 中,有 $\dfrac{\partial^2 z}{\partial y \partial x} = \dfrac{\partial^2 z}{\partial x \partial y}$,即两个二阶混合偏导数相等. 一般地,有以下结果:

定理 9.4 如果函数 $z = f(x,y)$ 的两个二阶混合偏导数 $\dfrac{\partial^2 z}{\partial y \partial x}$ 及 $\dfrac{\partial^2 z}{\partial x \partial y}$ 在区域 D 内连续,那么,在该区域内这两个二阶混合偏导数必相等.

该定理表明,二阶混合偏导数在连续的条件下与求偏导的顺序无关. 该定理的证明略去.

类似地,可定义二元以上函数的高阶偏导数,而且高阶混合偏导数在其连续的条件下也是与求偏导的顺序无关的.

例 6 验证函数 $z = \ln \sqrt{x^2 + y^2}$ 满足拉普拉斯方程 $\dfrac{\partial^2 z}{\partial x^2} + \dfrac{\partial^2 z}{\partial y^2} = 0$.

证　因为 $z = \ln \sqrt{x^2 + y^2} = \dfrac{1}{2}\ln(x^2 + y^2)$，所以

$$\frac{\partial z}{\partial x} = \frac{x}{x^2 + y^2}, \frac{\partial z}{\partial y} = \frac{y}{x^2 + y^2}$$

$$\frac{\partial^2 z}{\partial x^2} = \frac{(x^2 + y^2) - x \cdot 2x}{(x^2 + y^2)^2} = \frac{y^2 - x^2}{(x^2 + y^2)^2}, \frac{\partial^2 z}{\partial y^2} = \frac{(x^2 + y^2) - y \cdot 2y}{(x^2 + y^2)^2} = \frac{x^2 - y^2}{(x^2 + y^2)^2}$$

因此

$$\frac{\partial^2 z}{\partial x^2} + \frac{\partial^2 z}{\partial y^2} = \frac{x^2 - y^2}{(x^2 + y^2)^2} + \frac{y^2 - x^2}{(x^2 + y^2)^2} = 0$$

例 7　证明函数 $u = \dfrac{1}{r}$ 满足拉普拉斯方程 $\dfrac{\partial^2 u}{\partial x^2} + \dfrac{\partial^2 u}{\partial y^2} + \dfrac{\partial^2 u}{\partial z^2} = 0$，其中，$r = \sqrt{x^2 + y^2 + z^2}$.

证　因为

$$\frac{\partial u}{\partial x} = -\frac{1}{r^2} \cdot \frac{\partial r}{\partial x} = -\frac{1}{r^2} \cdot \frac{x}{r} = -\frac{x}{r^3}$$

所以

$$\frac{\partial^2 u}{\partial x^2} = -\frac{1}{r^3} + \frac{3x}{r^4} \cdot \frac{\partial r}{\partial x} = -\frac{1}{r^3} + \frac{3x^2}{r^5}$$

由于函数 u 关于自变量 x, y, z 具有对称性，故

$$\frac{\partial^2 u}{\partial y^2} = -\frac{1}{r^3} + \frac{3y^2}{r^5}, \frac{\partial^2 u}{\partial z^2} = -\frac{1}{r^3} + \frac{3z^2}{r^5}$$

因此

$$\frac{\partial^2 u}{\partial x^2} + \frac{\partial^2 u}{\partial y^2} + \frac{\partial^2 u}{\partial z^2} = \left(-\frac{1}{r^3} + \frac{3x^2}{r^5}\right) + \left(-\frac{1}{r^3} + \frac{3y^2}{r^5}\right) + \left(-\frac{1}{r^3} + \frac{3z^2}{r^5}\right)$$

$$= -\frac{3}{r^3} + \frac{3(x^2 + y^2 + z^2)}{r^5} = -\frac{3}{r^3} + \frac{3r^2}{r^5} = 0$$

例 6 和例 7 中的方程是数学物理方程中一种很重要的方程，称为**拉普拉斯（Laplace）方程**.

习题 9.2

1. 判断题：

（1）设 $z = x^2 + \ln y$，则 $\dfrac{\partial z}{\partial x} = 2x + \dfrac{1}{y}$；　　　　　　　　　　　（　　）

（2）若函数 $z = f(x, y)$ 在 $P(x_0, y_0)$ 处的两个偏导数 $f_x(x_0, y_0)$ 与 $f_y(x_0, y_0)$ 均存在，则该函数在 P 点处一定连续；　　　　　　　　　　　　　　　　　　　　　（　　）

（3）函数 $z = f(x, y)$ 在 $P(x_0, y_0)$ 处一定有 $f_{xy}(x_0, y_0) = f_{yx}(x_0, y_0)$；　（　　）

(4) 函数 $f(x,y) = \begin{cases} \dfrac{xy}{\sqrt{x^2+y^2}} & x^2+y^2 \neq 0 \\ 0 & x^2+y^2 = 0 \end{cases}$ 在 $(0,0)$ 处有 $f_x(0,0) = 0$ 及 $f_y(0,0) = 0$；

$$(\qquad)$$

(5) 函数 $z = \sqrt{x^2+y^2}$ 在点 $(0,0)$ 处连续，但该函数在 $(0,0)$ 处的两个偏导数 $z_x(0,0)$，$z_y(0,0)$ 均不存在. $(\qquad)$

2. 填空题：

(1) 设 $z = \dfrac{\ln x}{y^2}$，则 $\dfrac{\partial z}{\partial x} = $ _____；$\dfrac{\partial z}{\partial y}\Big|_{\substack{x=2 \\ y=1}} = $ _____；

(2) 设 $f(x,y)$ 在点 (a,b) 的偏导数 $f_x(a,b)$ 和 $f_y(a,b)$ 均存在，则 $\lim\limits_{h \to 0} \dfrac{f(a+h,b) - f(a,b-2h)}{h} = $

_____.

3. 求下列函数的偏导数：

(1) $z = x^2 y - y^4 x + 1$；　　　　　　　(2) $z = e^{xy} \tan y$；

(3) $z = (1+xy)^{\sin y}$；　　　　　　　　(4) $z = \ln \sin \dfrac{y}{x}$；

(5) $u = xy^2 + yz^2 + zx^2$；　　　　　　(6) $u = \arcsin(2+y)^{-x}$；

(7) $z = \ln \sqrt{xy}$；　　　　　　　　　(8) $z = \arctan(xy) + \cos^2(xy)$；

(9) $u = x^{\frac{z}{y}}$.

4. 求下列函数的 $\dfrac{\partial^2 z}{\partial x^2}$，$\dfrac{\partial^2 z}{\partial y^2}$ 和 $\dfrac{\partial^2 z}{\partial x \partial y}$：

(1) $z = x^3 + 3x^2 y + y^4 + 2$；　　　　(2) $z = \arctan \dfrac{x}{y}$.

5. 设 $z = x^3 e^{xy}$，求 $\dfrac{\partial^3 z}{\partial x^2 \partial y}$ 及 $\dfrac{\partial^3 z}{\partial x \partial y^2}$.

6. 计算下列各题：

(1) 设 $f(x,y) = e^{-\sin x(x+2y)}$，求 $f_x(0,1)$，$f_y(0,1)$；

(2) 设 $z = x\ln(x+y)$，求 $\dfrac{\partial^2 z}{\partial x^2}\Big|_{\substack{x=1 \\ y=2}}$，$\dfrac{\partial^2 z}{\partial y^2}\Big|_{\substack{x=1 \\ y=2}}$，$\dfrac{\partial^2 z}{\partial x \partial y}\Big|_{\substack{x=1 \\ y=2}}$.

7. 验证：

(1) $y = e^{-kn^2 t} \sin nx$ 满足 $\dfrac{\partial y}{\partial t} = k \dfrac{\partial^2 y}{\partial x^2}$；

(2) $r = \sqrt{x^2+y^2+z^2}$ 满足 $\dfrac{\partial^2 r}{\partial x^2} + \dfrac{\partial^2 r}{\partial y^2} + \dfrac{\partial^2 r}{\partial z^2} = \dfrac{2}{r}$.

8. 设 $z = \ln\left(x^{\frac{1}{3}} + y^{\frac{1}{3}}\right)$，证明 $x\dfrac{\partial z}{\partial x} + y\dfrac{\partial z}{\partial y} = \dfrac{1}{3}$.

9.3　全微分及其应用

9.3.1　全微分的定义

当二元函数 $z = f(x,y)$ 的偏导数都存在时,根据一元函数微分学中增量与微分的关系,有

$$f(x + \Delta x, y) - f(x,y) \approx f_x(x,y)\Delta x$$
$$f(x, y + \Delta y) - f(x,y) \approx f_y(x,y)\Delta y$$

将上面二式的左端分别称为二元函数 $z = f(x,y)$ 对 x,y 的**偏增量**,而右端分别称为二元函数 $z = f(x,y)$ 对 x,y 的**偏微分**.

与偏增量相对应,称 $f(x + \Delta x, y + \Delta y) - f(x,y)$ 为二元函数 $z = f(x,y)$ 在点 (x,y) 处对应于自变量增量 $\Delta x, \Delta y$ 的**全增量**,记作 Δz,即

$$\Delta z = f(x + \Delta x, y + \Delta y) - f(x,y)$$

由于全增量 Δz 的计算一般来说是较复杂的,因此,会产生希望用 $\Delta x, \Delta y$ 的线性函数来近似代替全增量 Δz 的想法,这就是全微分概念的由来.

定义 9.7　如果函数 $z = f(x,y)$ 在点 (x,y) 的全增量

$$\Delta z = f(x + \Delta x, y + \Delta y) - f(x,y)$$

可表示为

$$\Delta z = A\Delta x + B\Delta y + o(\rho) \tag{9.9}$$

其中,$\rho = \sqrt{(\Delta x)^2 + (\Delta y)^2}$,$A,B$ 不依赖于 $\Delta x, \Delta y$,仅与 x,y 有关,则称函数 $z = f(x,y)$**在点** (x,y)**可微分**,$A\Delta x + B\Delta y$ 为函数 $z = f(x,y)$ 在点 (x,y) 的**全微分**,记作 dz,即

$$dz = A\Delta x + B\Delta y$$

如果函数在区域 D 内各点处都可微分,则称这函数**在** D **内可微分**.

在 9.2 节已知,函数在某一点的偏导数存在,并不能保证函数在该点连续. 但是,如果函数 $z = f(x,y)$ 在点 (x,y) 可微分,那么,函数 $z = f(x,y)$ 在该点必然连续.

这是因为,如果 $z = f(x,y)$ 在点 (x,y) 可微分,则

$$\Delta z = f(x + \Delta x, y + \Delta y) - f(x,y) = A\Delta x + B\Delta y + o(\rho)$$

于是,$\lim\limits_{\rho \to 0} \Delta z = 0$,从而

$$\lim_{(\Delta x, \Delta y) \to (0,0)} f(x + \Delta x, y + \Delta y) = \lim_{\rho \to 0} [f(x,y) + \Delta z] = f(x,y)$$

因此,函数 $z = f(x,y)$ 在点 (x,y) 处连续.

下面讨论函数 $z = f(x,y)$ 在点 (x,y) 可微分的条件.

定理 9.5(必要条件)　如果函数 $z = f(x,y)$ 在点 (x,y) 可微分,则函数在该点的偏导数 $\dfrac{\partial z}{\partial x}, \dfrac{\partial z}{\partial y}$ 必定存在,且函数 $z = f(x,y)$ 在点 (x,y) 的全微分为

$$dz = \frac{\partial z}{\partial x}\Delta x + \frac{\partial z}{\partial y}\Delta y \qquad (9.10)$$

证 设函数 $z = f(x,y)$ 在点 $P(x,y)$ 可微分. 于是, 对于点 P 的某个邻域内的任意一点 $P'(x+\Delta x, y+\Delta y)$, 有 $\Delta z = A\Delta x + B\Delta y + o(\rho)$. 其中, $\rho = \sqrt{(\Delta x)^2 + (\Delta y)^2}$. 特别当 $\Delta y = 0$ 时, 有

$$f(x+\Delta x, y) - f(x,y) = A\Delta x + o(|\Delta x|)$$

上式两边同除以 Δx, 再令 $\Delta x \to 0$, 则有

$$\lim_{\Delta x \to 0} \frac{f(x+\Delta x, y) - f(x,y)}{\Delta x} = A$$

从而偏导数 $\frac{\partial z}{\partial x}$ 存在, 并且 $\frac{\partial z}{\partial x} = A$. 同理, 可证偏导数 $\frac{\partial z}{\partial y}$ 存在, 并且 $\frac{\partial z}{\partial y} = B$. 因此

$$dz = \frac{\partial z}{\partial x}\Delta x + \frac{\partial z}{\partial y}\Delta y$$

注 偏导数 $\frac{\partial z}{\partial x}, \frac{\partial z}{\partial y}$ 存在是 $z = f(x,y)$ 可微分的必要条件, 但不是充分条件.

例如, 函数

$$f(x,y) = \begin{cases} \dfrac{xy}{\sqrt{x^2+y^2}} & x^2+y^2 \neq 0 \\ 0 & x^2+y^2 = 0 \end{cases}$$

在点 $(0,0)$ 处, 虽然有 $f_x(0,0) = 0$ 及 $f_y(0,0) = 0$, 当点 (x,y) 沿直线 $y = x$ 趋于 $(0,0)$ 时

$$\frac{\Delta z - [f_x(0,0) \cdot \Delta x + f_y(0,0) \cdot \Delta y]}{\rho} = \frac{\Delta x \cdot \Delta y}{(\Delta x)^2 + (\Delta y)^2} = \frac{\Delta x \cdot \Delta x}{(\Delta x)^2 + (\Delta x)^2} = \frac{1}{2}$$

这个比值当 $\rho \to 0$ 时不可能趋于零. 这表明 $\rho \to 0$ 时

$$\Delta z - [f_x(0,0)\Delta x + f_y(0,0)\Delta y]$$

不是 ρ 的高阶无穷小. 根据定义, 函数在 $(0,0)$ 处是不可微分的.

定理 9.6(充分条件) 如果函数 $z = f(x,y)$ 的偏导数 $\frac{\partial z}{\partial x}, \frac{\partial z}{\partial y}$ 在点 (x,y) 连续, 则函数在该点可微分.

证 由假定, 函数 $z = f(x,y)$ 的偏导数 $\frac{\partial z}{\partial x}, \frac{\partial z}{\partial y}$ 在点 $P(x,y)$ 的某邻域内存在. 设点 $(x+\Delta x, y+\Delta y)$ 为这邻域内任意一点, 于是根据拉格朗日中值定理, 有

$$\begin{aligned} \Delta z &= f(x+\Delta x, y+\Delta y) - f(x,y) \\ &= [f(x+\Delta x, y+\Delta y) - f(x, y+\Delta y)] + [f(x, y+\Delta y) - f(x,y)] \\ &= f_x(x+\theta_1\Delta x, y+\Delta y)\Delta x + f_y(x, y+\theta_2\Delta y)\Delta y \qquad (0 < \theta_1, \theta_2 < 1) \end{aligned}$$

由于 $f_x(x,y), f_y(x,y)$ 在点 $P(x,y)$ 连续, 因此

$$\begin{aligned} \Delta z &= [f_x(x,y) + \varepsilon_1]\Delta x + [f_y(x,y) + \varepsilon_2]\Delta y \\ &= f_x(x,y)\Delta x + f_y(x,y)\Delta y + \varepsilon_1\Delta x + \varepsilon_2\Delta y \end{aligned}$$

其中, ε_1 是 $\Delta x, \Delta y$ 的函数, 而 ε_2 只是 Δy 的函数, 并且当 $\Delta x \to 0, \Delta y \to 0$ 时

$$\varepsilon_1 \to 0, \varepsilon_2 \to 0$$

于是，当 $(\Delta x, \Delta y) \to (0,0)$ 时，即当 $\rho \to 0$ 时，$\left| \dfrac{\varepsilon_1 \Delta x + \varepsilon_2 \Delta y}{\rho} \right| < |\varepsilon_1| + |\varepsilon_2| \to 0$，从而有

$$\varepsilon_1 \Delta x + \varepsilon_2 \Delta y = o(\rho)$$

所以函数 $z = f(x, y)$ 在点 (x, y) 可微分.

注　关于二元函数全微分的定义、定理 9.5 和定理 9.6 的结论，可完全类似地推广到三元及三元以上函数.

将 $\Delta x, \Delta y$ 分别记作 dx, dy，并分别称为自变量 x, y 的微分，则函数 $z = f(x, y)$ 的全微分可写作

$$dz = \frac{\partial z}{\partial x} dx + \frac{\partial z}{\partial y} dy \tag{9.11}$$

即二元函数的全微分等于它的两个偏微分之和. 这个规律称为二元函数微分的**叠加原理**.

叠加原理也适用于二元以上的函数的情形. 例如，当函数 $u = f(x, y, z)$ 可微分时，它的全微分等于它的 3 个偏微分之和，即

$$du = \frac{\partial u}{\partial x} dx + \frac{\partial u}{\partial y} dy + \frac{\partial u}{\partial z} dz \tag{9.12}$$

例 1　计算函数 $z = x^2 \cos(4y)$ 的全微分，并求函数 z 在点 $(1,1)$ 处的全微分.

解　因为 $\dfrac{\partial z}{\partial x} = 2x \cos(4y), \dfrac{\partial z}{\partial y} = -4x^2 \sin(4y)$，所以

$$\frac{\partial z}{\partial x} \bigg|_{\substack{x=1 \\ y=1}} = 2\cos 4, \frac{\partial z}{\partial y} \bigg|_{\substack{x=1 \\ y=1}} = -4 \sin 4$$

$$dz \big|_{(1,1)} = 2 \cos 4\, dx - 4 \sin 4\, dy$$

例 2　计算函数 $u = x^2 \sin y + e^{xyz}$ 的全微分.

解　因为

$$\frac{\partial u}{\partial x} = 2x \sin y + yz e^{xyz}, \frac{\partial u}{\partial y} = x^2 \cos y + xz e^{xyz}, \frac{\partial u}{\partial z} = xy e^{xyz}$$

所以

$$du = (2x \sin y + yz e^{xyz})\,dx + (x^2 \cos y + xz e^{xyz})\,dy + xy e^{xyz}\,dz$$

*9.3.2　全微分在近似计算中的应用

当二元函数 $z = f(x, y)$ 在点 $P(x, y)$ 的两个偏导数 $f_x(x, y), f_y(x, y)$ 连续，并且 $|\Delta x|, |\Delta y|$ 都较小时，有近似等式

$$\Delta z \approx dz = f_x(x, y)\Delta x + f_y(x, y)\Delta y \tag{9.13}$$

这个近似等式也可写成

$$f(x + \Delta x, y + \Delta y) \approx f(x, y) + f_x(x, y)\Delta x + f_y(x, y)\Delta y \tag{9.14}$$

类似于一元函数的情形，可利用上述两个近似等式对二元函数作近似计算和误差估计，现举例如下：

例 3　有一圆柱体在受压后发生形变，它的半径由 20 cm 增大到 20.05 cm，高度由 100 cm 减少到 99 cm. 求此圆柱体体积变化的近似值.

解 设圆柱体的半径、高和体积依次为 r,h 和 V,则有
$$V = \pi r^2 h$$

已知 $r = 20 \text{ cm}, h = 100 \text{ cm}, \Delta r = 0.05 \text{ cm}, \Delta h = -1 \text{ cm}$. 根据式(9.13),有

$$\Delta V \approx \mathrm{d}V = V_r \Delta r + V_h \Delta h = 2\pi rh\Delta r + \pi r^2 \Delta h$$
$$= [2\pi \times 20 \times 100 \times 0.05 + \pi \times 20^2 \times (-1)] \text{cm}^3$$
$$= -200\pi \text{ cm}^3$$

即此圆柱体在受压后体积大约减少了 $200\pi \text{ cm}^3$.

例 4 计算 $(1.04)^{2.02}$ 的近似值.

解 令函数 $f(x,y) = x^y$,则要求的值就是当 $x = 1.04, y = 2.02$ 时的函数值 $f(1.04, 2.02)$. 由于

$$f(x + \Delta x, y + \Delta y) \approx f(x,y) + f_x(x,y)\Delta x + f_y(x,y)\Delta y$$
$$= x^y + yx^{y-1}\Delta x + x^y \ln x\Delta y$$

因此,取 $x = 1, y = 2, \Delta x = 0.04, \Delta y = 0.02$,并代入上式,则得

$$(1.04)^{2.02} \approx 1^2 + 2 \times 1^{2-1} \times 0.04 + 1^2 \times \ln 1 \times 0.02 = 1.08$$

例 5 利用单摆摆动测定重力加速度 g 的公式为

$$g = \frac{4\pi^2 l}{T^2}$$

现测得单摆摆长 l 与振动周期 T 分别为 $l = (100 \pm 0.1)\text{cm}, T = (2 \pm 0.004)\text{s}$. 问由于测定 l 与 T 的误差而引起 g 的**绝对误差和相对误差**各为多少?

解 如果把测量 l 与 T 所产生的误差当成 $|\Delta l|$ 与 $|\Delta T|$,则利用上述近似计算公式所产生的误差就是二元函数 $g = \dfrac{4\pi^2 l}{T^2}$ 的全增量的绝对值 $|\Delta g|$. 由于 $|\Delta l|, |\Delta T|$ 都很小,因此,可用 $\mathrm{d}g$ 来近似地代替 Δg. 这样,可得到 g 的误差为

$$|\Delta g| \approx |\mathrm{d}g| = \left|\frac{\partial g}{\partial l}\Delta l + \frac{\partial g}{\partial T}\Delta T\right| \leqslant \left|\frac{\partial g}{\partial l}\right| \cdot \delta_l + \left|\frac{\partial g}{\partial T}\right| \cdot \delta_T$$
$$= 4\pi^2\left(\frac{1}{T^2}\delta_l + \frac{2l}{T^3}\delta_T\right)$$

其中,δ_l 与 δ_T 为 l 与 T 的绝对误差. 把 $l = 100, T = 2, \delta_l = 0.1, \delta_T = 0.004$ 代入上式,得 g 的绝对误差为

$$\delta_g \approx 4\pi^2\left(\frac{0.1}{2^2} + \frac{2 \times 100}{2^3} \times 0.004\right) \text{cm/s}^2 = 0.5\pi^2 \text{ cm/s}^2 = 4.93 \text{ cm/s}^2$$

于是,g 的相对误差为

$$\frac{\delta_g}{g} = \frac{0.5\pi^2}{\dfrac{4\pi^2 \times 100}{2^2}} = 0.5\%$$

从例 5 可知,对于一般的二元函数 $z = f(x,y)$,如果自变量 x, y 的绝对误差分别为 δ_x, δ_y,即

$$|\Delta x| \leqslant \delta_x, \quad |\Delta y| \leqslant \delta_y$$

则 z 的误差

$$|\Delta z| \approx |\mathrm{d}z| = \left|\frac{\partial z}{\partial x}\Delta x + \frac{\partial z}{\partial y}\Delta y\right| \leqslant \left|\frac{\partial z}{\partial x}\right| \cdot |\Delta x| + \left|\frac{\partial z}{\partial y}\right| \cdot |\Delta y|$$

$$\leqslant \left|\frac{\partial z}{\partial x}\right| \cdot \delta_x + \left|\frac{\partial z}{\partial y}\right| \cdot \delta_y$$

从而得到 z 的绝对误差为

$$\delta_z \approx \left|\frac{\partial z}{\partial x}\right| \cdot \delta_x + \left|\frac{\partial z}{\partial y}\right| \cdot \delta_y$$

z 的相对误差为

$$\frac{\delta_z}{|z|} \approx \left|\frac{\partial z}{\partial x}\right| \cdot \frac{\delta_x}{|z|} + \left|\frac{\partial z}{\partial y}\right| \cdot \frac{\delta_y}{|z|}$$

习题 9.3

1. 填空题:

(1) $z = x^2 y + \mathrm{e}^{xy}$ 在点 (x,y) 处的全微分_____;

(2) $z = \dfrac{\cos x}{\sqrt{x^2+y^2}}$ 在点 $(0,1)$ 处的全微分_____;

(3) 设 $z = f(x,y)$ 在点 (x_0,y_0) 处的全增量为 Δz, 全微分为 $\mathrm{d}z$, 则 $f(x,y)$ 在点 (x_0,y_0) 处的全增量与全微分的关系式是_____.

2. 选择题:

(1) 在点 P 处函数 $f(x,y)$ 的全微分 $\mathrm{d}f$ 存在的充分条件为(　　).

　　A. f 的全部二阶偏导数均存在　　　　　　B. f 连续

　　C. f 的全部一阶偏导数均连续　　　　　　D. f 连续且 f_x, f_y 均存在

(2) 下面使 $\mathrm{d}f = \Delta f$ 成立的函数为(　　).

　　A. $f = ax + by + c$ 　(a,b,c 为常数)　　B. $f = \sin xy$

　　C. $f = \mathrm{e}^x + \mathrm{e}^y$ 　　　　　　　　　　　D. $f = x^2 + y^2$

3. 设 $z = x^2 y$, 求当 $\Delta x = 0.1$, $\Delta y = 0.2$ 时, z 在 $(1,2)$ 点处的全增量和全微分.

4. 求下列函数的全微分:

(1) $z = 2x^2 - 3xy + y^2 + 1$;　　　　　　　(2) $z = \sin \dfrac{y}{x}$;

(3) $z = xy^3 + \dfrac{y}{x}$;　　　　　　　　　　(4) $z = \mathrm{e}^{\tan \frac{y}{x}}$;

(5) $z = \dfrac{\sin y}{\sqrt{x^2+y^2}}$;　　　　　　　　(6) $u = x^{\cos(yz)}$.

5. 设 $f(x,y) = \begin{cases} \dfrac{x^2 y^2}{(x^2+y^2)^{3/2}} & x^2 + y^2 \neq 0 \\ 0 & x^2 + y^2 = 0 \end{cases}$, 证明 $f(x,y)$ 在点 $(0,0)$ 处连续且偏导数存在, 但

不可微.

*6. 计算 $\sqrt{(1.02)^3 + (1.97)^3}$ 的近似值.

*7. 计算 $(1.97)^{1.05}$ 的近似值 $(\ln 2 = 0.693)$.

*8. 测得一块三角形土地的两边边长分别为 (63 ± 0.1) m 和 (78 ± 0.1) m,这两边的夹角为 $(60 \pm 1)°$. 试求三角形面积的近似值,并求其绝对误差和相对误差.

9.4　多元复合函数的求导法则

在本节,要将一元复合函数的求导法则推广到多元复合函数的情形. 多元复合函数的求导法则在多元函数的微分学中有重要的作用. 作为多元复合函数的求导法则的应用,在本节的最后,将讨论全微分的形式不变性.

9.4.1　多元复合函数求导的链式法则

按照多元复合函数不同的复合情形,细分为以下 4 种情形进行讨论:

(1)复合函数的中间变量均为一元函数的情形

定理 9.7　如果函数 $u = \varphi(t)$ 及 $v = \psi(t)$ 都在点 t 可导,函数 $z = f(u,v)$ 在对应点 (u,v) 具有连续偏导数,则复合函数 $z = f[\varphi(t), \psi(t)]$ 在点 t 可导,且有

$$\frac{\mathrm{d}z}{\mathrm{d}t} = \frac{\partial z}{\partial u} \cdot \frac{\mathrm{d}u}{\mathrm{d}t} + \frac{\partial z}{\partial v} \cdot \frac{\mathrm{d}v}{\mathrm{d}t} \tag{9.15}$$

证　当 t 取得增量 Δt 时,u,v 及 z 相应地也取得增量 $\Delta u, \Delta v$ 及 Δz. 因为函数 $u = \varphi(t)$ 及 $v = \psi(t)$ 都在点 t 可导,所以函数 $u = \varphi(t)$ 及 $v = \psi(t)$ 都在点 t 可微;又因为 $z = f(u,v)$ 具有连续的偏导数,所以 $z = f(u,v)$ 在对应点 (u,v) 可微,于是有

$$
\begin{aligned}
\Delta z &= \frac{\partial z}{\partial u}\Delta u + \frac{\partial z}{\partial v}\Delta v + o(\rho) \\
&= \frac{\partial z}{\partial u}\left[\frac{\mathrm{d}u}{\mathrm{d}t}\Delta t + o(\Delta t)\right] + \frac{\partial z}{\partial v}\left[\frac{\mathrm{d}v}{\mathrm{d}t}\Delta t + o(\Delta t)\right] + o(\rho) \\
&= \left(\frac{\partial z}{\partial u} \cdot \frac{\mathrm{d}u}{\mathrm{d}t} + \frac{\partial z}{\partial v} \cdot \frac{\mathrm{d}v}{\mathrm{d}t}\right)\Delta t + \left(\frac{\partial z}{\partial u} + \frac{\partial z}{\partial v}\right)o(\Delta t) + o(\rho)
\end{aligned}
$$

从而有

$$\frac{\Delta z}{\Delta t} = \frac{\partial z}{\partial u} \cdot \frac{\mathrm{d}u}{\mathrm{d}t} + \frac{\partial z}{\partial v} \cdot \frac{\mathrm{d}v}{\mathrm{d}t} + \left(\frac{\partial z}{\partial u} + \frac{\partial z}{\partial v}\right)\frac{o(\Delta t)}{\Delta t} + \frac{o(\rho)}{\Delta t}$$

由于

$$\lim_{\Delta t \to 0} \frac{o(\rho)}{|\Delta t|} = \lim_{\Delta t \to 0} \frac{o(\rho)}{\rho} \cdot \frac{\sqrt{(\Delta u)^2 + (\Delta v)^2}}{|\Delta t|} = 0$$

于是, $\lim\limits_{\Delta t \to 0} \dfrac{o(\rho)}{\Delta t} = 0$.

令 $\Delta t \to 0$, 则得

$$\lim_{\Delta t \to 0} \frac{\Delta z}{\Delta t} = \frac{\partial z}{\partial u} \cdot \frac{\mathrm{d}u}{\mathrm{d}t} + \frac{\partial z}{\partial v} \cdot \frac{\mathrm{d}v}{\mathrm{d}t}$$

这表明复合函数 $z = f[\varphi(t), \psi(t)]$ 在点 t 可导, 并且有

$$\frac{\mathrm{d}z}{\mathrm{d}t} = \frac{\partial z}{\partial u} \cdot \frac{\mathrm{d}u}{\mathrm{d}t} + \frac{\partial z}{\partial v} \cdot \frac{\mathrm{d}v}{\mathrm{d}t}$$

用同样的方法, 可把定理 9.7 推广到复合函数的中间变量多于两个的情形. 例如, 设

$$z = f(u, v, w), u = \varphi(t), v = \psi(t), w = \omega(t)$$

则在与定理 9.7 相类似的条件下, $z = f[\varphi(t), \psi(t), \omega(t)]$ 对 t 的导数为

$$\frac{\mathrm{d}z}{\mathrm{d}t} = \frac{\partial z}{\partial u} \frac{\mathrm{d}u}{\mathrm{d}t} + \frac{\partial z}{\partial v} \frac{\mathrm{d}v}{\mathrm{d}t} + \frac{\partial z}{\partial w} \frac{\mathrm{d}w}{\mathrm{d}t} \tag{9.16}$$

式(9.15)及式(9.16)中的导数 $\dfrac{\mathrm{d}z}{\mathrm{d}t}$ 称为**全导数**.

(2) 复合函数的中间变量均为多元函数的情形

定理 9.8　如果函数 $u = \varphi(x, y)$, $v = \psi(x, y)$ 都在点 (x, y) 具有对 x 和对 y 的偏导数, 函数 $z = f(u, v)$ 在对应点 (u, v) 具有连续偏导数, 则复合函数 $z = f[\varphi(x, y), \psi(x, y)]$ 在点 (x, y) 的两个偏导数都存在, 且有

$$\frac{\partial z}{\partial x} = \frac{\partial z}{\partial u} \cdot \frac{\partial u}{\partial x} + \frac{\partial z}{\partial v} \cdot \frac{\partial v}{\partial x} \tag{9.17}$$

$$\frac{\partial z}{\partial y} = \frac{\partial z}{\partial u} \cdot \frac{\partial u}{\partial y} + \frac{\partial z}{\partial v} \cdot \frac{\partial v}{\partial y} \tag{9.18}$$

证　由于在求 $\dfrac{\partial z}{\partial x}$ 时, 可将 y 看成常数, 则 $u = \varphi(x, y)$ 及 $v = \psi(x, y)$ 就可看成 x 的一元函数. 因此, 可应用定理 9.7, 但此时 $u = \varphi(x, y)$, $v = \psi(x, y)$ 对 x 的导数事实上是 $u = \varphi(x, y)$, $v = \psi(x, y)$ 对 x 的偏导数, 所以有

$$\frac{\partial z}{\partial x} = \frac{\partial z}{\partial u} \cdot \frac{\partial u}{\partial x} + \frac{\partial z}{\partial v} \cdot \frac{\partial v}{\partial x}$$

类似地, 可得关于 $\dfrac{\partial z}{\partial y}$ 的结论.

注　从严格的意义上讲, 上面给出的证明只是证明定理 9.8 的思想.

定理 9.8 的结论可推广到复合函数的中间变量多于两个的情形. 例如, 设 $u = \varphi(x, y)$, $v = \psi(x, y)$, $w = \omega(x, y)$ 都在点 (x, y) 具有对 x 及对 y 的偏导数, 函数 $z = f(u, v, w)$ 在对应点 (u, v, w) 具有连续偏导数, 则复合函数 $z = f[\varphi(x, y), \psi(x, y), \omega(x, y)]$ 在点 (x, y) 的两个偏导数存在, 并且

$$\frac{\partial z}{\partial x} = \frac{\partial z}{\partial u} \cdot \frac{\partial u}{\partial x} + \frac{\partial z}{\partial v} \cdot \frac{\partial v}{\partial x} + \frac{\partial z}{\partial w} \cdot \frac{\partial w}{\partial x} \tag{9.19}$$

$$\frac{\partial z}{\partial y} = \frac{\partial z}{\partial u} \cdot \frac{\partial u}{\partial y} + \frac{\partial z}{\partial v} \cdot \frac{\partial v}{\partial y} + \frac{\partial z}{\partial w} \cdot \frac{\partial w}{\partial y} \tag{9.20}$$

（3）复合函数的中间变量既有一元函数又有多元函数的情形

定理9.9 如果函数 $u = \varphi(x, y)$ 在点 (x, y) 具有对 x 及对 y 的偏导数，函数 $v = \psi(y)$ 在点 y 可导，函数 $z = f(u, v)$ 在对应点 (u, v) 具有连续偏导数，则复合函数 $z = f[\varphi(x, y), \psi(y)]$ 在点 (x, y) 的两个偏导数都存在，且有

$$\frac{\partial z}{\partial x} = \frac{\partial z}{\partial u} \cdot \frac{\partial u}{\partial x} \tag{9.21}$$

$$\frac{\partial z}{\partial y} = \frac{\partial z}{\partial u} \cdot \frac{\partial u}{\partial y} + \frac{\partial z}{\partial v} \cdot \frac{\mathrm{d} v}{\mathrm{d} y} \tag{9.22}$$

这是情形2的一种特例，即在定理9.8的变量 v 与 x 无关的情形. 此时，$\frac{\partial v}{\partial x} = 0$，并且 $\frac{\partial v}{\partial y}$ 事实上就是导数 $\frac{\mathrm{d} v}{\mathrm{d} y}$，由定理9.8可得上述结论.

（4）复合函数的某些中间变量本身又是自变量的情形

定理9.10 设 $z = f(u, x, y)$ 在对应点 (u, x, y) 具有连续偏导数，且 $u = \varphi(x, y)$ 在点 (x, y) 具有对 x 和对 y 的偏导数，则复合函数 $z = f[\varphi(x, y), x, y]$ 在点 (x, y) 的两个偏导数存在，且有

$$\frac{\partial z}{\partial x} = \frac{\partial f}{\partial u} \frac{\partial u}{\partial x} + \frac{\partial f}{\partial x} \tag{9.23}$$

$$\frac{\partial z}{\partial y} = \frac{\partial f}{\partial u} \frac{\partial u}{\partial y} + \frac{\partial f}{\partial y} \tag{9.24}$$

这种情形也是情形2的一种特例，即函数 $z = f(u, x, y)$ 可看成情形2中的函数 $z = f(u, v, w)$ 在 $v = x, w = y$ 特殊情形，于是，$\frac{\partial v}{\partial x} = 1, \frac{\partial v}{\partial y} = 0, \frac{\partial w}{\partial x} = 0, \frac{\partial w}{\partial y} = 1$，由定理9.8可得上述结论.

注 ①定理9.10中，$\frac{\partial z}{\partial x}$ 与 $\frac{\partial f}{\partial x}$ 是不同的，$\frac{\partial z}{\partial x}$ 是把复合函数 $z = f[\varphi(x, y), x, y]$ 中的除 x 外的其他自变量 y 看成不变而只对自变量 x 的偏导数，$\frac{\partial f}{\partial x}$ 是把 $f(u, x, y)$ 中的同层次的中间变量 u 及 y 看成不变而对同层次中间变量 x 的偏导数. $\frac{\partial z}{\partial y}$ 与 $\frac{\partial f}{\partial y}$ 也有类似的区别.

②上述4个定理并没有将所有具体情形完全归纳进来，因此，对这4个定理的学习要起到举一反三的作用.

③多元复合函数的求偏导关键要清楚函数复合的层次结构以及求偏导时哪些变量看成常量.

例1 设 $z = u^2 \mathrm{e}^v, u = xy, v = x + y$，求 $\frac{\partial z}{\partial x}$ 和 $\frac{\partial z}{\partial y}$.

解

$$\frac{\partial z}{\partial x} = \frac{\partial z}{\partial u} \cdot \frac{\partial u}{\partial x} + \frac{\partial z}{\partial v} \cdot \frac{\partial v}{\partial x}$$

$$= 2u\mathrm{e}^v \cdot y + u^2 \mathrm{e}^v \cdot 1 = (2xy^2 + x^2 y^2) \mathrm{e}^{x+y}$$

$$\frac{\partial z}{\partial y} = \frac{\partial z}{\partial u} \cdot \frac{\partial u}{\partial y} + \frac{\partial z}{\partial v} \cdot \frac{\partial v}{\partial y}$$

$$= 2u\mathrm{e}^v \cdot x + u^2 \mathrm{e}^v \cdot 1 = (2x^2 y + x^2 y^2) \mathrm{e}^{x+y}$$

例 2　设 $u = f(x,y,z) = \ln(x^2 + y^2 + z^2)$，而 $z = x^2 \sin y$，求 $\dfrac{\partial u}{\partial x}$ 和 $\dfrac{\partial u}{\partial y}$.

解

$$\frac{\partial u}{\partial x} = \frac{\partial f}{\partial x} + \frac{\partial f}{\partial z} \cdot \frac{\partial z}{\partial x}$$

$$= \frac{2x}{x^2 + y^2 + z^2} + \frac{2z}{x^2 + y^2 + z^2} \cdot 2x \sin y$$

$$= \frac{2x}{x^2 + y^2 + z^2}(1 + 2x^2 \sin^2 y)$$

$$\frac{\partial u}{\partial y} = \frac{\partial f}{\partial y} + \frac{\partial f}{\partial z} \cdot \frac{\partial z}{\partial y}$$

$$= \frac{2y}{x^2 + y^2 + z^2} + \frac{2z}{x^2 + y^2 + z^2} \cdot x^2 \cos y$$

$$= \frac{2y + x^4 \sin 2y}{x^2 + y^2 + z^2}$$

例 3　设 $z = f(u,v,t) = \mathrm{e}^{u+v} + \ln t$，而 $u = t, v = \cos t$，求全导数 $\dfrac{\mathrm{d}z}{\mathrm{d}t}$.

解

$$\frac{\mathrm{d}z}{\mathrm{d}t} = \frac{\partial f}{\partial u} \cdot \frac{\mathrm{d}u}{\mathrm{d}t} + \frac{\partial f}{\partial v} \cdot \frac{\mathrm{d}v}{\mathrm{d}t} + \frac{\partial f}{\partial t}$$

$$= \mathrm{e}^{u+v} \cdot 1 + \mathrm{e}^{u+v}(-\sin t) + \frac{1}{t}$$

$$= \mathrm{e}^{t+\cos t}(1 - \sin t) + \frac{1}{t}$$

例 4　设 $w = f(x + y + z, xyz)$，f 具有二阶连续偏导数，求 $\dfrac{\partial w}{\partial x}$ 和 $\dfrac{\partial^2 w}{\partial x \partial z}$.

为了方便，引入记号 $f_1' = \dfrac{\partial f(u,v)}{\partial u}$，$f_{12}'' = \dfrac{\partial^2 f(u,v)}{\partial u \partial v}$. 同理，有 f_2'，f_{11}''，f_{21}''，f_{22}'' 等. 对于 n 元函数也有类似的记号.

解　令 $u = x + y + z, v = xyz$，则 $w = f(u,v)$，并且

$$\frac{\partial w}{\partial x} = \frac{\partial f}{\partial u} \cdot \frac{\partial u}{\partial x} + \frac{\partial f}{\partial v} \cdot \frac{\partial v}{\partial x} = f_1' + yzf_2'$$

$$\frac{\partial^2 w}{\partial x \partial z} = \frac{\partial}{\partial z}(f_1' + yzf_2') = \frac{\partial f_1'}{\partial z} + yf_2' + yz \frac{\partial f_2'}{\partial z}$$

根据复合函数的求导法则有

$$\frac{\partial f_1'}{\partial z} = \frac{\partial f_1'}{\partial u} \cdot \frac{\partial u}{\partial z} + \frac{\partial f_1'}{\partial v} \cdot \frac{\partial v}{\partial z} = f_{11}'' + xyf_{12}''$$

$$\frac{\partial f_2'}{\partial z} = \frac{\partial f_2'}{\partial u} \cdot \frac{\partial u}{\partial z} + \frac{\partial f_2'}{\partial v} \cdot \frac{\partial v}{\partial z} = f_{21}'' + xyf_{22}''$$

由于 f 具有二阶连续偏导数，因此

$$\frac{\partial^2 w}{\partial x \partial z} = f_{11}'' + xyf_{12}'' + yf_2' + yzf_{21}'' + xy^2 zf_{22}''$$

$$= f''_{11} + y(x + z)f''_{12} + yf'_2 + xy^2zf''_{22}$$

例 5 设 $u = f(x, y)$ 的所有二阶偏导数连续，把下列表达式转换成极坐标系中的形式：

$$(1)\left(\frac{\partial u}{\partial x}\right)^2 + \left(\frac{\partial u}{\partial y}\right)^2; \qquad\qquad (2)\frac{\partial^2 u}{\partial x^2} + \frac{\partial^2 u}{\partial y^2}.$$

解 由直角坐标与极坐标间的关系式 $x = \rho\cos\theta, y = \rho\sin\theta$，得

$$u = f(x, y) = f(\rho\cos\theta, \rho\sin\theta) = F(\rho, \theta)$$

并且函数 $u = f(x, y)$ 可看成由函数 $u = F(\rho, \theta)$ 与函数 $\rho = \sqrt{x^2 + y^2}$，$\theta = \arctan\dfrac{y}{x}$ 复合而得到的。应用复合函数求导法则，得

$$\frac{\partial u}{\partial x} = \frac{\partial u}{\partial \rho}\frac{\partial \rho}{\partial x} + \frac{\partial u}{\partial \theta}\frac{\partial \theta}{\partial x} = \frac{\partial u}{\partial \rho}\frac{x}{\rho} - \frac{\partial u}{\partial \theta}\frac{y}{\rho^2} = \frac{\partial u}{\partial \rho}\cos\theta - \frac{\partial u}{\partial \theta}\frac{\sin\theta}{\rho}$$

$$\frac{\partial u}{\partial y} = \frac{\partial u}{\partial \rho}\frac{\partial \rho}{\partial y} + \frac{\partial u}{\partial \theta}\frac{\partial \theta}{\partial y} = \frac{\partial u}{\partial \rho}\frac{y}{\rho} - \frac{\partial u}{\partial \theta}\frac{x}{\rho^2} = \frac{\partial u}{\partial \rho}\sin\theta - \frac{\partial u}{\partial \theta}\frac{\cos\theta}{\rho}$$

将两式平方后相加，得

$$\left(\frac{\partial u}{\partial x}\right)^2 + \left(\frac{\partial u}{\partial y}\right)^2 = \left(\frac{\partial u}{\partial \rho}\right)^2 + \frac{1}{\rho^2}\left(\frac{\partial u}{\partial \theta}\right)^2$$

再求二阶偏导数，得

$$\frac{\partial^2 u}{\partial x^2} = \frac{\partial}{\partial \rho}\left(\frac{\partial u}{\partial x}\right)\cdot\frac{\partial \rho}{\partial x} + \frac{\partial}{\partial \theta}\left(\frac{\partial u}{\partial x}\right)\cdot\frac{\partial \theta}{\partial x}$$

$$= \frac{\partial}{\partial \rho}\left(\frac{\partial u}{\partial \rho}\cos\theta - \frac{\partial u}{\partial \theta}\frac{\sin\theta}{\rho}\right)\cdot\cos\theta - \frac{\partial}{\partial \theta}\left(\frac{\partial u}{\partial \rho}\cos\theta - \frac{\partial u}{\partial \theta}\frac{\sin\theta}{\rho}\right)\cdot\frac{\sin\theta}{\rho}$$

$$= \frac{\partial^2 u}{\partial \rho^2}\cos^2\theta - 2\frac{\partial^2 u}{\partial \rho\partial\theta}\frac{\sin\theta\cos\theta}{\rho} + \frac{\partial^2 u}{\partial^2\theta}\frac{\sin^2\theta}{\rho^2} + \frac{\partial u}{\partial \theta}\frac{2\sin\theta\cos\theta}{\rho^2} + \frac{\partial u}{\partial \rho}\frac{\sin^2\theta}{\rho}$$

同理，可得

$$\frac{\partial^2 u}{\partial y^2} = \frac{\partial^2 u}{\partial \rho^2}\sin^2\theta + 2\frac{\partial^2 u}{\partial \rho\partial\theta}\frac{\sin\theta\cos\theta}{\rho} + \frac{\partial^2 u}{\partial\theta^2}\frac{\cos^2\theta}{\rho^2} - \frac{\partial u}{\partial \theta}\frac{2\sin\theta\cos\theta}{\rho^2} + \frac{\partial u}{\partial \rho}\frac{\cos^2\theta}{\rho}$$

两式相加，得

$$\frac{\partial^2 u}{\partial x^2} + \frac{\partial^2 u}{\partial y^2} = \frac{\partial^2 u}{\partial \rho^2} + \frac{1}{\rho}\frac{\partial u}{\partial \rho} + \frac{1}{\rho^2}\frac{\partial^2 u}{\partial \theta^2} = \frac{1}{\rho^2}\left[\rho\frac{\partial}{\partial \rho}\left(\rho\frac{\partial u}{\partial \rho}\right) + \frac{\partial^2 u}{\partial \theta^2}\right]$$

9.4.2 全微分形式不变性

设 $z = f(u, v)$ 具有连续偏导数，则 $z = f(u, v)$ 在点 (u, v) 的全微分

$$\mathrm{d}z = \frac{\partial z}{\partial u}\mathrm{d}u + \frac{\partial z}{\partial v}\mathrm{d}v \qquad\qquad (9.25)$$

如果 $z = f(u, v)$ 具有连续偏导数，而 $u = \varphi(x, y)$，$v = \psi(x, y)$ 也具有连续偏导数，则复合函数 $z = f[\varphi(x, y), \varphi(x, y)]$ 在点 (x, y) 的全微分

$$\mathrm{d}z = \frac{\partial z}{\partial x}\mathrm{d}x + \frac{\partial z}{\partial y}\mathrm{d}y$$

$$= \left(\frac{\partial z}{\partial u}\frac{\partial u}{\partial x} + \frac{\partial z}{\partial v}\frac{\partial v}{\partial x}\right)\mathrm{d}x + \left(\frac{\partial z}{\partial u}\frac{\partial u}{\partial y} + \frac{\partial z}{\partial v}\frac{\partial v}{\partial y}\right)\mathrm{d}y$$

$$= \frac{\partial z}{\partial u}\left(\frac{\partial u}{\partial x}dx + \frac{\partial u}{\partial y}dy\right) + \frac{\partial z}{\partial v}\left(\frac{\partial v}{\partial x}dx + \frac{\partial v}{\partial y}dy\right)$$

$$= \frac{\partial z}{\partial u}du + \frac{\partial z}{\partial v}dv$$

由此可知,无论 z 是自变量 u,v 的函数或中间变量 u,v 的函数,它的全微分形式是一样的. 这个性质称为**全微分形式不变性**.

例 6　设 $z = u^2 e^v, u = xy, v = x + y$,利用全微分形式不变性求 z 的全微分及偏导数.

解
$$dz = \frac{\partial z}{\partial u}du + \frac{\partial z}{\partial v}dv = 2ue^v du + u^2 e^v dv$$

$$= 2ue^v(y\,dx + x\,dy) + u^2 e^v(dx + dy)$$

$$= (2xy^2 + x^2 y^2)e^{x+y}dx + (2x^2 y + x^2 y^2)e^{x+y}dy$$

于是,有

$$\frac{\partial z}{\partial x} = (2xy^2 + x^2 y^2)e^{x+y}, \frac{\partial z}{\partial y} = (2x^2 y + x^2 y^2)e^{x+y}$$

习题 9.4

1. 填空题:

(1) $z = \arctan(x - y), x = t^3, y = 2t$,则 $\dfrac{dz}{dt} = $ _____;

(2) $z = u^2 v, u = x\cos y, v = x\sin y$,则 $\dfrac{\partial z}{\partial x} = $ _____,$\dfrac{\partial z}{\partial y} = $ _____;

(3) 设 $z = f(u, v, \omega) = u^2 + v\omega$,而 $u = x + y, v = x, \omega = xy$,则 $dz = $ _____;

(4) 设 $z = f(xy, e^{x^2 + y^2})$,则 $\dfrac{\partial z}{\partial x} = $ _____,$\dfrac{\partial z}{\partial y} = $ _____.

2. 设 $z = \dfrac{y}{x}$,而 $x = e^t, y = 1 - e^{2t}$,求 $\dfrac{dz}{dt}$.

3. 设 $z = \arcsin xy$,而 $x = t, y = 3t^2$,求 $\dfrac{dz}{dt}$.

4. 设 $z = e^{2u}\ln v$,而 $u = \dfrac{x}{y}, v = 3x - 2y$,求 $\dfrac{\partial z}{\partial x}, \dfrac{\partial z}{\partial y}$.

5. 求下列函数的一阶偏导数(其中 f 具有一阶连续偏导数):

(1) $u = f\left(\dfrac{x+z}{y}, \dfrac{y}{z}\right)$; 　　　　　　(2) $u = f(\ln x, x^2\cos y, 3xyz + 1)$.

6. 设 $z = f(y^x, x^2 e^y)$(其中,f 具有二阶连续偏导数),求 $\dfrac{\partial z}{\partial x}, \dfrac{\partial^2 z}{\partial x^2}$.

7. 设 $z = xy + xF(u)$,其中,$u = \dfrac{y}{x}, F(u)$ 为可导函数,证明 $x\dfrac{\partial z}{\partial x} + y\dfrac{\partial z}{\partial y} = z + xy$.

8. 设 $z = e^u \sin v, u = xy, v = x + y$，利用全微分形式不变性求 $\dfrac{\partial z}{\partial x}, \dfrac{\partial z}{\partial y}$.

9. 设 $z = \dfrac{y}{f(x^2 - y^2)}$，其中，$f(u)$ 为可导的函数，验证 $\dfrac{1}{x} \dfrac{\partial z}{\partial x} + \dfrac{1}{y} \dfrac{\partial z}{\partial y} = \dfrac{z}{y^2}$.

9.5 隐函数的存在定理及求导公式

隐函数的概念在前面的章节中已经介绍过了，而且给出了在不显化隐函数的情况下，直接由方程 $F(x, y) = 0$ 求该方程所确定隐函数的导数的方法. 在本节将介绍隐函数的存在定理及根据多元复合函数求导法导出隐函数的导数公式.

按照确定隐函数的方程个数的不同情形，分成以下两种情形进行讨论：

9.5.1 一个方程的情形

定理 9.11（隐函数存在定理） 设函数 $F(x, y)$ 在点 (x_0, y_0) 的某一邻域内具有连续偏导数，$F(x_0, y_0) = 0$，$F_y(x_0, y_0) \neq 0$，则方程 $F(x, y) = 0$ 在点 (x_0, y_0) 的某一邻域内恒能唯一确定一个具有连续导数的函数 $y = f(x)$，它满足条件 $y_0 = f(x_0)$，并有

$$\frac{\mathrm{d}y}{\mathrm{d}x} = -\frac{F_x}{F_y} \tag{9.26}$$

在这里并不给出定理中隐函数存在性的证明. 下面只给出隐函数导数公式的推导过程.

将方程 $F(x, y) = 0$ 确定的函数 $y = f(x)$ 代入 $F(x, y) = 0$ 中，得恒等式

$$F(x, f(x)) \equiv 0$$

这个等式的左端可看成 x 的一个复合函数，于是，在等式的两端同时对 x 求导得

$$\frac{\partial F}{\partial x} + \frac{\partial F}{\partial y} \cdot \frac{\mathrm{d}y}{\mathrm{d}x} = 0$$

由于 F_y 连续，且 $F_y(x_0, y_0) \neq 0$，因此存在点 (x_0, y_0) 的一个邻域，在这个邻域内 $F_y \neq 0$，于是得

$$\frac{\mathrm{d}y}{\mathrm{d}x} = -\frac{F_x}{F_y}$$

隐函数存在定理的几何解释

例 1 验证方程 $\sin y + e^x - xy^2 - 1 = 0$ 在点 $(0, 0)$ 的某一邻域内能唯一确定一个有连续导数的隐函数 $y = f(x)$，并求 $\dfrac{\mathrm{d}y}{\mathrm{d}x}$.

证 设 $F(x, y) = \sin y + e^x - xy^2 - 1$，则 $F_x = e^x - y^2$，$F_y = \cos y - 2xy$，$F(0, 0) = 0$，$F_y(0, 0) = 1 \neq 0$. 因此，由定理 9.11 可知，方程 $\sin y + e^x - xy^2 - 1 = 0$ 在点 $(0, 0)$ 的某一邻域内能唯一确定一个有连续导数的隐函数 $y = f(x)$.

下面求 $y = f(x)$ 的一阶导数.

方法 1（代公式）：

$$\frac{\mathrm{d}y}{\mathrm{d}x} = -\frac{F_x}{F_y} = -\frac{\mathrm{e}^x - y^2}{\cos y - 2xy}$$

方法 2（用公式的推导法）：方程 $\sin y + \mathrm{e}^x - xy^2 - 1 = 0$ 两边同时对 x 求导，得

$$\frac{\mathrm{d}y}{\mathrm{d}x}\cos y + \mathrm{e}^x - y^2 - 2xy\frac{\mathrm{d}y}{\mathrm{d}x} = 0$$

解得

$$\frac{\mathrm{d}y}{\mathrm{d}x} = \frac{\mathrm{e}^x - y^2}{2xy - \cos y}$$

隐函数存在定理 9.11 可推广到方程确定的多元隐函数.

既然一个二元方程 $F(x,y) = 0$ 可确定一个一元隐函数，那么一个三元方程 $F(x,y,z) = 0$ 也有可能确定一个二元隐函数，于是有：

定理 9.12（隐函数存在定理） 设函数 $F(x,y,z)$ 在点 (x_0,y_0,z_0) 的某一邻域内具有连续的偏导数，且 $F(x_0,y_0,z_0) = 0$，$F_z(x_0,y_0,z_0) \neq 0$，则方程 $F(x,y,z) = 0$ 在点 (x_0,y_0,z_0) 的某一邻域内恒能唯一确定一个具有连续偏导数的函数 $z = f(x,y)$，它满足条件 $z_0 = f(x_0,y_0)$，并有

$$\frac{\partial z}{\partial x} = -\frac{F_x}{F_z}, \frac{\partial z}{\partial y} = -\frac{F_y}{F_z} \tag{9.27}$$

这里也不给出定理中隐函数存在性的证明. 下面只给出隐函数导数公式的推导过程.

将方程 $F(x,y,z) = 0$ 确定的隐函数 $z = f(x,y)$ 代入 $F(x,y,z) = 0$ 中，得恒等式

$$F(x,y,f(x,y)) \equiv 0$$

将上式两端分别对 x 和 y 求导，得

$$F_x + F_z \cdot \frac{\partial z}{\partial x} = 0, \quad F_y + F_z \cdot \frac{\partial z}{\partial y} = 0$$

因为 F_z 连续且 $F_z(x_0,y_0,z_0) \neq 0$，所以存在点 (x_0,y_0,z_0) 的一个邻域，在这个邻域内 $F_z \neq 0$，于是得

$$\frac{\partial z}{\partial x} = -\frac{F_x}{F_z}, \frac{\partial z}{\partial y} = -\frac{F_y}{F_z}$$

例 2 设 $\mathrm{e}^x - xyz = 0$，求 $\dfrac{\partial^2 z}{\partial x \partial y}$.

解 方法 1：设 $F(x,y,z) = \mathrm{e}^x - xyz$，则

$$F_x = \mathrm{e}^x - yz, F_z = -xy, F_y = -xz$$

由式（9.27）得

$$\frac{\partial z}{\partial x} = -\frac{F_x}{F_z} = \frac{\mathrm{e}^x - yz}{xy}, \frac{\partial z}{\partial y} = -\frac{F_y}{F_z} = \frac{-xz}{xy} = \frac{-z}{y}$$

$$\frac{\partial^2 z}{\partial x \partial y} = \frac{\left(-z - y\dfrac{\partial z}{\partial y}\right)xy - x(\mathrm{e}^x - yz)}{(xy)^2} = \frac{-x\mathrm{e}^x - xy^2\left(\dfrac{-z}{y}\right)}{(xy)^2} = \frac{-xz + z}{xy}$$

方法 2：方程 $\mathrm{e}^x - xyz = 0$ 两边同时对 x 求导，得

$$\mathrm{e}^x - yz - xy\frac{\partial z}{\partial x} = 0 \tag{9.28}$$

于是得

$$\frac{\partial z}{\partial x} = \frac{e^x - yz}{xy} = \frac{xyz - yz}{xy} = z - \frac{z}{x}$$

方程 $e^x - xyz = 0$ 两边同时再对 y 求导,得

$$- xz - xy\frac{\partial z}{\partial y} = 0$$

故得 $\dfrac{\partial z}{\partial y} = \dfrac{-z}{y}$.

对式(9.28)方程两边同时再对 y 求导,得

$$- z - y\frac{\partial z}{\partial y} - x\frac{\partial z}{\partial x} - xy\frac{\partial^2 z}{\partial x \partial y} = 0$$

解得

$$\frac{\partial^2 z}{\partial x \partial y} = \frac{-z - y\dfrac{\partial z}{\partial y} - x\dfrac{\partial z}{\partial x}}{xy} = \frac{-z - y\dfrac{-z}{y} - x\left(z - \dfrac{z}{x}\right)}{xy} = \frac{z - xz}{xy}$$

9.5.2 方程组的情形

在一定条件下,由两个方程组 $F(x,y,u,v) = 0$,$G(x,y,u,v) = 0$ 可确定一对二元函数 $u = u(x,y)$,$v = v(x,y)$. 例如,方程 $xu - yv = 0$ 和 $yu + xv = 1$ 可确定两个二元函数

$$u = \frac{y}{x^2 + y^2}, v = \frac{x}{x^2 + y^2}$$

一个具有一般性的问题是:在不显化或无法显化 $u = u(x,y)$,$v = v(x,y)$ 的条件下,只根据方程组 $F(x,y,u,v) = 0$,$G(x,y,u,v) = 0$,如何求 u,v 的偏导数? 关于这个问题,有下面的定理.

定理 9.13(隐函数存在定理) 设 $F(x,y,u,v)$,$G(x,y,u,v)$ 在点 (x_0,y_0,u_0,v_0) 的某一邻域内具有对各个变量的连续偏导数,又 $F(x_0,y_0,u_0,v_0) = 0$,$G(x_0,y_0,u_0,v_0) = 0$,且偏导数所组成的函数行列式(称为雅可比(Jacobi)行列式)

$$J = \frac{\partial(F,G)}{\partial(u,v)} = \begin{vmatrix} \dfrac{\partial F}{\partial u} & \dfrac{\partial F}{\partial v} \\ \dfrac{\partial G}{\partial u} & \dfrac{\partial G}{\partial v} \end{vmatrix}$$

数学家雅可比

在点 (x_0,y_0,u_0,v_0) 不等于零,则方程组 $\begin{cases} F(x,y,u,v) = 0 \\ G(x,y,u,v) = 0 \end{cases}$ 在点 (x_0,y_0,u_0,v_0) 的某一邻域内恒能唯一确定一组具有连续偏导数的函数 $u = u(x,y)$,$v = v(x,y)$,它们满足条件 $u_0 = u(x_0,y_0)$,$v_0 = v(x_0,y_0)$,并有

$$\frac{\partial u}{\partial x} = -\frac{1}{J}\frac{\partial(F,G)}{\partial(x,v)} = -\frac{\begin{vmatrix} F_x & F_v \\ G_x & G_v \end{vmatrix}}{\begin{vmatrix} F_u & F_v \\ G_u & G_v \end{vmatrix}}, \frac{\partial v}{\partial x} = -\frac{1}{J}\frac{\partial(F,G)}{\partial(u,x)} = -\frac{\begin{vmatrix} F_u & F_x \\ G_u & G_x \end{vmatrix}}{\begin{vmatrix} F_u & F_v \\ G_u & G_v \end{vmatrix}} \quad (9.29)$$

$$\frac{\partial u}{\partial y} = -\frac{1}{J}\frac{\partial(F,G)}{\partial(y,v)} = -\frac{\begin{vmatrix} F_y & F_v \\ G_y & G_v \end{vmatrix}}{\begin{vmatrix} F_u & F_v \\ G_u & G_v \end{vmatrix}}, \frac{\partial v}{\partial y} = -\frac{1}{J}\frac{\partial(F,G)}{\partial(u,y)} = -\frac{\begin{vmatrix} F_u & F_y \\ G_u & G_y \end{vmatrix}}{\begin{vmatrix} F_u & F_v \\ G_u & G_v \end{vmatrix}} \tag{9.30}$$

同前面一样,在这里也不给出定理中隐函数存在性的证明.下面只简要介绍推导隐函数的偏导数的方法.

将由方程组 $F(x,y,u,v)=0, G(x,y,u,v)=0$ 确定的,具有连续偏导数的两个连续隐函数 $u=u(x,y), v=v(x,y)$ 代入方程组,在得到的两个恒等式的两边分别对 x,y 求导,则得到 4 个等式,并可组成下面两个方程组

$$\begin{cases} F_x + F_u\dfrac{\partial u}{\partial x} + F_v\dfrac{\partial v}{\partial x} = 0 \\ G_x + G_u\dfrac{\partial u}{\partial x} + G_v\dfrac{\partial v}{\partial x} = 0 \end{cases}, \begin{cases} F_y + F_u\dfrac{\partial u}{\partial y} + F_v\dfrac{\partial v}{\partial y} = 0 \\ G_y + G_u\dfrac{\partial u}{\partial y} + G_v\dfrac{\partial v}{\partial y} = 0 \end{cases}$$

则偏导数 $\dfrac{\partial u}{\partial x}, \dfrac{\partial v}{\partial x}$ 由前一个方程组确定并解得,而偏导数 $\dfrac{\partial u}{\partial y}, \dfrac{\partial v}{\partial y}$ 由后一个方程组确定并解得.

例 3　设 $\begin{cases} e^u - v\sin y = x \\ u\sin x + e^v = y \end{cases}$,求 $\dfrac{\partial u}{\partial x}, \dfrac{\partial v}{\partial x}, \dfrac{\partial u}{\partial y}$ 和 $\dfrac{\partial v}{\partial y}$.

解　方法 1:将方程两边分别对 x 求偏导,得关于 $\dfrac{\partial u}{\partial x}$ 和 $\dfrac{\partial v}{\partial x}$ 的方程组

$$\begin{cases} e^u\dfrac{\partial u}{\partial x} - \sin y\dfrac{\partial v}{\partial x} = 1 \\ \sin x\dfrac{\partial u}{\partial x} + e^v\dfrac{\partial v}{\partial x} = -u\cos x \end{cases}$$

解得

$$\frac{\partial u}{\partial x} = \frac{e^v - u\sin y\cos x}{e^{u+v} + \sin x\sin y}, \frac{\partial v}{\partial x} = -\frac{u\cos xe^u + \sin x}{e^{u+v} + \sin x\sin y}$$

将两个方程两边分别对 y 求偏导,用同样的方法,解得

$$\frac{\partial u}{\partial y} = \frac{v\cos ye^v + \sin y}{e^{u+v} + \sin x\sin y}, \frac{\partial v}{\partial y} = \frac{e^u - v\sin x\cos y}{e^{u+v} + \sin x\sin y}$$

此题还可直接用公式求解.

方法 2:由隐函数存在定理 9.13 可知,方程组 $e^u - v\sin y = x, u\sin x + e^v = y$ 确定的两个隐函数 $u=u(x,y), v=v(x,y)$ 是可微分的. 因此,将两个方程的两端微分,可得

$$\begin{cases} e^u du - \sin y dv - v\cos y dy = dx \\ \sin x du + u\cos x dx + e^v dv = dy \end{cases}$$

即

$$\begin{cases} e^u du - \sin y dv = dx + v\cos y dy \\ \sin x du + e^v dv = -u\cos x dx + dy \end{cases}$$

解得

$$\mathrm{d}u = \frac{\mathrm{e}^v - u\cos x\sin y}{\mathrm{e}^{u+v} + \sin x\sin y}\mathrm{d}x + \frac{v\cos y\,\mathrm{e}^v + \sin y}{\mathrm{e}^{u+v} + \sin x\sin y}\mathrm{d}y$$

$$\mathrm{d}v = -\frac{u\cos x\mathrm{e}^u + \sin x}{\mathrm{e}^{u+v} + \sin x\sin y}\mathrm{d}x + \frac{\mathrm{e}^u - v\sin x\cos y}{\mathrm{e}^{u+v} + \sin x\sin y}\mathrm{d}y$$

于是得

$$\frac{\partial u}{\partial x} = \frac{\mathrm{e}^v - u\sin y\cos x}{\mathrm{e}^{u+v} + \sin x\sin y}, \frac{\partial u}{\partial y} = \frac{v\cos y\mathrm{e}^v + \sin y}{\mathrm{e}^{u+v} + \sin x\sin y}$$

$$\frac{\partial v}{\partial x} = -\frac{u\cos x\mathrm{e}^u + \sin x}{\mathrm{e}^{u+v} + \sin x\sin y}, \frac{\partial v}{\partial y} = \frac{\mathrm{e}^u - v\sin x\cos y}{\mathrm{e}^{u+v} + \sin x\sin y}$$

例 4　设函数 $x = x(u,v), y = y(u,v)$ 在点 (u,v) 的某一邻域内有连续偏导数, 又

$$\frac{\partial(x,y)}{\partial(u,v)} \neq 0$$

(1)证明方程组

$$\begin{cases} x = x(u,v) \\ y = y(u,v) \end{cases}$$

在点 (x,y,u,v) 的某一邻域内唯一确定一组有连续偏导数的反函数 $u = u(x,y), v = v(x,y)$;

(2)求反函数 $u = u(x,y), v = v(x,y)$ 对 x,y 的偏导数.

解　(1)将方程组改写为

$$\begin{cases} F(x,y,u,v) \equiv x - x(u,v) = 0 \\ G(x,y,u,v) \equiv y - y(u,v) = 0 \end{cases}$$

按假设条件

$$J = \frac{\partial(F,G)}{\partial(u,v)} = \frac{\partial(x,y)}{\partial(u,v)} \neq 0$$

由隐函数存在定理 9.13,即得所要证的结论.

(2)将(1)中方程组所确定的反函数 $u = u(x,y), v = v(x,y)$ 代回方程组中,则得

$$\begin{cases} x \equiv x[u(x,y),v(x,y)] \\ y \equiv y[u(x,y),v(x,y)] \end{cases}$$

将上述恒等式两边分别对 x 求偏导数,得

$$\begin{cases} 1 = \frac{\partial x}{\partial u}\cdot\frac{\partial u}{\partial x} + \frac{\partial x}{\partial v}\cdot\frac{\partial v}{\partial x} \\ 0 = \frac{\partial y}{\partial u}\cdot\frac{\partial u}{\partial x} + \frac{\partial y}{\partial v}\cdot\frac{\partial v}{\partial x} \end{cases}$$

由于 $J \neq 0$,故可解得

$$\frac{\partial u}{\partial x} = \frac{1}{J}\frac{\partial y}{\partial v}, \frac{\partial v}{\partial x} = -\frac{1}{J}\frac{\partial y}{\partial u}$$

同理,可得

$$\frac{\partial u}{\partial y} = -\frac{1}{J}\frac{\partial x}{\partial v}, \frac{\partial v}{\partial y} = \frac{1}{J}\frac{\partial x}{\partial u}$$

注　隐函数求导要分清哪几个变量是函数,哪几个变量是自变量.

习题 9.5

1. 求由下列方程确定的导数 $\dfrac{\mathrm{d}y}{\mathrm{d}x}$:

(1) $x^2 + y^2 - 1 = 0$;　　　　　　　　　(2) $\arctan \sqrt{x^2 + y^2} = \ln \dfrac{y}{x}$.

2. 求由下列方程确定的偏导数 $\dfrac{\partial z}{\partial x}$ 及 $\dfrac{\partial z}{\partial y}$:

(1) $\dfrac{x}{y} = \ln \dfrac{z}{y}$;　　　　　　　　　(2) $x^2 + 4y^3 + 2z - 4\sqrt{xyz} = 0$.

3. 设 $x + z = yf(x^2 - z^2)$, 其中, f 可微, 证明 $z\dfrac{\partial z}{\partial x} + y\dfrac{\partial z}{\partial y} = x$.

4. 设 $2\sin(x + 2y - 3z) = x + 2y - 3z$, 证明 $\dfrac{\partial z}{\partial x} + \dfrac{\partial z}{\partial y} = 1$.

5. 设 $\varphi(u, v)$ 具有连续偏导数, 证明由方程 $\varphi(cx - az, cy - bz) = 0$ 所确定的函数 $z = f(x, y)$ 满足 $a\dfrac{\partial z}{\partial x} + b\dfrac{\partial z}{\partial y} = c$.

6. 设 $x^2 + y^2 + z^2 - 2z = 0$, 求 $\dfrac{\partial^2 z}{\partial x^2}$.

7. 设 $4z^3 + 3x^2 z \tan y = \mathrm{e}^5$, 求 $\dfrac{\partial^2 z}{\partial y \partial x}$.

8. 求由下列方程组所确定的函数导数或偏导数:

(1) 设 $\begin{cases} z = x^3 - y^2 \\ 3x^2 + 5y^2 - 3z^3 = 15 \end{cases}$, 求 $\dfrac{\mathrm{d}y}{\mathrm{d}x}$, $\dfrac{\mathrm{d}z}{\mathrm{d}x}$;

(2) 设 $\begin{cases} u = f(u^2 - \cos x, v\mathrm{e}^y) \\ v = g(ux, v^3 - \sin y) \end{cases}$, 其中 f, g 具有一阶连续偏导数, 求 $\dfrac{\partial u}{\partial x}$, $\dfrac{\partial v}{\partial x}$;

(3) 设 $\begin{cases} xu - yv = 0 \\ yu + xv = 1 \end{cases}$, 求 $\dfrac{\partial u}{\partial x}$, $\dfrac{\partial u}{\partial y}$, $\dfrac{\partial v}{\partial x}$, $\dfrac{\partial v}{\partial y}$.

9. 设 $F\left(\dfrac{x}{z}, \dfrac{y}{z}\right) = 0$, 其中 $F(u, v)$ 可微, 求 $\mathrm{d}z$.

10. 设 $\mathrm{e}^z - xyz = 0$:

(1) 用隐函数求导公式求 $\dfrac{\partial z}{\partial x}$;

(2) 用复合函数求偏导数的方法求 $\dfrac{\partial z}{\partial x}$;

(3) 利用全微分形式不变性, 求出 $\dfrac{\partial z}{\partial x}$ 及 $\dfrac{\partial z}{\partial y}$.

9.6 多元函数微分学的几何应用

9.6.1 空间曲线的切线与法平面

(1)设空间曲线 Γ 的参数方程

$$\begin{cases} x = \varphi(t) \\ y = \psi(t) \qquad t \in [\alpha, \beta] \\ z = \omega(t) \end{cases} \qquad (9.31)$$

这里,假定 $\varphi(t), \psi(t), \omega(t)$ 都在 $[\alpha, \beta]$ 上可导,并且 $\varphi'(t), \psi'(t), \omega'(t)$ 不同时为零.

在曲线 Γ 上取对应于 $t = t_0$ 的一点 $M_0(x_0, y_0, z_0)$ 和邻近的对应于 $t = t_0 + \Delta t$ 的一点 $M(x_0 + \Delta x, y_0 + \Delta y, z_0 + \Delta z)$ 作曲线的割线 MM_0,则其方程为

$$\frac{x - x_0}{\Delta x} = \frac{y - y_0}{\Delta y} = \frac{z - z_0}{\Delta z}$$

并且当点 M 沿着 Γ 趋于点 M_0 时,割线 MM_0 的极限位置就变成曲线在点 M_0 处的切线. 由于当 $\Delta t \neq 0$ 时,割线 MM_0 的方程可改写为

$$\frac{x - x_0}{\dfrac{\Delta x}{\Delta t}} = \frac{y - y_0}{\dfrac{\Delta y}{\Delta t}} = \frac{z - z_0}{\dfrac{\Delta z}{\Delta t}}$$

令 $M \to M_0$,即 $\Delta t \to 0$,则得曲线在点 M_0 处的切线方程为

$$\frac{x - x_0}{\varphi'(t_0)} = \frac{y - y_0}{\psi'(t_0)} = \frac{z - z_0}{\omega'(t_0)} \qquad (9.32)$$

将切线的方向向量 $\boldsymbol{T} = (\varphi'(t_0), \psi'(t_0), \omega'(t_0))$ 称为曲线的**切向量**,通过点 M_0 而与切线垂直的平面称为曲线 Γ 在点 M_0 处的**法平面**. 所以曲线 Γ 在点 M_0 处的法平面方程为

$$\varphi'(t_0)(x - x_0) + \psi'(t_0)(y - y_0) + \omega'(t_0)(z - z_0) = 0 \qquad (9.33)$$

例 1 求曲线 $x = 2\cos t, y = 4\sin t, z = 6t$ 在点 $(\sqrt{3}, 2, \pi)$ 处的切线方程及法平面方程.

解 因为 $x' = -2\sin t, y' = 4\cos t, z' = 6$,而点 $(\sqrt{3}, 2, \pi)$ 所对应的参数 $t = \dfrac{\pi}{6}$,所以切向量

$$\boldsymbol{T} = (-1, 2\sqrt{3}, 6)$$

于是,切线方程为

$$\frac{x - \sqrt{3}}{-1} = \frac{y - 2}{2\sqrt{3}} = \frac{z - \pi}{6}$$

法平面方程为

$$-(x - \sqrt{3}) + 2\sqrt{3}(y - 2) + 6(z - \pi) = 0$$

即

$$x - 2\sqrt{3}y - 6z + 3\sqrt{3} + 6\pi = 0$$

（2）曲线 Γ 的方程

$$y = \varphi(x), z = \psi(x)$$

此时，曲线方程可看成参数方程 $x = x, y = \varphi(x), z = \psi(x)$，因而**切向量**为

$$\boldsymbol{T} = (1, \varphi'(x), \psi'(x))$$

曲线 Γ 在 $M_0(x_0, y_0, z_0)$ 点的切线方程为

$$\frac{x - x_0}{1} = \frac{y - y_0}{\varphi'(x_0)} = \frac{z - z_0}{\psi'(x_0)} \tag{9.34}$$

在 $M_0(x_0, y_0, z_0)$ 点的法平面方程为

$$(x - x_0) + \varphi'(x_0)(y - y_0) + \psi'(x_0)(z - z_0) = 0 \tag{9.35}$$

（3）曲线 Γ 的方程

$$F(x, y, z) = 0, G(x, y, z) = 0$$

在满足隐函数存在定理的条件下，这两个方程可唯一地确定两个隐函数 $y = \varphi(x), z = \psi(x)$，因而曲线的参数方程可看成

$$x = x, y = \varphi(x), z = \psi(x)$$

由方程组 $\begin{cases} F_x + F_y \dfrac{\mathrm{d}y}{\mathrm{d}x} + F_z \dfrac{\mathrm{d}z}{\mathrm{d}x} = 0 \\ G_x + G_y \dfrac{\mathrm{d}y}{\mathrm{d}x} + G_z \dfrac{\mathrm{d}z}{\mathrm{d}x} = 0 \end{cases}$，可解得 $\dfrac{\mathrm{d}y}{\mathrm{d}x}$ 和 $\dfrac{\mathrm{d}z}{\mathrm{d}x}$，从而**切向量**为

$$\boldsymbol{T} = \left(1, \frac{\mathrm{d}y}{\mathrm{d}x}, \frac{\mathrm{d}z}{\mathrm{d}x}\right) \tag{9.36}$$

注　此种情况下，也可由隐函数的求导公式推得切向量为

$$\boldsymbol{T} = \left\{ \begin{vmatrix} F_y & F_z \\ G_y & G_z \end{vmatrix}, \begin{vmatrix} F_z & F_x \\ G_z & G_x \end{vmatrix}, \begin{vmatrix} F_x & F_y \\ G_x & G_y \end{vmatrix} \right\} \tag{9.37}$$

曲线 Γ 在 $M(x_0, y_0, z_0)$ 点的切线方程为

$$\frac{x - x_0}{\begin{vmatrix} F_y & F_z \\ G_y & G_z \end{vmatrix}_M} = \frac{y - y_0}{\begin{vmatrix} F_z & F_x \\ G_z & G_x \end{vmatrix}_M} = \frac{z - z_0}{\begin{vmatrix} F_x & F_y \\ G_x & G_y \end{vmatrix}_M} \tag{9.38}$$

曲线 Γ 在 $M(x_0, y_0, z_0)$ 点的法平面方程为

$$\begin{vmatrix} F_y & F_z \\ G_y & G_z \end{vmatrix}_M (x - x_0) + \begin{vmatrix} F_z & F_x \\ G_z & G_x \end{vmatrix}_M (y - y_0) + \begin{vmatrix} F_x & F_y \\ G_x & G_y \end{vmatrix}_M (z - z_0) = 0 \tag{9.39}$$

例 2　求曲线 $\begin{cases} x^2 + y^2 + z^2 - 3x = 0 \\ 2x - 3y + 5z - 4 = 0 \end{cases}$，在点 $(1, 1, 1)$ 处的切线及法平面方程.

解　为求切向量，在所给方程的两边对 x 求导数，得方程组

$$\begin{cases} 2x + 2y \dfrac{\mathrm{d}y}{\mathrm{d}x} + 2z \dfrac{\mathrm{d}z}{\mathrm{d}x} - 3 = 0 \\[3mm] 2 - 3 \dfrac{\mathrm{d}y}{\mathrm{d}x} + 5 \dfrac{\mathrm{d}z}{\mathrm{d}x} = 0 \end{cases}$$

解方程组得

$$\frac{\mathrm{d}y}{\mathrm{d}x} = \frac{-10x + 4z + 15}{10y + 6z}, \frac{\mathrm{d}z}{\mathrm{d}x} = \frac{-6x - 4y + 9}{10y + 6z}$$

在点 $(1,1,1)$ 处，$\dfrac{\mathrm{d}y}{\mathrm{d}x} = \dfrac{9}{16}, \dfrac{\mathrm{d}z}{\mathrm{d}x} = \dfrac{-1}{16}$，从而切向量 $\boldsymbol{T} = \left(1, \dfrac{9}{16}, \dfrac{-1}{16}\right)$. 所求切线方程为

$$\frac{x-1}{16} = \frac{y-1}{9} = \frac{z-1}{-1}$$

法平面方程为

$$(x-1) + \frac{9}{16}(y-1) + \frac{-1}{16}(z-1) = 0$$

即

$$16x + 9y - z - 24 = 0$$

9.6.2 曲面的切平面与法线

(1) 由隐式给出曲面方程的情形

设曲面 Σ 的方程为

$$F(x,y,z) = 0 \tag{9.40}$$

$M_0(x_0, y_0, z_0)$ 是曲面 Σ 上的一点，并设函数 $F(x,y,z)$ 的偏导数在该点连续且不同时为零.

在曲面 Σ 上，通过点 M_0 任意引一条曲线 Γ（见图 9.4），假定曲线 Γ 的参数方程式为

$$x = \varphi(t), \quad y = \psi(t), \quad z = \omega(t)$$

$t = t_0$ 对应于点 $M_0(x_0, y_0, z_0)$，且 $\varphi'(t_0), \psi'(t_0), \omega'(t_0)$ 不全为零. 曲线在点 M_0 的**切向量**为

$$\boldsymbol{T} = (\varphi'(t_0), \psi'(t_0), \omega'(t_0))$$

由于曲线 Γ 完全在曲面 Σ 上，因此，有恒等式

$$F(\varphi(t), \psi(t), \omega(t)) \equiv 0$$

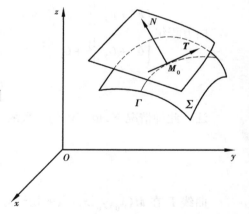

图 9.4

根据给定的条件，上式左端的复合函数在 $t = t_0$ 时存在全导数，并且这个全导数等于零，即有

$$F_x(x_0, y_0, z_0)\varphi'(t_0) + F_y(x_0, y_0, z_0)\psi'(t_0) + F_z(x_0, y_0, z_0)\omega'(t_0) = 0$$

引入向量

$$\boldsymbol{N} = (F_x(x_0, y_0, z_0), F_y(x_0, y_0, z_0), F_z(x_0, y_0, z_0))$$

因此，$\boldsymbol{T}$ 与 $\boldsymbol{N}$ 是垂直的. 因为曲线 Γ 是曲面 Σ 上通过点 M_0 的任意一条曲线，它们在点 M_0 的切线都与同一向量 $\boldsymbol{N}$ 垂直，所以曲面上通过点 M_0 的一切曲线在点 M_0 的切线都在同一个平面

上,将这个平面称为曲面 Σ 在点 M_0 的**切平面**,并且将通过点 $M_0(x_0,y_0,z_0)$ 垂直于切平面的直线称为曲面在 M_0 的**法线**,垂直于曲面的切平面的向量称为曲面的**法向量**. 于是,曲面 Σ 在点 M_0 的切平面的方程为

$$F_x(x_0,y_0,z_0)(x-x_0) + F_y(x_0,y_0,z_0)(y-y_0) + F_z(x_0,y_0,z_0)(z-z_0) = 0 \qquad (9.41)$$

曲面 Σ 在 M_0 的法线方程为

$$\frac{x-x_0}{F_x(x_0,y_0,z_0)} = \frac{y-y_0}{F_y(x_0,y_0,z_0)} = \frac{z-z_0}{F_z(x_0,y_0,z_0)} \qquad (9.42)$$

曲面 Σ 在点 M_0 处的一个**法向量**为

$$N = (F_x(x_0,y_0,z_0), F_y(x_0,y_0,z_0), F_z(x_0,y_0,z_0)) \qquad (9.43)$$

例 3　求椭球面 $3x^2 + 4y^2 + 2z^2 = 9$ 在点 $(1,1,1)$ 处的切平面及法线方程.

解　令 $F(x,y,z) = 3x^2 + 4y^2 + 2z^2 - 9$,则有

$$F_x(x,y,z) = 6x, \quad F_y(x,y,z) = 8y, \quad F_z(x,y,z) = 4z$$

$$F_x(1,1,1) = 6, \quad F_y(1,1,1) = 8, \quad F_z(1,1,1) = 4$$

于是,在点 $(1,1,1)$ 处的法向量为 $N = (6,8,4)$,故所求切平面方程为

$$6(x-1) + 8(y-1) + 4(z-1) = 0$$

即

$$3x + 4y + 2z - 9 = 0$$

法线方程为

$$\frac{x-1}{6} = \frac{y-1}{8} = \frac{z-1}{4}$$

即

$$\frac{x-1}{3} = \frac{y-1}{4} = \frac{z-1}{2}$$

(2)考虑由显式给出曲面方程的情形

设曲面 Σ 的方程为

$$z = f(x,y) \qquad (9.44)$$

点 $M_0(x_0,y_0,z_0)$ 在曲面 Σ 上,函数 $f(x,y)$ 的偏导数 $f_x(x,y)$,$f_y(x,y)$ 在点 (x_0,y_0) 处连续.

令 $F(x,y,z) = f(x,y) - z$,则有

$$F_x(x,y,z) = f_x(x,y), \quad F_y(x,y,z) = f_y(x,y), \quad F_z(x,y,z) = -1$$

所以曲面 Σ 在点 $M_0(x_0,y_0,z_0)$ 处的一个**法向量**为

$$N = (f_x(x_0,y_0), f_y(x_0,y_0), -1)$$

曲面 Σ 在 M_0 的法线方程为

$$\frac{x-x_0}{f_x(x_0,y_0)} = \frac{y-y_0}{f_y(x_0,y_0)} = \frac{z-z_0}{-1} \qquad (9.45)$$

曲面 Σ 在点 M_0 的切平面的方程为

$$f_x(x_0,y_0)(x-x_0) + f_y(x_0,y_0)(y-y_0) - (z-z_0) = 0$$

或

$$f_x(x_0,y_0)(x-x_0) + f_y(x_0,y_0)(y-y_0) = z - z_0 \qquad (9.46)$$

式(9.46)的左端恰好是函数 $z = f(x,y)$ 在点 (x_0,y_0) 处的全微分,而右端是切平面上点的竖坐标的增量. 因此,得到**全微分的几何意义**为:曲面 $z = f(x,y)$ 在点 $M_0(x_0,y_0,z_0)$ 处的切平面上点的竖坐标的增量.

设 α,β,γ 是曲面的法向量的方向角,并假定法向量的方向是向上的,即法向量与 z 轴的正向的夹角 γ 是锐角,则法向量的方向余弦为

$$\cos\alpha = \frac{-f_x(x_0,y_0)}{\sqrt{1 + f_x^2(x_0,y_0) + f_y^2(x_0,y_0)}}$$

$$\cos\beta = \frac{-f_y(x_0,y_0)}{\sqrt{1 + f_x^2(x_0,y_0) + f_y^2(x_0,y_0)}} \qquad (9.47)$$

$$\cos\gamma = \frac{1}{\sqrt{1 + f_x^2(x_0,y_0) + f_y^2(x_0,y_0)}}$$

例4 证明曲面 $z = xy$ 在点 $(1,2,2)$ 处的切平面与平面 $x - 3y - z + 9 = 0$ 相互垂直.

解 令 $f(x,y) = xy$,曲面 $z = xy$ 在点 $(1,2,2)$ 处切平面的法向量 $\boldsymbol{N}_1\big|_{(1,2,2)} = (f_x,f_y,-1)\big|_{(1,2,2)} = (y,x,-1)\big|_{(1,2,2)} = (2,1,-1)$. 平面 $x - 3y - z + 9 = 0$ 的法向量

$$\boldsymbol{N}_2 = (1,-3,-1),\quad \boldsymbol{N}_1 \cdot \boldsymbol{N}_2 = (2,1,-1)\cdot(1,-3,-1) = 0$$

故 $\boldsymbol{N}_1$ 垂直 $\boldsymbol{N}_2$,因此,曲面 $z = xy$ 在点 $(1,2,2)$ 处的切平面与平面 $x - 3y - z + 9 = 0$ 相互垂直.

习题 9.6

1. 填空题:

(1) 曲线 $x = t - \sin t, y = 1 - \cos t, z = 4\sin\dfrac{t}{2}$, 在对应 $t = \dfrac{\pi}{2}$ 的点处的切线方程为_____,法平面方程为_____;

(2) 曲面 $z = 2x^2 + 3y^2$ 在点 $(1,1,5)$ 处的切平面方程为_____,法线方程为_____.

2. 求曲线 $\begin{cases} y = 2x^2 \\ z = 3x + 1 \end{cases}$ 在点 $M(0,0,1)$ 处的切线方程和法平面方程.

3. 求曲线 $\begin{cases} x^2 + y^2 + z^2 = 6 \\ x + y + z = 0 \end{cases}$ 在点 $(1,-2,1)$ 处的切线方程及法平面方程.

4. 求螺旋线 $x = a\sin\theta, y = a\cos\theta, z = b\theta$ 在点 $\left(a,0,\dfrac{\pi b}{2}\right)$ 处的切线方程和法平面方程,并证明其上任一点的切向量与 z 轴成一定角.

5. 求曲面 $e^{3z} - 2z + 3xy = 7$ 在点 $(2,1,0)$ 处的切平面方程及法线方程.

6. 在曲面 $z = xy$ 上求一点,使该点处的法线垂直于平面 $x + 3y + z + 9 = 0$,并写出该法线方程.

7. 求椭球面 $3x^2 + 2y^2 + 5z^2 = 4$ 平行于平面 $x - 2y + 3z = 1$ 的切平面方程.

8. 求旋转椭球面 $x^2 + y^2 + 3z^2 = 8$ 上点 $(-1, -2, -1)$ 处的切平面与 xOy 面的夹角的余弦.

9. 试证曲面 $\sqrt{x} + \sqrt{y} + \sqrt{z} = \sqrt{a}\,(a > 0)$ 上任何点处的切平面在各坐标轴上的截距之和等于 a.

10. 证明球面 $x^2 + y^2 + z^2 = a^2$ 上任一点处的法线均通过球心.

11. 证明锥面 $z = \sqrt{x^2 + y^2} + 3$ 上任意一点处的切平面都通过点 $(0, 0, 3)$.

9.7　方向导数与梯度

9.7.1　方向导数

一元函数的导数以及二元函数与三元函数的偏导数反映的都是函数沿坐标轴方向的变化率. 但在物理学中, 只考虑函数沿坐标轴方向的变化率是不够的. 例如, 大气要从温度低的地方流向温度高的地方. 因此, 在气象学中就要确定大气温度、气压沿着某些方向的变化率. 反映到数学上, 这就是方向导数的问题.

首先来讨论函数 $z = f(x, y)$ 在一点 P 沿某一方向的变化率问题.

定义 9.8　设 l 是 xOy 平面上以 $P_0(x_0, y_0)$ 为始点的一条射线, $e_l = (\cos \alpha, \cos \beta)$ 是与 l 同方向的单位向量 (见图 9.5), 则射线 l 的参数方程为

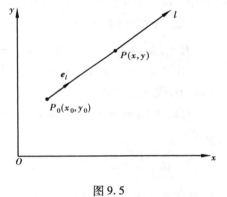

图 9.5

$$x = x_0 + t \cos \alpha, \quad y = y_0 + t \cos \beta \qquad (|\overrightarrow{P_0P}| = t \geqslant 0)$$

设函数 $z = f(x, y)$ 在点 $P_0(x_0, y_0)$ 的某一邻域 $U(P_0)$ 内有定义, $P(x_0 + t \cos \alpha, y_0 + t \cos \beta)$ 为 l 上另一点, 且 $P \in U(P_0)$. 如果函数增量 $f(x_0 + t \cos \alpha, y_0 + t \cos \beta) - f(x_0, y_0)$ 与 P 到 P_0 的距离 $|\overrightarrow{PP_0}| = t$ 的比值

$$\frac{f(x_0 + t \cos \alpha, y_0 + t \cos \beta) - f(x_0, y_0)}{t}$$

当 P 沿着 l 趋于 P_0 时 (即 $t \to 0^+$ 时) 的极限存在, 则称此极限为函数 $z = f(x, y)$ 在点 P_0 处沿方向 l 的**方向导数**, 记作 $\left. \dfrac{\partial f}{\partial l} \right|_{(x_0, y_0)}$, 即

$$\left. \frac{\partial f}{\partial l} \right|_{(x_0, y_0)} = \lim_{t \to 0^+} \frac{f(x_0 + t \cos \alpha, y_0 + t \cos \beta) - f(x_0, y_0)}{t} \qquad (9.48)$$

从方向导数的定义可知, 方向导数 $\left. \dfrac{\partial f}{\partial l} \right|_{(x_0, y_0)}$ 就是函数 $z = f(x, y)$ 在点 $P_0(x_0, y_0)$ 处沿方向 l 的变化率.

当函数 $z = f(x,y)$ 在点 $P_0(x_0,y_0)$ 的偏导数 $\dfrac{\partial f}{\partial x}\bigg|_{(x_0,y_0)}$ 存在时, $z = f(x,y)$ 在点 P_0 沿 x 轴正向的方向导数 $\dfrac{\partial f}{\partial l} = \dfrac{\partial f}{\partial x}$; 沿 x 轴负向的方向导数 $\dfrac{\partial f}{\partial l} = -\dfrac{\partial f}{\partial x}$. 这说明偏导数存在时,沿该坐标轴方向的方向导数存在;反之,则不一定成立.

例如,函数 $z = \sqrt{x^2 + y^2}$ 在 $O(0,0)$ 沿 x 轴正向的方向导数 $\dfrac{\partial f}{\partial l}\bigg|_{(0,0)} = 1$, 但偏导数 $\dfrac{\partial f}{\partial x}\bigg|_{(0,0)}$ 不存在.

关于方向导数的存在性和计算,有下列定理:

定理 9.14   如果函数 $z = f(x,y)$ 在点 $P_0(x_0,y_0)$ 可微分,那么,函数在该点处沿任一方向 l 的方向导数都存在,且有

$$\frac{\partial f}{\partial l}\bigg|_{(x_0,y_0)} = f_x(x_0,y_0)\cos\alpha + f_y(x_0,y_0)\cos\beta \tag{9.49}$$

其中, $\cos\alpha, \cos\beta$ 是方向 l 的方向余弦.

证   由于函数 $z = f(x,y)$ 在点 $P_0(x_0,y_0)$ 可微分,故有等式

$$f(x_0,\Delta x,y_0 + \Delta y) - f(x_0,y_0) = f_x(x_0,y_0)\Delta x + f_y(x_0,y_0)\Delta y + o\left(\sqrt{(\Delta x)^2 + (\Delta y)^2}\right)$$

由于点 $(x_0 + \Delta x, y_0 + \Delta y)$ 在以点 (x_0,y_0) 为起点的射线 l 上,因此,可设 $\Delta x = t\cos\alpha$, $\Delta y = t\cos\beta$, 代入上式则有

$$f(x_0 + t\cos\alpha, y_0 + t\cos\beta) - f(x_0,y_0) = f_x(x_0,y_0)t\cos\alpha + f_y(x_0,y_0)t\cos\beta + o(t)$$

所以

$$\lim_{t\to 0^+}\frac{f(x_0 + t\cos\alpha, y_0 + t\cos\beta) - f(x_0,y_0)}{t} = f_x(x_0,y_0)\cos\alpha + f_y(x_0,y_0)\cos\beta$$

这就证明了方向导数的存在,且其值为

$$\frac{\partial f}{\partial l}\bigg|_{(x_0,y_0)} = f_x(x_0,y_0)\cos\alpha + f_y(x_0,y_0)\cos\beta$$

例 1   求函数 $z = x^2 + y^2$ 在点 $P(1,2)$ 处沿从点 $P(1,2)$ 到点 $Q(1,2 + \sqrt{3})$ 的方向导数.

解   向量 $\overrightarrow{PQ} = (0,\sqrt{3})$ 的方向就是射线 l 的方向,故与 l 同向的单位向量为 $e_l = (0,1)$. 因为函数 $z = x^2 + y^2$ 在点 $P(1,2)$ 可微分,并且 $\dfrac{\partial z}{\partial x}\bigg|_{(1,2)} = 2x\bigg|_{(1,2)} = 2$, $\dfrac{\partial z}{\partial y}\bigg|_{(1,2)} = 2y\bigg|_{(1,2)} = 4$, 所以所求方向导数为

$$\frac{\partial z}{\partial l}\bigg|_{(1,2)} = 2\times 0 + 4\times 1 = 4$$

对于三元函数,有与二元函数相似的方向导数定义与结论. $f(x,y,z)$ 在点 $P_0(x_0,y_0,z_0)$ 处沿 $e_l = (\cos\alpha, \cos\beta, \cos\gamma)$ 的方向导数为

$$\frac{\partial f}{\partial l}\bigg|_{(x_0,y_0,z_0)} = \lim_{t\to 0^+}\frac{f(x_0 + t\cos\alpha, y_0 + t\cos\beta, z_0 + t\cos\gamma) - f(x_0,y_0,z_0)}{t}$$

如果函数 $f(x,y,z)$ 在点 (x_0,y_0,z_0) 可微分,则 $f(x,y,z)$ 在该点处沿着方向 e_l 的方向导数为

$$\frac{\partial f}{\partial l}\bigg|_{(x_0,y_0,z_0)} = f_x(x_0,y_0,z_0)\cos\alpha + f_y(x_0,y_0,z_0)\cos\beta + f_z(x_0,y_0,z_0)\cos\gamma$$

例 2 求 $f(x,y,z) = xyz$ 在点 $(1,1,1)$ 处沿方向 l 的方向导数,其中, l 的方向角分别为 $\frac{\pi}{3}$,

$\frac{\pi}{4}, \frac{\pi}{3}$.

解 与 l 同向的单位向量为

$$\boldsymbol{e}_l = \left(\cos\frac{\pi}{3}, \cos\frac{\pi}{4}, \cos\frac{\pi}{3}\right) = \left(\frac{1}{2}, \frac{\sqrt{2}}{2}, \frac{1}{2}\right)$$

因为函数 $f(x,y,z)$ 可微分,并且

$$f_x(1,1,1) = (yz)\big|_{(1,1,1)} = 1$$
$$f_y(1,1,1) = (xz)\big|_{(1,1,1)} = 1$$
$$f_z(1,1,1) = (yx)\big|_{(1,1,1)} = 1$$

所以

$$\frac{\partial f}{\partial l}\bigg|_{(1,1,1)} = 1\cdot\frac{1}{2} + 1\cdot\frac{\sqrt{2}}{2} + 1\cdot\frac{1}{2} = 1 + \frac{\sqrt{2}}{2}$$

9.7.2 梯度

既然方向导数 $\dfrac{\partial f}{\partial l}\bigg|_{(x_0,y_0)}$ 刻画了函数 $f(x,y)$ 在点 $P_0(x_0,y_0)$ 沿方向 l 的变化情况,那么,函数 $f(x,y)$ 在点 $P_0(x_0,y_0)$ 沿哪个方向增加最快呢? 为此,介绍一个与方向导数相关联的概念——梯度.

定义 9.9 设函数 $z = f(x,y)$ 在平面区域 D 内具有一阶连续偏导数,则对于每一点 $P_0(x_0,y_0)\in D$,都可确定一个向量

$$f_x(x_0,y_0)\boldsymbol{i} + f_y(x_0,y_0)\boldsymbol{j}$$

这个向量称为函数 $f(x,y)$ 在点 $P_0(x_0,y_0)$ 的**梯度**,记作 **grad** $f(x_0,y_0)$ 或 $\nabla f(x_0,y_0)$,即

$$\textbf{grad}\, f(x_0,y_0) = \nabla f(x_0,y_0) = f_x(x_0,y_0)\boldsymbol{i} + f_y(x_0,y_0)\boldsymbol{j} \tag{9.50}$$

如果函数 $f(x,y)$ 在点 $P_0(x_0,y_0)$ 可微分, $\boldsymbol{e}_l = (\cos\alpha, \cos\beta)$ 是与方向 l 同方向的单位向量,则有

$$\frac{\partial f}{\partial l}\bigg|_{(x_0,y_0)} = f_x(x_0,y_0)\cos\alpha + f_y(x_0,y_0)\cos\beta$$

$$= \textbf{grad}\, f(x_0,y_0)\boldsymbol{e}_l = |\textbf{grad}\, f(x_0,y_0)|\cos\theta \tag{9.51}$$

其中, θ 是 **grad** $f(x_0,y_0)$ 与 $\boldsymbol{e}_l$ 的夹角.

式(9.51)表明了函数在一点的梯度与函数在这点的方向导数间的关系. 由此可知:

① 当 $\theta = 0$ 时,即 $\boldsymbol{e}_l$ 的方向与梯度的方向相同时,即沿梯度方向时,函数值增加最快. 此时,方向导数 $\dfrac{\partial f}{\partial l}\bigg|_{(x_0,y_0)}$ 取得最大值 $= |\textbf{grad}\, f(x_0,y_0)|$;

② 当 $\theta = \dfrac{\pi}{2}$ 时,即 $\boldsymbol{e}_l$ 的方向与梯度的方向垂直时,函数的变化率为零. 此时,方向导

数 $\dfrac{\partial f}{\partial l}\bigg|_{(x_0,y_0)} = 0$;

③当 $\theta = \pi$ 时，即 e_l 的方向与梯度的方向相反时，函数值减少最快. 此时，方向导数 $\dfrac{\partial f}{\partial l}\bigg|_{(x_0,y_0)}$ 取得最小值 $= -|\,\mathbf{grad}\,f(x_0,y_0)\,|$.

至此可知，函数在一点的梯度是这样一个向量，它的方向是函数在这点的方向导数取得最大值的方向，它的模就等于方向导数的最大值.

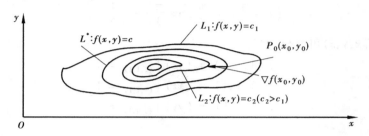

图 9.6

一般来说，二元函数 $z = f(x,y)$ 在几何上表示一个曲面，这曲面被平面 $z = c$（c 是常数）所截得的曲线 L 的方程为

$$\begin{cases} z = f(x,y) \\ z = c \end{cases}$$

曲线 L 在 xOy 面上的投影是一条平面曲线 L^*（见图 9.6），L^* 在 xOy 平面上的方向为

$$f(x,y) = c$$

对于曲线 L^* 上的一切点，函数 $z = f(x,y)$ 的值都是 c，故称平面曲线 L^* 为函数 $z = f(x,y)$ 的**等值线**.

若 $f_x(x_0,y_0)$ ，$f_y(x_0,y_0)$ 不同时为零，则等值线 $f(x,y) = c$ 上任一点 $P_0(x_0,y_0)$ 处的一个单位法向量为

$$\boldsymbol{n} = \frac{1}{\sqrt{f_x^2(x_0,y_0) + f_y^2(x_0,y_0)}}(f_x(x_0,y_0)\,,f_y(x_0,y_0)) = \frac{\nabla f(x_0,y_0)}{|\,\nabla f(x_0,y_0)\,|}$$

这表明，函数 $f(x,y)$ 在点 $P_0(x_0,y_0)$ 的梯度 $\mathbf{grad}\,f(x_0,y_0)$ 的方向与等值线 $f(x,y) = c$ 上这点的一个法线方向相同，而沿这个法线方向的方向导数 $\dfrac{\partial f}{\partial n}$ 就等于 $|\,\mathbf{grad}\,f(x_0,y_0)\,|$，于是有

$$\mathbf{grad}\,f(x_0,y_0) = \frac{\partial f}{\partial n}\boldsymbol{n}$$

这个关系式表明了函数在一点的梯度与过这点的等值线、方向导数间的关系. 这就是说，函数在一点的梯度方向与等值线在这点的一个法线方向相同，它的指向为从数值较低的等值线指向数值较高的等值线，梯度的模就等于函数在这个法线方向的方向导数.

梯度概念可推广到三元函数的情形.

定义 9.10 设函数 $f(x,y,z)$ 在空间区域 G 内具有一阶连续偏导数，则对于每一点 $P_0(x_0,y_0,z_0) \in G$，都可定出一个向量.

$$f_x(x_0,y_0,z_0)\boldsymbol{i} + f_y(x_0,y_0,z_0)\boldsymbol{j} + f_z(x_0,y_0,z_0)\boldsymbol{k}$$

这向量称为函数 $f(x,y,z)$ 在点 $P_0(x_0,y_0,z_0)$ 的**梯度**,记为 $\mathbf{grad}\, f(x_0,y_0,z_0)$ 或 $\nabla f(x_0,y_0,z_0)$,即

$$\mathbf{grad}\, f(x_0,y_0,z_0) = \nabla f(x_0,y_0,z_0) = f_x(x_0,y_0,z_0)\boldsymbol{i} + f_y(x_0,y_0,z_0)\boldsymbol{j} + f_z(x_0,y_0,z_0)\boldsymbol{k}$$

与二元函数的梯度一样,三元函数的梯度的方向与取得最大方向导数的方向一致,而它的模为方向导数的最大值.

称曲面

$$f(x,y,z) = c$$

为函数 $f(x,y,z)$ 的**等量面**,则函数 $f(x,y,z)$ 在点 $P_0(x_0,y_0,z_0)$ 的梯度 $\nabla f(x_0,y_0,z_0)$ 的方向与过点 P_0 的等量面 $f(x,y,z)=c$ 在这点的法线的方向 $\boldsymbol{n}$ 相同,且从数值较低的等量面指向数值较高的等量面,而梯度的模 $|\nabla f(x_0,y_0,z_0)|$ 等于函数在这个法线方向的方向导数 $\dfrac{\partial f}{\partial n}$.

例 3 求 $\mathbf{grad}(x^2 + 3xy)$.

解 这里 $f(x,y) = x^2 + 3xy$. 因为

$$\frac{\partial f}{\partial x} = 2x + 3y, \frac{\partial f}{\partial y} = 3x$$

所以

$$\mathbf{grad}\,(x^2 + 3xy) = (2x + 3y)\boldsymbol{i} + 3x\boldsymbol{j}$$

例 4 设 $f(x,y,z) = x^2 + y^2 + z$,求 $\mathbf{grad}\, f(1,-1,2)$.

解 $\mathbf{grad}\, f(x,y,z) = (f_x,f_y,f_z) = (2x,2y,1)$,于是

$$\mathbf{grad}\, f(1,-1,2) = (2,-2,1)$$

例 5 求函数 $u = x^2 + y^2 + z^2$ 在点 $(1,1,1)$ 处沿着曲线 $x=t,y=t^2,z=t^3$ 在该点的切线正方向(t 增大的方向)的方向导数,并指出 u 在该点沿哪个方向的方向导数最大?

解 曲线 $x=t,y=t^2,z=t^3$ 在点 $(1,1,1)$ 的切线正方向为 $\boldsymbol{T}=(1,2,3)$,与其同方向的单位向量为 $\boldsymbol{e}_T = \dfrac{1}{\sqrt{14}}(1,2,3)$. 又由于

$$\frac{\partial u}{\partial x}\bigg|_{(1,1,1)} = \frac{\partial u}{\partial y}\bigg|_{(1,1,1)} = \frac{\partial u}{\partial z}\bigg|_{(1,1,1)} = 2$$

于是,所求的方向导数为

$$\frac{\partial f}{\partial T}\bigg|_{(1,1,1)} = 2 \times \frac{1}{\sqrt{14}} + 2 \times \frac{2}{\sqrt{14}} + 2 \times \frac{3}{\sqrt{14}} = \frac{12}{\sqrt{14}}$$

由于函数 $u = x^2 + y^2 + z^2$ 在点 $(1,1,1)$ 处的梯度为

$$\mathbf{grad}\, f(1,1,1) = (2,2,2)$$

同方向的单位向量为 $\boldsymbol{e} = \dfrac{1}{2\sqrt{3}}(2,2,2) = \dfrac{1}{\sqrt{3}}(1,1,1)$,所以函数 $u = x^2 + y^2 + z^2$ 在点 $(1,1,1)$ 处沿着方向 $\boldsymbol{e}$ 的方向导数最大.

习题 9.7

1. 求函数 $z = xe^{2y}$ 在点 $P(1,0)$ 沿从点 $P(1,0)$ 到点 $Q(2,-1)$ 的方向的方向导数.

2. 求 $f(x,y,z) = xy + yz + zx$ 在点 $(1,1,2)$ 处沿方向 l 的方向导数, 其中, l 的方向角分别为 $60°,45°,60°$.

3. 求函数 $z = 1 - \left(\dfrac{x^2}{a^2} + \dfrac{y^2}{b^2}\right)$ 在点 $\left(\dfrac{a}{\sqrt{2}}, \dfrac{b}{\sqrt{2}}\right)$ 处沿曲线 $\dfrac{x^2}{a^2} + \dfrac{y^2}{b^2} = 1$ 在该点的内法线方向的方向导数.

4. 求函数 $u = 3y^2 + 2xz^3 - x^2yz$ 在点 $(1,1,2)$ 处沿方向角为 $\alpha = \dfrac{\pi}{3}, \beta = \dfrac{\pi}{4}, \gamma = \dfrac{\pi}{3}$ 的方向的方向导数.

5. 求函数 $u = 3x^2yz$ 在点 $(5,1,2)$ 处沿从点 $(5,1,2)$ 到点 $(9,4,14)$ 的方向的方向导数.

6. 求函数 $u = x + y + z$ 在球面 $x^2 + y^2 + z^2 = 1$ 上点 (x_0, y_0, z_0) 处沿球面在该点的外法线方向的方向导数.

7. 设 $f(x,y,z) = 3x^2 + 2y^2 + 3z^2 + 4xy + 3x - 2yz - 6z$, 求 $\mathbf{grad}\, f(0,0,0)$ 及 $\mathbf{grad}\, f(2,1,1)$.

8. 设函数 $u(x,y,z), v(x,y,z)$ 的各个偏导数都存在且连续, 证明:

(1) $\nabla(cu) = c\, \nabla u$ (其中, c 为常数);

(2) $\nabla(u \pm v) = \nabla u \pm \nabla v$;

(3) $\nabla(uv) = v\, \nabla u + u\, \nabla v$;

(4) $\nabla\left(\dfrac{u}{v}\right) = \dfrac{v\, \nabla u - u\, \nabla v}{v^2}$.

9. 求函数 $z = x \ln(x+y)$ 在抛物线 $y^2 = 4x$ 上点 $(1,2)$ 处, 沿着这抛物线在该点处偏向 x 轴正向的切线方向的方向导数.

10. 求函数 $u = x^2 - xy^2 + z^2$ 在点 $P_0(1,-1,2)$ 处:

(1) 增加最快的方向, 并求沿这个方向的方向导数;

(2) 减少最快的方向, 并求沿这个方向的方向导数;

(3) 变化率为零的方向.

9.8 多元函数的极值及其求法

9.8.1 多元函数的极值及最大值、最小值

与一元函数相类似, 多元函数的最大值与最小值在实际问题中也是经常遇到的, 并且也

是与极大值、极小值有着密切联系的.

(1) 多元函数的极值(以二元函数为例)

定义 9.11　设函数 $z = f(x, y)$ 在点 (x_0, y_0) 的某个邻域内有定义,如果对于该邻域内任意的点 (x, y),都有

$$f(x, y) \leqslant f(x_0, y_0) \ (\text{或} \ f(x, y) \geqslant f(x_0, y_0))$$

则称函数在点 (x_0, y_0) 有**极大值**(或**极小值**)$f(x_0, y_0)$,点 (x_0, y_0) 称为函数 $f(x, y)$ 的**极大值点**(或**极小值点**).

极大值、极小值统称为**极值**. 极大值点、极小值点统称为**极值点**.

例如,函数 $z = 3x^2 + 4y^2$ 在点 $(0, 0)$ 处有极小值;函数 $z = -\sqrt{x^2 + y^2}$ 在点 $(0, 0)$ 处有极大值;函数 $z = xy$ 在点 $(0, 0)$ 处既不取得极大值也不取得极小值.

以上关于二元函数的极值概念,可推广到 n 元函数. 设 n 元函数 $u = f(P)$ 在点 P_0 的某一邻域内有定义,如果对于该邻域内任意的点 P,都有

$$f(P) \leqslant f(P_0) \ (\text{或} \ f(P) \geqslant f(P_0))$$

则称函数 $f(P)$ 在点 P_0 有极大值(或极小值)$f(P_0)$.

类似于一元函数,可利用偏导数解决二元函数的极值问题. 有关的结论反映在下面两个定理中.

定理 9.15(必要条件)　设函数 $z = f(x, y)$ 在点 (x_0, y_0) 具有偏导数,且在点 (x_0, y_0) 处有极值,则有

$$f_x(x_0, y_0) = 0, \quad f_y(x_0, y_0) = 0 \tag{9.52}$$

证　不妨设 $z = f(x, y)$ 在点 (x_0, y_0) 处有极大值. 根据极大值的定义,对于点 (x_0, y_0) 的某邻域内的点 (x, y),都有不等式

$$f(x, y) \leqslant f(x_0, y_0)$$

特殊地,在该邻域内取 $y = y_0$ 的点,也应有不等式

$$f(x, y_0) \leqslant f(x_0, y_0)$$

这表明一元函数 $f(x, y_0)$ 在 $x = x_0$ 处取得极大值,因而必有

$$f_x(x_0, y_0) = 0$$

类似地,可证

$$f_y(x_0, y_0) = 0$$

从几何上看,这时如果曲面 $z = f(x, y)$ 在极值点 (x_0, y_0, z_0) 处有切平面,则切平面

$$z - z_0 = f_x(x_0, y_0)(x - x_0) + f_y(x_0, y_0)(y - y_0)$$

成为平行于 xOy 坐标面的平面 $z = z_0$.

类似地可推得,如果三元函数 $u = f(x, y, z)$ 在点 (x_0, y_0, z_0) 具有偏导数,则它在点 (x_0, y_0, z_0) 具有极值的必要条件为

$$f_x(x_0, y_0, z_0) = 0, f_y(x_0, y_0, z_0) = 0, f_z(x_0, y_0, z_0) = 0 \tag{9.53}$$

仿照一元函数,凡是能使对各个变量的偏导数同时为零的点称为函数的**驻点**. 于是,从定理 9.15 可知,具有偏导数的函数的极值点必定是驻点. 但函数的驻点却不一定是极值点. 例

如,点$(0,0)$是函数$z=xy$驻点,但该函数在$(0,0)$既不取得极大值也不取得极小值.

如何判定一个驻点是否是极值点?下面介绍一个充分条件.

定理 9.16（充分条件） 设函数$z=f(x,y)$在点(x_0,y_0)的某邻域内连续并且具有一阶及二阶连续偏导数,又$f_x(x_0,y_0)=0,f_y(x_0,y_0)=0$,令

$$f_{xx}(x_0,y_0)=A,f_{xy}(x_0,y_0)=B,f_{yy}(x_0,y_0)=C$$

则$f(x,y)$在(x_0,y_0)处是否取得极值的条件如下:

①$AC-B^2>0$时,具有极值,且当$A<0$时有极大值,当$A>0$时有极小值;

②$AC-B^2<0$时,没有极值;

③$AC-B^2=0$时,可能有极值,也可能没有极值.

证明见 P.98 的二维码:极值充分条件的证明.

对于具有二阶连续偏导数的函数$z=f(x,y)$,根据上述两个定理可归纳其求极值的步骤如下:

①解方程组

$$f_x(x,y)=0,\quad f_y(x,y)=0$$

求得一切实数解,即可得一切驻点;

②对于每一个驻点(x_0,y_0),求出二阶偏导数的值A,B和C;

③定出$AC-B^2$的符号,按定理 9.16 的结论判定$f(x_0,y_0)$是否是极值,是极大值还是极小值.

在举例之前,还需要注意一个现象:如果函数在所讨论的区域内具有偏导数,则其极值只能在驻点取得. 但是,如果函数在有些点的偏导数不存在,则某些偏导数不存在的点(一定不是驻点)也可能是极值点. 例如,函数$z=-\sqrt{x^2+y^2}$在点$(0,0)$处有极大值,但$(0,0)$不是函数的驻点. 因此,在考虑函数的极值问题时,除了考虑函数的驻点外,还要考虑偏导数不存在的点.

注 极值可能点为驻点或一阶偏导数不存在的点.

例 1 求函数$f(x,y)=6x^3+4y^2-18x-24y+8$的极值.

解 解方程组

$$\begin{cases} f_x(x,y)=18x^2-18=0 \\ f_y(x,y)=8y-24=0 \end{cases}$$

解得$x=1,-1;y=3$. 于是,得全部驻点为$(1,3),(-1,3)$.

$f(x,y)$的二阶偏导数为

$$f_{xx}(x,y)=36x,f_{xy}(x,y)=0,f_{yy}(x,y)=8$$

在点$(1,3)$处,$AC-B^2=36\times8-0^2>0$,又$A=36>0$,所以函数在$(1,3)$处有极小值$f(1,3)=-52$;

在点$(-1,3)$处,$AC-B^2=-36\times8-0^2<0$,所以$f(-1,3)$不是极值.

(2)多元函数的最大值、最小值的求法

设D是有界闭区域. 首先要注意到下列两点:

①如果 $f(x,y)$ 在 D 上连续,则 $f(x,y)$ 在 D 上必定能取得最大值和最小值. 使函数取得最大值或最小值的点既可能在 D 的内部,也可能在 D 的边界上.

②如果函数在 D 内部取得最大值(最小值),那么,这个最大值(最小值)也是函数的极大值(极小值).

因此,在假定函数在 D 上连续、在 D 内可微分并且只有有限个驻点的情况下,求最大值和最小值的一般方法是:将函数 $f(x,y)$ 在 D 内的所有驻点处的函数值及在 D 边界上的值相互比较,其中,最大的就是最大值,最小的就是最小值.

在一般情况下,求 $f(x,y)$ 在 D 的边界上的最大值和最小值是困难的、复杂的. 因此,在实际问题中,如果根据问题的性质可知,函数 $f(x,y)$ 的最大值(最小值)一定在 D 的内部取得,而函数在 D 内只有一个驻点,那么,就可肯定该驻点处的函数值就是函数 $f(x,y)$ 在 D 上的最大值(最小值).

注　最值可能点为极值点、边界点.

例 2　某地要用修建一个体积为 8 m^3 的无盖长方体水池,单位面积池底的造价是池壁造价的 2 倍. 问当长、宽、高各取多少时,才能使造价最低.

解　设池壁单位面积的造价为 k,水池的长为 x m,宽为 y m,则其高应为 $\dfrac{8}{xy}$ m. 此水池的造价为

$$A = 2\left(xy + y \cdot \frac{8}{xy} + x \cdot \frac{8}{xy}\right)k = 2\left(xy + \frac{8}{x} + \frac{8}{y}\right)k \quad (x > 0, y > 0)$$

令 $\begin{cases} A_x = 2\left(y - \dfrac{8}{x^2}\right)k = 0 \\ A_y = 2\left(x - \dfrac{8}{y^2}\right)k = 0 \end{cases}$,则得 $x = 2, y = 2$.

根据题意可知,水池造价的最小值一定存在,并在开区域 $D = \{(x,y) \mid x > 0, y > 0\}$ 内取得. 又因为函数 A 在 D 内只有一个驻点 $(2,2)$. 因此,此驻点一定是 A 的最小值点,即当水池的长为 2 m、宽为 2 m、高为 2 m 时,水池的造价最小.

例 3　设有一圆板占有平面闭区域 $\{(x,y) \mid x^2 + y^2 \leq 1\}$,该圆板被加热,已知在点 (x,y) 的温度是 $f(x,y) = x^2 + 2y^2 - x$. 求该圆板温度的最高点和最低点.

解
$$f(x,y) = x^2 + 2y^2 - x$$

由 $\begin{cases} \dfrac{\partial f}{\partial x} = 2x - 1 = 0 \\ \dfrac{\partial f}{\partial y} = 4y = 0 \end{cases}$　得驻点 $\begin{cases} x = \dfrac{1}{2} \\ y = 0 \end{cases}$.

在该点的温度为

$$f\left(\frac{1}{2}, 0\right) = -\frac{1}{4}$$

在边界 $x^2 + y^2 = 1$ 上,温度为

$$f = 2 - x - x^2 \quad (-1 \leqslant x \leqslant 1)$$

由 $\dfrac{\mathrm{d}f}{\mathrm{d}x} = -1 - 2x = 0$，得 $x = -\dfrac{1}{2}$，在 $x = -\dfrac{1}{2}$ 的温度为

$$f\left(-\frac{1}{2}, \pm\frac{\sqrt{3}}{2}\right) = \frac{9}{4}$$

而

$$f(-1, 0) = 2, f(1, 0) = 0$$

因此，该圆板的最热点 $\left(-\dfrac{1}{2}, \pm\dfrac{\sqrt{3}}{2}\right)$ 和最冷点 $\left(\dfrac{1}{2}, 0\right)$.

9.8.2 条件极值拉格朗日乘数法

在前面的极值问题中，除了函数定义域的限制外，对自变量没有任何条件限制，这种极值问题称为**无条件极值**. 在某些实际问题中，对函数的自变量需要有附加条件的限制，这类极值问题称为**条件极值**.

例如，求表面积为 a^2 而体积为最大的长方体的体积问题. 设长方体的三棱的长为 x, y, z，则体积 $V = xyz$. 又因假定表面积为 a^2，所以自变量 x, y, z 还必须满足附加条件 $2(xy + yz + zx) = a^2$. 这个问题就是求函数 $V = xyz$ 在条件 $2(xy + yz + zx) = a^2$ 下的最大值问题，这是一个条件极值问题.

对于某些实际问题，可把条件极值问题转化为无条件极值问题. 例如，在上述问题中，由条件 $2(xy + yz + zx) = a^2$，解得 $z = \dfrac{a^2 - 2xy}{2(x + y)}$，于是得

$$V = \frac{xy(a^2 - 2xy)}{2(x + y)}$$

这样，只需要求 V 的无条件极值问题即可.

一般情况下，从附加条件中解出某个变量并不容易，这时无法将条件极值转化为无条件极值. 因此，要寻求一种求条件极值的直接方法，这就是下面介绍的拉格朗日乘数法.

下面分析函数 $z = f(x, y)$ 在附加条件 $\varphi(x, y) = 0$ 下取得极值的必要条件.

如果函数 $z = f(x, y)$ 在 (x_0, y_0) 取得所求的极值，那么必有

$$\varphi(x_0, y_0) = 0$$

假定在 (x_0, y_0) 的某一邻域内 $f(x, y)$ 与 $\varphi(x, y)$ 均有连续的一阶偏导数，而 $\varphi_y(x_0, y_0) \neq 0$. 由隐函数存在定理可知，方程 $\varphi(x, y) = 0$ 确定了一个具有连续导数的函数 $y = \psi(x)$，并且满足 $y_0 = \psi(x_0)$. 将 $y = \psi(x)$ 代入函数 $z = f(x, y)$，得一元函数

$$z = f(x, \psi(x))$$

并且 $x = x_0$ 是 $z = f(x, \psi(x))$ 的极值点. 由一元可导函数取得极值的必要条件，有

$$\left.\frac{\mathrm{d}z}{\mathrm{d}x}\right|_{x=x_0} = f_x(x_0, y_0) + f_y(x_0, y_0)\left.\frac{\mathrm{d}y}{\mathrm{d}x}\right|_{x=x_0} = 0$$

利用隐函数的求导公式，即得

$$f_x(x_0, y_0) - f_y(x_0, y_0)\frac{\varphi_x(x_0, y_0)}{\varphi_y(x_0, y_0)} = 0$$

从而函数 $z = f(x, y)$ 在条件 $\varphi(x, y) = 0$ 下在 (x_0, y_0) 取得极值的必要条件是

$$f_x(x_0, y_0) - f_y(x_0, y_0) \frac{\varphi_x(x_0, y_0)}{\varphi_y(x_0, y_0)} = 0$$

与

$$\varphi(x_0, y_0) = 0$$

同时成立.

设 $\dfrac{f_y(x_0, y_0)}{\varphi_y(x_0, y_0)} = -\lambda$，则上述必要条件变为

$$\begin{cases} f_x(x_0, y_0) + \lambda \varphi_x(x_0, y_0) = 0 \\ f_y(x_0, y_0) + \lambda \varphi_y(x_0, y_0) = 0 \\ \varphi(x_0, y_0) = 0 \end{cases}$$

上式中前两式的左端正好是

$$L(x, y) = f(x, y) + \lambda \varphi(x, y)$$

的两个一阶偏导数在点 (x_0, y_0) 处的值，而 λ 是一个待定参数（因为点 (x_0, y_0) 是未知的）. 函数 $L(x, y)$ 称为**拉格朗日函数**，参数 λ 称为**拉格朗日乘子**.

因此，函数 $z = f(x, y)$ 在限制条件 $\varphi(x, y) = 0$ 下的极值点 (x_0, y_0) 为拉格朗日函数 $L(x, y)$ 的驻点.

于是，由上面的讨论可得到下面的求条件极值点的方法.

拉格朗日乘数法　要找函数 $z = f(x, y)$ 在条件 $\varphi(x, y) = 0$ 下的可能极值点，可先构造拉格朗日函数

$$L(x, y) = f(x, y) + \lambda \varphi(x, y) \tag{9.54}$$

其中，λ 为参数. 然后解方程组

$$\begin{cases} L_x(x, y) = f_x(x, y) + \lambda \varphi_x(x, y) = 0 \\ L_y(x, y) = f_y(x, y) + \lambda \varphi_y(x, y) = 0 \\ \varphi(x, y) = 0 \end{cases} \tag{9.55}$$

由方程组 (9.55) 解出 x, y 及 λ，则 (x, y) 就是所要求的可能的极值点.

拉格朗日乘数法可推广到自变量多于两个而条件多于一个的情形. 例如，要求函数

$$u = f(x, y, z, t)$$

在附加条件

$$\varphi(x, y, z, t) = 0, \phi(x, y, z, t) = 0$$

下的极值，以先构造拉格朗日函数

$$L(x, y, z, t) = f(x, y, z, t) + \lambda \varphi(x, y, z, t) + \mu \phi(x, y, z, t) \tag{9.56}$$

其中，λ, μ 均为参数. 然后求 $L(x, y, z, t)$ 的 4 个偏导数，并且令它们等于零，再与两个附加条件联立成方程组. 解这个方程组得到的 (x, y, z, t) 就是函数 $u = f(x, y, z, t)$ 在附加条件 $\varphi(x, y, z, t) = 0, \phi(x, y, z, t) = 0$ 下的可能的极值点.

至于如何确定用拉格朗日乘数法所求的点是否是极值点，在实际问题中往往可根据问题

本身的性质来判定.

在使用拉格朗日乘数法时,必须要解一个方程组. 一般来说,这个方程组是非线性的,而且是难解的. 因此,以下两点需要特别注意:

①拉格朗日乘子不必求得;

②首先仔细观察拉格朗日函数的偏导数等于零的方程,寻找特殊的方法,找到未知数之间的关系;然后利用这些关系,通过附加条件最后解出函数在附加条件下的可能的极值点.

例 4　求原点到曲面 $xy - z^2 + 1 = 0$ 上距离最近的点 $M(x, y, z)$ 及其距离.

解　方法 1:曲面 $xy - z^2 + 1 = 0$ 上点 $M(x, y, z)$ 到原点的距离的平方为 $d^2 = x^2 + y^2 + z^2$,即求函数 $f = x^2 + y^2 + z^2$ 在条件 $xy - z^2 + 1 = 0$ 下的极小值.

由于 $xy + 1 = z^2$,$f = x^2 + y^2 + xy + 1$,则

$$\begin{cases} \dfrac{\partial f}{\partial x} = 2x + y = 0 \\ \dfrac{\partial f}{\partial y} = x + 2y = 0 \end{cases}$$

解得

$$x = y = 0$$

$$A = \frac{\partial^2 f}{\partial x^2}\bigg|_{(0,0)} = 2, B = \frac{\partial^2 f}{\partial x \partial y}\bigg|_{(0,0)} = 1, C = \frac{\partial^2 f}{\partial y^2}\bigg|_{(0,0)} = 2$$

由于 $A > 0, AC - B^2 > 0$,则:

当 $x = y = 0$ 时,函数 $f = x^2 + y^2 + xy + 1$ 有唯一极小值 $f(0,0) = 1$;

当 $x = y = 0, z = \pm 1$,空间曲面 $xy - z + 1 = 0$ 上离原点最近的点是 $(0, 0, \pm 1)$,最短距离为 1.

方法 2:曲面 $xy - z^2 + 1 = 0$ 上 $M(x, y, z)$ 到原点的距离的平方为

$$d^2 = x^2 + y^2 + z^2$$

即求函数 $f = x^2 + y^2 + z^2$ 在条件 $xy - z^2 + 1 = 0$ 下的极小值.

设

$$L(x, y, z, \lambda) = x^2 + y^2 + z^2 + \lambda(xy - z^2 + 1)$$

$$\begin{cases} L_x = 2x + \lambda y = 0 \\ L_y = 2y + \lambda x = 0 \\ L_z = 2z - 2\lambda z = 0 \\ L_\lambda = xy - z^2 + 1 = 0 \end{cases}$$

解得

$$x = y = 0, z = \pm 1$$

因为只有这两个可能极值点,它们到原点的距离相等. 由问题本身可知最小值一定存在,所以最小值就在这两个点处取得.

于是,当 $x = y = 0, z = \pm 1$,空间曲面 $xy - z^2 + 1 = 0$ 上离原点最近的点是 $(0, 0, \pm 1)$,最短距离为 1.

例 5　将周长为 $2p$ 的矩形绕它的一边旋转而构成一个圆柱体. 问矩形的边长各为多少时, 才可使圆柱体的体积为最大?

解　设矩形的一边为 x, 则另一边为 y, 并且设矩形绕长为 y 的一边旋转成圆柱体, 则考虑圆柱体体积函数 $V = \pi x^2 y (x > 0, y > 0)$ 在条件 $x + y = p$ 下的最值.

拉格朗日函数为

$$L(x, y, \lambda) = \pi x^2 y + \lambda(x + y - p)$$

令 $L_x(x, y, \lambda) = 0, L_y(x, y, \lambda) = 0, L_\lambda(x, y, \lambda) = 0$, 则得

$$\begin{cases} 2\pi xy + \lambda = 0 \\ \pi x^2 + \lambda = 0 \\ x + y = p \end{cases}$$

解得

$$x = \frac{2p}{3}, \ y = \frac{p}{3}$$

这是唯一可能的极值点. 因为由问题本身可知, 最大值一定存在, 所以最大值就在这个点处取得.

因此, 当矩形的两边分别为 $\dfrac{2p}{3}, \dfrac{p}{3}$ 时, 最大体积 $V = \dfrac{4\pi p^3}{27}$.

例 6　在曲面 $\Sigma: \sqrt{x} + \sqrt{y} + \sqrt{z} = 1$ 上, 求该曲面的切平面, 使其在三坐标轴上的截距之积为最大.

解　设 $M_0(x_0, y_0, z_0)$ 为曲面 $\Sigma: \sqrt{x} + \sqrt{y} + \sqrt{z} = 1$ 上任意一点, $\sqrt{x_0} + \sqrt{y_0} + \sqrt{z_0} = 1$. 曲面 $\sqrt{x} + \sqrt{y} + \sqrt{z} = 1$ 在 M_0 处的切平面的法向量为

$$\boldsymbol{n} = \left(\frac{1}{2\sqrt{x_0}}, \frac{1}{2\sqrt{y_0}}, \frac{1}{2\sqrt{z_0}} \right)$$

切平面方程为

$$\frac{1}{\sqrt{x_0}}(x - x_0) + \frac{1}{\sqrt{y_0}}(y - y_0) + \frac{1}{\sqrt{z_0}}(z - z_0) = 0$$

$$\frac{x}{\sqrt{x_0}} + \frac{y}{\sqrt{y_0}} + \frac{z}{\sqrt{z_0}} = 1$$

该切平面在三坐标轴上的截距分别为 $\sqrt{x_0}, \sqrt{y_0}, \sqrt{z_0}$, 即求函数 $f = \sqrt{x_0}\sqrt{y_0}\sqrt{z_0}$ 在条件 $\sqrt{x_0} + \sqrt{y_0} + \sqrt{z_0} = 1$ 下的极值.

设

$$L(x_0, y_0, z_0, \lambda) = \sqrt{x_0}\sqrt{y_0}\sqrt{z_0} + \lambda(\sqrt{x_0} + \sqrt{y_0} + \sqrt{z_0} - 1)$$

$$\begin{cases} L_{x_0} = \dfrac{\sqrt{y_0 z_0}}{2\sqrt{x_0}} + \dfrac{\lambda}{2\sqrt{x_0}} = 0 \\[3mm] L_{y_0} = \dfrac{\sqrt{x_0 z_0}}{2\sqrt{y_0}} + \dfrac{\lambda}{2\sqrt{y_0}} = 0 \\[3mm] L_{z_0} = \dfrac{\sqrt{x_0 y_0}}{2\sqrt{z_0}} + \dfrac{\lambda}{2\sqrt{z_0}} = 0 \\[3mm] L_{\lambda} = \sqrt{x_0} + \sqrt{y_0} + \sqrt{z_0} - 1 = 0 \end{cases}$$

解得

$$x_0 = y_0 = z_0 = \frac{1}{9}$$

由问题本身可知最大值一定存在，所以这唯一可能的极值点就是最大值点. 于是，所求切平面为 $3x + 3y + 3z = 1$.

下面介绍经济学中的一个最优价格模型.

在生产和销售商品的过程中，商品销售量、生产成本和销售价格是相互关联的. 厂家要选择合理的销售价格，才能获得最大利润. 这个价格称为最优价格. 下面举例说明如何确定商品的最优价格.

例 7 某厂家生产一种商品同时在两个市场销售，销售价格分别为 p_1 和 p_2，销售量分别为 q_1 和 q_2，需求函数分别为 $q_1 = 24 - 0.2p_1$，$q_2 = 10 - 0.05p_2$，总成本函数为 $c = 35 + 40(q_1 + q_2)$. 试问厂家如何确定两个市场销售价格 p_1 和 p_2，能使厂家获得的总利润最大，其最大总利润为多少？

解 设厂家获得的总利润为 m，则

$$m = p_1 q_1 + p_2 q_2 - c$$

因为 $q_1 = 24 - 0.2p_1$，$q_2 = 10 - 0.05p_2$，$c = 35 + 40(q_1 + q_2)$，代入 m 中，整理得

$$m = -0.2p_1^2 - 0.05p_2^2 + 32p_1 + 12p_2 - 1395$$

令

$$\begin{cases} \dfrac{\partial m}{\partial p_1} = -0.4p_1 + 32 = 0 \\[3mm] \dfrac{\partial m}{\partial p_2} = -0.1p_2 + 12 = 0 \end{cases}$$

解得

$$p_1 = 80, \ p_2 = 120$$

由于该商品的最优价格必定存在并且唯一，因此，这个价格就是最优价格.

于是，得最大总利润 $m = 605$.

注 因为此题的拉格朗日函数较复杂，所以转化为无条件极值来解决.

习题 9.8

1. 判断题：

(1) 由极值的定义知函数 $z = x^2 + 4y^2$ 在点 $M(0,0)$ 处取得极小值； （　　）

(2) 函数 $z = x^2 y$ 在点 $(0,0)$ 处取得极小值零； （　　）

(3) 二元函数的驻点必为极值点； （　　）

(4) 二元函数的最大值不一定是该函数的极大值. （　　）

2. 填空题：

(1) 设函数 $f(x,y) = 2x^2 + ax + xy^2 + 2y$ 在点 $(1, -1)$ 取得极值，则常数 $a = $ _____；

(2) 函数 $f(x,y) = x^2 + xy + y^2 - y + 1$ 在_____点取得极_____值为_____.

3. 求 $f(x,y) = e^x(x^2 + y^2 + 2y)$ 的极值.

4. 已知 $f(x,y) = xy$：

(1) 求 $f(x,y)$ 在适合附加条件 $x + y = 1$ 下的极值；

(2) 求 $f(x,y)$ 在闭区域 $\begin{cases} x \geqslant 0 \\ y \geqslant 0 \end{cases}, x + y \leqslant 1$ 的最大值和最小值.

5. 要造一个容积等于定数 k 的长方体无盖水池，应如何选择水池的尺寸，方可使它的表面积最小？

6. 在球面 $x^2 + y^2 + z^2 = R^2$ 位于第一卦限的部分求一点 P，使该点处的切平面在 3 个坐标轴上截距的平方和最小.

7. 某厂要用铁板做成一个体积为 16 m^3 的有盖长方体水箱. 问当长、宽、高各取多少时，才能使用料最省？

8. 求内接于半径为 a 的球并且有最大体积的长方体.

9. 抛物面 $z = x^2 + y^2$ 被平面 $x + y + z = 1$ 截成一椭圆，求这椭圆上的点到原点的距离的最大值与最小值.

10. 有一宽为 24 cm 的长方形铁板，把它两边折起来做成一断面为等腰梯形的水槽. 问怎样折才能使断面的面积最大？

11. 形状为椭球 $4x^2 + y^2 + 4z^2 \leqslant 16$ 的空间探测器进入地球大气层，其表面开始受热，1 h 后在探测器的点 (x,y,z) 处的温度 $T = 8x^2 + 4yz - 16z + 600$，求探测器表面最热的点.

12. 求函数 $f(x,y) = x^3 - y^3 + 3x^2 + 3y^2 - 9x$ 的极值.

13. 求表面积为 a^2 而体积为最大的长方体的体积.

14. 求函数 $u = xyz$ 在附加条件

$$\frac{1}{x} + \frac{1}{y} + \frac{1}{z} = \frac{1}{a} \qquad (x > 0, y > 0, z > 0, a > 0)$$

下的极值.

15. 设商品 A 的需求量为 x_1，价格为 p_1，需求函数为 $x_1 = 20 - \dfrac{1}{5}p_1$；商品 B 的需求量为 x_2，

价格为 p_2，需求函数为 $x_2 = 20 - \dfrac{1}{3}p_2$，生产 A, B 两种商品的总成本函数 $C = x_1^2 + 4x_1x_2 + x_2^2$，问两种商品各生产多少时，才能获得最大利润？其最大利润是多少？

二元函数的
泰勒公式

极值充分条件
的证明

总习题9

1. 选择题：

（1）若函数 $f(x, y)$ 在点 $p(x, y)$ 处（　　　　），则 $f(x, y)$ 在该点处可微；

    A. 连续   B. 偏导数存在

    C. 连续且偏导数   D. 某邻域内存在连续的偏导数

（2）设 $x = \ln \dfrac{z}{y}$，则 $\dfrac{\partial z}{\partial x} = (\qquad)$；

    A. 1   B. e^x C. ye^x D. y

（3）对函数 $f(x, y) = xy$，点 $(0, 0)$（　　　　）；

    A. 不是驻点   B. 是驻点却非极值点

    C. 是极大值点   D. 是极小值点

（4）二元函数 $z = 5 - x^2 - y^2$ 的极大值点是（　　　　）；

    A. $(1, 0)$ B. $(0, 1)$ C. $(0, 0)$ D. $(1, 1)$

（5）函数 $f(x, y) = \begin{cases} \dfrac{4xy}{x^2 + y^2} & x^2 + y^2 \neq 0 \\ 0 & x^2 + y^2 = 0 \end{cases}$ 在原点间断，是因为该函数（　　　　）；

    A. 在原点无定义   B. 在原点二重极限不存在

    C. 在原点有二重极限，但无定义   D. 在原点二重极限存在，但不等于函数值

（6）设 $z = 2x^2 + 3xy - y^2$，则 $\dfrac{\partial^2 z}{\partial x \partial y} = (\qquad)$.

    A. 6   B. 3   C. -2 D. 2

2. 求二元函数 $z = \sin \dfrac{1}{(x - \sqrt{y})^2}$ 的间断点.

3. 计算下列各题：

（1）$z = e^{xy} + yx^2 + \ln \dfrac{y}{x}$，求 $\dfrac{\partial z}{\partial x}, \dfrac{\partial z}{\partial y}$；

（2）设 $z = \arctan \sqrt{x^y}$，求 $\dfrac{\partial z}{\partial x}, \dfrac{\partial z}{\partial y}$；

（3）设 $z = \dfrac{1}{x} f(xy) + y\varphi(x+y)$，$f, \varphi$ 具有一阶连续导数，求 $\dfrac{\partial z}{\partial x}, \dfrac{\partial z}{\partial y}$；

（4）设 $z = f(e^2 \sin y, \ln(x+y))$，其中，$f(u,v)$ 为可微函数，求 $\dfrac{\partial z}{\partial x}, \dfrac{\partial z}{\partial y}$；

（5）设 $z = \sqrt{u^2 + v^2}$，$u = \sin x, v = e^x$，求 $\dfrac{\partial z}{\partial x}$；

（6）设 $z = x e^y$，$y = \varphi(x)$，其中，$\varphi(x)$ 可导，求 $\dfrac{dz}{dx}$；

（7）设 $z = z(x,y)$ 是由方程 $e^{xy} - \arctan z + xyz = 0$ 所确定隐函数，求 dz；

（8）设 $z = \ln \sqrt{x^2 + y^2}$，求 dz；

（9）设 $z = \arcsin(xy)$，求 $\dfrac{\partial^2 z}{\partial x \partial y}$.

4. 设 $y = f(x,t)$，而 $t = t(x,y)$ 是由方程 $F(x,y,t) = 0$ 所确定的函数，其中，f, F 都具有一阶连续偏导数，试证明 $\dfrac{dy}{dx} = \dfrac{\dfrac{\partial f}{\partial x}\dfrac{\partial F}{\partial t} - \dfrac{\partial f}{\partial t}\dfrac{\partial F}{\partial x}}{\dfrac{\partial f}{\partial t}\dfrac{\partial F}{\partial y} + \dfrac{\partial F}{\partial t}}$.

5. 求曲线 $\begin{cases} x = 2 + z \\ y = z^2 \end{cases}$ 在点 $(1, 1, -1)$ 处的切线方程和法平面方程.

6. 空间曲线 $x = t, y = t^2, z = t^3$ 在点 $M(1, 1, 1)$ 处的切线与直线 $\dfrac{x-1}{2} = \dfrac{y}{2l} = \dfrac{z+1}{k}$ 平行，求 l, k.

7. 求曲线 $x = 2t, y = t^2 - 2, z = 1 - t^2$ 在对应于 $t = 2$ 的点处的切线方程和法平面方程.

8. 试确定正常数 λ，使曲面 $xyz = \lambda$ 与椭球面 $\dfrac{x^2}{a^2} + \dfrac{y^2}{b^2} + \dfrac{z^2}{c^2} = 1$ 在某公共点处有相同的切平面.

9. 求曲面 $e - z + xy = 3$ 在点 $(2, 1, 0)$ 处的切平面方程和法线方程.

10. 在曲面 $z = xy$ 上求一点，使该点处的法线垂直于平面 $x + 3y + z + 9 = 0$，并写出该法线的方程.

11. 求函数 $z = x^2 + y^2$ 在点 $(1, 2)$ 处沿从点 $(1, 2)$ 到点 $(1, 2 + \sqrt{3})$ 的方向导数.

12. 求函数 $f(x,y,z) = x^2 + 2y^2 + 3z^2 + xy + 3x - 2y - 6z$，求 $\mathbf{grad}\, f(0, 0, 0)$.

13. 求下列函数的极值：

（1）$z = 4(x - y) - x^2 - y^2$；　　　　　　（2）$z = x - 2y + \ln \sqrt{x^2 + y^2} - 3\arctan \dfrac{y}{x}$.

14. 在平面 $3x + 4y - z = 26$ 上求一点，它与坐标原点的距离最短.

15. 从斜边长为 l 的一切直角三角中，求有最大周长的直角三角形.

16. 某厂家生产一种商品的成本为 c，该种商品的销售价格为 p，销售量为 x. 假设厂家的

生产处于平衡状态,即产量等于销售量. 根据市场预测,销售量 x 与销售价格 p 之间有关系

$$x = Me^{-ap} \qquad (M > 0, a > 0)$$

其中,M 为市场最大需求量,a 是价格系数. 生产部门对该种商品的生产成本 c 有测算

$$c = c_0 - k\ln x \qquad (k > 0, x > 1)$$

其中,c_0 是只生产一个该种商品时的成本,k 是规模系数.

　　根据上述条件,如何确定该种商品的销售价格 p,才能使厂家获得最大利润?

部分习题答案

第 **10** 章
重积分

在现实生活中,常需要计算与多元函数及空间有界闭区域有关的量,如立体体积、曲面面积、物体的质量、重心等,需要用到各种不同的多元函数的积分. 定义这些多元函数积分的方法和步骤仍然按照定义定积分的"分割、近似、求和、取极限"步骤,给出某种确定形式的和的极限,将其推广到定义在区域、曲线及曲面上的多元函数的情形,便得到重积分、曲线积分及曲面积分的概念.

本章主要介绍重积分(包括二重积分和三重积分)的概念、计算方法以及它们的一些应用,它是下一章曲线积分与曲面积分的基础.

10.1 二重积分的概念与性质

10.1.1 二重积分的概念

(1)曲顶柱体的体积

1)平顶柱体

如图 10.1、图 10.2 所示,平顶柱体的体积为

$$V = 底面积 \times 高$$

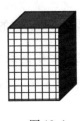

图 10.1

图 10.2

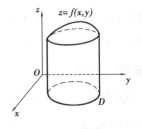

图 10.3

2）曲顶柱体

如图 10.3 所示,设有一空间立体 Ω,它的底是 xOy 面上的有界闭区域 D,它的侧面是以 D 的边界曲线为准线,而母线平行于 z 轴的柱面,它的顶是曲面 $z=f(x,y)$. 当 $(x,y)\in D$ 时,$z=f(x,y)$ 在 D 上连续且 $f(x,y)\geqslant 0$,称这种立体为**曲顶柱体**.

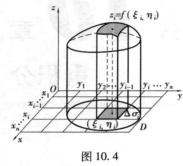

图 10.4

其体积的计算可仿照用定积分求曲边梯形面积的方法来处理,即"**分割,近似,求和,取极限**",如图 10.4 所示.

①**分割**. 用任意一组曲线网将闭区域 D 分成 n 个小闭区域 $\Delta\sigma_1,\Delta\sigma_2,\cdots,\Delta\sigma_n$,以这些小闭区域的边界曲线为准线,作母线平行于 z 轴的柱面,这些柱面将原来的曲顶柱体 Ω 分划成 n 个小曲顶柱体 $\Delta\Omega_1,\Delta\Omega_2,\cdots,\Delta\Omega_n$(假设 $\Delta\sigma_i$ 所对应的小曲顶柱体为 $\Delta\Omega_i$,这里 $\Delta\sigma_i$ 既代表第 $i(i=1,2,\cdots,n)$ 个小闭区域,又表示它的面积,$\Delta\Omega_i$ 既代表第 i 个小曲顶柱体,又代表它的体积). 因此,整个曲顶柱体的体积为

$$V=\sum_{i=1}^{n}\Delta\Omega_i$$

②**近似**. 由于 $f(x,y)$ 连续,对于同一个小闭区域来说,函数值的变化不大. 因此,可将小曲顶柱体近似地看成小平顶柱体,于是

$$\forall(\xi_i,\eta_i)\in\Delta\sigma_i,\Delta\Omega_i\approx f(\xi_i,\eta_i)\Delta\sigma_i,i=1,2,\cdots,n$$

③**求和**. 将上面的 n 个近似式两端分别相加,就得到整个曲顶柱体体积的近似值

$$V=\sum_{i=1}^{n}\Delta\Omega_i\approx\sum_{i=1}^{n}f(\xi_i,\eta_i)\Delta\sigma_i$$

④**取极限**. 为得到 V 的精确值,只需分割越来越细,即用 d_i 表示第 i 个小闭区域 $\Delta\sigma_i$ 的直径 $(d_i=\max\{|P_1P_2||\forall P_1,P_2\in\Delta\sigma_i\},i=1,2,\cdots,n)$,记 $\lambda=\max\limits_{1\leqslant i\leqslant n}\{d_i\}$. 当 $\lambda\to 0$ 时,和式 $\sum\limits_{i=1}^{n}f(\xi_i,\eta_i)\Delta\sigma_i$ 的极限就是该曲顶柱体的体积,即

$$V=\lim_{\lambda\to 0}\sum_{i=1}^{n}f(\xi_i,\eta_i)\Delta\sigma_i$$

求面密度不均匀的
平面薄片 D 的质量

例如,求面密度(不妨设为 $\rho(x,y)$)不均匀的平面薄片 D 的质量. 也可用类似方法解决,其质量仍为一和式的极限,即 $M=\lim\limits_{\lambda\to 0}\sum\limits_{i=1}^{n}\rho(\xi_i,\eta_i)\Delta\sigma_i$.

（2）二重积分的定义

定义 10.1 设 $f(x,y)$ 是有界闭区域 D 上的有界函数,将闭区域 D **任意**分成 n 个小闭区域 $\Delta\sigma_1,\Delta\sigma_2,\ldots,\Delta\sigma_n$. 其中,$\Delta\sigma_i(i=1,2,\cdots,n)$ 表示第 i 个小闭区域,也表示它的面积. 在每个 $\Delta\sigma_i$ 上**任取**一点 (ξ_i,η_i),作和 $\sum\limits_{i=1}^{n}f(\xi_i,\eta_i)\Delta\sigma_i$. 若当各小闭区域的直径中的最大值 λ 趋近于零时,这和式的极限总存在,且与闭区域 D 的分法及点 (ξ_i,η_i) 的取法无关,则称此极限为函数 $f(x,y)$ 在闭区域 D 上的**二重积分**,记作 $\iint\limits_{D}f(x,y)\mathrm{d}\sigma$,即

$$\iint\limits_{D} f(x,y)\mathrm{d}\sigma = \lim_{\lambda \to 0} \sum_{i=1}^{n} f(\xi_i, \eta_i)\Delta\sigma_i \tag{10.1}$$

其中, $f(x,y)$ 称为**被积函数**, $f(x,y)\mathrm{d}\sigma$ 称为**被积表达式**, $\mathrm{d}\sigma$ 称为**面积元素**, x,y 称为**积分变量**, D 称为**积分区域**, $\sum_{i=1}^{n} f(\xi_i, \eta_i)\Delta\sigma_i$ 称为**积分和**.

注 ① $\lim_{\lambda \to 0} \sum_{i=1}^{n} f(\xi_i, \eta_i)\Delta\sigma_i = I$ 存在时,极限 I 与闭区域 D 的分割法和点 (ξ_i, η_i) 的取法无关,此时,也称函数 $f(x,y)$ 在闭域 D 上可积.

② $\lim_{\lambda \to 0} \sum_{i=1}^{n} f(\xi_i, \eta_i)\Delta\sigma_i = I$ 存在时,极限 I 只与被积函数和积分区域有关,而与积分变量 x,y 的形式无关.

③如果在直角坐标系 xOy 中用平行于坐标轴的直线网来划分 D,那么,除了包含边界点的一些小闭区域外,其余的小闭区域都是矩形闭区域. 设矩形闭区域 $\Delta\sigma_i$ 的边长为 Δx_i 和 Δy_i,则 $\Delta\sigma_i = \Delta x_i \Delta y_i$,因此,在直角坐标系中,常把面积元素 $\mathrm{d}\sigma$ 记作 $\mathrm{d}x\mathrm{d}y$,而把二重积分记作

$$\iint\limits_{D} f(x,y)\mathrm{d}x\mathrm{d}y$$

其中, $\mathrm{d}x\mathrm{d}y$ 称为直角坐标系中的面积元素.

(3)二重积分的几何意义

当 $(x,y) \in D$ 且 $f(x,y) \geqslant 0$ 时,由前面的讨论可知,**二重积分的几何意义就是以曲面 $z = f(x,y)$ 为曲顶的柱体的体积**. 如果 $f(x,y) \leqslant 0$,曲顶柱体就在 xOy 面的下方,二重积分的值是负的,其绝对值仍等于此曲顶柱体的体积.

(4)二重积分存在定理

定理 10.1 若 $f(x,y)$ 在有界闭区域 D 上连续,则 $f(x,y)$ 在 D 上可积.

证明略.

定理 10.2 若有界函数 $f(x,y)$ 在有界闭区域 D 上除有限个点或有限条光滑曲线外都连续,则 $f(x,y)$ 在 D 上可积.

证明略.

10.1.2 二重积分的性质

二重积分与定积分都是一种"和式的极限",因此也有类似的性质. 在下面的讨论中,总假定所用到的函数 $f(x,y)$, $g(x,y)$ 等在有界闭区域 D 上的二重积分存在.

性质 1(线性性质) 设 c_1, c_2 为常数,则

$$\iint\limits_{D}[c_1 f(x,y) + c_2 g(x,y)]\mathrm{d}\sigma = c_1\iint\limits_{D} f(x,y)\mathrm{d}\sigma + c_2\iint\limits_{D} g(x,y)\mathrm{d}\sigma \tag{10.2}$$

性质 2(积分区域的可加性) 如果闭区域 D 被有限条曲线分为有限个无公共内点的部分闭区域,则在 D 上的二重积分等于在各部分闭区域上的二重积分的和.

例如, D 分为两个闭区域 D_1 与 D_2 ($D = D_1 \cup D_2$, D_1, D_2 无公共内点),则

$$\iint\limits_{D} f(x,y)\mathrm{d}\sigma = \iint\limits_{D_1} f(x,y)\mathrm{d}\sigma + \iint\limits_{D_2} f(x,y)\mathrm{d}\sigma \tag{10.3}$$

此性质表示二重积分对于积分区域具有可加性.

性质 3
$$\iint\limits_{D} 1 \cdot \mathrm{d}\sigma = \iint\limits_{D} \mathrm{d}\sigma = \sigma \ (\sigma \ \text{为区域} \ D \ \text{的面积}) \tag{10.4}$$

性质 4 (保序性)   如果在 D 上, $f(x,y) \leqslant g(x,y)$,则有不等式
$$\iint\limits_{D} f(x,y)\mathrm{d}\sigma \leqslant \iint\limits_{D} g(x,y)\mathrm{d}\sigma \tag{10.5}$$

特别地,由于 $-|f(x,y)| \leqslant f(x,y) \leqslant |f(x,y)|$,有
$$\left| \iint\limits_{D} f(x,y)\mathrm{d}\sigma \right| \leqslant \iint\limits_{D} |f(x,y)|\mathrm{d}\sigma \tag{10.6}$$

性质 5   设 M,m 分别是 $f(x,y)$ 在闭区域 D 上的最大值和最小值, σ 为 D 的面积,则有
$$m\sigma \leqslant \iint\limits_{D} f(x,y)\mathrm{d}\sigma \leqslant M\sigma \tag{10.7}$$

不等式(10.5)—不等式(10.7)常用于估计二重积分.

性质 6 (二重积分的中值定理)   设函数 $f(x,y)$ 在闭区域 D 上连续, σ 为 D 的面积,则在 D 上至少存在一点 (ξ,η) 使得
$$\iint\limits_{D} f(x,y)\mathrm{d}\sigma = f(\xi,\eta)\sigma \tag{10.8}$$

显然,由性质 5 及在闭区域上连续函数的介值定理即可证之,请扫二维码.

注 ①性质 3 的几何意义是:高为 1 的平顶柱体的体积在数值上等于该柱体的底面面积.

②性质 6 的几何意义是:在闭区域 D 上,以曲面 $z = f(x,y)$ 为顶的曲顶柱体体积等于 D 上某一平顶柱体的体积.

二重积分
性质 6 的证明

③针对奇偶函数在对称区间上的定积分,二重积分也有类似结论.

首先定义函数 $f(x,y)$ 在对称闭区域 D 上的奇偶性:

对 $\forall (x,y) \in D$,有 $f(-x,y) = -f(x,y)$,则称 $f(x,y)$ 在 D 上关于 x 为奇函数;

对 $\forall (x,y) \in D$,有 $f(x,-y) = -f(x,y)$,则称 $f(x,y)$ 在 D 上关于 y 为奇函数;

对 $\forall (x,y) \in D$,有 $f(-x,y) = f(x,y)$ (或 $f(x,-y) = f(x,y)$),则称 $f(x,y)$ 在 D 上关于 x (或 y)为偶函数;

对 $\forall (x,y) \in D$,有 $f(-x,-y) = f(x,y)$,称 $f(x,y)$ 在 D 上关于 x,y 为偶函数.

性质 7 (对称闭区域上奇偶函数的二重积分性质)   ①设 $f(x,y)$ 在有界闭区域 D 上连续,若 D 关于 x 轴对称,则
$$\iint\limits_{D} f(x,y)\mathrm{d}\sigma = \begin{cases} 0 & f(x,y) \ \text{对} \ y \ \text{为奇函数} \\ 2\iint\limits_{D_1} f(x,y)\mathrm{d}\sigma & f(x,y) \ \text{对} \ y \ \text{为偶函数} \end{cases} \tag{10.9}$$

其中, D_1 为 D 在 x 轴的上半部分.

②设 $f(x,y)$ 在有界闭区域 D 上连续,若 D 关于 y 轴对称,则

$$\iint\limits_{D} f(x,y)\mathrm{d}\sigma = \begin{cases} 0 & f(x,y) \text{ 对 } x \text{ 为奇函数} \\ 2\iint\limits_{D_2} f(x,y)\mathrm{d}\sigma & f(x,y) \text{ 对 } x \text{ 为偶函数} \end{cases} \tag{10.10}$$

其中,D_2 为 D 在 y 轴的右半部分.

还有关于对称闭区域上奇偶函数的二重积分的另外两条性质,请扫二维码.

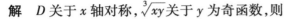

对称闭区域上二重
积分的两条性质

例 1　设 D 是圆域 $x^2 + y^2 \le 4$,计算 $\iint\limits_{D}(5 + \sqrt[3]{xy})\mathrm{d}\sigma$.

解　D 关于 x 轴对称,$\sqrt[3]{xy}$ 关于 y 为奇函数,则

$$\iint\limits_{D} \sqrt[3]{xy}\,\mathrm{d}\sigma = 0$$

$$\iint\limits_{D}(5 + \sqrt[3]{xy})\mathrm{d}\sigma = 5\iint\limits_{D}\mathrm{d}\sigma = 20\pi$$

例 2　估计二重积分 $I = \iint\limits_{D}(x^2 + 4y^2 + 9)\mathrm{d}\sigma$ 的值,D 是圆域 $x^2 + y^2 \le 4$.

解　由性质 5 知,可先求出被积函数 $f(x,y) = x^2 + 4y^2 + 9$ 在区域 D 上可能的最值,由

$$\begin{cases} \dfrac{\partial f}{\partial x} = 2x = 0 \\ \dfrac{\partial f}{\partial y} = 8y = 0 \end{cases}$$

解得,$(0,0)$ 是 $f(x,y) = x^2 + 4y^2 + 9$ 的唯一驻点,且 $f(0,0) = 9$. 在 D 的边界上,有

$$f(x,y) = x^2 + 4(4 - x^2) + 9 = 25 - 3x^2 \ (-2 \le x \le 2)$$
$$13 \le f(x,y) \le 25$$

故 $\forall (x,y) \in D$,有 $f_{\min}(x,y) = 9$,$f_{\max}(x,y) = 25$,从而

$$36\pi = 9 \cdot 4\pi \le I \le 25 \cdot 4\pi = 100\pi$$

例 3　判断积分 $\iint\limits_{D} \sqrt[3]{1 - x^2 - y^2}\,\mathrm{d}x\mathrm{d}y$ 的符号,其中,$D: x^2 + y^2 \le 4$.

解　因为

$$\iint\limits_{D} \sqrt[3]{1 - x^2 - y^2}\,\mathrm{d}x\mathrm{d}y$$

$$= \iint\limits_{x^2+y^2\le 1} \sqrt[3]{1 - x^2 - y^2}\,\mathrm{d}x\mathrm{d}y + \iint\limits_{1\le x^2+y^2\le 3} \sqrt[3]{1 - x^2 - y^2}\,\mathrm{d}x\mathrm{d}y + \iint\limits_{3\le x^2+y^2\le 4} \sqrt[3]{1 - x^2 - y^2}\,\mathrm{d}x\mathrm{d}y$$

$$\le \iint\limits_{x^2+y^2\le 1} \sqrt[3]{1 - 0}\,\mathrm{d}x\mathrm{d}y + \iint\limits_{3\le x^2+y^2\le 4} \sqrt[3]{1 - 3}\,\mathrm{d}x\mathrm{d}y$$

$$= \pi + (-\sqrt[3]{2})(4\pi - 3\pi) = \pi(1 - \sqrt[3]{2}) < 0$$

所以积分 $\iint\limits_{D} \sqrt[3]{1 - x^2 - y^2}\,\mathrm{d}x\mathrm{d}y$ 的符号为负.

习题 10.1

1. 设 $I_1 = \iint\limits_{D_1} (x^2 + y^2)^3 d\sigma$，其中，$D_1 = \{(x,y) \mid -1 \leq x \leq 1, -2 \leq y \leq 2\}$；

$I_2 = \iint\limits_{D_2} (x^2 + y^2)^3 d\sigma$，其中，$D_2 = \{(x,y) \mid 0 \leq x \leq 1, 0 \leq y \leq 2\}$. 试用二重积分的几何意义说明 I_1 与 I_2 的大小关系.

2. 利用二重积分的定义证明:

(1) $\iint\limits_{D} d\sigma = \sigma$ (其中，σ 为 D 的面积);

(2) $\iint\limits_{D} kf(x,y) d\sigma = k \iint\limits_{D} f(x,y) d\sigma$ (其中，k 为常数).

3. 设 D 是 $(x-2)^2 + (y-2)^2 \leq 2$，又 $I_1 = \iint\limits_{D} (x+y) d\sigma, I_2 = \iint\limits_{D} (x+y)^2 d\sigma, I_3 = \iint\limits_{D} (x+y)^4 d\sigma$，试给出 I_1, I_2, I_3 的大小顺序.

4. 根据二重积分的性质，比较下列积分大小:

(1) $\iint\limits_{D} (x+y)^2 d\sigma$ 与 $\iint\limits_{D} (x+y)^3 d\sigma$，其中，积分区域 D 是由 x 轴、y 轴与直线 $x+y=1$ 所围成的;

(2) $\iint\limits_{D} \ln(x+y) d\sigma$ 与 $\iint\limits_{D} (x+y)^3 d\sigma$，其中，$D$ 是以 $(1,0),(1,1),(2,0)$ 为顶点的三角形闭区域;

(3) $\iint\limits_{D} \ln(x+y) d\sigma$ 与 $\iint\limits_{D} (x+y)^3 d\sigma$，其中，$D = \{(x,y) \mid 3 \leq x \leq 5, 0 \leq y \leq 1\}$.

5. 利用二重积分的性质估计下列积分的值:

(1) $I = \iint\limits_{D} (x^2 + 8y^2 + 6) d\sigma$，其中，$D = \{(x,y) \mid x^2 + y^2 \leq 4\}$;

(2) $I = \iint\limits_{D} \sin^2 x \sin^2 y d\sigma$，其中，$D = \{(x,y) \mid 0 \leq x \leq \pi, 0 \leq y \leq \pi\}$;

(3) $I = \iint\limits_{D} (x+y+1) d\sigma$，其中，$D = \{(x,y) \mid 0 \leq x \leq 1, 0 \leq y \leq 2\}$;

(4) $I = \iint\limits_{D} xy(x+y) d\sigma$，其中，$D = \{(x,y) \mid 0 \leq x \leq 1, 0 \leq y \leq 1\}$.

10.2　二重积分的计算法

利用二重积分的定义来计算二重积分显然不简便,可将二重积分的计算通过两次定积分的计算(即二次积分)来实现.下面讨论二重积分的计算问题.

10.2.1　利用直角坐标计算二重积分

为了便于讨论,假定 $f(x,y) \geqslant 0$,如果有界闭区域 D 为 **X 型区域**(其特点是:穿过 D 的内部且平行于 y 轴的直线与 D 的边界线相交不多于两点),如图 10.5 所示.

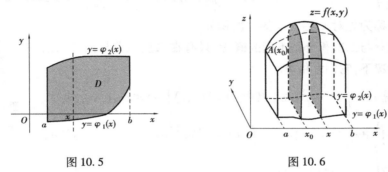

图 10.5　　　　　　　　　　　　图 10.6

即积分区域 D 可用不等式 $a \leqslant x \leqslant b$,$\varphi_1(x) \leqslant y \leqslant \varphi_2(x)$ 表示,其中,$\varphi_1(x)$,$\varphi_2(x)$ 在 $[a,b]$ 上连续.

由二重积分的几何意义可知,$\iint\limits_{D} f(x,y)\mathrm{d}\sigma$ 的值等于以 D 为底,以曲面 $z = f(x,y)$ 为顶的曲顶柱体的体积(见图 10.6).

在区间 $[a,b]$ 上任意取一个点 x_0,作平行于 yOz 面的平面 $x = x_0$,这平面截曲顶柱体所得截面是一个以区间 $[\varphi_1(x_0),\varphi_2(x_0)]$ 为底,曲线 $z = f(x_0,y)$ 为曲边的曲边梯形,其面积为

$$A(x_0) = \int_{\varphi_1(x_0)}^{\varphi_2(x_0)} f(x_0,y)\mathrm{d}y$$

一般地,过区间 $[a,b]$ 上任一点 x 且平行于 yOz 面的平面截曲顶柱体所得截面的面积为

$$A(x) = \int_{\varphi_1(x)}^{\varphi_2(x)} f(x,y)\mathrm{d}y$$

利用平行截面面积已知的立体求其体积方法,则该曲顶柱体的体积为

$$V = \int_a^b A(x)\mathrm{d}x = \int_a^b \left[\int_{\varphi_1(x)}^{\varphi_2(x)} f(x,y)\mathrm{d}y \right]\mathrm{d}x$$

从而

$$\iint\limits_{D} f(x,y)\mathrm{d}\sigma = \int_a^b \left[\int_{\varphi_1(x)}^{\varphi_2(x)} f(x,y)\mathrm{d}y \right]\mathrm{d}x \tag{10.11}$$

这类积分称为先对 y、后对 x 的**二次积分**.

注　①先对 y、后对 x 的二次积分是先将 $f(x,y)$ 只看成 y 的函数,对 $f(x,y)$ 计算 y 从 $\varphi_1(x)$ 到 $\varphi_2(x)$ 的定积分,然后再把所得的结果对 x 从 a 到 b 计算定积分.

②在上述讨论中，假定了 $f(x,y) \geq 0$，利用二重积分的几何意义，导出了二重积分的计算式(10.11)．但实际上，式(10.11)并不受此条件限制，对一般的 $f(x,y)$（在 D 上连续），式(10.11)总是成立的，也记作

$$\iint\limits_D f(x,y)\mathrm{d}\sigma = \int_a^b \mathrm{d}x \int_{\varphi_1(x)}^{\varphi_2(x)} f(x,y)\mathrm{d}y \qquad (10.12)$$

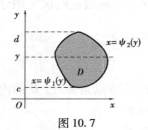

图 10.7

③类似地，如果闭区域 D 为 **Y 型区域**（其特点是：穿过 D 的内部且平行于 x 轴的直线与 D 的边界线相交不多于两点），如图 10.7 所示．

$D: \psi_1(y) \leq x \leq \psi_2(y), c \leq y \leq d$ ，则有

$$\iint\limits_D f(x,y)\mathrm{d}\sigma = \int_c^d \mathrm{d}y \int_{\psi_1(y)}^{\psi_2(y)} f(x,y)\mathrm{d}x \qquad (10.13)$$

这类积分称为先对 x、后对 y 的二次积分．

④二重积分与二次积分是不同的概念，只有**在二重积分与两种二次积分都存在的情况下，它们才相等**．

直角坐标系下二重
积分的定限口诀

例 1 计算 $I = \iint\limits_D (1-x^2)\mathrm{d}\sigma$，其中，$D = \{(x,y) \mid -1 \leq x \leq 1, 0 \leq y \leq 2\}$．

解 $I = \int_{-1}^1 \mathrm{d}x \int_0^2 (1-x^2)\mathrm{d}y = \int_{-1}^1 (1-x^2)y \Big|_0^2 \mathrm{d}x = 2\int_{-1}^1 (1-x^2)\mathrm{d}x$

$$= 2\left(x - \frac{1}{3}x^3\right)\Big|_{-1}^1 = \frac{8}{3}$$

前面所画的两类积分区域的形状具有一个共同点：对 X 型（或 Y 型）区域，用平行于 y 轴（x 轴）的直线穿过区域内部，直线与区域的边界相交不多于两点．如果积分区域不满足这一条件（见图10.8），可对区域进行分割，划归为 X 型（或 Y 型）区域的并集，再利用二重积分对积分区域具有可加性来计算．

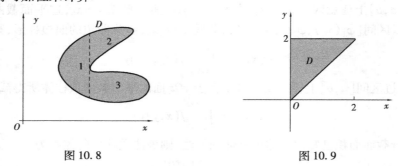

图 10.8　　　　　　　　　　图 10.9

例 2 设有连续函数 $f(x,y)$ 的二次积分为 $\int_0^2 \mathrm{d}x \int_x^2 f(x,y)\mathrm{d}y$，求交换积分顺序后的二次积分．

解 二次积分交换积分顺序关键在于积分区域的描述，由 X 型积分区域 $D: \begin{cases} 0 \leq x \leq 2 \\ x \leq y \leq 2 \end{cases}$，如图 10.9 所示．

转化为 Y 型积分区域 $D:\begin{cases}0\leqslant y\leqslant 2\\0\leqslant x\leqslant y\end{cases}$,故

$$\int_0^2 dx\int_x^2 f(x,y)dy = \int_0^2 dy\int_0^y f(x,y)dx$$

例 3 计算 $\iint\limits_D \dfrac{\sin y}{y}d\sigma$,其中,$D$ 是由直线 $y=x$ 及抛物线 $y=\sqrt{x}$ 所围成的区域.

分析 若将 $\iint\limits_D \dfrac{\sin y}{y}d\sigma$ 转化为先对 y、后对 x 积分,即

$$\int_0^1 dx\int_x^{\sqrt{x}} \frac{\sin y}{y}dy$$

因为 $\int \dfrac{\sin y}{y}dy$ 不能用初等函数表示,将难以计算下去,所以选择先对 x、后对 y 积分.

解
$$\iint\limits_D \frac{\sin y}{y}dxdy = \int_0^1 dy\int_{y^2}^y \frac{\sin y}{y}dx$$
$$= \int_0^1 \frac{\sin y}{y}(y-y^2)dy = \int_0^1 (\sin y - y\sin y)dy$$
$$= -\cos y\Big|_0^1 + \int_0^1 yd(\cos y) = 1-\cos 1 + y\cos y\Big|_0^1 - \sin y\Big|_0^1$$
$$= 1-\sin 1$$

例 4 计算二重积分 $\iint\limits_D e^{x^2}dxdy$,$D$ 是由直线 $y=0$,$y=x$ 和 $x=1$ 围成的区域.

解
$$\iint\limits_D e^{x^2}dxdy = \int_0^1 dx\int_0^x e^{x^2}dy = \int_0^1 xe^{x^2}dx$$
$$= \frac{1}{2}\int_0^1 e^{x^2}dx^2 = \frac{1}{2}e^{x^2}\Big|_0^1 = \frac{1}{2}(e-1)$$

例 5 计算二重积分 $\iint\limits_D ydxdy$,其中,D 是由直线 $y=x$,$y=x-1$,$y=0$,$y=1$ 围成的平面区域.

解
$$\iint\limits_D ydxdy = \int_0^1 dy\int_y^{y+1} ydx = \int_0^1 y(y+1-y)dy = \frac{1}{2}y^2\Big|_0^1 = \frac{1}{2}$$

例 6 计算积分 $I = \int_{\frac{1}{4}}^{\frac{1}{2}}dy\int_{\frac{1}{2}}^{\sqrt{y}}e^{\frac{x}{x}}dx + \int_{\frac{1}{2}}^1 dy\int_y^{\sqrt{y}}e^{\frac{x}{x}}dx$.

解 因为 $\int e^{\frac{y}{x}}dx$ 不能用初等函数表示,I 的积分区域 D 如图

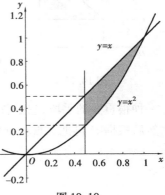

图 10.10

10.10 所示,所以先改变积分顺序,再计算

$$I = \int_{\frac{1}{2}}^1 dx\int_{x^2}^x e^{\frac{y}{x}}dy = \int_{\frac{1}{2}}^1 x(e-e^x)dx = \frac{3}{8}e - \frac{1}{2}\sqrt{e}$$

例 7 计算 $\iint\limits_D y\sqrt{1+x^2-y^2}d\sigma$,其中,$D$ 由直线 $y=1$,$x=-1$,$y=x$ 所围成.

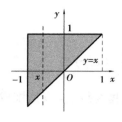

图 10.11　　　　　　　　　　　　图 10.12

解　D 既是 X 型区域(见图 10.11),又是 Y 型区域(见图 10.12).若视 D 为 X 型区域:在 $[-1,1]$ 内任取点 x,则在以 x 为横坐标的直线段上的点,其纵坐标从 $y=x$ 变到 $y=1$,因此有

$$\iint\limits_{D} y \sqrt{1+x^2-y^2}\,\mathrm{d}\sigma = \int_{-1}^{1}\mathrm{d}x\int_{x}^{1} y \sqrt{1+x^2-y^2}\,\mathrm{d}y$$

$$= -\frac{1}{3}\int_{-1}^{1}(1+x^2-y^2)^{\frac{3}{2}}\Big|_{x}^{1}\mathrm{d}x$$

$$= -\frac{1}{3}\int_{-1}^{1}(|x|^3-1)\,\mathrm{d}x$$

$$= \frac{1}{2}$$

注　若把 D 看成 Y 型区域(见图 10.12),则有

$$\iint\limits_{D} y \sqrt{1+x^2-y^2}\,\mathrm{d}\sigma = \int_{-1}^{1}\mathrm{d}y\int_{-1}^{y} y \sqrt{1+x^2-y^2}\,\mathrm{d}x$$

此时计算较烦琐,因此,选择适当的区域类型很重要.

例8　证明:

(1) $\int_{a}^{b}\mathrm{d}x\int_{a}^{x} f(x,y)\,\mathrm{d}y = \int_{a}^{b}\mathrm{d}y\int_{y}^{b} f(x,y)\,\mathrm{d}x$ ($a<b$, $f(x,y)$ 是连续函数);

(2) $\int_{0}^{x}\mathrm{d}u\int_{0}^{u} f(t)\,\mathrm{d}t = \int_{0}^{x}(x-u)f(u)\,\mathrm{d}u$.

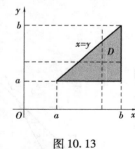

图 10.13

证　(1)由左端得积分区域 $D:a\leqslant x\leqslant b;a\leqslant y\leqslant x$ (见图 10.13),交换积分顺序

$$\int_{a}^{b}\mathrm{d}x\int_{a}^{x} f(x,y)\,\mathrm{d}y = \iint\limits_{D} f(x,y)\,\mathrm{d}x\mathrm{d}y = \int_{a}^{b}\mathrm{d}y\int_{y}^{b} f(x,y)\,\mathrm{d}x$$

(2)由(1)可得

$$\int_{0}^{x}\mathrm{d}u\int_{0}^{u} f(t)\,\mathrm{d}t = \int_{0}^{x}\mathrm{d}t\int_{t}^{x} f(t)\,\mathrm{d}u = \int_{0}^{x}(x-t)f(t)\,\mathrm{d}t = \int_{0}^{x}(x-u)f(u)\,\mathrm{d}u$$

注　在直角坐标系中,两种不同顺序的二次积分的互相转化是一种很重要的手段,它是首先把给定的二次积分反过来化为二重积分,求出它的积分区域 D,然后根据 D 再把二重积分化为另一种顺序的二次积分.

10.2.2 利用极坐标计算二重积分

(1)二重积分在极坐标系下的形式

由二重积分的定义

$$\iint\limits_{D} f(x,y)\mathrm{d}\sigma = \lim\limits_{\lambda \to 0} \sum\limits_{i=1}^{n} f(\xi_i,\eta_i)\Delta\sigma_i$$

用以极点 O 为圆心的一簇同心圆 ρ = 常数,以及从极点出发的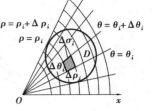一簇射线 θ = 常数,将 D 划分成 n 个小闭区域(见图 10.14). 除了包含边界点的一些小闭区域外,小闭区域 $\Delta\sigma_i$ 的面积可计算为

$$\Delta\sigma_i = \frac{1}{2}(\rho_i + \Delta\rho_i)^2 \cdot \Delta\theta_i - \frac{1}{2} \cdot \rho_i^2 \cdot \Delta\theta_i = \frac{1}{2}(2\rho_i + \Delta\rho_i)\Delta\rho_i \cdot \Delta\theta_i$$

$$= \frac{\rho_i + (\rho_i + \Delta\rho_i)}{2} \cdot \Delta\rho_i \cdot \Delta\theta_i = \bar{\rho}_i \Delta\rho_i \Delta\theta_i$$

图 10.14

其中, $\bar{\rho}_i$ 表示相邻两圆弧的半径的平均值.

在 $\Delta\sigma_i$ 内取点 $(\bar{\rho}_i, \bar{\theta}_i)$,设其直角坐标为 (ξ_i, η_i),则有

$$\xi_i = \bar{\rho}_i\cos\bar{\theta}_i, \eta_i = \bar{\rho}_i\sin\bar{\theta}_i$$

于是

$$\lim\limits_{\lambda \to 0} \sum\limits_{i=1}^{n} f(\xi_i,\eta_i)\Delta\sigma_i = \lim\limits_{\lambda \to 0} \sum\limits_{i=1}^{n} f(\bar{\rho}_i\cos\bar{\theta}_i, \bar{\rho}_i\sin\bar{\theta}_i)\bar{\rho}_i\Delta\rho_i\Delta\theta_i$$

即

$$\iint\limits_{D} f(x,y)\mathrm{d}\sigma = \iint\limits_{D} f(\rho\cos\theta, \rho\sin\theta)\rho\mathrm{d}\rho\mathrm{d}\theta$$

由于 $\iint\limits_{D} f(x,y)\mathrm{d}\sigma$ 也常记作 $\iint\limits_{D} f(x,y)\mathrm{d}x\mathrm{d}y$,因此,上述变换公式也可写为

$$\iint\limits_{D} f(x,y)\mathrm{d}x\mathrm{d}y = \iint\limits_{D} f(\rho\cos\theta, \rho\sin\theta)\rho\mathrm{d}\rho\mathrm{d}\theta \qquad (10.14)$$

式(10.14)即为二重积分由直角坐标变换成极坐标的变换公式,其中, $\rho\mathrm{d}\rho\mathrm{d}\theta$ 是极坐标下的面积元素.

(2)极坐标系下二重积分的计算

极坐标系中的二重积分,同样可划归为二次积分来计算. 在极坐标系中,一般只考虑一种顺序的二次积分,即首先固定 θ 对 ρ 进行积分,然后再对 θ 进行积分. 根据有界闭区域 D 的不同类型,有相应的计算方法.

①极点 O 在积分区域 D 外,如图 10.15(a)、(b)所示.

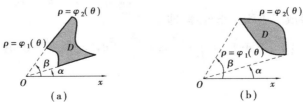

(a)

(b)

图 10.15

D 可表示为 $\alpha \leqslant \theta \leqslant \beta, \varphi_1(\theta) \leqslant \rho \leqslant \varphi_2(\theta)$，则

$$\iint\limits_{D} f(\rho \cos \theta, \rho \sin \theta) \rho \mathrm{d}\rho \mathrm{d}\theta = \int_{\alpha}^{\beta} \mathrm{d}\theta \int_{\varphi_1(\theta)}^{\varphi_2(\theta)} f(\rho \cos \theta, \rho \sin \theta) \rho \mathrm{d}\rho$$

②极点 O 在积分区域 D（见图 10.16）的边界上，D 可表示为 $\alpha \leqslant \theta \leqslant \beta, 0 \leqslant \rho \leqslant \varphi(\theta)$，则

$$\iint\limits_{D} f(\rho \cos \theta, \rho \sin \theta) \rho \mathrm{d}\rho \mathrm{d}\theta = \int_{\alpha}^{\beta} \mathrm{d}\theta \int_{0}^{\varphi(\theta)} f(\rho \cos \theta, \rho \sin \theta) \rho \mathrm{d}\rho$$

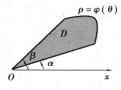

图 10.16

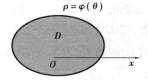

图 10.17

③极点 O 在积分区域 D 内，D 可表示为 $0 \leqslant \rho \leqslant \varphi(\theta), 0 \leqslant \theta \leqslant 2\pi$（见图 10.17），则

$$\iint\limits_{D} f(\rho \cos \theta, \rho \sin \theta) \rho \mathrm{d}\rho \mathrm{d}\theta = \int_{0}^{2\pi} \mathrm{d}\theta \int_{0}^{\varphi(\theta)} f(\rho \cos \theta, \rho \sin \theta) \rho \mathrm{d}\rho$$

由上面的讨论不难发现，将二重积分化为极坐标形式进行计算，其关键在于将积分区域用极坐标变量 ρ, θ 表示为 $\alpha \leqslant \theta \leqslant \beta, \varphi_1(\theta) \leqslant \rho \leqslant \varphi_2(\theta)$ 这种形式.

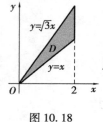

图 10.18

例 9 化二次积分 $\int_{0}^{2} \mathrm{d}x \int_{x}^{\sqrt{3}x} f(\sqrt{x^2 + y^2}) \mathrm{d}y$ 为极坐标系下的二次积分.

解 因为 $D: 0 \leqslant x \leqslant 2, x \leqslant y \leqslant \sqrt{3}x$（见图 10.18），

所以

$$\int_{0}^{2} \mathrm{d}x \int_{x}^{\sqrt{3}x} f(\sqrt{x^2 + y^2}) \mathrm{d}y = \iint\limits_{D} f(\sqrt{x^2 + y^2}) \mathrm{d}x\mathrm{d}y = \int_{\frac{\pi}{4}}^{\frac{\pi}{3}} \mathrm{d}\theta \int_{0}^{\frac{2}{\cos\theta}} f(\rho) \rho \mathrm{d}\rho$$

例 10 计算 $\iint\limits_{D} \mathrm{e}^{-x^2-y^2} \mathrm{d}x\mathrm{d}y$，其中，$D: x^2 + y^2 \leqslant a^2 (a > 0)$.

解 $D: 0 \leqslant \rho \leqslant a, 0 \leqslant \theta \leqslant 2\pi$，则

$$\iint\limits_{D} \mathrm{e}^{-x^2-y^2} \mathrm{d}x\mathrm{d}y = \iint\limits_{D} \mathrm{e}^{-\rho^2} \rho \mathrm{d}\rho \mathrm{d}\theta = \int_{0}^{2\pi} \left[\int_{0}^{a} \mathrm{e}^{-\rho^2} \rho \mathrm{d}\rho \right] \mathrm{d}\theta$$

$$= \int_{0}^{2\pi} \left[-\frac{1}{2}\mathrm{e}^{-\rho^2} \right]_{0}^{a} \mathrm{d}\theta = \frac{1}{2}(1 - \mathrm{e}^{-a^2}) \int_{0}^{2\pi} \mathrm{d}\theta = \pi(1 - \mathrm{e}^{-a^2})$$

例 11 计算广义积分：$\int_{0}^{+\infty} \mathrm{e}^{-x^2} \mathrm{d}x$.

解 因为 $\int \mathrm{e}^{-x^2} \mathrm{d}x$ 不能用初等函数表示，所以 $\int_{0}^{+\infty} \mathrm{e}^{-x^2} \mathrm{d}x = \lim\limits_{R \to +\infty} \int_{0}^{R} \mathrm{e}^{-x^2} \mathrm{d}x$ 难以直接求得，但可考虑其平方后转换成二重积分来处理，即

$$\left(\int_{0}^{R} \mathrm{e}^{-x^2} \mathrm{d}x \right)^2 = \int_{0}^{R} \mathrm{e}^{-x^2} \mathrm{d}x \cdot \int_{0}^{R} \mathrm{e}^{-y^2} \mathrm{d}y = \iint\limits_{S} \mathrm{e}^{-x^2-y^2} \mathrm{d}x\mathrm{d}y$$

如图 10.19 所示,设

$$D_1 = \{(x,y) \mid x^2 + y^2 \leqslant R^2, x \geqslant 0, y \geqslant 0\}$$

$$D_2 = \{(x,y) \mid x^2 + y^2 \leqslant 2R^2, x \geqslant 0, y \geqslant 0\}$$

$$S = \{(x,y) \mid 0 \leqslant x \leqslant R, 0 \leqslant y \leqslant R\}$$

显然 $D_1 \subset S \subset D_2$. 由于 $\mathrm{e}^{-x^2-y^2} > 0$,因此

$$\iint\limits_{D_1} \mathrm{e}^{-x^2-y^2}\mathrm{d}x\mathrm{d}y < \iint\limits_{S} \mathrm{e}^{-x^2-y^2}\mathrm{d}x\mathrm{d}y < \iint\limits_{D_2} \mathrm{e}^{-x^2-y^2}\mathrm{d}x\mathrm{d}y$$

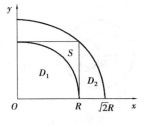

图 10.19

由例 10 可知

$$\iint\limits_{D_1} \mathrm{e}^{-x^2-y^2}\mathrm{d}x\mathrm{d}y = \frac{\pi}{4}(1 - \mathrm{e}^{-R^2})$$

$$\iint\limits_{D_2} \mathrm{e}^{-x^2-y^2}\mathrm{d}x\mathrm{d}y = \frac{\pi}{4}(1 - \mathrm{e}^{-2R^2})$$

因此,上面的不等式可写为

$$\frac{\pi}{4}(1 - \mathrm{e}^{-R^2}) < \left(\int_0^R \mathrm{e}^{-x^2}\mathrm{d}x\right)^2 < \frac{\pi}{4}(1 - \mathrm{e}^{-2R^2})$$

令 $R \to +\infty$,上式两端趋于同一极限 $\frac{\pi}{4}$,从而 $\int_0^{+\infty} \mathrm{e}^{-x^2}\mathrm{d}x = \frac{\sqrt{\pi}}{2}$.

例 12　求球体 $x^2 + y^2 + z^2 \leqslant 4a^2$ 被圆柱面 $x^2 + y^2 = 2ax(a > 0)$ 所截得（含在圆柱面内）的立体的体积.

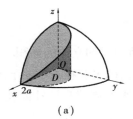

（a）

（b）

图 10.20

解　由对称性,立体体积为第一卦限部分的 4 倍,见图 10.20(a),则

$$V = 4\iint\limits_{D} \sqrt{4a^2 - x^2 - y^2}\,\mathrm{d}x\mathrm{d}y$$

其中,D 为半圆周 $y = \sqrt{2ax - x^2}$ 及 x 轴所围成的闭区域.

在极坐标系中,D 可表示为(见图 10.20(b))

$$0 \leqslant \rho \leqslant 2a\cos\theta, 0 \leqslant \theta \leqslant \frac{\pi}{2}$$

于是

$$V = 4\iint\limits_{D} \sqrt{4a^2 - \rho^2}\,\rho\mathrm{d}\rho\mathrm{d}\theta = 4\int_0^{\frac{\pi}{2}}\mathrm{d}\theta\int_0^{2a\cos\theta} \sqrt{4a^2 - \rho^2}\,\rho\mathrm{d}\rho$$

$$= \frac{32}{3}a^3\int_0^{\frac{\pi}{2}}(1 - \sin^3\theta)\mathrm{d}\theta = \frac{32}{3}a^3\left(\frac{\pi}{2} - \frac{2}{3}\right)$$

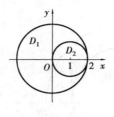

图 10.21

例 13 计算 $I = \iint\limits_{D} |x^2 + y^2 - 2x| \mathrm{d}x\mathrm{d}y$，其中 $D: x^2 + y^2 \leqslant 4$.

解 由 $x^2 + y^2 - 2x \geqslant 0$ 和 $x^2 + y^2 - 2x < 0$ 将 D 划分为两部分（见图 10.21），即

$$D_1 : 2x \leqslant x^2 + y^2 \leqslant 4$$
$$D_2 : x^2 + y^2 \leqslant 2x$$

所以

$$
I = \iint\limits_{D_1} (x^2 + y^2 - 2x) \mathrm{d}x\mathrm{d}y + \iint\limits_{D_2} (2x - x^2 - y^2) \mathrm{d}x\mathrm{d}y
$$

$$
= \iint\limits_{D_1 + D_2} (x^2 + y^2 - 2x) \mathrm{d}x\mathrm{d}y + 2\iint\limits_{D_2} (2x - x^2 - y^2) \mathrm{d}x\mathrm{d}y
$$

$$
= \int_0^{2\pi} \mathrm{d}\theta \int_0^2 (\rho^2 - 2\rho \cos \theta)\rho \mathrm{d}\rho + 2\int_{-\frac{\pi}{2}}^{\frac{\pi}{2}} \mathrm{d}\theta \int_0^{2\cos\theta} (2\rho \cos \theta - \rho^2)\rho \mathrm{d}\rho
$$

$$
= \int_0^{2\pi} \left(\frac{\rho^4}{4} - \frac{2}{3}\rho^3 \cos \theta \right) \Big|_0^2 \mathrm{d}\theta + 2\int_{-\frac{\pi}{2}}^{\frac{\pi}{2}} \left(\frac{2}{3}\rho^3 \cos \theta - \frac{\rho^4}{4} \right) \Big|_0^{2\cos\theta} \mathrm{d}\theta
$$

$$
= \int_0^{2\pi} \left(4 - \frac{16}{3}\cos \theta \right) \mathrm{d}\theta + 2\int_{-\frac{\pi}{2}}^{\frac{\pi}{2}} \left(\frac{16}{3}\cos^4 \theta - 4 \cos^4 \theta \right) \mathrm{d}\theta
$$

$$
= 8\pi + \frac{16}{3}\int_0^{\frac{\pi}{2}} \cos^4 \theta \mathrm{d}\theta
$$

$$
= 8\pi + \frac{16}{3} \cdot \frac{3}{4} \cdot \frac{1}{2} \cdot \frac{\pi}{2} = 9\pi
$$

例 14 求由曲面 $z = x^2 + 2y^2$ 及 $z = 6 - 2x^2 - y^2$ 所围成的立体的体积.

解 作两抛物面所围立体的示意图（见图 10.22），确定它在 xOy 面上的投影区域 D：消去变量 z 得一垂直于 xOy 面的柱面，立体在 xOy 面的投影区域就是该柱面在 xOy 面上所围成的区域（见图 10.23）$D: x^2 + y^2 \leqslant 2$. 在极坐标系下，$D: 0 \leqslant \theta \leqslant 2\pi, 0 \leqslant \rho \leqslant \sqrt{2}$.

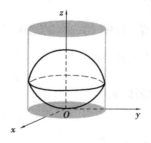

图 10.22

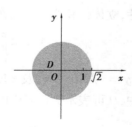

图 10.23

所围立体的体积为

$$
V = \iint\limits_{D} \left[(6 - 2x^2 - y^2) - (x^2 - 2y^2) \right] \mathrm{d}\sigma
$$

$$
= 6\iint\limits_{D} \mathrm{d}\sigma - 3\iint\limits_{D} (x^2 + y^2) \mathrm{d}\sigma = 6 \cdot (\sqrt{2})^2 \pi - 3\iint\limits_{D} \rho^2 \cdot \rho \mathrm{d}\rho \mathrm{d}\theta
$$

$$= 12\pi - 3\int_0^{2\pi} d\theta \int_0^{\sqrt{2}} \rho^3 d\rho = 12\pi - 2\pi \cdot 3 \cdot \left. \frac{\rho^4}{4}\right|_0^{\sqrt{2}}$$

$$= 6\pi$$

*10.2.3 二重积分的换元法

在现实生活中的场景变化,实质上就是坐标变换、变量替换. 例如,移动电话信号从一个基站的转出到下一个基站的接收,就是如此. 把平面上同一点 M 既用直角坐标 (x,y) 表示,又用极坐标 (ρ,θ) 表示,它们之间的关系为

$$\begin{cases} x = \rho \cos \theta \\ y = \rho \sin \theta \end{cases} \tag{10.15}$$

式(10.15)可看成从平面 $\rho O\theta$ 到平面 xOy 的一种变换,且是一一映射,即将平面 $\rho O\theta$ 上的点 $M'(\rho,\theta)$,通过变换式(10.15)变成平面 xOy 上的一点 $M(x,y)$. 下面给出二重积分换元法的一般情形.

定理 10.3 设 $f(x,y)$ 在平面 xOy 上的闭区域 D 上连续,若一一变换

$$T:D'\rightarrow D$$

$$x = x(u,v), y = y(u,v) \tag{10.16}$$

将平面 uOv 上的闭区域 D' 变为平面 xOy 上的闭区域 D,且满足:

① $x(u,v),y(u,v)$ 在 D' 上具有一阶连续偏导数;

② 在 D' 上雅可比行列式 $J = \dfrac{\partial(x,y)}{\partial(u,v)} \neq 0$. 则有

$$\iint_D f(x,y) dxdy = \iint_{D'} f(x(u,v),y(u,v)) |J| dudv \tag{10.17}$$

证明略.

注 ①式(10.17)称为二重积分的换元公式.

②在定理 10.3 中,若雅可比行列式 $J = \dfrac{\partial(x,y)}{\partial(u,v)}$ 只在闭区域 D' 内个别点处或一条曲线上为零,而在其他点上不为零,式(10.17)仍成立.

例如,在极坐标与直角坐标的变换式(10.15)中,雅可比行列式

$$J = \frac{\partial(x,y)}{\partial(\rho,\theta)} = \begin{vmatrix} \dfrac{\partial x}{\partial \rho} & \dfrac{\partial x}{\partial \theta} \\ \dfrac{\partial y}{\partial \rho} & \dfrac{\partial y}{\partial \theta} \end{vmatrix} = \begin{vmatrix} \cos \theta & -\rho \sin \theta \\ \sin \theta & \rho \cos \theta \end{vmatrix} = \rho$$

仅在 $\rho = 0$(即坐标原点)处为零,故换元式(10.17)仍成立,其中,D' 是 D 在直角坐标平面 $\rho O\theta$ 上的对应闭区域. 当积分区域 D 用极坐标表示时,则有

$$\iint_D f(x,y) dxdy = \iint_D f(\rho \cos \theta, \rho \sin \theta)\rho d\rho d\theta$$

③雅可比行列式绝对值 $|J|$ 的几何意义为面积的伸缩系数.

例 15 计算 $\displaystyle\iint_D e^{\frac{x-y}{x+y}} dxdy$,其中,$D$ 是由 x 轴、y 轴和直线 $x + y = 1$ 所围成的闭区域.

解 令 $u = x - y, v = x + y$,则

$$x = \frac{u+v}{2}, y = \frac{v-u}{2}$$

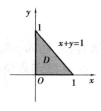

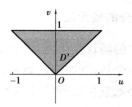

图 10.24　　　　　　　图 10.25

从而通过变换 $x = \frac{u+v}{2}, y = \frac{v-u}{2}$ 将 uOv 平面上的闭区域 D'(见图 10.25)变为 xOy 平面上

的闭区域 D(见 10.24),且雅可比行列式 $J = \dfrac{\partial(x,y)}{\partial(u,v)} = \begin{vmatrix} \dfrac{1}{2} & \dfrac{1}{2} \\[2mm] -\dfrac{1}{2} & \dfrac{1}{2} \end{vmatrix} = \dfrac{1}{2}$. 由二重积分的换元公

式得

$$\iint\limits_{D} e^{\frac{x+y}{x-y}} dx dy = \iint\limits_{D'} e^{\frac{u}{v}} \left| \frac{1}{2} \right| du dv = \frac{1}{2} \int_0^1 dv \int_{-v}^{v} e^{\frac{u}{v}} du$$

$$= \frac{1}{2} \int_0^1 (e - e^{-1}) v dv = \frac{1}{4} (e - e^{-1})$$

习题 10.2

1. 计算下列二重积分:

(1) $\iint\limits_{D}(3x + 2y) d\sigma$,其中,$D$ 是由两坐标轴及直线 $x + y = 1$ 所围成的闭区域;

(2) $\iint\limits_{D} x \cos(x + y) d\sigma$,其中,$D$ 是顶点分别为 $(0,0)$ $(\pi,0)$ 和 (π,π) 的三角形闭区域.

2. 画出积分区域,并计算下列二重积分:

(1) $\iint\limits_{D} x \sqrt{y} d\sigma$,其中,$D$ 是由两条抛物线 $y = \sqrt{x}, y = x^2$ 所围成的闭区域;

(2) $\iint\limits_{D} xy^2 d\sigma$,其中,$D$ 是由圆周 $x^2 + y^2 = 1$ 及 y 轴所围成的右半闭区域;

(3) $\iint\limits_{D} e^{x+y} d\sigma$,其中,$D = \{(x,y) \mid |x| + |y| \le 1\}$;

(4) $\iint\limits_{D}(x^2 + y^2 - x) d\sigma$,其中,$D$ 是由直线 $y = 2, y = x$ 及 $y = 2x$ 轴所围成的闭区域.

3. 计算 $\iint\limits_{D} y[1 + xf(x^2 + y^2)]\,\mathrm{d}x\mathrm{d}y$，其中，积分区域 D 由曲线 $y = x^2$ 与 $y = 1$ 所围成.

4. 设 $f(x,y)$ 在 D 上连续，其中，D 是由直线 $y = x$，$y = a$ 及 $x = b(b > a)$ 围成的闭区域，证明 $\int_a^b \mathrm{d}x \int_a^x f(x,y)\,\mathrm{d}y = \int_a^b \mathrm{d}y \int_y^b f(x,y)\,\mathrm{d}x$.

5. 改换下列二次积分的积分顺序：

（1）$\int_0^2 \mathrm{d}y \int_{y^2}^{2y} f(x,y)\,\mathrm{d}x$；

（2）$\int_1^2 \mathrm{d}x \int_{2-x}^{\sqrt{2x-x^2}} f(x,y)\,\mathrm{d}y$；

（3）$\int_1^e \mathrm{d}x \int_0^{\ln x} f(x,y)\,\mathrm{d}y$；

（4）$\int_0^\pi \mathrm{d}x \int_{-\sin\frac{x}{2}}^{\sin x} f(x,y)\,\mathrm{d}y$.

6. 计算下列二次积分：

（1）$\int_0^1 \mathrm{d}y \int_y^1 \left(\dfrac{\mathrm{e}^{x^2}}{x} - \mathrm{e}^{y^2}\right)\mathrm{d}x$；

（2）$\int_0^1 \mathrm{d}y \int_1^y (\mathrm{e}^{-x^2} + \mathrm{e}^x \sin x)\,\mathrm{d}x$.

7. 计算 $I = \iint\limits_{D} x^2 \mathrm{e}^{-y^2}\mathrm{d}x\mathrm{d}y$，其中，$D$ 是由直线 $y = x$，$y = 1$ 及 y 轴所围成的平面闭区域.

8. 求由平面 $x = 0$，$y = 0$，$x + y = 1$ 所围成的柱体被平面 $z = 0$ 及抛物面 $x^2 + y^2 = 6 - z$ 截得的立体的体积.

9. 求由曲面 $z = x^2 + y^2$，$z = 6 - x^2 - y^2$ 所围成的立体的体积.

10. 把下列积分化为极坐标形式，并计算积分值：

（1）$\int_0^{2a} \mathrm{d}x \int_0^{\sqrt{2ax-x^2}} (x^2 + y^2)\,\mathrm{d}y$；

（2）$\int_0^a \mathrm{d}x \int_0^x \sqrt{x^2 + y^2}\,\mathrm{d}y$；

（3）$\int_0^1 \mathrm{d}x \int_{x^2}^x (x^2 + y^2)^{-\frac{1}{2}}\,\mathrm{d}y$；

（4）$\int_0^a \mathrm{d}y \int_0^{\sqrt{a^2-y^2}} (x^2 + y^2)\,\mathrm{d}x$.

11. 利用极坐标计算下列各题：

（1）$\iint\limits_{D} \mathrm{e}^{x^2+y^2}\mathrm{d}\sigma$，其中，$D$ 是由圆周 $x^2 + y^2 = 1$ 所围成的闭区域；

（2）$\iint\limits_{D} \ln(1 + x^2 + y^2)\,\mathrm{d}\sigma$，其中，$D$ 是由圆周 $x^2 + y^2 = 1$ 及坐标轴所围成的在第一象限内的闭区域；

（3）$\iint\limits_{D} \arctan\dfrac{y}{x}\mathrm{d}\sigma$，其中，$D$ 是由圆周 $x^2 + y^2 = 4$，$x^2 + y^2 = 1$ 及直线 $y = 0$，$y = x$ 所围成的第一象限内的闭区域.

12. 选用适当的坐标计算下列各题：

(1) $\iint\limits_{D} \dfrac{x^2}{y^2} \mathrm{d}x\mathrm{d}y$，其中，$D$ 是由直线 $x = 2, y = x$ 及曲线 $xy = 1$ 所围成的闭区域；

(2) $\iint\limits_{D} \sqrt{\dfrac{1 - x^2 - y^2}{1 + x^2 + y^2}} \mathrm{d}\sigma$，其中，$D$ 是由圆周 $x^2 + y^2 = 1$ 及坐标轴所围成的在第一象限内的闭区域；

(3) $\iint\limits_{D} (x^2 + y^2) \mathrm{d}\sigma$，其中，$D$ 是由直线 $y = x, y = x + a, y = a, y = 3a (a > 0)$ 所围成的闭区域；

(4) $\iint\limits_{D} \sqrt{x^2 + y^2} \mathrm{d}\sigma$，其中，$D$ 是圆环形闭区域 $\{(x,y) \mid a^2 \leqslant x^2 + y^2 \leqslant b^2\}$；

(5) $\iint\limits_{D} (\mid x \mid + \mid y \mid) \mathrm{d}x\mathrm{d}y$，其中，$D: \mid x \mid + \mid y \mid \leqslant 1$；

(6) $\iint\limits_{D} \dfrac{y^3}{x} \mathrm{d}x\mathrm{d}y$，其中，$D: x^2 + y^2 \leqslant 1, 0 \leqslant y \leqslant \sqrt{\dfrac{3}{2}x}$.

13. 计算以 xOy 平面上圆域 $x^2 + y^2 = ax$ 围成的闭区域为底，而以曲面 $z = x^2 + y^2$ 为顶的曲顶柱体的体积.

14. 求由平面 $y = 0, y = kx(k > 0), z = 0$ 以及球心在原点、半径为 R 的上半球面所围成的在第一卦限内的立体的体积.

15. 设函数 $f(x)$ 在区间 $[0,1]$ 上连续，且 $\int_0^1 f(x) \mathrm{d}x = A$，求 $\int_0^1 \mathrm{d}x \int_x^1 f(x)f(y) \mathrm{d}y$.

16. 一个高为 l 的柱体贮油罐，底面是长轴为 $2a$，短轴为 $2b$ 的椭圆，现将贮油罐平放，当油罐中油面高度为 $\dfrac{3}{2}b$ 时，计算油的质量（其中，长度单位为 m，质量单位为 kg，油的密度为常数 ρ kg/m³）.

10.3 三重积分

二重积分的定义、性质和计算方法不难推广到三重积分的情形.

10.3.1 三重积分的概念与性质

在现实生活中，所涉及的问题有 3 个自变量，其取值范围是一个空间立体. 例如，密度为连续函数 $f(x,y,z)$ 的空间立体 Ω 的质量 M 可表示为

$$M = \lim_{\lambda \to 0} \sum_{i=1}^{n} f(\xi_i, \eta_i, \zeta_i) \Delta v_i$$

因此需要引入三重积分的概念.

（1）三重积分的概念

定义 10.2 设 $f(x,y,z)$ 是空间有界闭区域 Ω 上的有界函数. 将 Ω 任意分成 n 个小闭区域

$$\Delta v_1, \Delta v_2, \cdots, \Delta v_n$$

其中，Δv_i 表示第 i 个小闭区域，也表示它的体积. 在每个 Δv_i 上任取一点 (ξ_i, η_i, ζ_i)，作乘积 $f(\xi_i, \eta_i, \zeta_i) \Delta v_i (i = 1, 2, \cdots, n)$，并作和 $\sum\limits_{i=1}^{n} f(\xi_i, \eta_i, \zeta_i) \Delta v_i$. 如果当各小闭区域的直径中的最大值 λ 趋于零时，此和的极限总存在，且与闭区域 Ω 的分法及点 (ξ_i, η_i, ζ_i) 的取法无关，则称此极限为函数 $f(x, y, z)$ 在闭区域 Ω 上的**三重积分**，记作 $\iiint\limits_{\Omega} f(x, y, z) \mathrm{d}v$，即

$$\iiint\limits_{\Omega} f(x, y, z) \mathrm{d}v = \lim_{\lambda \to 0} \sum_{i=1}^{n} f(\xi_i, \eta_i, \zeta_i) \Delta v_i \qquad (10.18)$$

其中，$\iiint$ 称为三重积分号，$f(x, y, z)$ 称为**被积函数**，$f(x, y, z) \mathrm{d}v$ 称为**被积表达式**，$\mathrm{d}v$ 称为**体积元素**，x, y, z 称为**积分变量**，Ω 称为**积分区域**.

在直角坐标系中，如果用平行于坐标面的平面来划分 Ω，则 $\Delta v_i = \Delta x_i \Delta y_i \Delta z_i$，因此，也把体积元素 $\mathrm{d}v$ 记为 $\mathrm{d}x\mathrm{d}y\mathrm{d}z$，即

$$\iiint\limits_{\Omega} f(x, y, z) \mathrm{d}v = \iiint\limits_{\Omega} f(x, y, z) \mathrm{d}x\mathrm{d}y\mathrm{d}z$$

当函数 $f(x, y, z)$ 在闭区域 Ω 上连续时，极限 $\lim\limits_{\lambda \to 0} \sum\limits_{i=1}^{n} f(\xi_i, \eta_i, \zeta_i) \Delta v_i$ 存在.

(2) 三重积分的性质

设函数 $f(x, y, z), g(x, y, z)$ 在闭区域 Ω 上可积. 三重积分具有与二重积分类似的性质，如 c_1, c_2 为常数时，有

$$\iiint\limits_{\Omega} \left[c_1 f(x, y, z) \pm c_2 g(x, y, z) \right] \mathrm{d}v = c_1 \iiint\limits_{\Omega} f(x, y, z) \mathrm{d}v \pm c_2 \iiint\limits_{\Omega} g(x, y, z) \mathrm{d}v$$

$$\iiint\limits_{\Omega_1 + \Omega_2} f(x, y, z) \mathrm{d}v = \iiint\limits_{\Omega_1} f(x, y, z) \mathrm{d}v + \iiint\limits_{\Omega_2} f(x, y, z) \mathrm{d}v$$

其中，Ω_1 与 Ω_2 无公共内点.

$$\iiint\limits_{\Omega} \mathrm{d}v = V$$

其中，V 为区域 Ω 的体积.

其余性质读者自己归纳.

三重积分在物理上的意义是指占有空间闭区域 Ω 的物体，在点 (x, y, z) 处具有体密度 $f(x, y, z)$ 时，则其质量为 $f(x, y, z)$ 在 Ω 上的三重积分.

10.3.2　三重积分的计算

基本方法是将三重积分化为三次积分来计算. 下面利用不同的坐标来分别叙述其计算方法.

(1) 利用直角坐标计算三重积分

1) 可化为**三次积分**来计算

假设平行于 z 轴且穿过闭区域 Ω 内部的直线与 Ω 的边界曲面 S 相交不多于两点，Ω 在 xOy 面上的投影闭区域为 D_{xy}. 以 D_{xy} 的边界为准线作母线平行于 z 轴的柱面，此柱面与 Ω 的边

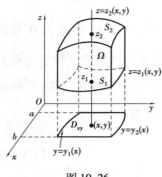

图 10.26

界曲面 S 的交线将 S 分为两部分(见图 10.26),其方程为

$$S_1 : z = z_1(x,y)$$
$$S_2 : z = z_2(x,y)$$

其中,$z_1(x,y)$ 和 $z_2(x,y)$ 均为 D_{xy} 上的连续函数,且

$$z_1(x,y) \leqslant z_2(x,y).$$

在 D_{xy} 内任取点 (x,y),作平行于 z 轴的直线,此直线通过曲面 S_1 穿入 Ω,再通过曲面 S_2 穿出 Ω,其穿入点与穿出点的竖坐标分别为 $z_1(x,y)$ 和 $z_2(x,y)$.

此时,空间闭区域

$$\Omega = \{ (x,y,z) \mid z_1(x,y) \leqslant z \leqslant z_2(x,y), (x,y) \in D_{xy} \}$$

将 x,y 看成常数,对 $f(x,y,z)$ 在闭区间 $[z_1(x,y), z_2(x,y)]$ 上作定积分. 其结果为 x,y 的函数,即为

$$F(x,y) = \int_{z_1(x,y)}^{z_2(x,y)} f(x,y,z)\,\mathrm{d}z \tag{10.19}$$

当 D_{xy} 是 X 型区域:$a \leqslant x \leqslant b$;$y_1(x) \leqslant y \leqslant y_2(x)$ 时,再将 $F(x,y)$ 在闭区域 D_{xy} 上作二重积分

$$\iint_{D_{xy}} \left[\int_{z_1(x,y)}^{z_2(x,y)} f(x,y,z)\,\mathrm{d}z \right] \mathrm{d}\sigma \tag{10.20}$$

即

$$\iiint_{\Omega} f(x,y,z)\,\mathrm{d}x\mathrm{d}y\mathrm{d}z = \int_a^b \mathrm{d}x \int_{y_1(x)}^{y_2(x)} \mathrm{d}y \int_{z_1(x,y)}^{z_2(x,y)} f(x,y,z)\,\mathrm{d}z \tag{10.21}$$

当 D_{xy} 是 Y 型区域:$c \leqslant y \leqslant d$;$x_1(y) \leqslant x \leqslant x_2(y)$ 时,则有

$$\iiint_{\Omega} f(x,y,z)\,\mathrm{d}x\mathrm{d}y\mathrm{d}z = \int_c^d \mathrm{d}y \int_{x_1(y)}^{x_2(y)} \mathrm{d}x \int_{z_1(x,y)}^{z_2(x,y)} f(x,y,z)\,\mathrm{d}z \tag{10.22}$$

当平行于 x 轴或者 y 轴且穿过 Ω 内部的直线与 Ω 的边界曲面 S 相交不多于两点时,也可将 Ω 投影到 yOz 平面或 xOz 平面,得到类似的结论.

当平行于坐标轴且穿过 Ω 内部的直线与 Ω 的边界曲面 S 相交多于两点时,则将 Ω 划分成若干部分,使每个部分符合上述条件,再分别在各部分上计算并相加即可.

例 1 计算 $\iiint_{\Omega} x\mathrm{d}x\mathrm{d}y\mathrm{d}z$,其中,$\Omega$ 为 3 个坐标面及平面 $x + 2y + z = 1$ 围成的闭区域.

解 如图 10.27 所示,将 Ω 投影到 xOy 面上,得投影区域

$$D : 0 \leqslant x \leqslant 1, 0 \leqslant y \leqslant \frac{1-x}{2}$$

于是

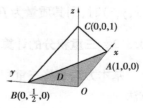

图 10.27

$$\iiint_{\Omega} x\mathrm{d}x\mathrm{d}y\mathrm{d}z = \int_0^1 \mathrm{d}x \int_0^{\frac{1-x}{2}} \mathrm{d}y \int_0^{1-x-2y} x\mathrm{d}z$$

$$= \int_0^1 x\mathrm{d}x \int_0^{\frac{1-x}{2}} (1 - x - 2y)\,\mathrm{d}y = \frac{1}{48}$$

例 2　计算 $\iiint\limits_{\Omega}xz\mathrm{d}x\mathrm{d}y\mathrm{d}z$，其中，$\Omega$ 为平面 $z=0,z=y,y=1$ 及柱面 $y=x^2$ 围成的闭区域.

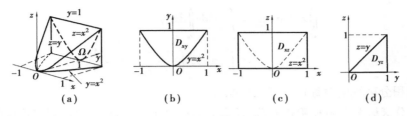

图 10.28

解　如图 10.28(a)所示，则：

方法 1：将 Ω 投影到 xOy 面上，则 $D_{xy}: -1\leqslant x\leqslant 1,x^2\leqslant y\leqslant 1$. 如图 10.28(b)所示，于是

$$\iiint\limits_{\Omega}xz\mathrm{d}x\mathrm{d}y\mathrm{d}z = \int_{-1}^{1}\mathrm{d}x\int_{x^2}^{1}\mathrm{d}y\int_{0}^{y}xz\mathrm{d}z = \frac{1}{2}\int_{-1}^{1}\mathrm{d}x\int_{x^2}^{1}xy^2\mathrm{d}y = 0$$

方法 2：将 Ω 投影到 xOz 面上，则 $D_{xz}: -1\leqslant x\leqslant 1,0\leqslant z\leqslant 1$. 如图 10.28(c)所示，于是

$$\iiint\limits_{\Omega}xz\mathrm{d}x\mathrm{d}y\mathrm{d}z = \int_{-1}^{1}\mathrm{d}x\int_{x^2}^{1}\mathrm{d}z\int_{z}^{1}xz\mathrm{d}y + \int_{-1}^{1}\mathrm{d}x\int_{0}^{x^2}\mathrm{d}z\int_{x^2}^{1}xz\mathrm{d}y = 0$$

方法 3：将 Ω 投影到 yOz 面上，则 $D_{yz}: 0\leqslant y\leqslant 1,0\leqslant z\leqslant y$. 如图 10.28(d)所示，于是

$$\iiint\limits_{\Omega}xz\mathrm{d}x\mathrm{d}y\mathrm{d}z = \int_{0}^{1}\mathrm{d}y\int_{0}^{y}\mathrm{d}z\int_{-\sqrt{y}}^{\sqrt{y}}xz\mathrm{d}x = 0$$

2)可化为一个二重积分和一个定积分(**先二后一法**或称**切片法**)来计算

当空间区域 Ω(见图 10.29)为

$$\Omega = \{(x,y,z)\,|\,(x,y)\in D_z,c_1\leqslant z\leqslant c_2\}$$

其中，D_z 是竖坐标为 z 的平面截闭区域 Ω 所得的一个平面闭区域. 则有

$$\iiint\limits_{\Omega}f(x,y,z)\mathrm{d}x\mathrm{d}y\mathrm{d}z = \int_{c_1}^{c_2}\mathrm{d}z\iint\limits_{D_z}f(x,y,z)\mathrm{d}x\mathrm{d}y \tag{10.23}$$

注　利用先二后一法时，一般要求被积函数 $f(x,y,z)$ 与 x,y 无关，或者 $\iint\limits_{D_z}f(x,y,z)\mathrm{d}x\mathrm{d}y$ 容易计算.

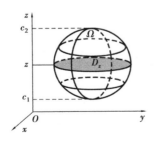

图 10.29

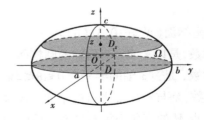

图 10.30

例 3　计算 $\iiint\limits_{\Omega}z^2\mathrm{d}x\mathrm{d}y\mathrm{d}z$，其中，$\Omega$ 由 $\dfrac{x^2}{a^2}+\dfrac{y^2}{b^2}+\dfrac{z^2}{c^2}\leqslant 1(a>0,b>0,c>0)$ 围成.

解　如图 10.30 所示，则

$$\Omega = \{(x,y,z)\,|\,(x,y)\in D_z,-c\leqslant z\leqslant c\}$$

$$D_z: \left\{ (x,y) \left| \frac{x^2}{a^2} + \frac{y^2}{b^2} \leqslant 1 - \frac{z^2}{c^2} \right. \right\}$$

$$\iiint\limits_{\Omega} z^2 \, \mathrm{d}x\mathrm{d}y\mathrm{d}z = \int_{-c}^{c} z^2 \mathrm{d}z \iint\limits_{D_z} \mathrm{d}x\mathrm{d}y$$

$$= \int_{-c}^{c} \pi ab z^2 \left(1 - \frac{z^2}{c^2} \right) \mathrm{d}z = \frac{4\pi}{15} abc^3$$

3)利用积分区域的对称性计算三重积分

①若积分区域关于 xOy 平面对称,函数 $f(x,y,z)$ 关于 z 为奇函数,则三重积分为零;

②若积分区域关于 xOz 平面对称,函数 $f(x,y,z)$ 关于 y 为奇函数,则三重积分为零;

③若积分区域关于 yOz 平面对称,函数 $f(x,y,z)$ 关于 x 为奇函数,则三重积分为零.

例4 计算 $\iiint\limits_{\Omega} \dfrac{z \ln(x^2 + y^2 + z^2 + 1)}{x^2 + y^2 + z^2 + 1} \mathrm{d}v$,其中,$\Omega$ 为球面 $x^2 + y^2 + z^2 = 1$ 所围区域.

解 因为被积函数 $\dfrac{z \ln(x^2 + y^2 + z^2 + 1)}{x^2 + y^2 + z^2 + 1}$ 关于 z 为奇函数,由 Ω 的对称性可知,原式 $= 0$.

(2)利用柱面坐标计算三重积分

1)柱面坐标系

如图 10.31(a)所示,设 $M(x,y,z)$ 为空间内任意一点,并设点 M 在 xOy 面上的投影点 P 的极坐标为 $P(\rho,\theta)$,则这样的 3 个数 ρ,θ,z 就称为点 M 的柱面坐标,这里规定 ρ,θ,z 的变化范围为

$$0 \leqslant \rho < +\infty, \ 0 \leqslant \theta \leqslant 2\pi, \ -\infty < z < +\infty$$

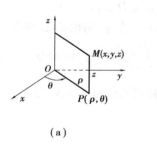 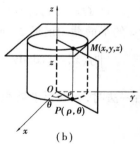

(a)　　　　　　　　(b)

图 10.31

其中,3 个坐标面(见图 10.31(b)):

$\rho =$ 常数,是以 z 轴为对称轴的圆柱面 $0 \leqslant \rho < +\infty$;

$\theta =$ 常数,是过 z 轴的半平面 $0 \leqslant \theta \leqslant 2\pi$;

$z =$ 常数,是与 xOy 面平行的平面 $-\infty < z < +\infty$.

显然,点 M 的直角坐标与柱面坐标的关系为:

$$\begin{cases} x = \rho \cos \theta \\ y = \rho \sin \theta \\ z = z \end{cases} \tag{10.24}$$

2）利用柱面坐标计算三重积分

用 ρ = 常数，θ = 常数，z = 常数将 Ω 划分为一些直径很小的区域（见图 10.32），以 $\mathrm{d}\rho,\mathrm{d}\theta,\mathrm{d}z$ 分别表示 ρ,θ,z 的增量，则以 $\mathrm{d}\rho,\mathrm{d}\theta,\mathrm{d}z$ 组成的柱体的体积为

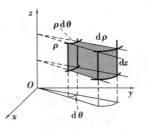

$$\mathrm{d}v = \rho\mathrm{d}\rho\mathrm{d}\theta\mathrm{d}z（体积元素）$$

于是

$$\iiint\limits_{\Omega} f(x,y,z)\mathrm{d}x\mathrm{d}y\mathrm{d}z = \iiint\limits_{\Omega} f(\rho\cos\theta,\rho\sin\theta,z)\rho\mathrm{d}\rho\mathrm{d}\theta\mathrm{d}z$$

图 10.32

$$(10.25)$$

式（10.25）为直角坐标到**柱面坐标的三重积分变换公式**. 在柱面坐标下，再将三重积分化为三次积分.

例 5 用柱面坐标计算：$I = \iiint\limits_{\Omega} z\mathrm{d}v$，其中，$\Omega$ 是由曲面 $z = x^2 + y^2$ 与平面 $z = 4$ 围成的闭区域.

解 如图 10.33 所示，因为

$$\Omega: r^2 \leqslant z \leqslant 4, 0 \leqslant r \leqslant 2, 0 \leqslant \theta \leqslant 2\pi$$

所以

$$I = \iiint\limits_{\Omega} z\mathrm{d}v = \iiint\limits_{\Omega} zr\mathrm{d}r\mathrm{d}\theta\mathrm{d}z$$

$$= \int_0^{2\pi}\mathrm{d}\theta\int_0^2 r\mathrm{d}r\int_{r^2}^4 z\mathrm{d}z = \frac{1}{2}\int_0^{2\pi}\mathrm{d}\theta\int_0^2 r(16-r^4)\mathrm{d}r = \frac{64}{3}\pi$$

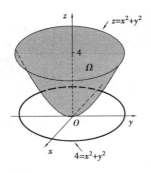

图 10.33

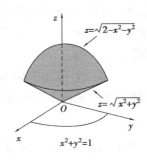

图 10.34

例 6 计算：$\iiint\limits_{\Omega} z^2\mathrm{d}v$，其中，$\Omega$ 是球面 $z = \sqrt{2 - x^2 - y^2}$ 与锥面 $z = \sqrt{x^2 + y^2}$ 所围成的第一卦限的部分.

解 如图 10.34 所示，因为

$$\Omega: r \leqslant z \leqslant \sqrt{2-r^2}, 0 \leqslant r \leqslant 1, 0 \leqslant \theta \leqslant \frac{\pi}{2}$$

所以

$$\iiint_{\Omega} z^2 \mathrm{d}v = \int_0^{\frac{\pi}{2}} \mathrm{d}\theta \int_0^1 r \mathrm{d}r \int_r^{\sqrt{2-r^2}} z^2 \mathrm{d}z$$

$$= \frac{1}{3} \int_0^{\frac{\pi}{2}} \mathrm{d}\theta \int_0^1 r \left[\left(\sqrt{2-r^2} \right)^3 - r^3 \right] \mathrm{d}r = \frac{\pi}{15}(2\sqrt{2} - 1)$$

(3)用球面坐标计算三重积分

1)球面坐标系

如图 10.35(a)所示,设点 $M(x,y,z)$ 为空间一点,点 P 为点 M 在 xOy 面上的投影点,点 M 用 r,θ,φ 确定. 其中,3 个坐标面(见图 10.35(b)):

$r =$ 常数,即以原点 O 为圆心的球面,$0 \leqslant r < +\infty$;

$\varphi =$ 常数,即以原点为顶点、Z 轴为对称轴的圆锥面,$0 \leqslant \varphi \leqslant \pi$;

$\theta =$ 常数,即过 z 轴的半平面,$0 \leqslant \theta \leqslant 2\pi$.

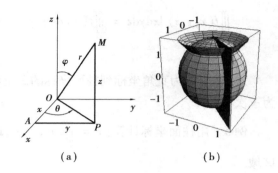

图 10.35

设点 P 在 x 轴上的投影为点 A,则 $OA = x, AP = y, PM = z.$ 于是,点 M 的直角坐标与球面坐标的关系为

$$\begin{cases} x = r \sin \varphi \cos \theta \\ y = r \sin \varphi \sin \theta \\ z = r \cos \varphi \end{cases} \qquad (10.26)$$

下面求球面坐标下的体积微元,如图 10.36 所示.

用 $r =$ 常数,$\theta =$ 常数,$\varphi =$ 常数将 Ω 划分成直径很小的区域,则由 r,θ,φ 产生的增量 $\mathrm{d}r,\mathrm{d}\theta,\mathrm{d}\varphi$ 形成的六面体(可看成长方体)的体积近似为

$$\mathrm{d}v = r^2 \sin \varphi \mathrm{d}r \mathrm{d}\varphi \mathrm{d}\theta \qquad (10.27)$$

式(10.27)就是球面坐标系下的**体积元素**.

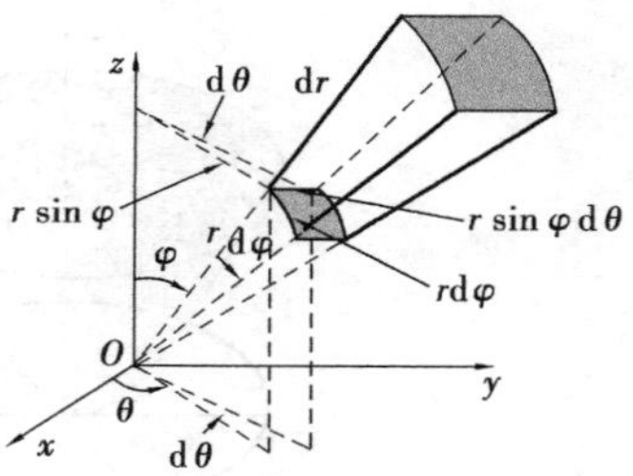

于是

$$\iiint_{\Omega} f(x,y,z) \mathrm{d}x\mathrm{d}y\mathrm{d}z = \iiint_{\Omega} F(r,\theta,\varphi) r^2 \sin \varphi \mathrm{d}r \mathrm{d}\varphi \mathrm{d}\theta$$

$$(10.28)$$

图 10.36

其中,$F(r,\theta,\varphi) = f(r \sin \varphi \cos \theta, r \sin \varphi \sin \theta, r \cos \varphi)$.

式(10.28)为**直角坐标到球面坐标的变换公式**. 在球面坐标下,再将三重积分化为三次积分.

2)特殊情形

①若 Ω 的边界曲面是一个包含原点在内的闭曲面,其曲面方程为 $r = r(\theta,\varphi)$,则有

$$\iiint_{\Omega} F(r,\theta,\varphi) r^2 \sin \varphi \mathrm{d}r \mathrm{d}\varphi \mathrm{d}\theta = \int_0^{2\pi} \mathrm{d}\theta \int_0^{\pi} \mathrm{d}\varphi \int_0^{r(\theta,\varphi)} F(r,\theta,\varphi) r^2 \sin \varphi \mathrm{d}r \qquad (10.29)$$

②当 Ω 的边界曲面为球面 $r=a(a>0)$ 时,则有

$$\iiint\limits_{\Omega} F(r,\theta,\varphi)r^2\sin\varphi drd\varphi d\theta = \int_0^{2\pi}d\theta\int_0^{\pi}d\varphi\int_0^a F(r,\theta,\varphi)r^2\sin\varphi dr \qquad (10.30)$$

特别地,当 $F(r,\theta,\varphi)=1$ 时,有

$$\int_0^{2\pi}d\theta\int_0^{\pi}d\varphi\int_0^a r^2\sin\varphi dr = \frac{4}{3}\pi a^3$$

例 7　求半径为 a 的球面与半顶角为 α 的内接锥面所围成的立体的体积.

解　设球面过原点,球心在 z 轴上,内接锥面的顶点在原点,其轴与 z 轴重合,建立如图
10.37 所示的坐标系,则球面方程为

$$r=2a\cos\varphi$$

锥面方程为

$$\varphi=\alpha$$

此时,立体占有的空间区域为

$$\Omega=\{(r,\theta,\varphi)\,|\,0\leqslant r\leqslant2a\cos\varphi,0\leqslant\varphi\leqslant\alpha,0\leqslant\theta\leqslant2\pi\}$$

体积为

$$V=\iiint\limits_{\Omega}r^2\sin\varphi drd\varphi d\theta = \int_0^{2\pi}d\theta\int_0^{\alpha}d\varphi\int_0^{2a\cos\varphi}r^2\sin\varphi dr$$

$$=2\pi\int_0^{\alpha}\sin\varphi d\varphi\int_0^{2a\cos\varphi}r^2dr = \frac{16\pi a^3}{3}\int_0^{\alpha}\cos^3\varphi\sin\varphi d\varphi$$

$$=\frac{4\pi a^3}{3}(1-\cos^4\alpha)$$

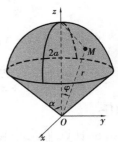

图 10.37

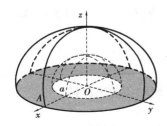

图 10.38

例 8　计算 $\iiint\limits_{\Omega}(x^2+y^2)dv$,其中,$\Omega$ 由 $0<a\leqslant\sqrt{x^2+y^2+z^2}\leqslant A$ 及 $z\geqslant0$ 确定.

解　如图 10.38 所示,因 $\Omega:a\leqslant r\leqslant A,0\leqslant\varphi\leqslant\dfrac{\pi}{2},0\leqslant\theta\leqslant2\pi$,故

$$\iiint\limits_{\Omega}(x^2+y^2)dv = \int_0^{2\pi}d\theta\int_0^{\frac{\pi}{2}}\sin\varphi d\varphi\int_a^A r^4\sin^2\varphi dr$$

$$=2\pi\int_0^{\frac{\pi}{2}}\sin^3\varphi d\varphi\int_a^A r^4dr = \frac{4\pi}{15}(A^5-a^5)$$

习题 10.3

1. 化三重积分 $I=\iiint\limits_{\Omega}f(x,y,z)dxdydz$ 为三次积分,其中,积分区域 Ω 分别是:

(1)由双曲抛物面 $z=xy$ 及平面 $x+y-1=0$,$z=0$ 所围成的闭区域;

(2)由曲面 $z=x^2+y^2$ 及平面 $z=1$ 所围成的闭区域;

(3)由曲面 $z=x^2+2y^2$ 及 $z=2-x^2$ 所围成的闭区域;

（4）由曲面 $cz = xy(c > 0)$，$\dfrac{x^2}{a^2} + \dfrac{y^2}{b^2} = 1(a > 0, b > 0)$，$z = 0$ 所围成的在第一卦限内的闭区域.

2. 设有一物体，占有空间闭区域 $\Omega = \{(x, y, z) \mid 0 \leqslant x \leqslant 1, 0 \leqslant y \leqslant 1, 0 \leqslant z \leqslant 1\}$，在点 (x, y, z) 处的密度为 $\rho(x, y, z) = x + y + z$，计算该物体的质量.

3. 如果三重积分 $\iiint\limits_{\Omega} f(x, y, z)\mathrm{d}x\mathrm{d}y\mathrm{d}z$ 的被积函数 $f(x, y, z) = f_1(x) \cdot f_2(y) \cdot f_3(z)$，积分区域 $\Omega = \{(x, y, z) \mid a \leqslant x \leqslant b, c \leqslant y \leqslant d, l \leqslant z \leqslant m\}$，证明

$$\iiint\limits_{\Omega} f_1(x)f_2(y)f_3(z)\mathrm{d}x\mathrm{d}y\mathrm{d}z = \int_a^b f_1(x)\,\mathrm{d}x \int_c^d f_2(y)\,\mathrm{d}y \int_l^m f_3(z)\,\mathrm{d}z$$

4. 计算 $\iiint\limits_{\Omega} (x + y)\mathrm{d}v$，其中，$\Omega$ 是由曲面 $z = \sqrt{x^2 + y^2}$ 与平面 $z = 1$ 所围成的闭区域.

5. 计算 $\iiint\limits_{\Omega} \dfrac{\mathrm{d}x\mathrm{d}y\mathrm{d}z}{(1 + x + y + z)^3}$，其中，$\Omega$ 为平面 $x = 0, y = 0, z = 0, x + y + z = 1$ 所围成的四面体.

6. 计算 $\iiint\limits_{\Omega} xyz\mathrm{d}x\mathrm{d}y\mathrm{d}z$，其中，$\Omega$ 为球面 $x^2 + y^2 + z^2 = 1$ 及 3 个坐标面所围成的在第一卦限内的闭区域.

7. 计算 $\iiint\limits_{\Omega} xz\mathrm{d}x\mathrm{d}y\mathrm{d}z$，其中，$\Omega$ 是由平面 $z = 0, z = y, y = 1$ 以及抛物柱面 $y = x^2$ 所围成的闭区域.

8. 计算 $\iiint\limits_{\Omega} z\mathrm{d}x\mathrm{d}y\mathrm{d}z$，其中，$\Omega$ 是由锥面 $z = \dfrac{h}{R}\sqrt{x^2 + y^2}$ 与平面 $z = h(R > 0, h > 0)$ 所围成的闭区域.

9. 利用柱面坐标计算下列三重积分：

（1）$\iiint\limits_{\Omega} z\mathrm{d}v$，其中，$\Omega$ 是由曲面 $z = \sqrt{2 - x^2 - y^2}$ 及 $z = x^2 + y^2$ 所围成的闭区域；

（2）$\iiint\limits_{\Omega} (x^2 + y^2)\mathrm{d}v$，其中，$\Omega$ 是由曲面 $x^2 + y^2 = 2z$ 及平面 $z = 2$ 所围成的闭区域.

10. 利用球面坐标计算下列三重积分：

（1）$\iiint\limits_{\Omega} (x^2 + y^2 + z^2)\mathrm{d}v$，其中，$\Omega$ 是由球面 $x^2 + y^2 + z^2 = 1$ 所围成的闭区域.

（2）$\iiint\limits_{\Omega} z\mathrm{d}v$，其中，闭区域 Ω 由不等式 $x^2 + y^2 + (z - a)^2 \leqslant a^2(a > 0), x^2 + y^2 \leqslant z^2$ 所确定.

11. 选用适当的坐标计算下列三重积分：

（1）$\iiint\limits_{\Omega} xy\mathrm{d}v$，其中，$\Omega$ 为柱面 $x^2 + y^2 = 1$ 及平面 $z = 1, z = 0, x = 0, y = 0$ 所围成的在第一卦限内的闭区域；

（2）$\iiint\limits_{\Omega} \sqrt{x^2 + y^2 + z^2}\,\mathrm{d}v$，其中，$\Omega$ 是由球面 $x^2 + y^2 + z^2 = z$ 所围成的闭区域；

（3）$\iiint\limits_{\Omega}(x^2+y^2)\mathrm{d}v$，其中，$\Omega$ 是由曲面 $4z^2=25(x^2+y^2)$ 及平面 $z=5$ 所围成的闭区域；

（4）$\iiint\limits_{\Omega}(x^2+y^2)\mathrm{d}v$，其中，闭区域 Ω 由不等式 $0<a\leqslant\sqrt{x^2+y^2+z^2}\leqslant A,z\geqslant0$ 所确定.

12. 利用三重积分计算下列由曲面所围成的立体的体积：

（1）$z=6-x^2-y^2$ 及 $z=\sqrt{x^2+y^2}$；

（2）$x^2+y^2+z^2=2az(a>0)$ 及 $x^2+y^2=z^2$（含有 z 轴的部分）；

（3）$z=\sqrt{x^2+y^2}$ 及 $z=x^2+y^2$；

（4）$z=\sqrt{5-x^2-y^2}$ 及 $x^2+y^2=4z$.

13. 球心在原点、半径为 R 的球体，在其上任意一点的密度的大小与这点到球心的距离成正比，求这球体的质量.

10.4　重积分的应用

在现实生活中，许多求总量的问题可用定积分的元素法来处理，这种元素法也可推广到二重积分的应用中. 如果所要计算的某总量 U 对于闭区域 D 具有可加性（就是说，当闭区域 D 分成许多小闭区域时，所求量 U 相应地分成许多部分量，且 U 等于部分量之和），并且在闭区域 D 内任取一个直径很小的闭区域 $\mathrm{d}\sigma$ 时，相应的部分量可近似地表示为 $f(x,y)\mathrm{d}\sigma$ 的形式，其中 (x,y) 在 $\mathrm{d}\sigma$ 内，则称 $f(x,y)\mathrm{d}\sigma$ 为所求量 U 的元素，记为 $\mathrm{d}U$，以它为被积表达式，在闭区域 D 上积分

$$U=\iint\limits_{D}f(x,y)\mathrm{d}\sigma \tag{10.31}$$

这就是所求总量的积分表达式. 下面利用重积分的元素法来讨论重积分的一些应用.

10.4.1　曲面的面积

引例　地球的一颗同步轨道通信卫星的轨道位于地球的赤道平面内，且可近似认为是圆轨道. 通信卫星运行的角速率与地球自转的角速率相同，即人们看到它在天空上不动. 若地球半径取为 R，问卫星距地面的高度 h 应为多少？ 通信卫星的覆盖面积多大？

设曲面 S 由方程 $z=f(x,y)$ 给出，D 为 S 在 xOy 面上的投影区域. $f_x(x,y)$，$f_y(x,y)$ 在 D 上具有连续的导数，故要计算曲面 S 的面积.

在有界闭区域 D 上任取一直径很小的闭区域 $\mathrm{d}\sigma$（也表示此闭区域的面积）. 在 $\mathrm{d}\sigma$ 上任取一点 $P(x,y)$，对应曲面 S 上的点为 $M(x,y,f(x,y))$. 点 M 在 xOy 上的投影为点 P，点 M 在曲面 S 的切平面为 T（见图 10.39）.

以小闭区域 $\mathrm{d}\sigma$ 的边界为准线作母线平行于 z 轴的柱面，此柱

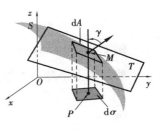

图 10.39

面在曲面 S 上截下一小片曲面,在切平面上截下一小片平面 dA. 由于 $d\sigma$ 很小,从而可用切平面上的小片平面 dA 代替曲面上的小片曲面.

设点 M 在 S 上的法线(指向向上)与 z 轴所成的角为 γ,因为 $d\sigma$ 为 dA 在 xOy 面上的投影,所以

$$d\sigma = dA \cdot \cos \gamma \tag{10.32}$$

从而

$$dA = \frac{d\sigma}{\cos \gamma}$$

因为

$$\cos \gamma = \frac{1}{\sqrt{1 + f_x^2(x,y) + f_y^2(x,y)}}$$

所以

$$dA = \sqrt{1 + f_x^2(x,y) + f_y^2(x,y)}\ d\sigma \tag{10.33}$$

式(10.33)为曲面 S 的面积元素. 以它为被积表达式在 D 上积分,得曲面 S 的面积为

$$A = \iint\limits_{D} \sqrt{1 + f_x^2(x,y) + f_y^2(x,y)}\ d\sigma \tag{10.34}$$

或

$$A = \iint\limits_{D} \sqrt{1 + \left(\frac{\partial z}{\partial x}\right)^2 + \left(\frac{\partial z}{\partial y}\right)^2}\ dxdy \tag{10.35}$$

$$A = \iint\limits_{D} \sqrt{1 + \left(\frac{\partial z}{\partial x}\right)^2 + \left(\frac{\partial z}{\partial y}\right)^2}\ dydz$$

设曲面的方程为

$$x = g(x,z)$$

则曲面面积公式为

$$A = \iint\limits_{D_{yz}} \sqrt{1 + \left(\frac{\partial x}{\partial y}\right)^2 + \left(\frac{\partial x}{\partial z}\right)^2}\ dydz \tag{10.36}$$

设曲面的方程为

$$y = h(z,x)$$

则曲面面积公式为

$$A = \iint\limits_{D_{zx}} \sqrt{1 + \left(\frac{\partial y}{\partial z}\right)^2 + \left(\frac{\partial y}{\partial x}\right)^2}\ dzdx \tag{10.37}$$

例1 求半径为 $a(a>0)$ 的球的表面积.

解 取上半球面方程为 $z = \sqrt{a^2 - x^2 - y^2}$,则其在 xOy 面上的投影区域为

$$D = \{(x,y) \mid x^2 + y^2 \leqslant a^2\}$$

由

$$\frac{\partial z}{\partial x} = \frac{-x}{\sqrt{a^2 - x^2 - y^2}}, \frac{\partial z}{\partial y} = \frac{-y}{\sqrt{a^2 - x^2 - y^2}}$$

得

$$dS = \sqrt{1 + \left(\frac{\partial z}{\partial x}\right)^2 + \left(\frac{\partial z}{\partial y}\right)^2}dxdy = \frac{a}{\sqrt{a^2 - x^2 - y^2}}dxdy$$

于是,上半球面的面积为

$$S = \iint\limits_{D} \frac{a}{\sqrt{a^2 - x^2 - y^2}}dxdy$$

此为反常二重积分(因为被积函数在 D 上无界).

因此,先取区域 $D_1 = \{(x,y) \mid x^2 + y^2 \leq b^2, 0 < b < a\}$ 为积分区域,再令 $b \to a$,则

$$S_1 = \iint\limits_{D_1} \frac{a}{\sqrt{a^2 - x^2 - y^2}}dxdy = \iint\limits_{D_1} \frac{a}{\sqrt{a^2 - \rho^2}}\rho d\rho d\theta$$

$$= a\int_0^{2\pi}d\theta\int_0^b \frac{\rho d\rho}{\sqrt{a^2 - \rho^2}} = 2\pi a\int_0^b \frac{\rho d\rho}{\sqrt{a^2 - \rho^2}} = 2\pi a(a - \sqrt{a^2 - b^2})$$

于是

$$S = \lim_{b \to a} S_1 = 2\pi a^2$$

故整个球面的面积为 $A = 4\pi a^2$.

注　读者可直接用极坐标来解答此题,更为简便.

例 2　求球面 $x^2 + y^2 + z^2 = a^2 (a > 0)$,含在圆柱面 $x^2 + y^2 = ax$
内部那部分面积.

解　如图 10.40 所示,由对称性知 $A = 4A_1$,$D_1 : x^2 + y^2 \leq ax$
$(x, y \geq 0)$,曲面方程为

$$z = \sqrt{a^2 - x^2 - y^2}$$

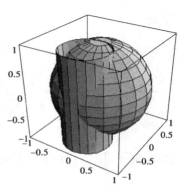

图 10.40

于是

$$\sqrt{1 + \left(\frac{\partial z}{\partial x}\right)^2 + \left(\frac{\partial z}{\partial y}\right)^2} = \frac{a}{\sqrt{a^2 - x^2 - y^2}}$$

所求面积为

$$A = 4\iint\limits_{D_1}\sqrt{1 + z_x^2 + z_y^2}dxdy = 4\iint\limits_{D_1} \frac{a}{\sqrt{a^2 - x^2 - y^2}}dxdy$$

$$= 4a\int_0^{\frac{\pi}{2}}d\theta\int_0^{a\cos\theta} \frac{1}{\sqrt{a^2 - \rho^2}}\rho d\rho$$

$$= 2\pi a^2 - 4a^2$$

读者可自行编撰前面引例的具体条件后,再作解答.

10.4.2　重积分在物理上的应用

(1) 质心

平面薄片的质心:

设在 xOy 面上有 n 个质点,分别位于 $(x_1, y_1), (x_2, y_2), \cdots, (x_n, y_n)$ 处, 质量分别为 m_1,
$m_2, \cdots, m_n$,则此质点系的质心坐标为

$$\bar{x} = \frac{M_y}{M} = \frac{\sum\limits_{i=1}^{n} m_i x_i}{\sum\limits_{i=1}^{n} m_i}; \quad \bar{y} = \frac{M_x}{M} = \frac{\sum\limits_{i=1}^{n} m_i y_i}{\sum\limits_{i=1}^{n} m_i}$$

其中, $M = \sum\limits_{i=1}^{n} m_i$ 为质点系的总质量, $M_y = \sum\limits_{i=1}^{n} m_i x_i$, $M_x = \sum\limits_{i=1}^{n} m_i y_i$ 分别为质点系对 y 轴和 x 轴的静矩.

设有平面薄片, 占有闭区域 D, 在点 (x,y) 处具有面密度 $\mu(x,y)$. 设 $\mu(x,y)$ 在 D 上连续. 现求其质心坐标.

在 D 内取一小闭区域 $\mathrm{d}\sigma$ (同时表示其面积), 当 $\mathrm{d}\sigma$ 的直径很小时, 其质量近似为

$$\mu(x,y)\mathrm{d}\sigma$$

静矩元素分别为

$$\mathrm{d}M_y = x\mu(x,y)\mathrm{d}\sigma, \mathrm{d}Mx = y\mu(x,y)\mathrm{d}\sigma$$

于是

$$M_y = \iint\limits_{D} x\mu(x,y)\mathrm{d}\sigma; M_x = \iint\limits_{D} y\mu(x,y)\mathrm{d}\sigma$$

$$\bar{x} = \frac{M_y}{M} = \frac{\iint\limits_{D} x\mu(x,y)\mathrm{d}\sigma}{\iint\limits_{D}\mu(x,y)\mathrm{d}\sigma}; \bar{y} = \frac{M_x}{M} = \frac{\iint\limits_{D} y\mu(x,y)\mathrm{d}\sigma}{\iint\limits_{D}\mu(x,y)\mathrm{d}\sigma} \tag{10.38}$$

其中, $M = \iint\limits_{D}\mu(x,y)\mathrm{d}\sigma$ 为平面薄片的质量.

当 $\mu(x,y)$ 为常数时, 平面薄片的质心为平面图形的形心.

于是, **形心公式为**

$$\bar{x} = \frac{1}{A}\iint\limits_{D} x\mathrm{d}\sigma; \bar{y} = \frac{1}{A}\iint\limits_{D} y\mathrm{d}\sigma \tag{10.39}$$

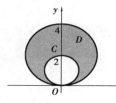

图 10.41

其中, A 为 D 的面积.

例 3 求位于两圆 $\rho = 2\sin\theta$ 和 $\rho = 4\sin\theta$ 之间的均匀薄片的质心, 如图 10.41 所示.

解 由于闭区域 D 关于 y 轴对称, 因此 $\bar{x} = 0$. 则

$$\iint\limits_{D} y\mathrm{d}\sigma = \iint\limits_{D} \rho^2\sin\theta\mathrm{d}\rho\mathrm{d}\theta$$

$$= \int_0^{\pi}\sin\theta\mathrm{d}\theta\int_{2\sin\theta}^{4\sin\theta}\rho^2\mathrm{d}\rho = \frac{56}{3}\int_0^{\pi}\sin^4\theta\mathrm{d}\theta = 7\pi$$

$$\bar{y} = \frac{7\pi}{3\pi} = \frac{7}{3}$$

故所求质心为 $\left(0, \dfrac{7}{3}\right)$.

类似地, 设物体占有空间区域 Ω, 在点 (x,y,z) 处的体密度为 $\rho(x,y,z)$, 且 ρ 在 Ω 上连续. 则:

物体的质量为

$$M = \iiint\limits_{\Omega} \rho(x, y, z) \, dv \qquad (10.40)$$

物体的重心坐标为

$$\begin{cases} \bar{x} = \dfrac{1}{M} \iiint\limits_{\Omega} x\rho \, dv \\[2mm] \bar{y} = \dfrac{1}{M} \iiint\limits_{\Omega} y\rho \, dv \\[2mm] \bar{z} = \dfrac{1}{M} \iiint\limits_{\Omega} z\rho \, dv \end{cases} \qquad (10.41)$$

其中，$\iiint\limits_{\Omega} x\rho \, dv$，$\iiint\limits_{\Omega} y\rho \, dv$，$\iiint\limits_{\Omega} z\rho \, dv$ 分别为物体关于 yOz，xOz，xOy 平面的**静矩**.

例 4　求均匀半球体的质心.

解　建立如图 10.42 所示的坐标系,则

$$\Omega = \{(x, y, z) \mid x^2 + y^2 + z^2 \leqslant a^2, z \geqslant 0, a \geqslant 0\}$$

$$\bar{x} = \bar{y} = 0$$

$$\begin{aligned} \iiint\limits_{\Omega} z \, dv &= \iiint\limits_{\Omega} r \cos\varphi \cdot r^2 \sin\varphi \, dr \, d\varphi \, d\theta \\ &= \int_0^{2\pi} d\theta \int_0^{\frac{\pi}{2}} \cos\varphi \sin\varphi \, d\varphi \int_0^a r^3 \, dr = \frac{\pi a^4}{4} \end{aligned}$$

$$\bar{z} = \frac{\dfrac{\pi a^4}{4}}{\dfrac{2\pi a^3}{3}} = \frac{3a}{8}$$

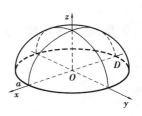

图 10.42

故所求质心为 $\left(0, 0, \dfrac{3a}{8}\right)$.

例 5　球体 $x^2 + y^2 + z^2 \leqslant 2z$ 内各点处的密度的大小等于该点到原点的距离的平方,试求该球的重心.

解　这里

$$\rho(x, y, z) = x^2 + y^2 + z^2; \quad \Omega: 0 \leqslant r \leqslant 2\cos\varphi, 0 \leqslant \varphi \leqslant \frac{\pi}{2}, 0 \leqslant \theta \leqslant 2\pi$$

因为

$$M = \iiint\limits_{\Omega} (x^2 + y^2 + z^2) \, dv = \int_0^{2\pi} d\theta \int_0^{\frac{\pi}{2}} \sin\varphi \, d\varphi \int_0^{2\cos\varphi} r^4 \, dr = \frac{32\pi}{15}$$

$$M_x = \iiint\limits_{\Omega} x(x^2 + y^2 + z^2) \, dv = 0; \quad M_y = \iiint\limits_{\Omega} y(x^2 + y^2 + z^2) \, dv = 0$$

$$\begin{aligned} M_z &= \iiint\limits_{\Omega} z(x^2 + y^2 + z^2) \, dv \\ &= \int_0^{2\pi} d\theta \int_0^{\frac{\pi}{2}} \sin\varphi \, d\varphi \int_0^{2\cos\varphi} r^4 \cdot r \cos\varphi \, dr = \frac{8\pi}{3} \end{aligned}$$

所以

$$(\bar{x}, \bar{y}, \bar{z}) = \left(0, 0, \frac{5}{4}\right)$$

（2）转动惯量

设在 xOy 面上有 n 个质点，分别位于 $(x_1, y_1), (x_2, y_2), \cdots, (x_n, y_n)$ 处. 质量分别为 m_1，$m_2, \cdots, m_n$，则此质点系的转动惯量为

$$I_x = \sum_{i=1}^{n} y_i^2 m_i, \quad I_y = \sum_{i=1}^{n} x_i^2 m_i$$

设有平面薄片，占有闭区域 D（见图 10.43），在点 (x, y) 处具有面密度 $\mu(x, y)$. 设 $\mu(x, y)$ 在 D 上连续. 求其对 x 轴和对 y 轴的转动惯量.

在 D 内取一小闭区域 $d\sigma$（同时表示其面积），当 $d\sigma$ 的直径很小时，其质量近似为 $\mu(x, y) d\sigma$.

对 x 轴和 y 轴的转动惯量元素分别为

$$dI_x = y^2 \mu(x, y) d\sigma, \quad dI_y = x^2 \mu(x, y) d\sigma$$

于是，平面薄片对 x 轴和 y 轴的转动惯量分别为

$$\begin{cases} I_x = \iint_D y^2 \mu(x, y) d\sigma \\ I_y = \iint_D x^2 \mu(x, y) d\sigma \end{cases} \tag{10.42}$$

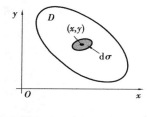

图 10.43

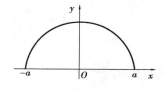

图 10.44

例 6 求半径为 $a(a > 0)$ 的均匀半圆薄片（面密度 μ 为常数）对于其直径边的转动惯量.

解 建立如图 10.44 所示的坐标系，则

$$D = \{(x, y) \mid x^2 + y^2 \leq a^2, y \geq 0\}$$

所求转动惯量为 D 对 x 轴的转动惯量

$$I_x = \iint_D y^2 \mu d\sigma = \mu \iint_D \rho^3 \sin^2 \theta d\theta d\rho$$

$$= \mu \int_0^\pi d\theta \int_0^a \rho^3 \sin^2 \theta d\rho = \mu \frac{a^4}{4} \int_0^\pi \sin^2 \theta d\theta$$

$$= \frac{\mu \pi a^4}{8} = \frac{Ma^2}{4}$$

其中，$M = \dfrac{\mu \pi a^2}{2}$ 为半圆薄片的质量.

类似地,设物体占有空间区域 Ω,在点 (x,y,z) 处的体密度为 $\rho(x,y,z)$,且 ρ 在 Ω 上连续,则物体关于 x,y,z 3 个坐标轴的转动惯量分别为

$$\begin{cases} I_x = \iiint\limits_{\Omega} (y^2 + z^2)\rho(x,y,z)\,\mathrm{d}v \\[2mm] I_y = \iiint\limits_{\Omega} (z^2 + x^2)\rho(x,y,z)\,\mathrm{d}v \\[2mm] I_z = \iiint\limits_{\Omega} (x^2 + y^2)\rho(x,y,z)\,\mathrm{d}v \end{cases} \tag{10.43}$$

例 7　求半径为 a,高为 h 的均匀圆柱体对过中心且平行于母线的轴的转动惯量.

解　建立如图 10.45 所示的坐标系,则

$$\Omega = \{ (x,y,z) \mid x^2 + y^2 + z^2 \leqslant a^2, 0 \leqslant z \leqslant h \}$$

利用柱面坐标,有

$$I_z = \iiint\limits_{\Omega} (x^2 + y^2)\rho\,\mathrm{d}v = \rho \int_0^{2\pi} \mathrm{d}\theta \int_0^a r\,\mathrm{d}r \int_0^h r^2\,\mathrm{d}z = \frac{\pi\rho h a^4}{2}$$

其中,ρ 为体密度.

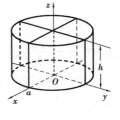

图 10.45

(3) 引力

设物体占有空间有界闭区域 Ω,它在点 (x,y,z) 处的密度为 $\rho(x,y,z)$,并假定 $\rho(x,y,z)$ 在 Ω 上连续. 在此物体内任取一直径很小的闭区域 $\mathrm{d}v$(也表示其体积),点 (x,y,z) 为这一小块中的一点. 将此小块物体的质量 $\rho\mathrm{d}v$ 近似地看成集中在点 (x,y,z) 处,于是可得这一小块物体. 对位于 $P_0(x_0,y_0,z_0)$ 处单位质量的质点的引力近似地为

$$\begin{aligned} \mathrm{d}\boldsymbol{F} &= (\mathrm{d}F_x, \mathrm{d}F_y, \mathrm{d}F_z) \\ &= \left(G\frac{\rho(x,y,z)(x-x_0)}{r^3}\mathrm{d}v, G\frac{\rho(x,y,z)(y-y_0)}{r^3}\mathrm{d}v, G\frac{\rho(x,y,z)(z-z_0)}{r^3}\mathrm{d}v \right) \end{aligned} \tag{10.44}$$

其中,$\mathrm{d}F_x, \mathrm{d}F_y, \mathrm{d}F_z$ 分别为 $\mathrm{d}\boldsymbol{F}$ 在三坐标轴上的分量,则

$$r = \sqrt{(x-x_0)^2 + (y-y_0)^2 + (z-z_0)^2}$$

G 为引力常数.

于是,得引力为

$$\begin{aligned} \boldsymbol{F} &= (F_x, F_y, F_z) \\ &= \left(\iiint\limits_{\Omega} G\frac{\rho(x,y,z)(x-x_0)}{r^3}\mathrm{d}v, \iiint\limits_{\Omega} G\frac{\rho(x,y,z)(y-y_0)}{r^3}\mathrm{d}v, \iiint\limits_{\Omega} G\frac{\rho(x,y,z)(z-z_0)}{r^3}\mathrm{d}v \right) \end{aligned} \tag{10.45}$$

例 8　求半径为 R 的均匀球体:$x^2 + y^2 + z^2 \leqslant R^2$ 对球外一点 $A(0,0,a)$ 处的单位质点的引力.

解　建立如图 10.46 所示的空间直角坐标系,设球的密度为 ρ_0,由对称性得

$$F_x = F_y = 0$$

$$F_z = \iiint\limits_{\Omega} G\rho_0 \frac{(z-a)\mathrm{d}v}{r^3} = \iiint\limits_{\Omega} G\rho_0 \frac{(z-a)\mathrm{d}v}{[x^2 + y^2 + (z-a)^2]^{\frac{3}{2}}}$$

$$= G\rho_0 \int_{-R}^{R} (z-a) \, \mathrm{d}z \iint_{x^2+y^2 \leqslant R^2-z^2} \frac{\mathrm{d}x\mathrm{d}y}{\left[x^2+y^2+(z-a)^2\right]^{\frac{3}{2}}}$$

$$= G\rho_0 \int_{-R}^{R} (z-a) \, \mathrm{d}z \int_0^{2\pi} \mathrm{d}\theta \int_0^{\sqrt{R^2-z^2}} \frac{r\mathrm{d}r}{\left[r^2+(z-a)^2\right]^{\frac{3}{2}}}$$

$$= 2\pi G\rho_0 \int_{-R}^{R} (z-a)\left(\frac{1}{a-z} - \frac{1}{\sqrt{R^2-2az+a^2}}\right)\mathrm{d}z$$

$$= 2\pi G\rho_0 \left[-2R + \frac{1}{a}\int_{-R}^{R} (z-a)\mathrm{d}\sqrt{R^2-2az+a^2}\right]$$

$$= 2\pi G\rho_0 \left(-2R + 2R - \frac{2R^3}{3a^2}\right) = -G \cdot \frac{4\pi R^3}{3}\rho_0 \cdot \frac{1}{a^2}$$

$$= -G\frac{M}{a^2}$$

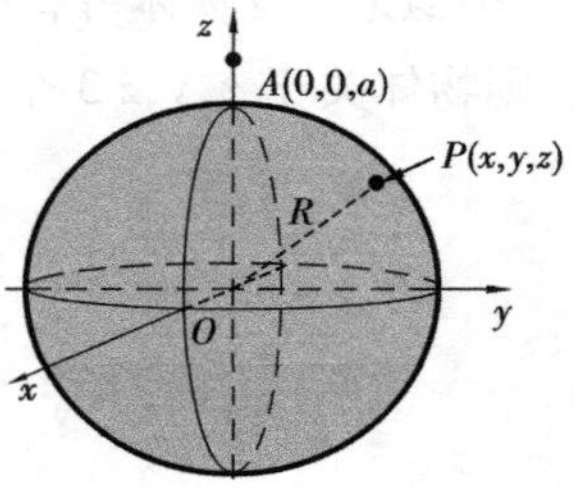

图 10.46

其中,$M = \dfrac{4\pi R^3}{3}\rho_0$ 为球的质量.

注 此例表明均匀球体对球外一点处的引力如同球的质量集中于球心处的两质点间的引力.

习题 10.4

1. 求锥面 $z = \sqrt{x^2+y^2}$ 被柱面 $z^2 = 2x$ 所割下部分的曲面面积.

2. 求底面半径相同的两个直交柱面 $x^2+y^2 = R^2$ 及 $x^2+z^2 = R^2$ 所围立体的表面积.

3. 设薄片所占的闭区域 D 如下,求均匀薄片的质心:

(1)D 是半椭圆形闭区域 $\left\{(x,y)\mid \dfrac{x^2}{a^2}+\dfrac{y^2}{b^2}\leqslant 1, y\geqslant 0, a>0, b<0\right\}$;

(2)D 是介于两个圆 $\rho = a\cos\theta, \rho = b\cos\theta(0<a<b)$ 之间的闭区域.

4. 设平面薄片所占的闭区域 D 由抛物线 $y = x^2$ 及直线 $y = x$ 所围成,它在点 (x,y) 处的面密度 $\mu(x,y) = x^2 y$,求该薄片的质心.

5. 设有一等腰直角三角形薄片,腰长为 a,各点处的面密度等于该点到直角顶点的距离的平方,求这薄片的质心.

6. 利用三重积分计算下列由曲面所围成立体的质心(设密度 $\rho = 1$):

(1)$z^2 = x^2+y^2, z = 1$;

(2)$z = \sqrt{A^2-x^2-y^2}, z = \sqrt{a^2-x^2-y^2}(A>a>0), z = 0$;

(3)$z = x^2+y^2, x+y = a, x = 0, y = 0, z = 0$.

7. 设球体占有闭区域 $\Omega = \{(x,y,z)\mid x^2+y^2+z^2 \leqslant 2Rz\}$,它在内部各点的密度的大小等于该点到坐标原点的距离的平方,试求这球体的质心.

8. 设均匀薄片(面密度为常数 1)所占闭区域 D 如下,求指定的转动惯量:

（1）$D = \left\{ (x,y) \left| \dfrac{x^2}{a^2} + \dfrac{y^2}{b^2} \leq 1, a > 0, b > 0 \right. \right\}$，求 I_y；

（2）D 由抛物线 $y^2 = \dfrac{9}{2}x$ 与直线 $x = 2$ 所围成，求 I_x 和 I_y；

（3）D 为矩形闭区域 $\{(x,y) \mid 0 \leq x \leq a, 0 \leq y \leq b\}$，求 I_x 和 I_y.

9. 已知均匀矩形板（面密度为常量 μ）的长和宽分别为 b 和 $h(b > 0, h > 0)$，计算此矩形板对于通过其形心且分别与一边平行的两轴的转动惯量.

10. 一均匀物体（密度 ρ 为常量）占有的闭区域 Ω 由曲面 $z = x^2 + y^2$ 和平面 $z = 0$，$|x| = a$，$|y| = a$ 所围成，

（1）求物体的体积；

（2）求物体的质心；

（3）求物体关于 z 轴的转动惯量.

11. 求半径为 a、高为 h 的均匀圆柱体对于过中心而平行于母线的轴的转动惯量（设密度 $\rho = 1$）.

12. 设面密度为常量 u 的匀质半圆环形薄片占有闭区域 $D = \{(x,y,0) \mid R_1 \leq \sqrt{x^2 + y^2} \leq R_2, R_1, R_2 > 0, x \geq 0\}$，求它对位于 z 轴上点 $M_0(0,0,a)(a > 0)$ 处单位质量的质点的引力 F.

13. 设均匀柱体密度为 ρ，占有闭区域 $\Omega = \{(x,y,z) \mid x^2 + y^2 \leq R^2, 0 \leq z \leq h\}$，求它对于位于点 $M_0(0,0,a)(a > h)$ 处单位质量的质点的引力.

总习题 10

1. 选择题：

（1）设有空间闭区域

$$\Omega_1 = \{(x,y,z) \mid x^2 + y^2 + z^2 \leq R^2, z \geq 0\}$$

$$\Omega_2 = \{(x,y,z) \mid x^2 + y^2 + z^2 \leq R^2, x \geq 0, y \geq 0, z \geq 0\}$$

则有（　　）.

　　A. $\iiint\limits_{\Omega_1} x \mathrm{d}v = 4\iiint\limits_{\Omega_2} x \mathrm{d}v$ 　　　　　　　　B. $\iiint\limits_{\Omega_1} y \mathrm{d}v = 4\iiint\limits_{\Omega_2} y \mathrm{d}v$

　　C. $\iiint\limits_{\Omega_1} z \mathrm{d}v = 4\iiint\limits_{\Omega_2} z \mathrm{d}v$ 　　　　　　　　D. $\iiint\limits_{\Omega_1} xyz \mathrm{d}v = 4\iiint\limits_{\Omega_2} xyz \mathrm{d}v$

（2）设有平面闭区域 $D = \{(x,y) \mid -a \leq x \leq a(a \geq 0), x \leq y \leq a\}$，$D_1 = \{(x,y) \mid 0 \leq x \leq a, x \leq y \leq a\}$，则 $\iint\limits_{D}(xy + \cos x \sin y)\mathrm{d}x\mathrm{d}y = ($　　$)$.

　　A. $2\iint\limits_{D_1} \cos x \sin y \mathrm{d}x\mathrm{d}y$ 　　B. $2\iint\limits_{D_1} xy \mathrm{d}x\mathrm{d}y$ 　　C. $4\iint\limits_{D_1} \cos x \sin y \mathrm{d}x\mathrm{d}y$ 　　D. 0

2. 计算下列二重积分：

（1）$\iint\limits_{D}(1 + x)\sin y\,\mathrm{d}\sigma$，其中，$D$ 是顶点分别为 $(0,0)$，$(1,0)$，$(1,2)$ 和 $(0,1)$ 的梯形闭区域；

（2）$\iint\limits_{D}(x^2 - y^2)\,\mathrm{d}\sigma$，其中，$D = \{(x,y) \,|\, 0 \leqslant y \leqslant \sin x, 0 \leqslant x \leqslant \pi\}$；

（3）$\iint\limits_{D}\sqrt{R^2 - x^2 - y^2}\,\mathrm{d}\sigma$，其中，$D$ 是圆周 $x^2 + y^2 = Rx(R > 0)$ 所围成的闭区域；

（4）$\iint\limits_{D}(y^2 + 3x - 6y + 9)\,\mathrm{d}\sigma$，其中，$D = \{(x,y) \,|\, x^2 + y^2 \leqslant R^2, R > 0\}$.

3. 交换下列二次积分的顺序：

（1）$\int_0^4 \mathrm{d}y \int_{-\sqrt{4-y}}^{\frac{1}{2}(y-4)} f(x,y)\,\mathrm{d}x$；

（2）$\int_0^1 \mathrm{d}y \int_0^{2y} f(x,y)\,\mathrm{d}x + \int_1^3 \mathrm{d}y \int_0^{3-y} f(x,y)\,\mathrm{d}x$；

（3）$\int_0^1 \mathrm{d}x \int_{\sqrt{x}}^{1+\sqrt{1-x^2}} f(x,y)\,\mathrm{d}y$.

4. 证明题：

（1）设 a,m 为常数，$f(x)$ 可积，证明 $\int_0^a \mathrm{d}y \int_0^y e^{m(a-x)} f(x)\,\mathrm{d}x = \int_0^a (a-x)e^{m(a-x)} f(x)\,\mathrm{d}x$；

（2）设 $f(x) \in C[0,a]$，证明 $2\int_0^a f(x)\,\mathrm{d}x \int_x^a f(y)\,\mathrm{d}y = \left[\int_0^a f(x)\,\mathrm{d}x\right]^2$.

5. 把积分 $\iint\limits_{D} f(x,y)\,\mathrm{d}x\mathrm{d}y$ 表示成极坐标形式的二次积分，其中，积分区域 $D = \{(x,y) \,|\, x^2 \leqslant y \leqslant 1, -1 \leqslant x \leqslant 1\}$.

6. 设 m,n 为正数，且 m,n 至少有一个为奇数，$a > 0$，求 $\iint\limits_{x^2+y^2 \leqslant a^2} x^m y^n \,\mathrm{d}x\mathrm{d}y$.

7. 计算 $\iint\limits_{D} x(1 + yf(x^2 + y^2))\,\mathrm{d}x\mathrm{d}y$，其中，$D$ 是由 $y = x^3$，$y = 1$ 与 $x = -1$ 所围成的区域，且 $f(z)$ 连续.

8. 把积分 $\iiint\limits_{\Omega} f(x,y,z)\,\mathrm{d}x\mathrm{d}y\mathrm{d}z$ 化为三次积分，其中，积分区域 Ω 是由曲面 $z = x^2 + y^2$，$y = x^2$ 及平面 $y = 1$，$z = 0$ 所围成的闭区域.

9. 计算下列三重积分：

（1）$\iiint\limits_{\Omega} z^2 \,\mathrm{d}x\mathrm{d}y\mathrm{d}z$，其中，$\Omega$ 是两个球 $x^2 + y^2 + z^2 \leqslant R^2$ 和 $x^2 + y^2 + z^2 \leqslant 2Rz(R > 0)$ 的公共闭区域；

（2）$\iiint\limits_{\Omega}(y^2 + z^2)\,\mathrm{d}v$，其中，$\Omega$ 是由 xOy 面上曲线 $y^2 = 2x$ 绕 x 轴旋转而成的曲面与平面 $x = 5$ 所围成的闭区域.

10. 求平面 $\dfrac{x}{a} + \dfrac{y}{b} + \dfrac{z}{c} = 1$ 被三坐标面所割出的有限部分的面积.

11. 在均匀的半径为 R 的半圆形薄片的直径上,要接上一个一边与直径等长的同样材料的均匀矩形薄片,为了使整个均匀薄片的质心恰好落在圆心上,问接上去的均匀矩形薄片另一边的长度应是多少?

12. 求抛物线 $y = x^2$ 及直线 $y = 1$ 所围成的均匀薄片(面密度为常数 μ)对于直线 $y = -1$ 的转动惯量.

13. 设在 xOy 面上有一质量为 M 的匀质半圆形薄片,占有平面闭域 $D = \left\{(x,y) \,\middle|\, x^2 + y^2 \leqslant R^2, y \geqslant 0\right\}$,过圆心 O 垂直于薄片的直线上有一质量为 m 的质点 P,$OP = a$,求半圆形薄片对质点 P 的引力.

部分习题答案

第 11 章
曲线积分与曲面积分

前一章已介绍了二重积分和三重积分的知识. 可以发现, 它们把积分概念从积分范围为数轴上的一个区间情形推广到积分范围为平面或空间的一个闭区域情形. 本章将积分概念推广到积分范围为一段曲线或一片曲面的情形(这样的积分称为曲线积分与曲面积分), 并介绍有关这两种积分的应用.

11.1　对弧长的曲线积分

11.1.1　对弧长的曲线积分的概念与性质

引例　曲线形构件的质量.

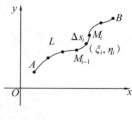

图 11.1

如图 11.1 所示, 设一曲线形构件所占的位置对应于 xOy 面内的一段曲线弧 L, 已知曲线形构件在点 (x, y) 处的线密度为 $\mu(x, y)$, 求曲线形构件的质量 M.

首先把曲线弧分成 n 小段 $\widehat{M_{i-1}M_i}(i = 1, 2, \cdots, n)$, 分别记为 $\Delta s_1, \Delta s_2, \cdots, \Delta s_n$ (同时也用 Δs_i 表示第 i 小段的弧长, $i = 1, 2, \cdots, n$), 然后任取点 $(\xi_i, \eta_i) \in \Delta s_i$, 得第 i 小段质量的近似值 $\mu(\xi_i, \eta_i) \Delta s_i$. 于是, 曲线形构件的质量近似为

$$M \approx \sum_{i=1}^{n} \mu(\xi_i, \eta_i) \Delta s_i$$

令 $\lambda = \max\{\Delta s_1, \Delta s_2, \cdots, \Delta s_n\} \to 0$,则整个曲线形构件的质量为

$$M = \lim_{\lambda \to 0} \sum_{i=1}^{n} \mu(\xi_i, \eta_i) \Delta s_i$$

这种和的极限在研究其他问题时也会遇到.下面介绍对弧长的曲线积分的定义:

定义 11.1 设 L 为 xOy 面内的一条光滑曲线弧,函数 $f(x,y)$ 在 L 上有界.在 L 上任意插入一点列 $M_1, M_2, \cdots, M_{n-1}$,把 L 分成 n 个小段.设第 i 个小段的长度为 Δs_i,又 (ξ_i, η_i) 为第 i 个小段上任意取定的一点,作乘积 $f(\xi_i, \eta_i)\Delta s_i, (i=1,2,\cdots,n)$,并作和 $\sum_{i=1}^{n} f(\xi_i, \eta_i)\Delta s_i$,如果当各小弧段的长度的最大值 $\lambda \to 0$ 时,这和的极限存在,则称此极限为函数 $f(x,y)$ 在曲线弧 L 上对弧长的曲线积分或第一类曲线积分,记作 $\int_L f(x,y)\mathrm{d}s$,即

$$\int_L f(x,y)\mathrm{d}s = \lim_{\lambda \to 0} \sum_{i=1}^{n} f(\xi_i, \eta_i)\Delta s_i \tag{11.1}$$

其中,$f(x,y)$ 称为**被积函数**,L 称为**积分弧段**.

注 ①根据对弧长的曲线积分的定义,如果曲线形构件 L 的线密度为 $f(x,y)$,则曲线形构件 L 的质量为 $\int_L f(x,y)\mathrm{d}s$.

②如果 L 是闭曲线,函数 $f(x,y)$ 在闭曲线 L 上对弧长的曲线积分也可记作 $\oint_L f(x,y)\mathrm{d}s$.

③如果考虑空间上的曲线弧 Γ,假设 $f(x,y,z)$ 在 Γ 上有界,定义它在 Γ 上对弧长的曲线积分为

$$\int_\Gamma f(x,y,z)\mathrm{d}s = \lim_{\lambda \to 0} \sum_{i=1}^{n} f(\xi_i, \eta_i, \zeta_i)\Delta s_i$$

如果 L(或 Γ)是分段光滑的,则规定函数在 L(或 Γ)上对弧长的曲线积分等于函数在光滑的各段上的曲线积分的和.例如,设 L 可分成两段光滑曲线弧 L_1 及 L_2,则规定

$$\int_{L_1+L_2} f(x,y)\mathrm{d}s = \int_{L_1} f(x,y)\mathrm{d}s + \int_{L_2} f(x,y)\mathrm{d}s$$

曲线积分的存在性:当 $f(x,y)$ 在光滑曲线弧 L 上连续时,对弧长的曲线积分 $\int_L f(x,y)\mathrm{d}s$ 是存在的.以后总假定 $f(x,y)$ 在 L 上是连续的.

对弧长的曲线积分具有以下性质:

性质 1 设 c_1, c_2 为常数,则

$$\int_L [c_1 f(x,y) + c_2 g(x,y)]\mathrm{d}s = c_1 \int_L f(x,y)\mathrm{d}s + c_2 \int_L g(x,y)\mathrm{d}s \tag{11.2}$$

性质 2 若积分弧段 L 可分成两段曲线弧 L_1 和 L_2,则

$$\int_L f(x,y)\mathrm{d}s = \int_{L_1} f(x,y)\mathrm{d}s + \int_{L_2} f(x,y)\mathrm{d}s \tag{11.3}$$

性质 3 设在积分弧段 L 上 $f(x,y) \leqslant g(x,y)$,则

$$\int_L f(x,y)\mathrm{d}s \leqslant \int_L g(x,y)\mathrm{d}s$$

特别地,有

$$\left| \int_L f(x,y)\,\mathrm{d}s \right| \leqslant \int_L |f(x,y)|\,\mathrm{d}s$$

11.1.2 对弧长的曲线积分的计算法

定理 11.1 设 $f(x,y)$ 在曲线弧 L 上有定义且连续，L 的参数方程为

$$x = \varphi(t),\ y = \psi(t) \qquad (\alpha \leqslant t \leqslant \beta)$$

其中，$\varphi(t)$，$\psi(t)$ 在 $[\alpha,\beta]$ 上具有一阶连续导数，且 $\varphi'^2(t) + \psi'^2(t) \neq 0$，则对弧长的曲线积分 $\int_L f(x,y)\,\mathrm{d}s$ 存在，且

$$\int_L f(x,y)\,\mathrm{d}s = \int_\alpha^\beta f[\varphi(t),\psi(t)]\ \sqrt{\varphi'^2(t) + \psi'^2(t)}\,\mathrm{d}t \qquad (11.4)$$

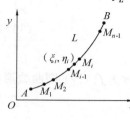

图 11.2

证 如图 11.2 所示，假设当参数 t 由 α 变至 β 时，L 上的点 $M(x,y)$ 依点 A 至点 B 的方向描出曲线弧 L。在 L 上取一列点

$$A = M_0, M_1, M_2, \cdots, M_{n-1}, M_n = B$$

它们分别对应于一列单调增加的参数值

$$\alpha = t_0 < t_1 < t_2 < \cdots < t_{n-1} < t_n = \beta$$

根据对弧长的曲线积分的定义

$$\int_L f(x,y)\,\mathrm{d}s = \lim_{\lambda \to 0} \sum_{i=1}^n f(\xi_i,\eta_i)\Delta s_i$$

设点 (ξ_i,η_i) 对应于参数值 τ_i，即 $\xi_i = \varphi(\tau_i)$、$\eta_i = \psi(\tau_i)$，这里 $t_{i-1} \leqslant \tau_i \leqslant t_i$。由于

$$\Delta s_i = \int_{t_{i-1}}^{t_i} \sqrt{\varphi'^2(t) + \psi'^2(t)}\,\mathrm{d}t$$

故应用积分中值定理，有

$$\Delta s_i = \sqrt{\varphi'^2(\mu_i) + \psi'^2(\mu_i)}\,\Delta t_i$$

其中，$\Delta t_i = t_i - t_{i-1}$，$t_{i-1} \leqslant \mu_i \leqslant t_i$。于是

$$\int_L f(x,y)\,\mathrm{d}s = \lim_{\lambda \to 0} \sum_{i=1}^n f[\varphi(\tau_i),\psi(\tau_i)]\ \sqrt{\varphi'^2(\mu_i) + \psi'^2(\mu_i)}\,\Delta t_i$$

由于 $\sqrt{\varphi'^2(t) + \psi'^2(t)}$ 在闭区间 $[\alpha,\beta]$ 上连续，可以证明上式中的 μ_i 换成 τ_i 是成立的（详细证明过程可参考文献[6]，这里从略），从而

$$\int_L f(x,y)\,\mathrm{d}s = \lim_{\lambda \to 0} \sum_{i=1}^n f[\varphi(\tau_i),\psi(\tau_i)]\ \sqrt{\varphi'^2(\tau_i) + \psi'^2(\tau_i)}\,\Delta t_i$$

由于上式右边就是函数 $f[\varphi(t),\psi(t)]\sqrt{\varphi'^2(t) + \psi'^2(t)}$ 在区间 $[\alpha,\beta]$ 上的定积分，由定理条件可知，该函数在区间 $[\alpha,\beta]$ 上是连续的，因此，这个定积分存在，且

$$\int_L f(x,y)\,\mathrm{d}s = \int_\alpha^\beta f[\varphi(t),\psi(t)]\ \sqrt{\varphi'^2(t) + \psi'^2(t)}\,\mathrm{d}t \qquad (\alpha < \beta)$$

式（11.4）表明，对弧长的曲线积分可转化为对参数方程的参数 t 作定积分。根据推导过程中 Δs_i 的非负性可知，Δt_i 也要具有非负性，因此必须注意，式（11.4）右边定积分的下限 α 必须小于上限 β。另外，在计算过程中，可利用上册定积分计算平面曲线的弧长元素公式

$$\mathrm{d}s = \sqrt{\varphi'^2(t) + \psi'^2(t)}\,\mathrm{d}t$$

特别地,有:

①若曲线 L 的方程为 $y = \psi(x)\ (a \leq x \leq b)$,则

$$\int_L f(x,y)\mathrm{d}s = \int_a^b f[x,\psi(x)]\sqrt{1 + \psi'^2(x)}\,\mathrm{d}x$$

②若曲线 L 的方程为 $x = \varphi(y)\ (c \leq y \leq d)$,则

$$\int_L f(x,y)\mathrm{d}s = \int_c^d f[\varphi(y),y]\sqrt{\varphi'^2(y) + 1}\,\mathrm{d}y$$

③若曲线 L 的方程表示为极坐标 $\rho = \rho(\theta)\ (\alpha \leq \theta \leq \beta)$ 时,可得

$$\int_L f(x,y)\mathrm{d}s = \int_\alpha^\beta f[\rho(\theta)\cos\theta,\rho(\theta)\sin\theta]\sqrt{\rho^2(\theta) + \rho'^2(\theta)}\,\mathrm{d}\theta$$

④若空间曲线 Γ 的方程为 $x = \varphi(t),y = \psi(t),z = \omega(t)\ (\alpha \leq t \leq \beta)$,则

$$\int_\Gamma f(x,y,z)\mathrm{d}s = \int_\alpha^\beta f[\varphi(t),\psi(t),\omega(t)]\sqrt{\varphi'^2(t) + \psi'^2(t) + \omega'^2(t)}\,\mathrm{d}t \quad (11.5)$$

例 1　计算 $\int_L \sqrt{y}\,\mathrm{d}s$,其中,$L$ 是抛物线 $y = x^2$ 上点 $O(0,0)$ 与点 $B(2,4)$ 之间的一段弧.

解　曲线弧 L 的方程为 $y = x^2\ (0 \leq x \leq 2)$,因此

$$\int_L \sqrt{y}\,\mathrm{d}s = \int_0^2 \sqrt{x^2}\sqrt{1 + (x^2)'^2}\,\mathrm{d}x$$

$$= \int_0^2 x\sqrt{1 + 4x^2}\,\mathrm{d}x = \frac{1}{12}(1 + 4x^2)^{\frac{3}{2}}\Big|_0^2 = \frac{1}{12}(17\sqrt{17} - 1)$$

例 2　计算半径为 R、中心角为 $\dfrac{\pi}{3}$ 的圆弧 L 对于它的对称轴的转动惯量 I(设线密度为 1).

解　取坐标系如图 11.3 所示,利用元素法可得

$$I = \int_L y^2 \mathrm{d}s$$

又曲线 L 的参数方程为

$$x = R\cos\theta, y = R\sin\theta\left(-\frac{\pi}{6} \leq \theta \leq \frac{\pi}{6}\right)$$

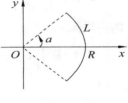

图 11.3

于是

$$I = \int_L y^2 \mathrm{d}s$$

$$= R^3 \int_{-\frac{\pi}{6}}^{\frac{\pi}{6}} \sin^2\theta\,\mathrm{d}\theta = R^3\left(\frac{1}{2}\theta - \frac{1}{4}\sin 2\theta\right)\Big|_{-\frac{\pi}{6}}^{\frac{\pi}{6}} = R^3\left(\frac{\pi}{6} - \frac{\sqrt{3}}{4}\right)$$

例 3　计算曲线积分 $\int_\Gamma (x^2 + y^2 + z^2)\mathrm{d}s$,其中,$\Gamma$ 为螺旋线 $x = a\cos t,y = a\sin t,z = t$ 上相应于 t 从 0 到 2π 的一段弧.

解　在曲线 Γ 上有

$$x^2 + y^2 + z^2 = (a\cos t)^2 + (a\sin t)^2 + t^2 = a^2 + t^2$$

并且

$$\mathrm{d}s = \sqrt{(-a\sin t)^2 + (a\cos t)^2 + 1^2}\,\mathrm{d}t = \sqrt{a^2 + 1}\,\mathrm{d}t$$

于是

$$\int_{\Gamma} (x^2 + y^2 + z^2)\,ds = \int_0^{2\pi} (a^2 + t^2)\,\sqrt{a^2 + 1}\,dt$$

$$= \frac{2}{3}\pi\,\sqrt{a^2 + 1}\,(3a^2 + 4\pi^2)$$

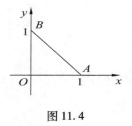

图 11.4

例4 计算 $\oint_L (x + y)\,ds$,其中,L 为折线 $OABO$,如图 11.4 所示.

解

$$\oint_L (x + y)\,ds = \int_{OA} (x + y)\,ds + \int_{AB} (x + y)\,ds + \int_{OB} (x + y)\,ds$$

$$= \int_0^1 x\,dx + \int_0^1 [x + (1 - x)]\,\sqrt{1 + (-1)^2}\,dx + \int_0^1 y\,dy$$

$$= 1 + \sqrt{2}$$

习题 11.1

1. 计算 $\int_L (x^2 + y^2)^n\,ds$,其中,$L:x = a\cos t, y = a\sin t(0 \leqslant t \leqslant 2\pi)$.

2. 计算 $\oint_L x\,ds$,其中,L 为由 $y = x$ 及 $y = x^2$ 围成的闭区域的整个边界曲线.

3. 计算 $\int_{\Gamma} \dfrac{1}{x^2 + y^2 + z^2}\,ds$,其中,$\Gamma$ 为曲线 $x = e^t\cos t, y = e^t\sin t, z = e^t$ 相应于 t 从 0 到 2 的一段弧.

4. 计算 $\int_{\Gamma} x^2 yz\,ds$,其中,Γ 为折线 $ABCD$,坐标 $A(0,0,0), B(0,0,2), C(1,0,2), D(1,3,2)$.

5. 计算 $\oint_L xy\,ds$,其中,L 是正方形 $|x| + |y| = a(a > 0)$ 的边界.

6. 求 $\int_L \sqrt{x^2 + y^2}\,ds$,其中,$L$ 为曲线段 $x = a(\cos t + t\sin t), y = a(\sin t - t\cos t)(0 \leqslant t \leqslant \pi)$.

7. 若椭圆周 $\dfrac{x^2}{a^2} + \dfrac{y^2}{b^2} = 1(0 < b < a)$ 上任一点 (x,y) 处的线密度为 $|y|$,求该椭圆周构件的质量.

11.2 对坐标的曲线积分

11.2.1 对坐标的曲线积分的概念与性质

引例 变力沿曲线所做的功.

设一个质点在 xOy 面内在变力 $\boldsymbol{F}(x,y)=P(x,y)\boldsymbol{i}+Q(x,y)\boldsymbol{j}$ 的作用下从点 A 沿光滑曲线弧 L 移动到点 B，试求变力 $\boldsymbol{F}(x,y)$ 所做的功.

如图 11.5 所示，用曲线 L 上的点 $A=A_0,A_1,A_2,\cdots,A_{n-1},A_n=B$ 把 L 分成 n 个小弧段 L_1，$L_2,\cdots,L_n$，用 $\Delta s_i=(\Delta x_i,\Delta y_i)$ 表示从 L_i 的起点到其终点的向量.同时，用 Δs_i 表示该向量的模.

设 A_k 的坐标为 (x_k,y_k)，有向线段 $\overrightarrow{A_kA_{k+1}}$ 的长度为 Δs_k，它与 x 轴的夹角为 τ_k，则

$$\overrightarrow{A_kA_{k+1}}=(\cos\tau_k,\sin\tau_k)\Delta s_k \qquad (k=0,1,2,\cdots,n-1)$$

显然，变力 $\boldsymbol{F}(x,y)$ 沿有向小弧段 $\widehat{A_kA_{k+1}}$ 所做的功可近似为

$$\boldsymbol{F}(x_k,y_k)\cdot\overrightarrow{A_kA_{k+1}}=[P(x_k,y_k)\cos\tau_k+Q(x_k,y_k)\sin\tau_k]\Delta s_k$$

于是，变力 $\boldsymbol{F}(x,y)$ 所做的功

$$W\approx\sum_{k=0}^{n-1}\boldsymbol{F}(x_k,y_k)\cdot\overrightarrow{A_kA_{k+1}}=\sum_{k=0}^{n-1}[P(x_k,y_k)\cos\tau_k+Q(x_k,y_k)\sin\tau_k]\Delta s_k$$

从而

$$W=\int_L[P(x,y)\cos\tau+Q(x,y)\sin\tau]\mathrm{d}s$$

这里 $\tau=\tau(x,y)$，$(\cos\tau,\sin\tau)$ 是曲线 L 在点 (x,y) 处的与曲线方向一致的单位切向量.

倘若换个角度，把 L 分成 n 个小弧段：$L_1,L_2,\cdots,L_n$；(ξ_i,η_i) 是 $\widehat{A_{i-1}A_i}$ 上任意取定的一点.

变力在 L_i 上所做的功也可近似为

$$\boldsymbol{F}(\xi_i,\eta_i)\cdot\Delta s_i=P(\xi_i,\eta_i)\Delta x_i+Q(\xi_i,\eta_i)\Delta y_i$$

变力在 L 上所做的功近似为

$$\sum_{i=1}^n[P(\xi_i,\eta_i)\Delta x_i+Q(\xi_i,\eta_i)\Delta y_i]$$

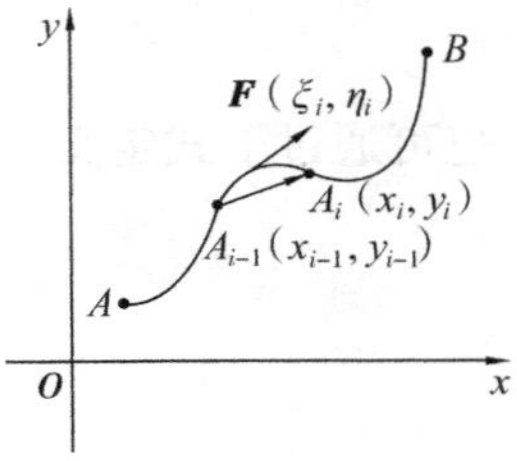

那么，变力在 L 上所做的功的精确值为

$$W=\lim_{\lambda\to0}\sum_{i=1}^n[P(\xi_i,\eta_i)\Delta x_i+Q(\xi_i,\eta_i)\Delta y_i]$$

图 11.5

其中，λ 是各小弧段长度的最大值.

定义 11.2　设函数 $f(x,y)$ 在有向光滑曲线 L 上有界.把 L 分成 n 个有向小弧段 $L_1,L_2,\cdots$，L_n，小弧段 L_i 的起点为 $A_{i-1}(x_{i-1},y_{i-1})$，终点为 $A_i(x_i,y_i)$，$\Delta x_i=x_i-x_{i-1}$，$\Delta y_i=y_i-y_{i-1}$，(ξ_i,η_i) 为 L_i 上任意一点，作乘积 $f(\xi_i,\eta_i)\Delta x_i(1\leqslant i\leqslant n)$. 设 λ 为各小弧段长度的最大值.

如果极限 $\lim\limits_{\lambda\to0}\sum\limits_{i=1}^n f(\xi_i,\eta_i)\Delta x_i$ 存在，则称此极限为函数 $f(x,y)$ 在有向曲线 L 上对坐标 x 的曲线积分，记作 $\int_L f(x,y)\mathrm{d}x$，即

$$\int_L f(x,y)\mathrm{d}x=\lim_{\lambda\to0}\sum_{i=1}^n f(\xi_i,\eta_i)\Delta x_i \tag{11.6}$$

如果极限 $\lim\limits_{\lambda\to0}\sum\limits_{i=1}^n f(\xi_i,\eta_i)\Delta y_i$ 存在，则称此极限为函数 $f(x,y)$ 在有向曲线 L 上对坐标 y 的曲线积分，记作 $\int_L f(x,y)\mathrm{d}y$，即

$$\int_L f(x,y)\,\mathrm{d}y = \lim_{\lambda \to 0} \sum_{i=1}^n f(\xi_i, \eta_i)\Delta y_i \tag{11.7}$$

式(11.6)称为$f(x,y)$在有向曲线L上**对坐标x的曲线积分**,式(11.7)称为$f(x,y)$在有向曲线L上**对坐标y的曲线积分**,对坐标的曲线积分也称第二类曲线积分.

设L为xOy面上一条光滑有向曲线,$(\cos\tau, \sin\tau)$是与曲线方向一致的单位切向量,设函数$P = P(x,y), Q = Q(x,y)$在L上有定义.如果下列两式右端的积分存在,可得

$$\int_L P(x,y)\,\mathrm{d}x = \int_L P(x,y)\cos\tau\,\mathrm{d}s$$

$$\int_L Q(x,y)\,\mathrm{d}y = \int_L Q(x,y)\sin\tau\,\mathrm{d}s$$

设Γ为空间内一条光滑有向曲线,$(\cos\alpha, \cos\beta, \cos\gamma)$是曲线在点$(x,y,z)$处的与曲线方向一致的单位切向量,函数$P(x,y,z), Q(x,y,z), R(x,y,z)$在$\Gamma$上有定义.定义(假如各式右端的积分存在)

$$\int_\Gamma P(x,y,z)\,\mathrm{d}x = \int_\Gamma P(x,y,z)\cos\alpha\,\mathrm{d}s$$

$$\int_\Gamma Q(x,y,z)\,\mathrm{d}y = \int_\Gamma Q(x,y,z)\cos\beta\,\mathrm{d}s$$

$$\int_\Gamma R(x,y,z)\,\mathrm{d}z = \int_\Gamma R(x,y,z)\cos\gamma\,\mathrm{d}s$$

也可通过下式定义

$$\int_\Gamma f(x,y,z)\,\mathrm{d}x = \lim_{\lambda \to 0} \sum_{i=1}^n f(\xi_i, \eta_i, \zeta_i)\Delta x_i$$

$$\int_\Gamma f(x,y,z)\,\mathrm{d}y = \lim_{\lambda \to 0} \sum_{i=1}^n f(\xi_i, \eta_i, \zeta_i)\Delta y_i$$

$$\int_\Gamma f(x,y,z)\,\mathrm{d}z = \lim_{\lambda \to 0} \sum_{i=1}^n f(\xi_i, \eta_i, \zeta_i)\Delta z_i$$

对坐标的曲线积分的简写形式为

$$\int_L P(x,y)\,\mathrm{d}x + \int_L Q(x,y)\,\mathrm{d}y = \int_L P(x,y)\,\mathrm{d}x + Q(x,y)\,\mathrm{d}y$$

$$\int_\Gamma P(x,y,z)\,\mathrm{d}x + \int_\Gamma Q(x,y,z)\,\mathrm{d}y + \int_\Gamma R(x,y,z)\,\mathrm{d}z = \int_\Gamma P(x,y,z)\,\mathrm{d}x + Q(x,y,z)\,\mathrm{d}y + R(x,y,z)\,\mathrm{d}z$$

记$P = P(x,y), Q = Q(x,y)$,总假设$\int_L P\mathrm{d}x + Q\mathrm{d}y$可积(下文同略),对坐标的曲线积分有如下性质:

性质1 设c_1, c_2为常数,则

$$\int_L c_1 P\mathrm{d}x + c_2 Q\mathrm{d}y = c_1\int_L P\mathrm{d}x + c_2\int_L Q\mathrm{d}y$$

性质2 如果把L分成L_1和L_2,则

$$\int_L P\mathrm{d}x + Q\mathrm{d}y = \int_{L_1} P\mathrm{d}x + Q\mathrm{d}y + \int_{L_2} P\mathrm{d}x + Q\mathrm{d}y \tag{11.8}$$

性质3 设L是有向曲线弧,$-L$或L^-表示与L方向相反的有向曲线弧,则

$$\int_{-L} P \mathrm{d}x + Q \mathrm{d}y = - \int_{L} P \mathrm{d}x + Q \mathrm{d}y \tag{11.9}$$

两类曲线积分之间的关系:设$(\cos \tau_i, \sin \tau_i)$为与$\Delta s_i$同向的单位向量,由于$\Delta s_i = (\Delta x_i, \Delta y_i)$,所以

$$\Delta x_i = \cos \tau_i \cdot \Delta s_i, \Delta y_i = \sin \tau_i \cdot \Delta s_i$$

$$\int_L f(x,y) \mathrm{d}x = \lim_{\lambda \to 0} \sum_{i=1}^{n} f(\xi_i, \eta_i) \Delta x_i$$

$$= \lim_{\lambda \to 0} \sum_{i=1}^{n} f(\xi_i, \eta_i) \cos \tau_i \Delta s_i = \int_L f(x,y) \cos \tau \mathrm{d}s$$

$$\int_L f(x,y) \mathrm{d}y = \lim_{\lambda \to 0} \sum_{i=1}^{n} f(\xi_i, \eta_i) \Delta y_i$$

$$= \lim_{\lambda \to 0} \sum_{i=1}^{n} f(\xi_i, \eta_i) \sin \tau_i \Delta s_i = \int_L f(x,y) \sin \tau \mathrm{d}s$$

即

$$\int_L P \mathrm{d}x + Q \mathrm{d}y = \int_L (P \cos \tau + Q \sin \tau) \mathrm{d}s$$

或写为

$$\int_L \boldsymbol{A} \cdot \mathrm{d}\boldsymbol{r} = \int_L \boldsymbol{A} \cdot \boldsymbol{t} \mathrm{d}s$$

其中,$\boldsymbol{A} = (P, Q), \boldsymbol{t} = (\cos \tau, \sin \tau)$为有向曲线弧$L$上点$(x,y)$处的单位切向量,即

$$\mathrm{d}\boldsymbol{r} = \boldsymbol{t} \mathrm{d}s = (\mathrm{d}x, \mathrm{d}y)$$

类似地有

$$\int_\Gamma P \mathrm{d}x + Q \mathrm{d}y + R \mathrm{d}z = \int_\Gamma (P \cos \alpha + Q \cos \beta + R \cos \gamma) \mathrm{d}s$$

或

$$\int_\Gamma \boldsymbol{A} \cdot \mathrm{d}\boldsymbol{r} = \int_\Gamma \boldsymbol{A} \cdot \boldsymbol{t} \mathrm{d}s = \int_\Gamma A_t \mathrm{d}s$$

其中,$\boldsymbol{A} = (P, Q, R), \boldsymbol{t} = (\cos \alpha, \cos \beta, \cos \gamma)$为有向曲线弧$\Gamma$上点$(x,y,z)$处的单位切向量,$\mathrm{d}\boldsymbol{r} = \boldsymbol{t} \mathrm{d}s = (\mathrm{d}x, \mathrm{d}y, \mathrm{d}z)$,$A_t$为向量$\boldsymbol{A}$在向量$\boldsymbol{t}$上的投影.

11.2.2　对坐标的曲线积分的计算方法

定理 11.2　设$P(x,y), Q(x,y)$是定义在光滑有向曲线$L: x = \varphi(t), y = \psi(t)$上的连续函数,当参数$t$单调地由$\alpha$变到$\beta$时,点$M(x,y)$从$L$的起点$A$沿$L$运动到终点$B$,则有

$$\int_L P(x,y) \mathrm{d}x = \int_\alpha^\beta P[\varphi(t), \psi(t)] \varphi'(t) \mathrm{d}t$$

$$\int_L Q(x,y) \mathrm{d}y = \int_\alpha^\beta Q[\varphi(t), \psi(t)] \psi'(t) \mathrm{d}t$$

$$\int_L P(x,y) \mathrm{d}x + Q(x,y) \mathrm{d}y = \int_\alpha^\beta \{P[\varphi(t), \psi(t)] \varphi'(t) + Q[\varphi(t), \psi(t)] \psi'(t)\} \mathrm{d}t$$

$$\tag{11.10}$$

证　不妨设$\alpha \le \beta$.对应于t点与曲线L的方向一致的切向量为$(\varphi'(t), \psi'(t))$,所以

$$\cos \tau = \frac{\varphi'(t)}{\sqrt{\varphi'^2(t) + \psi'^2(t)}}$$

从而

$$\int_L P(x,y)\,\mathrm{d}x = \int_L P(x,y)\cos \tau \mathrm{d}s$$

$$= \int_\alpha^\beta P[\varphi(t),\psi(t)]\,\frac{\varphi'(t)}{\sqrt{\varphi'^2(t) + \psi'^2(t)}}\,\sqrt{\varphi'^2(t) + \psi'^2(t)}\,\mathrm{d}t$$

$$= \int_\alpha^\beta P[\varphi(t),\psi(t)]\varphi'(t)\mathrm{d}t$$

其余两式同理可证.

注 ①下限 α 对应于 L 的起点坐标对应的参数的值,即 L 的起点的坐标为 $(\varphi(\alpha),\psi(\alpha))$;

②上限 β 对应于 L 的终点坐标对应的参数的值,α 不一定小于 β;

③若空间曲线 Γ 由参数方程 $x = \varphi(t),y = \psi(t),z = \omega(t)$ 给出,则曲线积分

$$\int_\Gamma P(x,y,z)\mathrm{d}x + Q(x,y,z)\mathrm{d}y + R(x,y,z)\mathrm{d}z =$$

$$\int_\alpha^\beta \left\{ P[\varphi(t),\psi(t),\omega(t)]\varphi'(t) + Q[\varphi(t),\psi(t),\omega(t)]\psi'(t) + R[\varphi(t),\psi(t),\omega(t)]\omega'(t) \right\}\mathrm{d}t$$

$$(11.11)$$

其中,α 为 Γ 的起点坐标对应的参数的值,β 为 Γ 的终点坐标对应的参数的值.

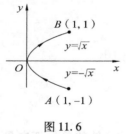

图 11.6

例1 计算 $\int_L xy\mathrm{d}x$,其中,如图 11.6 所示,L 为抛物线 $y^2 = x$ 上从点 $A(1,-1)$ 到点 $B(1,1)$ 的一段弧.

解 方法1:以 x 为参数.L 分为 $\overparen{AO}$ 和 $\overparen{OB}$ 两部分:

$\overparen{AO}$ 的方程为 $y = -\sqrt{x}$,x 从 1 变到 0;$\overparen{OB}$ 的方程为 $y = \sqrt{x}$,x 从 0 变到 1.

因此

$$\int_L xy\mathrm{d}x = \int_{\overparen{AO}} xy\mathrm{d}x + \int_{\overparen{OB}} xy\mathrm{d}x$$

$$= \int_1^0 x(-\sqrt{x})\mathrm{d}x + \int_0^1 x\sqrt{x}\mathrm{d}x = 2\int_0^1 x^{\frac{3}{2}}\mathrm{d}x = \frac{4}{5}$$

方法2:以 y 为积分变量.L 的方程为 $x = y^2$,y 从 -1 变到 1.因此

$$\int_L xy\mathrm{d}x = \int_{-1}^1 y^2 y(y^2)'\mathrm{d}y = 2\int_{-1}^1 y^4\mathrm{d}y = \frac{4}{5}$$

例2 计算 $\int_L y^2\mathrm{d}x$,L 如图 11.7 所示.

(1)L 为按逆时针方向绕行的上半圆周 $x^2 + y^2 = a^2$,$y \geq 0$;

(2)L 是从点 $A(a,0)$ 沿 x 轴到点 $B(-a,0)$ 的直线段.

解 (1)L 的参数方程为

$$x = a\cos \theta,y = a\sin \theta$$

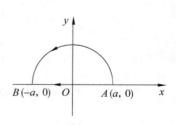

图 11.7

θ 从 0 变到 π，因此

$$\int_L y^2 \mathrm{d}x = \int_0^\pi a^2 \sin^2 \theta (-a \sin \theta) \mathrm{d}\theta$$
$$= a^3 \int_0^\pi (1 - \cos^2\theta) \mathrm{d} \cos \theta = -\frac{4}{3} a^3$$

（2）L 的方程为 $y = 0$，x 从 a 变到 $-a$，因此

$$\int_L y^2 \mathrm{d}x = \int_a^{-a} 0 \mathrm{d}x = 0$$

例 3　计算 $\int_L 2xy\mathrm{d}x + x^2\mathrm{d}y$．

（1）抛物线 $y = x^2$ 上从 $O(0,0)$ 到 $B(1,1)$ 的一段弧；

（2）抛物线 $x = y^2$ 上从 $O(0,0)$ 到 $B(1,1)$ 的一段弧；

（3）从 $O(0,0)$ 到 $A(1,0)$，再到 $B(1,1)$ 的有向折线．

解　（1）$L: y = x^2$，x 从 0 变到 1，所以

$$\int_L 2xy\mathrm{d}x + x^2\mathrm{d}y = \int_0^1 (2x \cdot x^2 + x^2 \cdot 2x) \mathrm{d}x = 4 \int_0^1 x^3 \mathrm{d}x = 1$$

（2）$L: x = y^2$，y 从 0 变到 1，所以

$$\int_L 2xy\mathrm{d}x + x^2\mathrm{d}y = \int_0^1 (2y^2 \cdot y \cdot 2y + y^4) \mathrm{d}y = 5 \int_0^1 y^4 \mathrm{d}y = 1$$

（3）$OA: y = 0$，x 从 0 变到 1；$AB: x = 1$，y 从 0 变到 1，所以

$$\int_L 2xy\mathrm{d}x + x^2\mathrm{d}y = \int_{OA} 2xy\mathrm{d}x + x^2\mathrm{d}y + \int_{AB} 2xy\mathrm{d}x + x^2\mathrm{d}y$$
$$= \int_0^1 (2x \cdot 0 + x^2 \cdot 0) \mathrm{d}x + \int_0^1 (2y \cdot 0 + 1) \mathrm{d}y$$
$$= 0 + 1 = 1$$

例 4　计算 $I = \oint_\Gamma xy\mathrm{d}x + yz\mathrm{d}y + zx\mathrm{d}z$，其中，$\Gamma$ 的参数方程为

$$\begin{cases} x = \cos t \\ y = \sin t \\ z = 1 - \cos t - \sin t \end{cases} \qquad t:0 \to 2\pi$$

解　由式（11.11）可知

$$I = \int_0^{2\pi} \big[\cos t \sin t (-\sin t) + \sin t (1 - \cos t - \sin t) \cos t +$$
$$(1 - \cos t - \sin t) \cos t (\sin t - \cos t) \big] \mathrm{d}t$$
$$= -\int_0^{2\pi} \cos^2 t \mathrm{d}t = -\pi$$

例 5　设一个质点在 $M(x,y)$ 处受到力 $\boldsymbol{F}$ 的作用，$\boldsymbol{F}$ 的大小与 M 到原点 O 的距离成正比，$\boldsymbol{F}$ 的方向恒指向原点．此质点由点 $A(a,0)$ 沿椭圆 $\dfrac{x^2}{a^2} + \dfrac{y^2}{b^2} = 1$（其中，$a > 0$，$b > 0$）按逆时针方向移动到点 $B(0,b)$，求力 $\boldsymbol{F}$ 所做的功 W．

解 椭圆的参数方程为 $x = a \cos t, y = b \sin t, t$ 从 0 变到 $\dfrac{\pi}{2}$.

由于 $\boldsymbol{r} = \overrightarrow{OM} = x\boldsymbol{i} + y\boldsymbol{j}, F = k \cdot |\boldsymbol{r}| \cdot \left(-\dfrac{\boldsymbol{r}}{|\boldsymbol{r}|} \right) = -k(x\boldsymbol{i} + y\boldsymbol{j})$

其中, $k > 0$ 是比例常数.

于是

$$W = \int_{\widehat{AB}} -kx\mathrm{d}x - ky\mathrm{d}y = -k\int_{\widehat{AB}} x\mathrm{d}x + y\mathrm{d}y$$

$$= -k\int_0^{\frac{\pi}{2}} (-a^2\cos t \sin t + b^2\sin t \cos t)\mathrm{d}t$$

$$= k(a^2 - b^2)\int_0^{\frac{\pi}{2}} \sin t \cos t \mathrm{d}t = \frac{k}{2}(a^2 - b^2)$$

习题 11.2

1. 计算 $\displaystyle\int_L (x^2 - y^2)\mathrm{d}x$, 其中, L 是抛物线 $y = x^2$ 上从点 $O(0,0)$ 到点 $A(2,4)$ 的一段弧.

2. 计算 $\displaystyle\int_L x\mathrm{d}y + y\mathrm{d}x$, 其中, L 是从点 $O(0,0)$ 到点 $A(1,2)$ 的直线段.

3. 计算 $\displaystyle\int_L xy\mathrm{d}x$, 其中, L 为圆周 $(x - a)^2 + y^2 = a^2(a > 0)$ 及 x 轴所围成的在第一象限内的区域的整个边界(按逆时针方向绕行).

4. 计算 $\displaystyle\int_\Gamma \mathrm{d}x - \mathrm{d}y + y\mathrm{d}z$, 其中, Γ 为有向闭曲线 $ABCA$, 这里的 A, B, C 依次为 $(1,0,0)$, $(0,1,0)$, $(0,0,1)$.

5. 计算 $\displaystyle\int_L (x + y)\mathrm{d}x + (y - x)\mathrm{d}y$, 其中, L 是:

(1) 抛物线 $y^2 = x$ 上从点 $(1,1)$ 到点 $(4,2)$ 的一段弧;

(2) 从点 $(1,1)$ 到点 $(4,2)$ 的直线段;

(3) 首先沿直线从点 $(1,1)$ 到点 $(1,2)$, 然后再沿直线到点 $(4,2)$ 的折线;

(4) 曲线 $x = 2t^2 + t + 1, y = t^2 + 1$ 上从点 $(1,1)$ 到点 $(4,2)$ 的一段弧.

6. 设 Γ 为曲线 $x = t, y = t^2, z = t$ 上相应于 t 从 0 变到 1 的曲线弧, 把对坐标的曲线积分 $\displaystyle\int_\Gamma P\mathrm{d}x + Q\mathrm{d}y + R\mathrm{d}z$ 化为对弧长的曲线积分.

7. 计算 $\displaystyle\int_L (x^2 + y^2)\mathrm{d}x + (x^2 - y)\mathrm{d}y$, 其中, L 是曲线 $y = |x|$ 上从点 $(-1,1)$ 到点 $(2,2)$ 的一段弧.

8. 计算 $\displaystyle\oint_L x^2\mathrm{d}y - y^2\mathrm{d}x$, 其中, 积分路径为椭圆周 $\dfrac{x^2}{a^2} + \dfrac{y^2}{b^2} = 1$, 按逆时针方向.

9. 设力 $\boldsymbol{F} = (y - x^2, z - y^2, x - z^2)$ 作用下,一质点沿曲线

$$\begin{cases} x = t \\ y = t^2 \qquad 0 \leqslant t \leqslant 1 \\ z = t^3 \end{cases}$$

从点 $A(0,0,0)$ 移动到点 $B(1,1,1)$,求 $\boldsymbol{F}$ 所做的功.

11.3　格林公式及其应用

11.3.1　格林公式

首先介绍单连通与复连通区域的概念.

设 D 为平面区域,如果 D 内任一闭曲线所围的部分都属于 D,则称 D 为平面单连通区域,否则称为复连通区域.

对平面区域 D 的边界曲线 L,规定 L 的正向如下:当观察者沿 L 的这个方向行走时,D 内在他近处的那一部分总在他的左边.

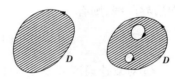

如图 11.8 所示,箭头方向为边界曲线的正向.

图 11.8

定理 11.3(格林公式)　设闭区域 D 由分段光滑的曲线 L 围成,函数 $P(x,y)$ 及 $Q(x,y)$ 在 D 上具有一阶连续偏导数,则有

$$\iint_D \left(\frac{\partial Q}{\partial x} - \frac{\partial P}{\partial y} \right) \mathrm{d}x\mathrm{d}y = \oint_L P\mathrm{d}x + Q\mathrm{d}y \tag{11.12}$$

其中,L 是 D 的取正向的边界曲线.

证　① 当 D 既是 X 型的,又是 Y 型的区域时,设

$$D = \{ (x,y) \mid \varphi_1(x) \leqslant y \leqslant \varphi_2(x), a \leqslant x \leqslant b \}$$

用 L_1 表示 $y = \varphi_1(x), x:a \to b$,用 L_2 表示 $y = \varphi_2(x), x:b \to a$.

因为 $\dfrac{\partial P}{\partial y}$ 连续,所以由二重积分的计算法有

$$\iint_D \frac{\partial P}{\partial y}\mathrm{d}x\mathrm{d}y = \int_a^b \left\{ \int_{\varphi_1(x)}^{\varphi_2(x)} \frac{\partial P(x,y)}{\partial y}\mathrm{d}y \right\}\mathrm{d}x = \int_a^b \{ P[x,\varphi_2(x)] - P[x,\varphi_1(x)] \}\mathrm{d}x$$

另一方面,由对坐标的曲线积分的性质及计算法有

$$\oint_L P\mathrm{d}x = \int_{L_1} P\mathrm{d}x + \int_{L_2} P\mathrm{d}x = \int_a^b P[x,\varphi_1(x)]\mathrm{d}x + \int_b^a P[x,\varphi_2(x)]\mathrm{d}x$$

$$= \int_a^b \left\{ P[x,\varphi_1(x)] - P[x,\varphi_2(x)] \right\}\mathrm{d}x$$

因此

$$\iint\limits_{D} -\frac{\partial P}{\partial y}\mathrm{d}x\mathrm{d}y = \oint_{L} P\mathrm{d}x$$

设 $D = \{(x,y)\mid \psi_1(y)\leqslant x\leqslant \psi_2(y), c\leqslant y\leqslant d\}$. 类似地,可证

$$\iint\limits_{D} \frac{\partial Q}{\partial x}\mathrm{d}x\mathrm{d}y = \oint_{L} Q\mathrm{d}y$$

由于 D 是 X 型的又是 Y 型的,因此,以上两式同时成立,两式合并即得

$$\iint\limits_{D}\left(\frac{\partial Q}{\partial x} - \frac{\partial P}{\partial y}\right)\mathrm{d}x\mathrm{d}y = \oint_{L} P\mathrm{d}x + Q\mathrm{d}y$$

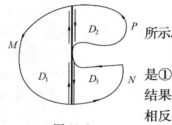

图 11.9

②对于不满足既是 X 型的又是 Y 型的单连通区域 D,如图 11.9 所示.

这时,可引一些辅助线将 D 分成有限个小区域,使得每个小区域是①的区域. 在每个小区域上利用①已证得的公式,然后再将所得的结果相加. 因为所引的辅助线上,两次使用公式时曲线积分方向正好相反,因而在这些辅助线上的曲线积分值相互抵消. 于是,就推出式 (11.12)对整个区域是成立的,用 L^+ 表示闭曲线 L 所围闭区域的正向边界曲线,则有

$$\iint\limits_{D} -\frac{\partial P}{\partial y}\mathrm{d}x\mathrm{d}y = \sum_{i=1}^{3}\iint\limits_{D_i} -\frac{\partial P}{\partial y}\mathrm{d}x\mathrm{d}y = \sum_{i=1}^{3}\int_{L_i^+} P\mathrm{d}x = \oint_{L^+} P\mathrm{d}x$$

③对复连通区域 D,这时仍然可通过作辅助线的方法将 D 分作若干小区域. 对于每个小区域使用上述公式,然后相加,即得出对于整个区域式(11.12)都是成立的.

特别地,设区域 D 的边界曲线为 L,D 的面积为 A. 取 $P = -y$,$Q = x$,则由格林公式可得

$$2\iint\limits_{D}\mathrm{d}x\mathrm{d}y = \oint_{L} x\mathrm{d}y - y\mathrm{d}x = 2A$$

于是

$$A = \iint\limits_{D}\mathrm{d}x\mathrm{d}y = \frac{1}{2}\oint_{L} x\mathrm{d}y - y\mathrm{d}x \tag{11.13}$$

例1　求椭圆 $\dfrac{x^2}{a^2} + \dfrac{y^2}{b^2} \leqslant 1$ $(a > 0, b > 0)$ 的面积 A.

解　设 D 为 $\dfrac{x^2}{a^2} + \dfrac{y^2}{b^2} \leqslant 1$,易知,$D$ 是由光滑椭圆曲线 $\begin{cases} x = a\cos\theta \\ y = b\sin\theta \end{cases}$ $(0 \leqslant \theta \leqslant 2\pi)$ 所围成的区域.

令 $P = -\dfrac{1}{2}y$,$Q = \dfrac{1}{2}x$,显然 P 及 Q 在平面上具有一阶连续偏导数. 而且 $\dfrac{\partial Q}{\partial x} - \dfrac{\partial P}{\partial y} = \dfrac{1}{2} + \dfrac{1}{2} = 1$.

于是,由格林公式可得

$$A = \iint\limits_{D}\mathrm{d}x\mathrm{d}y = \oint_{L} -\frac{1}{2}y\mathrm{d}x + \frac{1}{2}x\mathrm{d}y = \frac{1}{2}\oint_{L} -y\mathrm{d}x + x\mathrm{d}y$$

$$= \frac{1}{2}\int_{0}^{2\pi}(ab\sin^2\theta + ab\cos^2\theta)\mathrm{d}\theta = \frac{1}{2}ab\int_{0}^{2\pi}\mathrm{d}\theta = \pi ab$$

例 2　计算 $\iint\limits_{D} \mathrm{e}^{-y^2}\mathrm{d}x\mathrm{d}y$,其中, D 是以 $O(0,0)$, $A(1,1)$, $B(0,1)$ 为顶点的三角形闭区域.

分析　要使 $\dfrac{\partial Q}{\partial x} - \dfrac{\partial P}{\partial y} = \mathrm{e}^{-y^2}$,可取 $P = 0$, $Q = x\mathrm{e}^{-y^2}$.

解　令 $P = 0$, $Q = x\mathrm{e}^{-y^2}$,则 $\dfrac{\partial Q}{\partial x} - \dfrac{\partial P}{\partial y} = \mathrm{e}^{-y^2}$.显然 P 及 Q 在平面上具有一阶连续偏导数,由格林公式可得

$$\iint\limits_{D} \mathrm{e}^{-y^2}\mathrm{d}x\mathrm{d}y = \int_{OA+AB+BO} x\mathrm{e}^{-y^2}\mathrm{d}y = \int_{OA} x\mathrm{e}^{-y^2}\mathrm{d}y + \int_{AB} x\mathrm{e}^{-y^2}\mathrm{d}y + \int_{BO} x\mathrm{e}^{-y^2}\mathrm{d}y$$

又因为

$$OA:\begin{cases} y = x \\ x:0 \to 1 \end{cases}, \quad AB:\begin{cases} y = 1 \\ x:1 \to 0 \end{cases}, \quad BO:\begin{cases} x = 0 \\ y:1 \to 0 \end{cases}$$

所以

$$\iint\limits_{D} \mathrm{e}^{-y^2}\mathrm{d}x\mathrm{d}y = \int_{OA+AB+BO} x\mathrm{e}^{-y^2}\mathrm{d}y = \int_0^1 x\mathrm{e}^{-x^2}\mathrm{d}x + 0 + 0 = \frac{1}{2}(1 - \mathrm{e}^{-1})$$

例 3　计算 $\int_L (\mathrm{e}^x\sin y - 2y)\mathrm{d}x + (\mathrm{e}^x\cos y - 2)\mathrm{d}y$,其中, L 为逆时针方向的上半圆周 $(x - a)^2 + y^2 = a^2$, $y \geq 0$.

解　用 L_1 表示点 $(0,0)$ 到点 $(2a,0)$ 的直线段,则有

$$\int_L (\mathrm{e}^x\sin y - 2y)\mathrm{d}x + (\mathrm{e}^x\cos y - 2)\mathrm{d}y$$

$$= \int_L \mathrm{e}^x\sin y\mathrm{d}x + (\mathrm{e}^x\cos y - 2)\mathrm{d}y + \int_L (-2y)\mathrm{d}x$$

$$= \oint_{L+L_1} \mathrm{e}^x\sin y\mathrm{d}x + (\mathrm{e}^x\cos y - 2)\mathrm{d}y - \int_{L_1} \mathrm{e}^x\sin y\mathrm{d}x + (\mathrm{e}^x\cos y - 2)\mathrm{d}y + \int_L (-2y)\mathrm{d}x$$

应用格林公式可知

$$\oint_{L+L_1} \mathrm{e}^x\sin y\mathrm{d}x + (\mathrm{e}^x\cos y - 2)\mathrm{d}y = \iint\limits_{D} (\mathrm{e}^x\cos y - \mathrm{e}^x\cos y)\mathrm{d}\sigma = 0$$

显然在 L_1 上, $y \equiv 0$,故

$$\int_{L_1} \mathrm{e}^x\sin y\mathrm{d}x + (\mathrm{e}^x\cos y - 2)\mathrm{d}y = 0$$

L 的参数方程可写为

$$\begin{cases} x = a + a\cos\theta \\ y = a\sin\theta \end{cases} \quad (\theta:0 \to \pi)$$

于是

$$\int_L (-2y)\mathrm{d}x = \int_0^\pi -2a\sin\theta(-a\sin\theta)\mathrm{d}\theta = a^2\left(\theta - \frac{1}{2}\sin 2\theta\right)\Big|_0^\pi = \pi a^2$$

从而

$$原式 = 0 - 0 + \pi a^2 = \pi a^2$$

例 4　计算 $\oint_L \dfrac{x\mathrm{d}y - y\mathrm{d}x}{x^2 + y^2}$,其中, L 为一条无重点、分段光滑且不经过原点的连续闭曲线, L

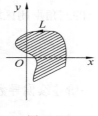

图 11.10

的方向为逆时针方向.

解 令 $P = \dfrac{-y}{x^2 + y^2}, Q = \dfrac{x}{x^2 + y^2}$. 则当 $x^2 + y^2 \neq 0$ 时, 有

$$\frac{\partial Q}{\partial x} = \frac{y^2 - x^2}{(x^2 + y^2)^2} = \frac{\partial P}{\partial y}$$

记 L 所围成的闭区域为 D. 当 $(0,0) \notin D$ 时如图 11.10 所示, 则由格林公式得

$$\oint_L \frac{x\mathrm{d}y - y\mathrm{d}x}{x^2 + y^2} = 0$$

当 $(0,0) \in D$ 时, 如图 11.11 所示在 D 内取一圆周 $l: x^2 + y^2 = r^2 (r > 0)$. 由 L 及 l 围成了一个复连通区域 D_1, 应用格林公式得

$$\oint_L \frac{x\mathrm{d}y - y\mathrm{d}x}{x^2 + y^2} - \oint_l \frac{x\mathrm{d}y - y\mathrm{d}x}{x^2 + y^2} = 0$$

其中, l 的方向取逆时针方向.

于是

$$\oint_L \frac{x\mathrm{d}y - y\mathrm{d}x}{x^2 + y^2} = \oint_l \frac{x\mathrm{d}y - y\mathrm{d}x}{x^2 + y^2} = \int_0^{2\pi} \frac{r^2\cos^2\theta + r^2\sin^2\theta}{r^2}\mathrm{d}\theta = 2\pi$$

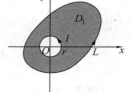

图 11.11

11.3.2 平面上曲线积分与路径无关的条件

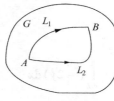

图 11.12

首先介绍曲线积分与路径无关的概念.

设 G 是一个区域如图 11.12 所示, $P(x,y), Q(x,y)$ 在区域 G 内具有一阶连续偏导数. 如果对于 G 内任意指定的两个点 A, B 以及 G 内从点 A 到点 B 的任意两条曲线 L_1, L_2, 等式

$$\int_{L_1} P\mathrm{d}x + Q\mathrm{d}y = \int_{L_2} P\mathrm{d}x + Q\mathrm{d}y$$

恒成立, 就称曲线积分 $\int_L P\mathrm{d}x + Q\mathrm{d}y$ 在 G 内**与路径无关**, 否则称**与路径有关**.

设曲线积分 $\int_L P\mathrm{d}x + Q\mathrm{d}y$ 在 G 内与路径无关, L_1 和 L_2 是 G 内任意两条从点 A 到点 B 的曲线, 则有

$$\int_{L_1} P\mathrm{d}x + Q\mathrm{d}y = \int_{L_2} P\mathrm{d}x + Q\mathrm{d}y$$

显然

$$\int_{L_1} P\mathrm{d}x + Q\mathrm{d}y = \int_{L_2} P\mathrm{d}x + Q\mathrm{d}y \Leftrightarrow \int_{L_1} P\mathrm{d}x + Q\mathrm{d}y - \int_{L_2} P\mathrm{d}x + Q\mathrm{d}y = 0$$

$$\Leftrightarrow \int_{L_1} P\mathrm{d}x + Q\mathrm{d}y + \int_{L_2^-} P\mathrm{d}x + Q\mathrm{d}y = 0 \Leftrightarrow \oint_{L_1 + (L_2^-)} P\mathrm{d}x + Q\mathrm{d}y = 0$$

第二类曲线积分与路径无关的问题上, 进一步地有以下结论:

定理 11.4 设 G 是单连通域, 函数 $P(x,y), Q(x,y)$ 在 G 内具有一阶连续偏导数, 则以下 4 个条件等价:

①对 G 中任意光滑闭曲线 L,有 $\oint_L P\mathrm{d}x + Q\mathrm{d}y = 0$;

②对 G 中任一分段光滑曲线 L,曲线积分 $\int_L P\mathrm{d}x + Q\mathrm{d}y$ 与路径无关;

③$P\mathrm{d}x + Q\mathrm{d}y$ 在 G 内是某一函数 $u(x,y)$ 的全微分,即 $\mathrm{d}u(x,y) = P\mathrm{d}x + Q\mathrm{d}y$;

④在 G 内每一点都有 $\dfrac{\partial P}{\partial y} = \dfrac{\partial Q}{\partial x}$.

证　①$\Rightarrow$②

设 L_1,L_2 为 G 内任意两条由起点 A 到终点 B 的有向分段光滑曲线,则

$$\int_{L_1} P\mathrm{d}x + Q\mathrm{d}y - \int_{L_2} P\mathrm{d}x + Q\mathrm{d}y = \int_{L_1} P\mathrm{d}x + Q\mathrm{d}y + \int_{L_2^-} P\mathrm{d}x + Q\mathrm{d}y$$

$$= \int_{L_1 + L_2^-} P\mathrm{d}x + Q\mathrm{d}y = 0$$

故

$$\int_{L_1} P\mathrm{d}x + Q\mathrm{d}y = \int_{L_2} P\mathrm{d}x + Q\mathrm{d}y$$

②$\Rightarrow$③

在 G 内取定点 (x_0,y_0),再任取点 (x,y) 和 $(x + \Delta x,y)$,因曲线积分与路径无关,不妨令函数

$$u(x,y) = \int_{(x_0,y_0)}^{(x,y)} P\mathrm{d}x + Q\mathrm{d}y$$

则

$$u(x + \Delta x,y) = \int_{(x_0,y_0)}^{(x+\Delta x,y)} P\mathrm{d}x + Q\mathrm{d}y$$

于是

$$\Delta u = u(x + \Delta x,y) - u(x,y) = \int_{(x,y)}^{(x+\Delta x,y)} P\mathrm{d}x + Q\mathrm{d}y$$

$$= \int_x^{x+\Delta x} P\mathrm{d}x = P(x + \theta\Delta x,y)\Delta x \quad (\text{积分中值定理},0 \leqslant \theta \leqslant 1)$$

故

$$\frac{\partial u}{\partial x} = \lim_{\Delta x \to 0} \frac{\Delta u}{\Delta x} = \lim_{\Delta x \to 0} P(x + \theta\Delta x,y) = P(x,y)$$

同理可证

$$\frac{\partial u}{\partial y} = Q(x,y)$$

因此有

$$\mathrm{d}u = P\mathrm{d}x + Q\mathrm{d}y$$

③$\Rightarrow$④

设存在函数 $u(x,y)$,使得

$$\mathrm{d}u = P\mathrm{d}x + Q\mathrm{d}y$$

那么

$$\frac{\partial u}{\partial x} = P(x,y), \quad \frac{\partial u}{\partial y} = Q(x,y)$$

所以

$$\frac{\partial P}{\partial y} = \frac{\partial^2 u}{\partial x \partial y}, \quad \frac{\partial Q}{\partial x} = \frac{\partial^2 u}{\partial y \partial x}$$

而 P,Q 在 G 内具有连续的偏导数,所以 $\frac{\partial^2 u}{\partial x \partial y} = \frac{\partial^2 u}{\partial y \partial x}$,从而在 G 内每一点都有 $\frac{\partial P}{\partial y} = \frac{\partial Q}{\partial x}$.

④⇒①

设 L 为 G 中任一分段光滑闭曲线,所围区域为 $D \subset G$.

注意到,在 D 上

$$\frac{\partial P}{\partial y} \equiv \frac{\partial Q}{\partial x}$$

利用格林公式,得

$$\oint_L P\mathrm{d}x + Q\mathrm{d}y = \iint_D 0\mathrm{d}\sigma = 0$$

由此可得定理中的任意两个条件都是等价的.

注意到定理要求区域 G 是单连通区域,且函数 $P(x,y)$ 及 $Q(x,y)$ 在 G 内具有一阶连续偏导数.

例5 计算 $\int_L 2xy\mathrm{d}x + x^2\mathrm{d}y$,其中,$L$ 为曲线 $y = \mathrm{e}^{\sin x}(x-1) + 1$ 上从 $O(0,0)$ 到 $B(1,1)$ 的一段弧.

解 因为 $\frac{\partial P}{\partial y} = \frac{\partial Q}{\partial x} = 2x$ 在整个 xOy 面内都成立,所以在整个 xOy 面内,积分 $\int_L 2xy\mathrm{d}x + x^2\mathrm{d}y$ 与路径无关.记 A 为点 $(1,0)$,则

$$\int_L 2xy\mathrm{d}x + x^2\mathrm{d}y = \int_{OA} 2xy\mathrm{d}x + x^2\mathrm{d}y + \int_{AB} 2xy\mathrm{d}x + x^2\mathrm{d}y$$

$$= \int_0^1 1^2\mathrm{d}y = 1$$

11.3.3 二元函数的全微分求积

曲线积分在 G 内与路径无关,表明曲线积分的值只与起点 (x_0,y_0) 与终点 (x,y) 有关.

如果 $\int_L P\mathrm{d}x + Q\mathrm{d}y$ 与路径无关,可把它记为

$$\int_{(x_0,y_0)}^{(x,y)} P\mathrm{d}x + Q\mathrm{d}y$$

即

$$\int_L P\mathrm{d}x + Q\mathrm{d}y = \int_{(x_0,y_0)}^{(x,y)} P\mathrm{d}x + Q\mathrm{d}y$$

若起点 (x_0, y_0) 为 G 内的一定点,终点 (x, y) 为 G 内的动点,则

$$u(x, y) = \int_{(x_0, y_0)}^{(x, y)} P dx + Q dy$$

为 G 内的函数.

二元函数 $u(x, y)$ 的全微分为

$$du(x, y) = u_x(x, y) dx + u_y(x, y) dy$$

表达式 $P(x, y) dx + Q(x, y) dy$ 与函数的全微分有相同的结构,但它未必就是某个函数的全微分.

由定理 11.5 已得表达式 $P(x, y) dx + Q(x, y) dy$ 是某个二元函数 $u(x, y)$ 的全微分的等价条件,并且由证明过程可知,一个这样的函数可表示为

$$u(x, y) = \int_{(x_0, y_0)}^{(x, y)} P(x, y) dx + Q(x, y) dy$$

于是,原函数 $u(x, y)$ 可通过下列公式求算

$$u(x, y) = \int_{x_0}^{x} P(x, y_0) dx + \int_{y_0}^{y} Q(x, y) dy$$

$$u(x, y) = \int_{y_0}^{y} Q(x_0, y) dy + \int_{x_0}^{x} P(x, y) dx \tag{11.14}$$

例 6 验证 $\dfrac{x dy - y dx}{x^2 + y^2}$ 在右半平面 $(x > 0)$ 内是某个函数的全微分,并求出一个这样的函数.

解 这里

$$P = \frac{-y}{x^2 + y^2}, Q = \frac{x}{x^2 + y^2}$$

因为 P, Q 在右半平面内具有一阶连续偏导数,且有

$$\frac{\partial Q}{\partial x} = \frac{y^2 - x^2}{(x^2 + y^2)^2} = \frac{\partial P}{\partial y}$$

所以在右半平面内,$\dfrac{x dy - y dx}{x^2 + y^2}$ 是某个函数的全微分.

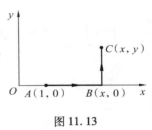

图 11.13

考虑到 P, Q 在原点没有定义,如图 11.13 所示. 取积分路线为从 $A(1, 0)$ 到 $B(x, 0)$ 再到 $C(x, y)$ 的折线,可得所求函数

$$u(x, y) = \int_{(1, 0)}^{(x, y)} \frac{x dy - y dx}{x^2 + y^2} = 0 + \int_{0}^{y} \frac{x dy}{x^2 + y^2} = \arctan \frac{y}{x}$$

例 7 设 $P(x, y) = x^4 + 4xy^3$,$Q(x, y) = 6x^2 y^2 + 5y^4$.

(1) 对平面上任意两点 A, B,证明 $\displaystyle\int_{AB} P dx + Q dy$ 与路径无关;

(2) 求 $P dx + Q dy$ 的一个原函数 $u(x, y)$;

(3) 求曲线积分 $\displaystyle\int_{(-2, -1)}^{(3, 1)} P dx + Q dy$.

解 (1) 由于 $P(x, y) = x^4 + 4xy^3$,$Q(x, y) = 6x^2 y^2 + 5y^4$ 在全平面有一阶连续偏导数,且 $\dfrac{\partial Q}{\partial x} = 12xy^2 = \dfrac{\partial P}{\partial y}$,所以曲线积分与路径无关.

（2）方法 1：用曲线积分法. 用坐标原点为曲线积分的起点. 对平面上任意一点 $B(x,y)$.
由式（11.14）可知

$$u(x,y) = \int_{(0,0)}^{(x,y)} P(x,y)\mathrm{d}x + Q(x,y)\mathrm{d}y = \int_0^x x^4 \mathrm{d}x + \int_0^y (6x^2y^2 + 5y^4)\mathrm{d}y$$

$$= \frac{1}{5}x^5 + 2x^2y^3 + y^5$$

方法 2：固定 y，关于 $x^4 + 4xy^3$ 对 x 求不定积分，得其一个原函数

$$u_1(x,y) = \frac{1}{5}x^5 + 2x^2y^3$$

从而，$P\mathrm{d}x + Q\mathrm{d}y$ 的原函数可表示为

$$u(x,y) = \frac{1}{5}x^5 + 2x^2y^3 + \varphi(y)$$

其中，$\varphi(y)$ 是一待定函数，再由 $\dfrac{\partial u}{\partial y} = 6x^2y^2 + \varphi'(y) = 6x^2y^2 + 5y^4$，得 $\varphi'(y) = 5y^4$，于是，$\varphi(y) = y^5 + C$，其中，C 为任意常数，所以

$$u(x,y) = \frac{1}{5}x^5 + 2x^2y^3 + y^5$$

方法 3：由于

$$(x^4 + 4xy^3)\mathrm{d}x + (6x^2y^2 + 5y^4)\mathrm{d}y = x^4\mathrm{d}x + (4xy^3\mathrm{d}x + 6x^2y^2\mathrm{d}y) + 5y^4\mathrm{d}y$$

$$= \mathrm{d}\left(\frac{1}{5}x^5\right) + \mathrm{d}(2x^2y^3) + \mathrm{d}(y^5)$$

$$= \mathrm{d}\left(\frac{1}{5}x^5 + 2x^2y^3 + y^5\right)$$

故

$$u(x,y) = \frac{1}{5}x^5 + 2x^2y^3 + y^5$$

（3）$\displaystyle\int_{(-2,-1)}^{(3,1)} P\mathrm{d}x + Q\mathrm{d}y = u(x,y)\Big|_{(-2,-1)}^{(3,1)}$

$$= \frac{1}{5}x^5 + 2x^2y^3 + y^5 \Big|_{(-2,-1)}^{(3,1)} = 83$$

习题 11.3

1. 在单连通区域 G 内，如果 $P(x,y)$ 和 $Q(x,y)$ 具有一阶连续偏导数，且恒有 $\dfrac{\partial Q}{\partial x} = \dfrac{\partial P}{\partial y}$，问：

（1）在 G 内的曲线积分 $\displaystyle\int_L P(x,y)\mathrm{d}x + Q(x,y)\mathrm{d}y$ 是否与路径无关？

（2）在 G 内的闭曲线积分 $\displaystyle\oint_L P(x,y)\mathrm{d}x + Q(x,y)\mathrm{d}y$ 是否为零？

（3）在 G 内 $P(x,y)\mathrm{d}x + Q(x,y)\mathrm{d}y$ 是否是某一函数 $u(x,y)$ 的全微分？

2. 在区域 G 内除 M_0 点外，如果 $P(x,y)$ 和 $Q(x,y)$ 具有一阶连续偏导数，且恒有 $\dfrac{\partial Q}{\partial x} = \dfrac{\partial P}{\partial y}$，$G_1$ 是 G 内不含 M_0 的单连通区域，试问：

（1）在 G_1 内的曲线积分 $\displaystyle\int_L P(x,y)\mathrm{d}x + Q(x,y)\mathrm{d}y$ 是否与路径无关？

（2）在 G_1 内的闭曲线积分 $\displaystyle\oint_L P(x,y)\mathrm{d}x + Q(x,y)\mathrm{d}y$ 是否为零？

（3）在 G_1 内 $P(x,y)\mathrm{d}x + Q(x,y)\mathrm{d}y$ 是否是某一函数 $u(x,y)$ 的全微分？

3. 在单连通区域 G 内，如果 $P(x,y)$ 和 $Q(x,y)$ 具有一阶连续偏导数，$\dfrac{\partial P}{\partial y} \neq \dfrac{\partial Q}{\partial x}$，但 $\dfrac{\partial Q}{\partial x} - \dfrac{\partial P}{\partial y}$ 非常简单，试问：

（1）如何计算 G 内的闭曲线积分？

（2）如何计算 G 内的非闭曲线积分？

4. 计算 $\displaystyle\int_L (x^2 - xy^3)\mathrm{d}x + (y^2 - 2xy)\mathrm{d}y$，其中，$L$ 是 4 个顶点分别为 $(0,0)$，$(2,0)$，$(2,2)$，$(0,2)$ 的正方形区域的正向边界.

5. 计算 $\displaystyle\oint_L (2xy - x^3)\mathrm{d}x + (x + y^2)\mathrm{d}y$，其中，$L$ 是由抛物线 $y = x^2$ 和 $y^2 = x$ 所围成的区域的正向边界曲线.

6. 利用曲线积分，计算星形线 $x = a\cos^3 t, y = a\sin^3 t$ 所围成的图形的面积.

7. 证明下列曲线积分在整个 xOy 面内与路径无关，并计算积分值：

（1）$\displaystyle\int_{(1,1)}^{(2,3)} (x + y)\mathrm{d}x + (x - y)\mathrm{d}y$；

（2）$\displaystyle\int_{(1,0)}^{(2,1)} (2xy - y^4 + 3)\mathrm{d}x + (x^2 - 4xy^3)\mathrm{d}y$.

8. 利用格林公式，计算下列曲线积分：

（1）$\displaystyle\int_L (2x - y + 4)\mathrm{d}x + (3x + 5y - 6)\mathrm{d}y$，其中，$L$ 为 3 顶点分别为 $(0,0)$，$(3,0)$ 和 $(3,2)$ 的三角形正向边界；

（2）$\displaystyle\int_L (2xy^3 - y^2\cos x)\mathrm{d}x + (1 - 2y\sin x + 3x^2y^2)\mathrm{d}y$，其中，$L$ 为抛物线 $y^2 = \dfrac{2}{\pi}x$ 由点 $(0,0)$ 到点 $\left(\dfrac{\pi}{2}, 1\right)$ 的一段弧；

（3）$\displaystyle\oint_{ABOA} (\mathrm{e}^x\sin y - y)\mathrm{d}x + (\mathrm{e}^x\cos y - 1)\mathrm{d}y$，其中，$ABOA$ 是以 $A(0,a)$，$B(a,0)$，$O(0,0)$ 为顶点的闭折线.

9. 计算 $\displaystyle\int_L (x^2 - y)\mathrm{d}x + (x + \sin^2 y)\mathrm{d}y$，其中，$L$ 是圆周 $y = \sqrt{2x - x^2}$ 上由点 $(0,0)$ 到点 $(2,0)$ 的一段弧.

10. 验证下列 $P(x,y)\mathrm{d}x + Q(x,y)\mathrm{d}y$ 在整个平面内是某个函数 $u(x,y)$ 的全微分，并求这

样一个 $u(x,y)$.

(1) $2xy\mathrm{d}x + x^2\mathrm{d}y$；

(2) $(2x\cos y + y^2\cos x)\mathrm{d}x + (2y\sin x - x^2\sin y)\mathrm{d}y$.

11.4 对面积的曲面积分

11.4.1 对面积的曲面积分的概念与性质

引例 曲面形物体的质量.

设有一面密度非均匀的曲面形物体,对应的空间图形为曲面 Σ,其面密度为 $\rho(x,y,z)$,求其质量.

可把曲面分成 n 个小块:

$$\Delta S_1, \Delta S_2, \cdots, \Delta S_n \qquad (\Delta S_i \text{ 也表示曲面的面积})$$

得质量的近似值

$$\sum_{i=1}^{n} \rho(\xi_i, \eta_i, \zeta_i)\Delta S_i \qquad ((\xi_i, \eta_i, \zeta_i) \text{ 是 } \Delta S_i \text{ 上任意一点})$$

然后取极限求精确值

$$M = \lim_{\lambda \to 0} \sum_{i=1}^{n} \rho(\xi_i, \eta_i, \zeta_i)\Delta S_i \qquad (\lambda \text{ 为各小块曲面的直径的最大值})$$

下面介绍对面积的曲面积分的定义.

定义 11.3 设曲面 Σ 是光滑的,函数 $f(x,y,z)$ 在 Σ 上有界.把 Σ 任意分成 n 小块: $\Delta S_1, \Delta S_2, \cdots, \Delta S_n(\Delta S_i$ 也表示曲面的面积$)$,在 ΔS_i 上任取一点 (ξ_i, η_i, ζ_i),如果当各小块曲面的直径的最大值 $\lambda \to 0$ 时,极限 $\lim\limits_{\lambda \to 0} \sum\limits_{i=1}^{n} f(\xi_i, \eta_i, \zeta_i)\Delta S_i$ 存在,则称此极限为函数 $f(x,y,z)$ 在曲面 Σ 上对面积的曲面积分或第一类曲面积分,记作 $\iint\limits_{\Sigma} f(x,y,z)\mathrm{d}S$, 即

$$\iint\limits_{\Sigma} f(x,y,z)\mathrm{d}S = \lim_{\lambda \to 0} \sum_{i=1}^{n} f(\xi_i, \eta_i, \zeta_i)\Delta S_i \tag{11.15}$$

其中,$f(x,y,z)$ 称为**被积函数**,Σ 称为**积分曲面**.

对面积的曲面积分的存在性有结论:当 $f(x,y,z)$ 在光滑曲面 Σ 上连续时,对面积的曲面积分是存在的.以后总假定 $f(x,y,z)$ 在 Σ 上连续.

根据上述定义,面密度为连续函数 $\rho(x,y,z)$ 的光滑曲面 Σ 的质量 M 可表示为 $\rho(x,y,z)$ 在 Σ 上对面积的曲面积分

$$M = \iint\limits_{\Sigma} \rho(x,y,z)\mathrm{d}S$$

如果 Σ 是分片光滑的,则规定函数在 Σ 上对面积的曲面积分等于函数在光滑的各片曲面

上对面积的曲面积分之和.例如,设 Σ 可分成两片光滑曲面 Σ_1 及 Σ_2(记作 $\Sigma = \Sigma_1 + \Sigma_2$)就规定

$$\iint\limits_{\Sigma_1 + \Sigma_2} f(x,y,z)\,\mathrm{d}S = \iint\limits_{\Sigma_1} f(x,y,z)\,\mathrm{d}S + \iint\limits_{\Sigma_2} f(x,y,z)\,\mathrm{d}S \tag{11.16}$$

对面积的曲面积分有以下的性质:

性质 1　设 c_1, c_2 为常数,则

$$\iint\limits_{\Sigma} \big[c_1 f(x,y,z) + c_2 g(x,y,z) \big]\,\mathrm{d}S = c_1 \iint\limits_{\Sigma} f(x,y,z)\,\mathrm{d}S + c_2 \iint\limits_{\Sigma} g(x,y,z)\,\mathrm{d}S \tag{11.17}$$

性质 2　若曲面 Σ 可分成两片光滑曲面 Σ_1 及 Σ_2,则

$$\iint\limits_{\Sigma} f(x,y,z)\,\mathrm{d}S = \iint\limits_{\Sigma_1} f(x,y,z)\,\mathrm{d}S + \iint\limits_{\Sigma_2} f(x,y,z)\,\mathrm{d}S \tag{11.18}$$

性质 3　设在曲面 Σ 上 $f(x,y,z) \leqslant g(x,y,z)$,则

$$\iint\limits_{\Sigma} f(x,y,z)\,\mathrm{d}S \leqslant \iint\limits_{\Sigma} g(x,y,z)\,\mathrm{d}S$$

性质 4　$\iint\limits_{\Sigma} \mathrm{d}S = A$,其中,$A$ 为曲面 Σ 的面积.

11.4.2　对面积的曲面积分的计算

定理 11.5　设曲面 Σ 由方程 $z = z(x,y)$ 给出,Σ 在 xOy 面上的投影区域为 D_{xy},函数 $z = z(x,y)$ 在 D_{xy} 上具有连续偏导数,被积函数 $f(x,y,z)$ 在 Σ 上连续,则

$$\iint\limits_{\Sigma} f(x,y,z)\,\mathrm{d}S = \iint\limits_{D_{xy}} f\big[x,y,z(x,y)\big] \sqrt{1 + z_x^2(x,y) + z_y^2(x,y)}\,\mathrm{d}x\mathrm{d}y \tag{11.19}$$

证　由题意可知,$f(x,y,z)$ 为定义在曲面 Σ 上的连续函数. 曲面 Σ 的方程为 $z = z(x,y)$,它在 xOy 面上的投影为一块可求面积区域 D_{xy},将区域 D_{xy} 划分为若干可求面积的小区域 $\Delta\sigma_1, \Delta\sigma_2, \Delta\sigma_3, \cdots, \Delta\sigma_n$,令 $\lambda = \max\limits_{1 \leqslant i \leqslant n} \{\Delta\sigma_i$ 的直径$\}$,在这一划分之下,相应的曲面 Σ 也被划分为若干可求面积的小块 $\Delta S_1, \Delta S_2, \Delta S_3, \cdots, \Delta S_n$,并把它们的面积仍记为 $\Delta S_1, \Delta S_2, \Delta S_3, \cdots, \Delta S_n$,那么,按定义就有

$$\iint\limits_{\Sigma} f(x,y,z)\,\mathrm{d}S = \lim_{\lambda \to 0} \sum_{i=1}^{n} f(\xi_i, \eta_i, \zeta_i)\,\Delta S_i$$

这里,点 (ξ_i, η_i, ζ_i) 为 ΔS_i 上的任意一点,也就是说 (ξ_i, η_i) 为 $\Delta\sigma_i$ 上的任意一点,而且 $\zeta_i = z(\xi_i, \eta_i)$. 再按照曲面面积的表达式及中值定理可知

$$\Delta S_i = \iint\limits_{\Delta\sigma_i} \sqrt{1 + z_x^2 + z_y^2}\,\mathrm{d}x\mathrm{d}y$$

$$= \sqrt{1 + \big[z_x(\xi_i^*, \eta_i^*)\big]^2 + \big[z_y(\xi_i^*, \eta_i^*)\big]^2}\,\Delta\sigma_i$$

这里,点 (ξ_i^*, η_i^*) 为 $\Delta\sigma_i$ 上的某一点. 于是

$$\sum_{i=1}^{n} f(\xi_i, \eta_i, \zeta_i)\,\Delta S_i = \sum_{i=1}^{n} f(\xi_i, \eta_i, \zeta_i) \sqrt{1 + \big[z_x(\xi_i^*, \eta_i^*)\big]^2 + \big[z_y(\xi_i^*, \eta_i^*)\big]^2}\,\Delta\sigma_i$$

所以

$$\iint\limits_{\Sigma} f(x,y,z)\,\mathrm{d}S = \lim_{\lambda\to 0}\sum_{i=1}^{n} f(\xi_i,\eta_i,\zeta_i)\sqrt{1+[z_x(\xi_i^*,\eta_i^*)]^2+[z_y(\xi_i^*,\eta_i^*)]^2}\,\Delta\sigma_i$$

$$= \lim_{\lambda\to 0}\sum_{i=1}^{n} f[\xi_i,\eta_i,z(\xi_i,\eta_i)]\sqrt{1+[z_x(\xi_i,\eta_i)]^2+[z_y(\xi_i,\eta_i)]^2}\,\Delta\sigma_i$$

$$= \iint\limits_{D_{xy}} f[x,y,z(x,y)]\sqrt{1+z_x^2(x,y)+z_y^2(x,y)}\,\mathrm{d}x\mathrm{d}y$$

该等号的详细证明过程可参考文献[6]，这里从略.

类似地，如果积分曲面 Σ 的方程表示为 $y=y(z,x)$，D_{zx} 为 Σ 在 zOx 面上的投影区域，则函数 $f(x,y,z)$ 在 Σ 上对面积的曲面积分为

$$\iint\limits_{\Sigma} f(x,y,z)\,\mathrm{d}S = \iint\limits_{D_{zx}} f[x,y(z,x),z]\sqrt{1+y_z^2(z,x)+y_x^2(z,x)}\,\mathrm{d}z\mathrm{d}x$$

如果积分曲面 Σ 的方程表示为 $x=x(y,z)$，D_{yz} 为 Σ 在 yOz 面上的投影区域，则函数 $f(x,y,z)$ 在 Σ 上对面积的曲面积分为

$$\iint\limits_{\Sigma} f(x,y,z)\,\mathrm{d}S = \iint\limits_{D_{yz}} f[x(y,z),y,z]\sqrt{1+x_y^2(y,z)+x_z^2(y,z)}\,\mathrm{d}y\mathrm{d}z$$

例 1　计算曲面积分 $\iint\limits_{\Sigma}\dfrac{1}{z}\,\mathrm{d}S$，其中，$\Sigma$ 是球面 $x^2+y^2+z^2=a^2$ 被平面 $z=h(0<h<a)$ 截出的顶部.

解　Σ 的方程为

$$z=\sqrt{a^2-x^2-y^2},\qquad D_{xy}:x^2+y^2\leqslant a^2-h^2$$

因为

$$z_x=\frac{-x}{\sqrt{a^2-x^2-y^2}},\ z_y=\frac{-y}{\sqrt{a^2-x^2-y^2}}$$

$$\mathrm{d}S=\sqrt{1+z_x^2+z_y^2}\,\mathrm{d}x\mathrm{d}y=\sqrt{1+\frac{x^2}{a^2-x^2-y^2}+\frac{y^2}{a^2-x^2-y^2}}\,\mathrm{d}x\mathrm{d}y=\frac{a}{\sqrt{a^2-x^2-y^2}}\,\mathrm{d}x\mathrm{d}y$$

所以

$$\iint\limits_{\Sigma}\frac{1}{z}\,\mathrm{d}S=\iint\limits_{D_{xy}}\frac{a}{a^2-x^2-y^2}\,\mathrm{d}x\mathrm{d}y$$

$$=a\int_0^{2\pi}\mathrm{d}\theta\int_0^{\sqrt{a^2-h^2}}\frac{r\mathrm{d}r}{a^2-r^2}=2\pi a\left[-\frac{1}{2}\ln(a^2-r^2)\right]_0^{\sqrt{a^2-h^2}}=2\pi a\ln\frac{a}{h}$$

例 2　计算 $\oiint\limits_{\Sigma}xyz\,\mathrm{d}S$，其中，$\Sigma$ 是由平面 $x=0,y=0,z=0$ 及 $x+y+z=1$ 所围成的四面体的整个边界曲面.

解　整个边界曲面 Σ 在平面 $x=0,y=0,z=0$ 及 $x+y+z=1$ 上的部分依次记为 $\Sigma_1,\Sigma_2,\Sigma_3$ 及 Σ_4. 其中

$$\Sigma_4:z=1-x-y,\mathrm{d}S=\sqrt{1+z_x^2+z_y^2}\,\mathrm{d}x\mathrm{d}y=\sqrt{3}\,\mathrm{d}x\mathrm{d}y$$

将 Σ_4 在 xOy 面的投影记为 D_{xy}，于是

$$\oiint\limits_{\Sigma} xyz\mathrm{d}S = \iint\limits_{\Sigma_1} xyz\mathrm{d}S + \iint\limits_{\Sigma_2} xyz\mathrm{d}S + \iint\limits_{\Sigma_3} xyz\mathrm{d}S + \iint\limits_{\Sigma_4} xyz\mathrm{d}S$$

$$= 0 + 0 + 0 + \iint\limits_{\Sigma_4} xyz\mathrm{d}S = \iint\limits_{D_{xy}} \sqrt{3}\, xy(1 - x - y)\mathrm{d}x\mathrm{d}y$$

$$= \sqrt{3} \int_0^1 x\mathrm{d}x \int_0^{1-x} y(1 - x - y)\mathrm{d}y = \sqrt{3} \int_0^1 x \cdot \frac{(1-x)^3}{6}\mathrm{d}x = \frac{\sqrt{3}}{120}$$

习题 11.4

1. 计算 $\iint\limits_{\Sigma} \left(2x + \frac{4}{3}y + z\right)\mathrm{d}S$，其中，$\Sigma$ 为平面 $\dfrac{x}{2} + \dfrac{y}{3} + \dfrac{z}{4} = 1$ 在第一卦限的部分.

2. 计算 $\iint\limits_{\Sigma} (xy + yz + zx)\mathrm{d}S$，其中，$\Sigma$ 为锥面 $z = \sqrt{x^2 + y^2}$ 被柱面 $x^2 + y^2 = 2ax$ 所截得的有限部分.

3. 计算 $\oiint\limits_{\Sigma} (x^2 + y^2 + z^2)\mathrm{d}S$，其中，$\Sigma$ 为由上半圆锥面 $z = \sqrt{x^2 + y^2}$ 与平面 $z = 1$ 围成的立体的表面.

4. 计算 $\iint\limits_{\Sigma} (x + y + z)\mathrm{d}S$，其中，$\Sigma$ 为上半球面 $z = \sqrt{a^2 - x^2 - y^2}$.

5. 计算 $\iint\limits_{\Sigma} (xy + z)^2\mathrm{d}S$，其中，$\Sigma$ 为球面 $x^2 + y^2 + z^2 = R^2$.

6. 求面密度为 $\rho = 1 + x + y + z$ 的抛物面壳 $z = \dfrac{1}{2}(x^2 + y^2)(0 \leqslant z \leqslant 1)$ 的质量.

7. 求位于第一卦限中的均匀球面壳 $x^2 + y^2 + z^2 = a^2$ 的质心坐标.

8. 求曲面积分 $\iint\limits_{\Sigma} x^2 y^2\mathrm{d}S$，其中，$\Sigma$ 为上半球面：$z = \sqrt{R^2 - x^2 - y^2}$.

11.5 对坐标的曲面积分

11.5.1 对坐标的曲面积分的概念与性质

(1) 有向曲面

通常遇到的许多曲面都是双侧的,这里假设曲面是光滑的. 例如,由方程 $z = z(x, y)$ 表示的曲面分为上侧与下侧.设 $\boldsymbol{n} = (\cos \alpha, \cos \beta, \cos \gamma)$ 为曲面上的法向量,在曲面的上侧 $\cos \gamma > 0$,在曲面的下侧 $\cos \gamma < 0$.闭曲面可为分内侧和外侧.

类似地,如果曲面的方程表示为 $y = y(z, x)$,则曲面分为左侧和右侧,在曲面的右侧 $\cos \beta > 0$,在曲面的左侧 $\cos \beta < 0$.如果曲面的方程表示为 $x = x(y, z)$,则曲面分为前侧和后

侧,在曲面的前侧 $\cos\alpha>0$,在曲面的后侧 $\cos\alpha<0$.

设 Σ 是有向曲面.在 Σ 上取一小块曲面 ΔS,把 ΔS 投影到 xOy 面上得一投影区域,这投影区域的面积记为 $(\Delta\sigma)_{xy}$.假定 ΔS 上各点处的法向量与 z 轴的夹角 γ 的余弦 $\cos\gamma$ 有相同的符号(即 $\cos\gamma$ 都是正的或都是负的).规定 ΔS 在 xOy 面上的投影 $(\Delta S)_{xy}$ 为

$$(\Delta S)_{xy} = \begin{cases} (\Delta\sigma)_{xy} & \cos\gamma>0 \\ -(\Delta\sigma)_{xy} & \cos\gamma<0 \\ 0 & \cos\gamma\equiv0 \end{cases}$$

其中,$\cos\gamma\equiv0$,也就是 $(\Delta\sigma)_{xy}=0$ 的情形.类似地,可定义 ΔS 在 yOz 面及在 zOx 面上的投影 $(\Delta S)_{yz}$ 及 $(\Delta S)_{zx}$.

首先讨论下面的例子,然后引入对坐标的曲面积分的概念.

(2)流向曲面一侧的流量

设稳定流动的不可压缩流体的速度场由

$$v(x,y,z) = (P(x,y,z),Q(x,y,z),R(x,y,z))$$

给出,Σ 是速度场中的一片有向曲面,函数 $P(x,y,z),Q(x,y,z),R(x,y,z)$ 都在 Σ 上连续,求在单位时间内流向 Σ 指定侧的流体的质量,即流量 Φ.

首先假设流体流过平面一侧面积为 A 的一个闭区域,且流体在这闭区域上各点处的流速为常向量 v,又设 n 为该平面的单位法向量,那么,在单位时间内流过这闭区域的流体组成一个底面积为 A、斜高为 $|v|$ 的斜柱体.

当 $(\widehat{v,n})=\theta<\dfrac{\pi}{2}$ 时,这斜柱体的体积为

$$A|v|\cos\theta = Av\cdot n$$

当 $(\widehat{v,n})=\dfrac{\pi}{2}$ 时,显然流体通过闭区域 A 的流向 n 所指一侧的流量 Φ 为零,而 $Av\cdot n=0$,故 $\Phi=Av\cdot n$;

当 $(\widehat{v,n})>\dfrac{\pi}{2}$ 时,$Av\cdot n<0$,这时仍把 $Av\cdot n$ 称为流体通过闭区域 A 流向 n 所指一侧的流量,它表示流体通过闭区域 A 实际上流向 $-n$ 所指一侧,且流向 $-n$ 所指一侧的流量为 $-Av\cdot n$.因此,不论 $(\widehat{v,n})$ 为何值,流体通过闭区域 A 流向 n 所指一侧的流量均为 $Av\cdot n$.

然后讨论一般情况,即 Σ 不是平面闭区域而是一片曲面,速度 v 也不看成常向量.把曲面 Σ 分成 n 小块:$\Delta S_1,\Delta S_2,\cdots,\Delta S_n$($\Delta S_i$ 同时也表示第 i 小块曲面的面积).在 Σ 是光滑的和 v 是连续的前提下,只要 ΔS_i 的直径很小,就可用 ΔS_i 上任一点 (ξ_i,η_i,ζ_i) 处的流速

$$v_i = v(\xi_i,\eta_i,\zeta_i) = P(\xi_i,\eta_i,\zeta_i)\boldsymbol{i} + Q(\xi_i,\eta_i,\zeta_i)\boldsymbol{j} + R(\xi_i,\eta_i,\zeta_i)\boldsymbol{k}$$

代替 ΔS_i 上其他各点处的流速.以该点 (ξ_i,η_i,ζ_i) 处曲面 Σ 的单位法向量

$$\boldsymbol{n}_i = \cos\alpha_i\boldsymbol{i} + \cos\beta_i\boldsymbol{j} + \cos\gamma_i\boldsymbol{k}$$

代替 ΔS_i 上其他各点处的单位法向量,从而得到通过 ΔS_i 流向指定侧的流量的近似值为

$$v_i\cdot n_i\Delta S_i \qquad (i=1,2,\cdots,n)$$

于是,通过 Σ 流向指定侧的流量

$$\Phi \approx \sum_{i=1}^{n} v_i \cdot n_i \Delta S_i$$

$$= \sum_{i=1}^{n} \left[P(\xi_i, \eta_i, \zeta_i) \cos \alpha_i + Q(\xi_i, \eta_i, \zeta_i) \cos \beta_i + R(\xi_i, \eta_i, \zeta_i) \cos \gamma_i \right] \Delta S_i$$

由于

$$\cos \alpha_i \cdot \Delta S_i \approx (\Delta S_i)_{yz}, \cos \beta_i \cdot \Delta S_i \approx (\Delta S_i)_{zx}, \cos \gamma_i \cdot \Delta S_i \approx (\Delta S_i)_{xy}$$

因此,上式可写为

$$\Phi \approx \sum_{i=1}^{n} \left[P(\xi_i, \eta_i, \zeta_i)(\Delta S_i)_{yz} + Q(\xi_i, \eta_i, \zeta_i)(\Delta S_i)_{zx} + R(\xi_i, \eta_i, \zeta_i)(\Delta S_i)_{xy} \right]$$

用 λ 表示 $\Delta S_1, \Delta S_2, \cdots, \Delta S_n$ 的直径的最大值. 令 $\lambda \to 0$ 取上述和的极限,就得到流量 Φ 的精确值.这样的极限还会在其他问题中遇到.抽去它们的具体意义,就得出下列对坐标的曲面积分的概念.

定义 11.4　设 Σ 为光滑的有向曲面,函数 $R(x,y,z)$ 在 Σ 上有界.把 Σ 任意分成 n 块小曲面 ΔS_i(ΔS_i 同时也表示第 i 小块曲面的面积).在 xOy 面上的投影为 $(\Delta S_i)_{xy}$,(ξ_i, η_i, ζ_i) 是 ΔS_i 上任意取定的一点.如果当各小块曲面的直径的最大值 $\lambda \to 0$ 时,

$$\lim_{\lambda \to 0} \sum_{i=1}^{n} R(\xi_i, \eta_i, \zeta_i)(\Delta S_i)_{xy}$$

存在,则称此极限为函数 $R(x,y,z)$ 在有向曲面 Σ 上对坐标 x,y 的曲面积分,记作

$$\iint_{\Sigma} R(x,y,z) \mathrm{d}x \mathrm{d}y$$

即

$$\iint_{\Sigma} R(x,y,z) \mathrm{d}x \mathrm{d}y = \lim_{\lambda \to 0} \sum_{i=1}^{n} R(\xi_i, \eta_i, \zeta_i)(\Delta S_i)_{xy}$$

类似地,有

$$\iint_{\Sigma} P(x,y,z) \mathrm{d}y \mathrm{d}z = \lim_{\lambda \to 0} \sum_{i=1}^{n} P(\xi_i, \eta_i, \zeta_i)(\Delta S_i)_{yz}$$

$$\iint_{\Sigma} Q(x,y,z) \mathrm{d}z \mathrm{d}x = \lim_{\lambda \to 0} \sum_{i=1}^{n} Q(\xi_i, \eta_i, \zeta_i)(\Delta S_i)_{zx} \tag{11.20}$$

其中,$P(x,y,z)$,$Q(x,y,z)$,$R(x,y,z)$ 称为**被积函数**,Σ 称为**积分曲面**.

以上 3 个曲面积分也称第二类曲面积分.

在应用上出现较多对坐标的曲面积分的简记形式有

$$\iint_{\Sigma} P(x,y,z) \mathrm{d}y \mathrm{d}z + \iint_{\Sigma} Q(x,y,z) \mathrm{d}z \mathrm{d}x + \iint_{\Sigma} R(x,y,z) \mathrm{d}x \mathrm{d}y$$

$$= \iint_{\Sigma} P(x,y,z) \mathrm{d}y \mathrm{d}z + Q(x,y,z) \mathrm{d}z \mathrm{d}x + R(x,y,z) \mathrm{d}x \mathrm{d}y$$

流向 Σ 指定侧的流量 Φ 可表示为

$$\Phi = \iint_{\Sigma} P(x,y,z) \mathrm{d}y \mathrm{d}z + Q(x,y,z) \mathrm{d}z \mathrm{d}x + R(x,y,z) \mathrm{d}x \mathrm{d}y \tag{11.21}$$

如果 Σ 是分片光滑的有向曲面,规定函数在 Σ 上对坐标的曲面积分等于函数在各片光滑

曲面上对坐标的曲面积分之和.

（3）对坐标的曲面积分的性质

对坐标的曲面积分具有与对坐标的曲线积分类似的一些性质.为书写简洁,记

$$P = P(x,y,z), Q = Q(x,y,z), R = R(x,y,z)$$

性质 1 如果把 Σ 分成 Σ_1 和 Σ_2,则

$$\iint\limits_{\Sigma} P\mathrm{d}y\mathrm{d}z + Q\mathrm{d}z\mathrm{d}x + R\mathrm{d}x\mathrm{d}y$$

$$= \iint\limits_{\Sigma_1} P\mathrm{d}y\mathrm{d}z + Q\mathrm{d}z\mathrm{d}x + R\mathrm{d}x\mathrm{d}y + \iint\limits_{\Sigma_2} P\mathrm{d}y\mathrm{d}z + Q\mathrm{d}z\mathrm{d}x + R\mathrm{d}x\mathrm{d}y \tag{11.22}$$

性质 2 设 Σ 是有向曲面,$-\Sigma$ 表示与 Σ 取相反侧的有向曲面,则

$$\iint\limits_{-\Sigma} P\mathrm{d}y\mathrm{d}z + Q\mathrm{d}z\mathrm{d}x + R\mathrm{d}x\mathrm{d}y = - \iint\limits_{\Sigma} P\mathrm{d}y\mathrm{d}z + Q\mathrm{d}z\mathrm{d}x + R\mathrm{d}x\mathrm{d}y \tag{11.23}$$

11.5.2　对坐标的曲面积分的计算法

将曲面积分化为二重积分:设积分曲面 Σ 由方程 $z = z(x,y)$ 给出 Σ 在 xOy 面上的投影区域为 D_{xy},函数 $z = z(x,y)$ 在 D_{xy} 上具有一阶连续偏导数,被积函数 $R(x,y,z)$ 在 Σ 上连续,则有

$$\iint\limits_{\Sigma} R(x,y,z)\mathrm{d}x\mathrm{d}y = \pm \iint\limits_{D_{xy}} R[x,y,z(x,y)]\mathrm{d}x\mathrm{d}y \tag{11.24}$$

其中,当 Σ 取上侧时,积分前取"+";当 Σ 取下侧时,积分前取"−".

这是因为按对坐标的曲面积分的定义,有

$$\iint\limits_{\Sigma} R(x,y,z)\mathrm{d}x\mathrm{d}y = \lim_{\lambda \to 0} \sum_{i=1}^{n} R(\xi_i,\eta_i,\zeta_i)(\Delta S_i)_{xy}$$

当 Σ 取上侧时,$\cos\gamma > 0$,所以 $(\Delta S_i)_{xy} = (\Delta\sigma_i)_{xy}$.

又因 (ξ_i,η_i,ζ_i) 是 Σ 上的一点,故 $\zeta_i = z(\xi_i,\eta_i)$,从而有

$$\sum_{i=1}^{n} R(\xi_i,\eta_i,\zeta_i)(\Delta S_i)_{xy} = \sum_{i=1}^{n} R[\xi_i,\eta_i,z(\xi_i,\eta_i)](\Delta\sigma_i)_{xy}$$

令 $\lambda \to 0$ 取上式两端的极限,就得到

$$\iint\limits_{\Sigma} R(x,y,z)\mathrm{d}x\mathrm{d}y = \iint\limits_{D_{xy}} R[x,y,z(x,y)]\mathrm{d}x\mathrm{d}y$$

同理,当 Σ 取下侧时,有

$$\iint\limits_{\Sigma} R(x,y,z)\mathrm{d}x\mathrm{d}y = - \iint\limits_{D_{xy}} R[x,y,z(x,y)]\mathrm{d}x\mathrm{d}y$$

也可由

$$\boldsymbol{n} = (\cos\alpha,\cos\beta,\cos\gamma) = \pm \frac{1}{\sqrt{1 + z_x^2 + z_y^2}}\{-z_x, -z_y, 1\}, \cos\gamma = \pm \frac{1}{\sqrt{1 + z_x^2 + z_y^2}}$$

$$\mathrm{d}S = \sqrt{1 + z_x^2 + z_y^2}\,\mathrm{d}x\mathrm{d}y$$

于是
$$\iint\limits_{\Sigma} R(x,y,z)\,\mathrm{d}x\mathrm{d}y = \iint\limits_{\Sigma} R(x,y,z)\cos\gamma\,\mathrm{d}S = \pm\iint\limits_{D_{xy}} R[x,y,z(x,y)]\,\mathrm{d}x\mathrm{d}y$$

类似地,如果 Σ 由 $x = x(y,z)$ 给出,则有

$$\iint\limits_{\Sigma} P(x,y,z)\,\mathrm{d}y\mathrm{d}z = \pm\iint\limits_{D_{yz}} P[x(y,z),y,z]\,\mathrm{d}y\mathrm{d}z \tag{11.25}$$

其中,当 Σ 取前侧时,积分前取"+";当 Σ 取后侧时,积分前取"−".

如果 Σ 由 $y = y(z,x)$ 给出,则有

$$\iint\limits_{\Sigma} Q(x,y,z)\,\mathrm{d}z\mathrm{d}x = \pm\iint\limits_{D_{zx}} Q[x,y(z,x),z]\,\mathrm{d}z\mathrm{d}x \tag{11.26}$$

其中,当 Σ 取右侧时,积分前取"+";当 Σ 取左侧时,积分前取"−".

例 1 计算曲面积分 $\iint\limits_{\Sigma} x^2\mathrm{d}y\mathrm{d}z + y^2\mathrm{d}z\mathrm{d}x + z^2\mathrm{d}x\mathrm{d}y$,其中,$\Sigma$ 是长方体 Ω 的整个表面的外侧,$\Omega = \{(x,y,z) \mid 0 \leqslant x \leqslant a, 0 \leqslant y \leqslant b, 0 \leqslant z \leqslant c\}$.

解 把 Ω 的上下面分别记为 Σ_1 和 Σ_2;前后面分别记为 Σ_3 和 Σ_4;左右面分别记为 Σ_5 和 Σ_6,即

$\Sigma_1 : z = c(0 \leqslant x \leqslant a, 0 \leqslant y \leqslant b)$ 的上侧;

$\Sigma_2 : z = 0(0 \leqslant x \leqslant a, 0 \leqslant y \leqslant b)$ 的下侧;

$\Sigma_3 : x = a(0 \leqslant y \leqslant b, 0 \leqslant z \leqslant c)$ 的前侧;

$\Sigma_4 : x = 0(0 \leqslant y \leqslant b, 0 \leqslant z \leqslant c)$ 的后侧;

$\Sigma_5 : y = 0(0 \leqslant x \leqslant a, 0 \leqslant z \leqslant c)$ 的左侧;

$\Sigma_6 : y = b(0 \leqslant x \leqslant a, 0 \leqslant z \leqslant c)$ 的右侧.

除 Σ_3, Σ_4 外,其余 4 片曲面在 yOz 面上的投影为零,因此

$$\iint\limits_{\Sigma} x^2\mathrm{d}y\mathrm{d}z = \iint\limits_{\Sigma_3} x^2\mathrm{d}y\mathrm{d}z + \iint\limits_{\Sigma_4} x^2\mathrm{d}y\mathrm{d}z = \iint\limits_{D_{yz}} a^2\mathrm{d}y\mathrm{d}z - \iint\limits_{D_{yz}} 0\mathrm{d}y\mathrm{d}z = a^2 bc$$

类似地,可得

$$\iint\limits_{\Sigma} y^2\mathrm{d}z\mathrm{d}x = b^2 ac, \iint\limits_{\Sigma} z^2\mathrm{d}x\mathrm{d}y = c^2 ab$$

于是,所求曲面积分为

$$a^2 bc + b^2 ac + c^2 ab = (a + b + c)abc$$

例 2 计算曲面积分 $\iint\limits_{\Sigma} xyz\mathrm{d}x\mathrm{d}y$,其中,$\Sigma$ 是球面 $x^2 + y^2 + z^2 = 4$ 外侧在 $x \geqslant 0, y \geqslant 0$ 的部分.

解 把有向曲面 Σ 分成以下两部分:

$\Sigma_1 : z = \sqrt{4 - x^2 - y^2}\,(x \geqslant 0, y \geqslant 0)$ 的上侧;

$\Sigma_2 : z = -\sqrt{4 - x^2 - y^2}\,(x \geqslant 0, y \geqslant 0)$ 的下侧.

Σ_1 和 Σ_2 在 xOy 面上的投影区域都是

$$D_{xy} : x^2 + y^2 \leqslant 4 \qquad (x \geqslant 0, y \geqslant 0)$$

于是

$$\iint_\Sigma xyz\mathrm{d}x\mathrm{d}y = \iint_{\Sigma_1} xyz\mathrm{d}x\mathrm{d}y + \iint_{\Sigma_2} xyz\mathrm{d}x\mathrm{d}y$$

$$= \iint_{D_{xy}} xy\sqrt{4-x^2-y^2}\mathrm{d}x\mathrm{d}y - \iint_{D_{xy}} xy(-\sqrt{4-x^2-y^2})\mathrm{d}x\mathrm{d}y$$

$$= 2\iint_{D_{xy}} xy\sqrt{4-x^2-y^2}\mathrm{d}x\mathrm{d}y$$

$$= 2\int_0^{\frac{\pi}{2}}\mathrm{d}\theta\int_0^2 r^2\sin\theta\cos\theta\sqrt{4-r^2}r\mathrm{d}r$$

$$= \frac{64}{15}$$

11.5.3 两类曲面积分之间的联系

设积分曲面 Σ 由方程 $z=z(x,y)$ 给出 Σ 在 xOy 面上的投影区域为 D_{xy}，函数 $z=z(x,y)$ 在 D_{xy} 上具有一阶连续偏导数，被积函数 $R(x,y,z)$ 在 Σ 上连续.

如果 Σ 取上侧，则有

$$\iint_\Sigma R(x,y,z)\mathrm{d}x\mathrm{d}y = \iint_{D_{xy}} R[x,y,z(x,y)]\mathrm{d}x\mathrm{d}y$$

另外，因上述有向曲面 Σ 的法向量的方向余弦为

$$\cos\alpha = \frac{-z_x}{\sqrt{1+z_x^2+z_y^2}},\cos\beta = \frac{-z_y}{\sqrt{1+z_x^2+z_y^2}},\cos\gamma = \frac{1}{\sqrt{1+z_x^2+z_y^2}}$$

故由对面积的曲面积分计算公式有

$$\iint_\Sigma R(x,y,z)\cos\gamma\mathrm{d}S = \iint_{D_{xy}} R[x,y,z(x,y)]\mathrm{d}x\mathrm{d}y$$

由此可知，有

$$\iint_\Sigma R(x,y,z)\mathrm{d}x\mathrm{d}y = \iint_\Sigma R(x,y,z)\cos\gamma\mathrm{d}S$$

如果 Σ 取下侧，则有

$$\iint_\Sigma R(x,y,z)\mathrm{d}x\mathrm{d}y = -\iint_{D_{xy}} R[x,y,z(x,y)]\mathrm{d}x\mathrm{d}y$$

但这时 $\cos\gamma = \dfrac{-1}{\sqrt{1+z_x^2+z_y^2}}$，因此仍有

$$\iint_\Sigma R(x,y,z)\mathrm{d}x\mathrm{d}y = \iint_\Sigma R(x,y,z)\cos\gamma\mathrm{d}S$$

类似地，可推得

$$\iint_\Sigma P(x,y,z)\mathrm{d}y\mathrm{d}z = \iint_\Sigma P(x,y,z)\cos\alpha\mathrm{d}S$$

$$\iint_\Sigma Q(x,y,z)\mathrm{d}z\mathrm{d}x = \iint_\Sigma Q(x,y,z)\cos\beta\mathrm{d}S$$

综合起来,有

$$\iint\limits_{\Sigma} P\mathrm{d}y\mathrm{d}z + Q\mathrm{d}z\mathrm{d}x + R\mathrm{d}x\mathrm{d}y = \iint\limits_{\Sigma}(P\cos\alpha + Q\cos\beta + R\cos\gamma)\mathrm{d}S \qquad (11.27)$$

其中,$\cos\alpha,\cos\beta,\cos\gamma$ 是有向曲面 Σ 上点 (x,y,z) 处的法向量的方向余弦.

两类曲面积分之间的联系也可写成向量的形式

$$\iint\limits_{\Sigma} \boldsymbol{A} \cdot \mathrm{d}\boldsymbol{S} = \iint\limits_{\Sigma} \boldsymbol{A} \cdot \boldsymbol{n}\mathrm{d}S,\text{或}\iint\limits_{\Sigma} \boldsymbol{A} \cdot \mathrm{d}\boldsymbol{S} = \iint\limits_{\Sigma} A_n\mathrm{d}S$$

其中,$\boldsymbol{A} = (P,Q,R)$,$\boldsymbol{n} = (\cos\alpha,\cos\beta,\cos\gamma)$ 是有向曲面 Σ 上点 (x,y,z) 处的单位法向量,$\mathrm{d}\boldsymbol{S} = \boldsymbol{n}\mathrm{d}S = (\mathrm{d}y\mathrm{d}z,\mathrm{d}z\mathrm{d}x,\mathrm{d}x\mathrm{d}y)$ 称为有向曲面元,A_n 为向量 $\boldsymbol{A}$ 在向量 $\boldsymbol{n}$ 上的投影.

例 3　计算曲面积分 $\iint\limits_{\Sigma}(z^2 + x)\mathrm{d}y\mathrm{d}z - z\mathrm{d}x\mathrm{d}y$,其中,$\Sigma$ 是曲面 $z = \dfrac{1}{2}(x^2 + y^2)$ 介于平面 $z = 0$ 及 $z = 2$ 之间部分的下侧.

解　此题若采用投影法,较为烦琐.利用两类曲面积分之间的关系比较简便.

因为已知曲面上向下的法向量为 $(x,y,-1)$,所以

$$\iint\limits_{\Sigma}(z^2 + x)\mathrm{d}y\mathrm{d}z = \iint\limits_{\Sigma}(z^2 + x)\cos\alpha\mathrm{d}S = \iint\limits_{\Sigma}(z^2 + x)\frac{\cos\alpha}{\cos\gamma}\mathrm{d}x\mathrm{d}y$$

其中

$$\cos\alpha = \frac{x}{\sqrt{1 + x^2 + y^2}},\cos\gamma = \frac{-1}{\sqrt{1 + x^2 + y^2}},\mathrm{d}S = \sqrt{1 + x^2 + y^2}\mathrm{d}x\mathrm{d}y$$

于是

$$\iint\limits_{\Sigma}(z^2 + x)\mathrm{d}y\mathrm{d}z - z\mathrm{d}x\mathrm{d}y = \iint\limits_{\Sigma}[(z^2 + x)\cos\alpha - z\cos\gamma]\mathrm{d}S$$

$$= \iint\limits_{x^2+y^2\leq 4}\left\{\left[\frac{1}{4}(x^2 + y^2)^2 + x\right]\cdot x - \frac{1}{2}(x^2 + y^2)\cdot(-1)\right\}\mathrm{d}x\mathrm{d}y$$

$$= \iint\limits_{x^2+y^2\leq 4}\frac{x}{4}(x^2 + y^2)^2\mathrm{d}x\mathrm{d}y + \iint\limits_{x^2+y^2\leq 4}\left[x^2 + \frac{1}{2}(x^2 + y^2)\right]\mathrm{d}x\mathrm{d}y$$

$$= \int_0^{2\pi}\mathrm{d}\theta\int_0^2\left(r^2\cos^2\theta + \frac{1}{2}r^2\right)r\mathrm{d}r = 8\pi$$

习题 11.5

1. 计算 $\iint\limits_{\Sigma} x^2 y^2 z\mathrm{d}x\mathrm{d}y$,其中,$\Sigma$ 为球面 $x^2 + y^2 + z^2 = a^2(a > 0)$ 的下半部分的下侧.

2. 计算 $\iint\limits_{\Sigma} z\mathrm{d}x\mathrm{d}y + x\mathrm{d}y\mathrm{d}z + y\mathrm{d}z\mathrm{d}x$,其中,$\Sigma$ 为柱面 $x^2 + y^2 = 1$ 被平面 $z = 0$ 及 $z = 3$ 所截得的在第一卦限部分的前侧.

3. 计算 $\oiint\limits_{\Sigma} xz\mathrm{d}x\mathrm{d}y + xy\mathrm{d}y\mathrm{d}z + yz\mathrm{d}z\mathrm{d}x$,其中,$\Sigma$ 是三坐标面与平面 $x + y + z = 1$ 所围成的空间

区域的整个边界曲面的外侧.

4. 计算 $\iint\limits_{\Sigma} x\mathrm{d}y\mathrm{d}z + y\mathrm{d}z\mathrm{d}x + z\mathrm{d}x\mathrm{d}y$,其中,$\Sigma$ 为半球面 $z = \sqrt{1 - x^2 - y^2}$ 的上侧.

5. 将对坐标的曲面积分 $\iint\limits_{\Sigma} P(x,y,z)\mathrm{d}x\mathrm{d}y + Q(x,y,z)\mathrm{d}y\mathrm{d}z + R(x,y,z)\mathrm{d}z\mathrm{d}x$ 化成对面积的曲面积分,其中:

(1)Σ 是平面 $3x + 2y + 2\sqrt{3}z = 6$ 在第一卦限部分的上侧;

(2)Σ 是抛物面 $z = 8 - (x^2 + y^2)$ 在 xOy 面上方部分的上侧.

6. 计算曲面积分 $I = \iint\limits_{\Sigma} (2x + z)\mathrm{d}y\mathrm{d}z + z\mathrm{d}x\mathrm{d}y$,其中,$\Sigma$ 是曲面 $z = x^2 + y^2$ 与平面 $z = 1$ 所围成的封闭曲面的内侧.

11.6 高斯公式 通量与散度

11.6.1 高斯公式

高斯公式也称发散量定理. 这一定理是由俄国数学家奥斯特洛格拉德斯基(1801—1862)首先登文发表的,但高斯更早发明了此定理,只是没有及时发表. 有些书上也称此定理为奥氏定理.

定理 11.6 设空间闭区域 Ω 由分片光滑的闭曲面 Σ 所围成,函数 $P(x,y,z)$,$Q(x,y,z)$,$R(x,y,z)$ 在 Ω 上具有一阶连续偏导数,则有

$$\iiint\limits_{\Omega} \left(\frac{\partial P}{\partial x} + \frac{\partial Q}{\partial y} + \frac{\partial R}{\partial z} \right)\mathrm{d}v = \oiint\limits_{\Sigma} P\mathrm{d}y\mathrm{d}z + Q\mathrm{d}z\mathrm{d}x + R\mathrm{d}x\mathrm{d}y \qquad (11.28)$$

也可写为

$$\iiint\limits_{\Omega} \left(\frac{\partial P}{\partial x} + \frac{\partial Q}{\partial y} + \frac{\partial R}{\partial z} \right)\mathrm{d}v = \oiint\limits_{\Sigma} (P\cos\alpha + Q\cos\beta + R\cos\gamma)\mathrm{d}S$$

其中,Σ 取外侧.

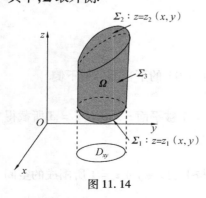

图 11.14

证 首先考虑 Ω 是如图 11.14 所示的情形,上边界曲面为 $\Sigma_2 : z = z_2(x,y)$,下边界曲面为 $\Sigma_1 : z = z_1(x,y)$,侧面为柱面 Σ_3. Σ_1 取下侧,Σ_2 取上侧,Σ_3 取外侧.

根据三重积分的计算法,有

$$\iiint\limits_{\Omega} \frac{\partial R}{\partial z}\mathrm{d}v = \iint\limits_{D_{xy}} \mathrm{d}x\mathrm{d}y \int_{z_1(x,y)}^{z_2(x,y)} \frac{\partial R}{\partial z}\mathrm{d}z$$

$$= \iint\limits_{D_{xy}} \left\{ R[x,y,z_2(x,y)] - R[x,y,z_1(x,y)] \right\}\mathrm{d}x\mathrm{d}y$$

另外,有

$$\iint\limits_{\Sigma_1} R(x,y,z)\,\mathrm{d}x\mathrm{d}y = -\iint\limits_{D_{xy}} R[x,y,z_1(x,y)]\,\mathrm{d}x\mathrm{d}y$$

$$\iint\limits_{\Sigma_2} R(x,y,z)\,\mathrm{d}x\mathrm{d}y = \iint\limits_{D_{xy}} R[x,y,z_2(x,y)]\,\mathrm{d}x\mathrm{d}y$$

$$\iint\limits_{\Sigma_3} R(x,y,z)\,\mathrm{d}x\mathrm{d}y = 0$$

以上 3 式相加,得

$$\oiint\limits_{\Sigma} R(x,y,z)\,\mathrm{d}x\mathrm{d}y = \iint\limits_{D_{xy}} \left\{ R[x,y,z_2(x,y)] - R[x,y,z_1(x,y)] \right\}\mathrm{d}x\mathrm{d}y$$

所以

$$\iiint\limits_{\Omega} \frac{\partial R}{\partial z}\mathrm{d}v = \oiint\limits_{\Sigma} R(x,y,z)\,\mathrm{d}x\mathrm{d}y$$

类似地,有

$$\iiint\limits_{\Omega} \frac{\partial P}{\partial x}\mathrm{d}v = \oiint\limits_{\Sigma} P(x,y,z)\,\mathrm{d}y\mathrm{d}z$$

$$\iiint\limits_{\Omega} \frac{\partial Q}{\partial y}\mathrm{d}v = \oiint\limits_{\Sigma} Q(x,y,z)\,\mathrm{d}z\mathrm{d}x$$

把以上 3 式两端分别相加,即得

$$\iiint\limits_{\Omega}\left(\frac{\partial P}{\partial x} + \frac{\partial Q}{\partial y} + \frac{\partial R}{\partial z}\right)\mathrm{d}v = \oiint\limits_{\Sigma} P\mathrm{d}y\mathrm{d}z + Q\mathrm{d}z\mathrm{d}x + R\mathrm{d}x\mathrm{d}y \tag{11.29}$$

对一般的区域 Ω,可作一些辅助曲面将 Ω 分成若干个如图 11.14 所示的小区域,则在每个小区域上式(11.29)成立. 然后将在各小区域上的等式相加就可推出整个 Ω 上,式(11.28)是成立的.

例 1　利用高斯公式计算曲面积分 $\oiint\limits_{\Sigma}(x-y)\mathrm{d}x\mathrm{d}y + (y-z)x\mathrm{d}y\mathrm{d}z$,其中,$\Sigma$ 为柱面 $x^2 + y^2 = 4$ 及平面 $z = 0, z = 5$ 所围成的空间闭区域 Ω 的整个边界曲面的外侧.

解　这里

$$P = (y-z)x, Q = 0, R = x - y$$
$$\frac{\partial P}{\partial x} = y - z, \frac{\partial Q}{\partial y} = 0, \frac{\partial R}{\partial z} = 0$$

由高斯公式,有

$$\oiint\limits_{\Sigma}(x-y)\mathrm{d}x\mathrm{d}y + (y-z)x\mathrm{d}y\mathrm{d}z = \iiint\limits_{\Omega}(y-z)\mathrm{d}x\mathrm{d}y\mathrm{d}z$$

$$= \iiint\limits_{\Omega}(\rho\sin\theta - z)\rho\,\mathrm{d}\rho\mathrm{d}\theta\mathrm{d}z$$

$$= \int_0^{2\pi}\mathrm{d}\theta \int_0^2 \rho\mathrm{d}\rho \int_0^5 (\rho\sin\theta - z)\,\mathrm{d}z$$

$$= -50\pi$$

例2 计算曲面积分 $\iint\limits_{\Sigma} (x^2\cos\alpha + y^2\cos\beta + z^2\cos\gamma)\,dS$,其中,$\Sigma$ 为锥面 $x^2 + y^2 = z^2$ 介于平面 $z = 0$ 及 $z = h(h > 0)$ 之间部分的下侧,$\cos\alpha,\cos\beta,\cos\gamma$ 是 Σ 上点 (x,y,z) 处的法向量的方向余弦.

解 设 Σ_1 为 $z = h(x^2 + y^2 \leqslant h^2)$ 的上侧,则 Σ 与 Σ_1 一起构成一个闭曲面. 记它们围成的空间闭区域为 Ω,由高斯公式得

$$\iint\limits_{\Sigma+\Sigma_1} (x^2\cos\alpha + y^2\cos\beta + z^2\cos\gamma)\,dS = 2\iint\limits_{x^2+y^2\leqslant h^2} dxdy \int_{\sqrt{x^2+y^2}}^{h} (x + y + z)\,dz$$

$$= 2\iint\limits_{x^2+y^2\leqslant h^2} dxdy \int_{\sqrt{x^2+y^2}}^{h} z\,dz$$

$$= \iint\limits_{x^2+y^2\leqslant h^2} (h^2 - x^2 - y^2)\,dxdy$$

$$= \frac{1}{2}\pi h^4$$

而

$$\iint\limits_{\Sigma_1} (x^2\cos\alpha + y^2\cos\beta + z^2\cos\gamma)\,dS = \iint\limits_{\Sigma_1} z^2\,dS$$

$$= \iint\limits_{x^2+y^2\leqslant h^2} h^2\,dxdy$$

$$= \pi h^4$$

因此

$$\iint\limits_{\Sigma} (x^2\cos\alpha + y^2\cos\beta + z^2\cos\gamma)\,dS$$

$$= \iint\limits_{\Sigma+\Sigma_1} (x^2\cos\alpha + y^2\cos\beta + z^2\cos\gamma)\,dS - \iint\limits_{\Sigma_1} (x^2\cos\alpha + y^2\cos\beta + z^2\cos\gamma)\,dS$$

$$= \frac{1}{2}\pi h^4 - \pi h^4 = -\frac{1}{2}\pi h^4$$

例3 计算曲面积分 $I = \iint\limits_{\Sigma} (x^3 + az^2)\,dydz + (y^3 + ax^2)\,dzdx + (z^3 + ay^2)\,dxdy$,其中,$\Sigma$ 为上半球面 $z = \sqrt{a^2 - x^2 - y^2}$ 的上侧.

解 作辅助曲面 $\Sigma_1 : \begin{cases} x^2 + y^2 \leqslant a^2 \\ z = 0 \end{cases}$ 取下侧,记 Ω 为 Σ 与 Σ_1 所围成的空间区域,则由高斯公式得

$$I = \oiint\limits_{\Sigma+\Sigma_1} (x^3 + az^2)\,dydz + (y^3 + ax^2)\,dzdx + (z^3 + ay^2)\,dxdy -$$

$$\iint\limits_{\Sigma_1} (x^3 + az^2)\,dydz + (y^3 + ax^2)\,dzdx + (z^3 + ay^2)\,dxdy$$

$$= \iiint\limits_{\Omega} 3(x^2 + y^2 + z^2)\,\mathrm{d}v + \iint\limits_{x^2+y^2 \le a^2} ay^2\,\mathrm{d}x\mathrm{d}y$$

$$= 3\int_0^{2\pi}\mathrm{d}\theta\int_0^{\frac{\pi}{2}}\sin\varphi\mathrm{d}\varphi\int_0^a r^4\mathrm{d}r + a\int_0^{2\pi}\sin^2\theta\mathrm{d}\theta\int_0^a \rho^3\mathrm{d}\rho$$

$$= \frac{6}{5}\pi a^5 + \frac{1}{4}\pi a^5 = \frac{29}{20}\pi a^5$$

例 4　设函数 $u(x,y,z)$ 和 $v(x,y,z)$ 在闭区域 Ω 上具有一阶及二阶连续偏导数,证明

$$\iiint\limits_{\Omega} u\Delta v\mathrm{d}x\mathrm{d}y\mathrm{d}z = \oiint\limits_{\Sigma} u\frac{\partial v}{\partial n}\mathrm{d}S - \iiint\limits_{\Omega}\left(\frac{\partial u}{\partial x}\frac{\partial v}{\partial x} + \frac{\partial u}{\partial y}\frac{\partial v}{\partial y} + \frac{\partial u}{\partial z}\frac{\partial v}{\partial z}\right)\mathrm{d}x\mathrm{d}y\mathrm{d}z$$

其中,Σ 是闭区域 Ω 的整个边界曲面,$\dfrac{\partial v}{\partial n}$ 为函数 $v(x,y,z)$ 沿 Σ 的外法线方向的方向导数,符号 $\Delta = \dfrac{\partial^2}{\partial x^2} + \dfrac{\partial^2}{\partial y^2} + \dfrac{\partial^2}{\partial z^2}$ 称为**拉普拉斯算子**.这个公式称为**格林第一公式**.

证　因为方向导数

$$\frac{\partial v}{\partial n} = \frac{\partial v}{\partial x}\cos\alpha + \frac{\partial v}{\partial y}\cos\beta + \frac{\partial v}{\partial z}\cos\gamma$$

其中,$\cos\alpha, \cos\beta, \cos\gamma$ 是 Σ 在点 (x,y,z) 处的外法线向量的方向余弦.于是,曲面积分

$$\oiint\limits_{\Sigma} u\frac{\partial v}{\partial n}\mathrm{d}S = \oiint\limits_{\Sigma} u\left(\frac{\partial v}{\partial x}\cos\alpha + \frac{\partial v}{\partial y}\cos\beta + \frac{\partial v}{\partial z}\cos\gamma\right)\mathrm{d}S$$

$$= \oiint\limits_{\Sigma}\left[\left(u\frac{\partial v}{\partial x}\right)\cos\alpha + \left(u\frac{\partial v}{\partial y}\right)\cos\beta + \left(u\frac{\partial v}{\partial z}\right)\cos\gamma\right]\mathrm{d}S$$

利用高斯公式,即得

$$\oiint\limits_{\Sigma} u\frac{\partial v}{\partial n}\mathrm{d}S = \iiint\limits_{\Omega}\left[\frac{\partial}{\partial x}\left(u\frac{\partial v}{\partial x}\right) + \frac{\partial}{\partial y}\left(u\frac{\partial v}{\partial y}\right) + \frac{\partial}{\partial z}\left(u\frac{\partial v}{\partial z}\right)\right]\mathrm{d}x\mathrm{d}y\mathrm{d}z$$

$$= \iiint\limits_{\Omega} u\Delta v\mathrm{d}x\mathrm{d}y\mathrm{d}z + \iiint\limits_{\Omega}\left(\frac{\partial u}{\partial x}\frac{\partial v}{\partial x} + \frac{\partial u}{\partial y}\frac{\partial v}{\partial y} + \frac{\partial u}{\partial z}\frac{\partial v}{\partial z}\right)\mathrm{d}x\mathrm{d}y\mathrm{d}z$$

将上式右端第二个积分移至左端,便得所要证明的等式.

*11.6.2　通量与散度

高斯公式是矢量分析的重要定理之一.

将高斯公式

$$\iiint\limits_{\Omega}\left(\frac{\partial P}{\partial x} + \frac{\partial Q}{\partial y} + \frac{\partial R}{\partial z}\right)\mathrm{d}v = \oiint\limits_{\Sigma}(P\cos\alpha + Q\cos\beta + R\cos\gamma)\mathrm{d}S$$

改写为

$$\iiint\limits_{\Omega}\left(\frac{\partial P}{\partial x} + \frac{\partial Q}{\partial y} + \frac{\partial R}{\partial z}\right)\mathrm{d}v = \oiint\limits_{\Sigma} v_n\mathrm{d}S$$

其中,$v_n = \boldsymbol{v}\cdot\boldsymbol{n} = P\cos\alpha + Q\cos\beta + R\cos\gamma$,$\boldsymbol{n} = (\cos\alpha, \cos\beta, \cos\gamma)$ 是 Σ 在点 (x,y,z) 处的单位法向量.

公式的右端可解释为单位时间内离开闭区域 Ω 的流体的总质量,左端可解释为分布在 Ω

内的流体的源头在单位时间内所产生的流体的总质量.

设 Ω 的体积为 V, 由高斯公式得

$$\frac{1}{V}\iiint\limits_{\Omega}\left(\frac{\partial P}{\partial x}+\frac{\partial Q}{\partial y}+\frac{\partial R}{\partial z}\right)\mathrm{d}v=\frac{1}{V}\oiint\limits_{\Sigma}v_n\mathrm{d}S$$

其左端表示 Ω 内流体的源头在单位时间单位体积内所产生的流体质量的平均值.

由积分中值定理得

$$\left(\frac{\partial P}{\partial x}+\frac{\partial Q}{\partial y}+\frac{\partial R}{\partial z}\right)\bigg|_{(\xi,\eta,\zeta)}=\frac{1}{V}\oiint\limits_{\Sigma}v_n\mathrm{d}S$$

令 Ω 缩向一点 $M(x,y,z)$, 得

$$\frac{\partial P}{\partial x}+\frac{\partial Q}{\partial y}+\frac{\partial R}{\partial z}=\lim_{\Omega\to M}\frac{1}{V}\oiint\limits_{\Sigma}v_n\mathrm{d}S$$

上式左端称为 v 在点 M 的**散度**, 记为 $\mathrm{div}\,\boldsymbol{v}$, 即

$$\mathrm{div}\,\boldsymbol{v}=\frac{\partial P}{\partial x}+\frac{\partial Q}{\partial y}+\frac{\partial R}{\partial z}$$

一般地, 设某向量场由

$$\boldsymbol{A}(x,y,z)=P(x,y,z)\boldsymbol{i}+Q(x,y,z)\boldsymbol{j}+R(x,y,z)\boldsymbol{k}$$

给出, 其中, P,Q,R 具有一阶连续偏导数, Σ 是场内的一片有向曲面, $\boldsymbol{n}$ 是 Σ 上点 (x,y,z) 处的单位法向量, 则 $\iint\limits_{\Sigma}\boldsymbol{A}\cdot\boldsymbol{n}\mathrm{d}S$ 称为向量场 $\boldsymbol{A}$ 通过曲面 Σ 向着指定侧的通量(或流量), 而 $\frac{\partial P}{\partial x}+\frac{\partial Q}{\partial y}+\frac{\partial R}{\partial z}$ 称为向量场 $\boldsymbol{A}$ 的散度, 记作 $\mathrm{div}\,\boldsymbol{A}$.

高斯公式也可写为

$$\iiint\limits_{\Omega}\mathrm{div}\boldsymbol{A}\mathrm{d}v=\oiint\limits_{\Sigma}\boldsymbol{A}\cdot\boldsymbol{n}\mathrm{d}S,\text{或}\iiint\limits_{\Omega}\mathrm{div}\boldsymbol{A}\mathrm{d}v=\oiint\limits_{\Sigma}A_n\mathrm{d}S$$

其中, Σ 是空间闭区域 Ω 的边界曲面, 而

$$A_n=\boldsymbol{A}\cdot\boldsymbol{n}=P\cos\alpha+Q\cos\beta+R\cos\gamma$$

是向量 $\boldsymbol{A}$ 在曲面 Σ 的外侧法向量上的投影.

习题 11.6

1. 计算 $\oiint\limits_{\Sigma}x^2\mathrm{d}y\mathrm{d}z+y^2\mathrm{d}z\mathrm{d}x+z^2\mathrm{d}x\mathrm{d}y$, 其中, Σ 为平面 $x=0,y=0,z=0,x=a,y=a,z=a$ 所围成的立体的表面的外侧.

2. 计算 $\oiint\limits_{\Sigma}x^3\mathrm{d}y\mathrm{d}z+y^3\mathrm{d}z\mathrm{d}x+z^3\mathrm{d}x\mathrm{d}y$, 其中, Σ 为球面 $x^2+y^2+z^2=a^2$ 外侧.

3. 计算 $\oiint\limits_{\Sigma}x\mathrm{d}y\mathrm{d}z+y\mathrm{d}z\mathrm{d}x+z\mathrm{d}x\mathrm{d}y$, 其中, Σ 为介于 $z=0$ 和 $z=3$ 之间的圆柱体 $x^2+y^2\leqslant 9$ 的整个表面的外侧.

4. 计算 $\oiint\limits_{\Sigma} 4xz\mathrm{d}y\mathrm{d}z - y^2\mathrm{d}z\mathrm{d}x + yz\mathrm{d}x\mathrm{d}y$,其中,$\Sigma$ 为平面 $x = 0, y = 0, z = 0, x = 1, y = 1, z = 1$ 所围成的立方体的表面的外侧.

5. 求下列向量 $\boldsymbol{A}$ 穿过曲面 Σ 流向指定侧的通量:

(1)$\boldsymbol{A} = yz\boldsymbol{i} + xz\boldsymbol{j} + xy\boldsymbol{k}$,其中,$\Sigma$ 为圆柱 $x^2 + y^2 \leqslant a^2 (0 \leqslant z \leqslant h)$ 的整个表面,流向外侧;

(2)$\boldsymbol{A} = (2x - z)\boldsymbol{i} + x^2y\boldsymbol{j} - xz^2\boldsymbol{k}$,其中,$\Sigma$ 为立方体 $0 \leqslant x \leqslant a, 0 \leqslant y \leqslant a, 0 \leqslant z \leqslant a$ 的整个表面,流向外侧.

6. 计算 $\oiint\limits_{\Sigma} (x^2 - yz)\mathrm{d}y\mathrm{d}z + (y^2 - zx)\mathrm{d}z\mathrm{d}x + (z^2 - xy)\mathrm{d}x\mathrm{d}y$,其中,$\Sigma$ 为平面 $x = 0, y = 0, z = 0,$ $x = a, y = a, z = a$ 所围成的立方体的表面的外侧.

7. 计算 $\iint\limits_{\Sigma} 4xz\mathrm{d}y\mathrm{d}z - y^2\mathrm{d}z\mathrm{d}x + 2yz\mathrm{d}x\mathrm{d}y$,其中,$\Sigma$ 是球面 $x^2 + y^2 + z^2 = a^2 (a > 0)$ 外侧的上半部分.

8. 计算 $\oiint\limits_{\Sigma} \dfrac{1}{y}f\left(\dfrac{x}{y}\right)\mathrm{d}y\mathrm{d}z + \dfrac{1}{x}f\left(\dfrac{x}{y}\right)\mathrm{d}z\mathrm{d}x + z\mathrm{d}x\mathrm{d}y$,其中,$f(u)$ 具有一阶连续的导数,Σ 为柱面 $(x - a)^2 + (y - a)^2 = \left(\dfrac{a}{2}\right)^2$ 及平面 $z = 0, z = 1 \ (a > 0)$ 所围成立体的表面外侧.

9. 计算 $\iint\limits_{\Sigma} x^3\mathrm{d}y\mathrm{d}z + y^3\mathrm{d}z\mathrm{d}x + z^3\mathrm{d}x\mathrm{d}y$,其中,$\Sigma$ 为球面 $x^2 + y^2 + z^2 = a^2$ 的内侧.

10. 计算 $\iint\limits_{\Sigma} yz\mathrm{d}y\mathrm{d}z + (x^2 + z^2)\mathrm{d}z\mathrm{d}x + xy\mathrm{d}x\mathrm{d}y$,其中,$\Sigma$ 为曲面 $4 - y = z^2 + x^2$ 在平面 xOz 右侧部分的外侧.

11.7　斯托克斯公式　环流量与旋度

11.7.1　斯托克斯公式

斯托克斯公式是格林公式的一种推广.它把格林公式中的平面区域推广到空间曲面,格林公式中的区域的边界曲线推广到空间曲线.也就是说,斯托克斯公式是联系空间曲面上的第二类曲面积分与该曲面边界曲线上的第二类曲线积分的关系式.

定理 11.7(斯托克斯公式)　设 Γ 为分段光滑的空间有向闭曲线,Σ 是以 Γ 为边界的分片光滑的有向曲面,Γ 的正向与 Σ 的侧符合右手规则(图 11.15),函数 $P(x, y, z), Q(x, y, z), R(x, y, z)$ 在曲面 Σ(连同边界)上具有一阶连续偏导数,则有

$$\iint\limits_{\Sigma} \left(\frac{\partial R}{\partial y} - \frac{\partial Q}{\partial z}\right)\mathrm{d}y\mathrm{d}z + \left(\frac{\partial P}{\partial z} - \frac{\partial R}{\partial x}\right)\mathrm{d}z\mathrm{d}x + \left(\frac{\partial Q}{\partial x} - \frac{\partial P}{\partial y}\right)\mathrm{d}x\mathrm{d}y = \oint\limits_{\Gamma} P\mathrm{d}x + Q\mathrm{d}y + R\mathrm{d}z \tag{11.30}$$

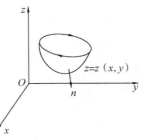

图 11.15

173

记忆方式为

$$\iint_{\Sigma} \begin{vmatrix} \mathrm{d}y\mathrm{d}z & \mathrm{d}z\mathrm{d}x & \mathrm{d}x\mathrm{d}y \\ \dfrac{\partial}{\partial x} & \dfrac{\partial}{\partial y} & \dfrac{\partial}{\partial z} \\ P & Q & R \end{vmatrix} = \oint_{\Gamma} P\mathrm{d}x + Q\mathrm{d}y + R\mathrm{d}z$$

或

$$\iint_{\Sigma} \begin{vmatrix} \cos \alpha & \cos \beta & \cos \gamma \\ \dfrac{\partial}{\partial x} & \dfrac{\partial}{\partial y} & \dfrac{\partial}{\partial z} \\ P & Q & R \end{vmatrix} \mathrm{d}S = \oint_{\Gamma} P\mathrm{d}x + Q\mathrm{d}y + R\mathrm{d}z$$

其中,$\boldsymbol{n} = (\cos \alpha, \cos \beta, \cos \gamma)$ 为有向曲面 Σ 的单位法向量.

证明过程可扫描本章二维码.

例 1 利用斯托克斯公式计算曲线积分 $\oint_{\Gamma} z\mathrm{d}x + x\mathrm{d}y + y\mathrm{d}z$,其中,$\Gamma$ 为平面 $x + y + z = 1$ 被 3 个坐标面所截成的三角形的整个边界,它的正向与这个三角形上侧的法向量之间符合右手规则.

解 设 Σ 为闭曲线 Γ 所围成的三角形平面,Σ 在 yOz 面,zOx 面和 xOy 面上的投影区域分别为 D_{yz},D_{zx} 和 D_{xy}. 由斯托克斯公式

$$\oint_{\Gamma} z\mathrm{d}x + x\mathrm{d}y + y\mathrm{d}z = \iint_{\Sigma} \begin{vmatrix} \mathrm{d}y\mathrm{d}z & \mathrm{d}z\mathrm{d}x & \mathrm{d}x\mathrm{d}y \\ \dfrac{\partial}{\partial x} & \dfrac{\partial}{\partial y} & \dfrac{\partial}{\partial z} \\ z & x & y \end{vmatrix}$$

$$= \iint_{\Sigma} \mathrm{d}y\mathrm{d}z + \mathrm{d}z\mathrm{d}x + \mathrm{d}x\mathrm{d}y = \iint_{D_{yz}} \mathrm{d}y\mathrm{d}z + \iint_{D_{zx}} \mathrm{d}z\mathrm{d}x + \iint_{D_{xy}} \mathrm{d}x\mathrm{d}y = 3\iint_{D_{xy}} \mathrm{d}x\mathrm{d}y = \frac{3}{2}$$

例 2 利用斯托克斯公式计算曲线积分

$$I = \oint_{\Gamma} (y^2 - z^2)\mathrm{d}x + (z^2 - x^2)\mathrm{d}y + (x^2 - y^2)\mathrm{d}z$$

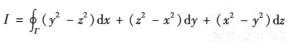

图 11.16

其中,Γ 是用平面 $x + y + z = \dfrac{3}{2}$ 截立方体:$0 \leqslant x \leqslant 1, 0 \leqslant y \leqslant 1, 0 \leqslant z \leqslant 1$ 的表面所得的截痕,若从 x 轴的正向看,取逆时针方向如图 11.16 所示.

解 取 Σ 为平面 $x + y + z = \dfrac{3}{2}$ 的上侧被 Γ 所围成的部分,则

$$\boldsymbol{n} = \frac{1}{\sqrt{3}}(1,1,1)$$

即

$$\cos \alpha = \cos \beta = \cos \gamma = \frac{1}{\sqrt{3}}$$

由斯托克斯公式

$$I = \iint\limits_{\Sigma} \begin{vmatrix} \dfrac{1}{\sqrt{3}} & \dfrac{1}{\sqrt{3}} & \dfrac{1}{\sqrt{3}} \\ \dfrac{\partial}{\partial x} & \dfrac{\partial}{\partial y} & \dfrac{\partial}{\partial z} \\ y^2 - z^2 & z^2 - x^2 & x^2 - y^2 \end{vmatrix} \mathrm{d}S = -\frac{4}{\sqrt{3}} \iint\limits_{\Sigma} (x + y + z) \, \mathrm{d}S$$

$$= -\frac{4}{\sqrt{3}} \cdot \frac{3}{2} \iint\limits_{\Sigma} \mathrm{d}S = -2\sqrt{3} \iint\limits_{D_{xy}} \sqrt{3} \, \mathrm{d}x\mathrm{d}y = -\frac{9}{2}$$

*11.7.2　环流量与旋度

向量场 $\boldsymbol{A} = (P(x,y,z), Q(x,y,z), R(x,y,z))$ 所确定的向量场

$$\left(\frac{\partial R}{\partial y} - \frac{\partial Q}{\partial z}\right)\boldsymbol{i} + \left(\frac{\partial P}{\partial z} - \frac{\partial R}{\partial x}\right)\boldsymbol{j} + \left(\frac{\partial Q}{\partial x} - \frac{\partial P}{\partial y}\right)\boldsymbol{k}$$

称为向量场 $\boldsymbol{A}$ 的**旋度**,记为 $\mathbf{rot}\,\boldsymbol{A}$(或 $\mathrm{curl}\,\boldsymbol{A}$),即

$$\mathbf{rot}\,\boldsymbol{A} = \left(\frac{\partial R}{\partial y} - \frac{\partial Q}{\partial z}\right)\boldsymbol{i} + \left(\frac{\partial P}{\partial z} - \frac{\partial R}{\partial x}\right)\boldsymbol{j} + \left(\frac{\partial Q}{\partial x} - \frac{\partial P}{\partial y}\right)\boldsymbol{k}$$

旋度的记忆法为

$$\mathbf{rot}\,\boldsymbol{A} = \begin{vmatrix} \boldsymbol{i} & \boldsymbol{j} & \boldsymbol{k} \\ \dfrac{\partial}{\partial x} & \dfrac{\partial}{\partial y} & \dfrac{\partial}{\partial z} \\ P & Q & R \end{vmatrix}$$

斯托克斯公式的另一形式为

$$\iint\limits_{\Sigma} \mathbf{rot}\,\boldsymbol{A} \cdot \boldsymbol{n}\mathrm{d}S = \oint_{\Gamma} \boldsymbol{A} \cdot \boldsymbol{\tau}\mathrm{d}s, \text{或} \iint\limits_{\Sigma} (\mathbf{rot}\,\boldsymbol{A})_n \mathrm{d}S = \oint_{\Gamma} A_{\tau}\mathrm{d}s$$

其中,$\boldsymbol{n}$ 是曲面 Σ 上点 (x,y,z) 处的单位法向量,$\boldsymbol{\tau}$ 是 Σ 的正向边界曲线 Γ 上点 (x,y,z) 处的单位切向量.

沿有向闭曲线 Γ 的曲线积分

$$\oint_{\Gamma} P\mathrm{d}x + Q\mathrm{d}y + R\mathrm{d}z = \oint_{\Gamma} A_{\tau}\mathrm{d}s$$

称为向量场 $\boldsymbol{A}$ 沿有向闭曲线 Γ 的**环流量**.

上述斯托克斯公式可叙述为:向量场 $\boldsymbol{A}$ 沿有向闭曲线 Γ 的环流量等于向量场 $\boldsymbol{A}$ 的旋度场通过 Γ 所张成的曲面 Σ 的通量.

习题 11.7

1. 计算 $I = \oint_{L} y^2 \mathrm{d}x + xy\mathrm{d}y + xz\mathrm{d}z$,其中,$L$ 是圆柱面 $x^2 + y^2 = 2y$ 与平面 $y = z$ 的交线,沿逆时针方向.

2. 计算 $I = \oint_L (y - z + x)\mathrm{d}x + (z - x + y)\mathrm{d}y + (x - y + z)\mathrm{d}z$，其中，$L$ 为椭圆：$x^2 + y^2 = 1$，$x + z = 1$，沿顺时针方向.

3. 计算 $I = \oint_L (y - z)\mathrm{d}x + (z - x)\mathrm{d}y + (x - y)\mathrm{d}z$，其中，$L$ 为椭圆：$x^2 + y^2 = a^2$，$\dfrac{x}{a} + \dfrac{z}{b} = 1(a > 0, b > 0)$，从 x 轴看去的逆时针闭曲线.

4. 设 $u = \ln \sqrt{x^2 + y^2 + z^2}$，计算：

(1) **grad** u；

(2) $\mathrm{div}(\mathbf{grad}\, u)$；

(3) **rot**($\mathbf{grad}\, u$).

5. 求向量场 $\mathbf{F} = xyz(x\mathbf{i} + y\mathbf{j} + z\mathbf{k})$ 在点 $(1, 3, 2)$ 处的旋度.

6. 求下列向量场的旋度：

(1) $\mathbf{F} = (y^2 + x^2, z^2 + y^2, x^2 + z^2)$；

(2) $\mathbf{F} = (yz, zx, xy)$.

7. 设对空间区域 $x > 0$ 内任意光滑有向闭曲面 S 都有 $\oiint\limits_{S} xf(x)\mathrm{d}y\mathrm{d}z - xyf(x)\mathrm{d}z\mathrm{d}x - \mathrm{e}^{2x}z\mathrm{d}x\mathrm{d}y = 0$. 其中，$f(x)$ 在 $(0, +\infty)$ 内有一阶连续导数，且 $\lim\limits_{x \to 0^+} f(x) = 1$，求 $f(x)$.

总习题 11

1. 设曲线积分 $\int_L [f(x) - \mathrm{e}^x]\sin y\mathrm{d}x - f(x)\cos y\mathrm{d}y$ 与路径无关，其中，$f(x)$ 具有一阶连续偏导数，且 $f(0) = 0$，则 $f(x)$ 等于（　　）.

　A. $\dfrac{\mathrm{e}^{-x} - \mathrm{e}^x}{2}$ 　　　　B. $\dfrac{\mathrm{e}^x - \mathrm{e}^{-x}}{2}$ 　　　　C. $\dfrac{\mathrm{e}^x + \mathrm{e}^{-x}}{2} - 1$ 　　D. $1 - \dfrac{\mathrm{e}^x + \mathrm{e}^{-x}}{2}$

2. 设 Σ 为球面 $x^2 + y^2 + z^2 = a^2$ 的上半部分上侧，则下述积分不为零的是（　　）.

　A. $\iint\limits_{\Sigma} x^2\mathrm{d}y\mathrm{d}z$ 　　　　B. $\iint\limits_{\Sigma} y^2\mathrm{d}y\mathrm{d}z$ 　　　　C. $\iint\limits_{\Sigma} x\mathrm{d}y\mathrm{d}z$ 　　　　D. $\iint\limits_{\Sigma} y\mathrm{d}y\mathrm{d}z$

3. 设 Σ 为 $x^2 + y^2 + z^2 = R^2$，则 $\oiint\limits_{\Sigma} z^2\mathrm{d}S = （\quad）$.

　A. $\dfrac{4}{3}\pi R^4$ 　　　　　　B. πR^4 　　　　　C. $2\pi R^2$ 　　　　D. $\dfrac{1}{2}\pi R^4$

4. 计算 $\int_{(3,4)}^{(5,12)} \dfrac{x\mathrm{d}x + y\mathrm{d}y}{\sqrt{x^2 + y^2}}$，沿不通过坐标原点的积分路径.

5. 计算 $\int_{(x_1, y_1)}^{(x_2, y_2)} f(x)\mathrm{d}x + g(y)\mathrm{d}y$，其中，$f(x), g(y)$ 为连续函数.

6. 计算 $\int_{(1,2\pi)}^{(2,\pi)} \left(1 - \dfrac{y^2}{x^2}\cos\dfrac{y}{x}\right)\mathrm{d}x + \left(\sin\dfrac{y}{x} + \dfrac{y}{x}\cos\dfrac{y}{x}\right)\mathrm{d}y$，沿不与 y 轴相交的积分路径.

7. 设 $f(t)$ 为连续函数, L 为分段光滑的闭曲线, 证明:

$$\oint_L f(xy)(y\mathrm{d}x + x\mathrm{d}y) = 0$$

8. 估计积分

$$I = \oint_{x^2+y^2=1} \frac{y\mathrm{d}x - x\mathrm{d}y}{(x^2 + xy + y^2)^2}$$

之值的范围.

9. 求曲线积分

$$I = \oint_L \sqrt{x^2 + y^2}\,\mathrm{d}x + y\left[xy + \ln(x + \sqrt{x^2 + y^2})\right]\mathrm{d}y$$

其中, L 为圆周: $x^2 + y^2 = a^2$, 取顺时针方向.

10. 设有向量函数

$$\boldsymbol{F} = \boldsymbol{F}(x,y,z) = \frac{-y}{x^2 + y^2}\boldsymbol{i} + \frac{x}{x^2 + y^2}\boldsymbol{j} + z\boldsymbol{k}$$

证明: $\mathbf{rot}\,\boldsymbol{F} = \boldsymbol{0}$.

11. 求函数 $u = u(x,y)$, 使得 $\mathrm{d}u$ 分别等于:

(1) $(2x\cos y - y^2\sin x)\mathrm{d}x + (2y\cos x - x^2\sin y)\mathrm{d}y$;

(2) $\mathrm{e}^x[\mathrm{e}^y(x - y + 2) + y]\mathrm{d}x + \mathrm{e}^x[\mathrm{e}^y(x - y) + 1]\mathrm{d}y$.

12. 求 $I = \oint_\Gamma (x^2 + y^2 + 2x - z - 4)\mathrm{d}s$, 其中, $\Gamma: z = \sqrt{x^2 + 5y^2}, z = 1 + 2y$.

13. 求 $\iint_\Sigma |xyz|\mathrm{d}S$, 其中, Σ 为曲面 $z = x^2 + y^2$ 介于 $z = 0$ 和 $z = 1$ 之间的部分.

14. 设曲面 Σ 是 $z = \sqrt{4 - x^2 - y^2}$ 的上侧, 求 $\iint_\Sigma xy\mathrm{d}y\mathrm{d}z + x\mathrm{d}z\mathrm{d}x + x^2\mathrm{d}x\mathrm{d}y$.

15. 设 Σ 是曲面 $x = \sqrt{1 - 3y^2 - 3z^2}$ 的前侧, 计算曲面积分

$$I = \iint_\Sigma x\mathrm{d}y\mathrm{d}z + (y^3 + 2)\mathrm{d}z\mathrm{d}x + z^3\mathrm{d}x\mathrm{d}y$$

16. 计算 $\iint_\Sigma [f(x,y,z) + x]\mathrm{d}y\mathrm{d}z + [2f(x,y,z) + y]\mathrm{d}z\mathrm{d}x + [f(x,y,z) + z]\mathrm{d}x\mathrm{d}y$, 其中, Σ 是平面 $x - y + z = 1$ 在第四卦限部分的上侧.

线面积分
的对称性

斯托克斯
公式的证明

部分习题
答案

第 *12* 章

无穷级数

无穷级数是高等数学的一个重要组成部分. 它是表示函数、研究函数的性质以及进行数值计算的一种工具. 本章主要内容由 3 部分组成:常数项级数、泰勒级数和傅立叶级数,重点介绍常数项级数的概念、性质及敛散性判别法,然后以此为基础,研究幂级数和傅里叶级数,介绍将函数展开成幂级数与傅里叶级数的条件和方法.

12.1　常数项级数的概念和性质

12.1.1　常数项级数的概念

人们认识事物在数量方面的特性,往往有一个由近似到精确的过程. 在这种认识过程中,会遇到有限个数量相加到无穷多个数量相加的问题.

例如,计算半径为 R 的圆的面积 A,就是通过圆的内接正多边形的面积逐步逼近圆的面积. 具体做法是:先作圆的内接正六边形,记其面积为 A_1. 它是圆面积 A 的一个粗糙的近似值. 再以这个正六边形的每一边为底分别作一个顶点在圆周上的等腰三角形,记这 6 个等腰三角形的面积之和 A_2,$A_1 + A_2$ 就是圆的内接正十二边形的面积,就是 A 的一个较好的近似值. 同样的,在这正十二边形的每一边上作一个顶点在圆周上的等腰三角形,记这 12 个等腰三角形的面积之和 A_3,$A_1 + A_2 + A_3$ 是 A 的一个更好的近似值. 如此继续下去,内接 3×2^n 边形的面积就逐步逼近圆面积

$$A \approx A_1 , A \approx A_1 + A_2 , A \approx A_1 + A_2 + A_3 , \cdots , A \approx A_1 + A_2 + A_3 + \cdots + A_n$$

如果内接正多边形的边数无限增多,即 n 无限增大,则和 $A_1 + A_2 + A_3 + \cdots + A_n$ 的极限就是所要求的圆面积 A. 这时,和式中的项数无限增多,于是出现了无穷多个数量依次相加的数学式子.

一般地,设一个给定的数列 $\{u_n\}:u_1 , u_2 , u_3 , \cdots , u_n , \cdots$,表达式

$$u_1 + u_2 + u_3 + \cdots + u_n + \cdots$$

称为**无穷级数**,简称**级数**,记为 $\sum\limits_{n=1}^{\infty} u_n$,即

$$\sum_{n=1}^{\infty} u_n = u_1 + u_2 + \cdots + u_n + \cdots \tag{12.1}$$

其中, u_n 称为级数(12.1)的**通项**或**一般项**.

如果式(12.1)中各项都是常数,则称该级数为**常数项级数**(简称**数项级数**),如 $\sum\limits_{n=1}^{\infty} \dfrac{1}{n!}$,

$\sum\limits_{n=1}^{\infty} \dfrac{1}{n(n+1)}$ 等.

无穷级数(12.1)只是形式上表示无穷多个数的和. 由于任意有限个数的和是可以完全确定的,可以通过考察无穷级数的前 n 项的和随着 n 的变化趋势来认识级数.

常数项级数 $\sum\limits_{n=1}^{\infty} u_n$ 的前 n 项的和记为 $s_n = u_1 + u_2 + u_3 + \cdots + u_n$, s_n 称为级数 $\sum\limits_{n=1}^{\infty} u_n$ 的**部分和**. 当 n 依次取 $1,2,3,\cdots$ 时,得到一个新的数列 $\{s_n\}$

$$s_1 = u_1,$$
$$s_2 = u_1 + u_2,$$
$$s_3 = u_1 + u_2 + u_3,$$
$$\vdots$$
$$s_n = u_1 + u_2 + u_3 + \cdots + u_n,$$
$$\vdots$$

数列 $\{s_n\}$ 称为级数(12.1)的**部分和数列**.

定义 12.1　如果级数 $\sum\limits_{n=1}^{\infty} u_n$ 的部分和数列 $\{s_n\}$ 有极限 s ,即

$$\lim_{n \to \infty} s_n = s$$

则称级数 $\sum\limits_{n=1}^{\infty} u_n$ **收敛**,极限 s 称为该级数的**和**,记为 $\sum\limits_{n=1}^{\infty} u_n = s$.

如果数列 $\{s_n\}$ 发散,则称级数 $\sum\limits_{n=1}^{\infty} u_n$ **发散**.

显然,当级数 $\sum\limits_{n=1}^{\infty} u_n$ 收敛时,其部分和 s_n 是级数和 s 的近似值,它们之间的差值

$$r_n = s - s_n = u_{n+1} + u_{n+2} + \cdots$$

称为级数 $\sum\limits_{n=1}^{\infty} u_n$ 的**余项**. 易知,如果级数 $\sum\limits_{n=1}^{\infty} u_n$ 收敛,则 $\lim\limits_{n \to \infty} r_n = 0$.

根据定义 12.1,级数 $\sum\limits_{n=1}^{\infty} u_n$ 与部分和数列 $\{s_n\}$ 同时收敛或同时发散,且在收敛时有 $\sum\limits_{n=1}^{\infty} u_n = \lim\limits_{n \to \infty} s_n$,而发散的级数没有"和"可言.

下面直接根据定义来判定级数的敛散性.

例1 讨论等比级数(或几何级数)

$$\sum_{n=1}^{\infty} aq^{n-1} = a + aq + aq^2 + \cdots + aq^{n-1} + \cdots \qquad (a \neq 0)$$

的敛散性.

解 当 $q \neq 1$ 时,则该级数的部分和为

$$s_n = a + aq + aq^2 + \cdots + aq^{n-1} = \frac{a(1-q^n)}{1-q}$$

若 $|q| < 1$,由于 $\lim\limits_{n\to\infty} q^n = 0$,从而有

$$\lim_{n\to\infty} s_n = \lim_{n\to\infty} \frac{a(1-q^n)}{1-q} = \frac{a}{1-q}$$

这时,级数 $\sum\limits_{n=1}^{\infty} aq^{n-1}$ 收敛,其和为 $\dfrac{a}{1-q}$.

若 $|q| > 1$,由于 $\lim\limits_{n\to\infty} |q|^n = \infty$,于是有

$$\lim_{n\to\infty} s_n = \lim_{n\to\infty} \frac{a(1-q^n)}{1-q} = \infty$$

这时,级数 $\sum\limits_{n=1}^{\infty} aq^{n-1}$ 发散.

若 $q = 1$,可得 $s_n = na$,从而有 $\lim\limits_{n\to\infty} s_n = \infty$,这时级数 $\sum\limits_{n=1}^{\infty} aq^{n-1}$ 发散.

若 $q = -1$,等比级数的部分和为

$$s_n = a - a + a - a + \cdots + (-1)^{n-1} a$$

显然,当 n 为奇数时,$s_n = a$;而当 n 为偶数时,$s_n = 0$,故 $\lim\limits_{n\to\infty} s_n$ 不存在,这时级数 $\sum\limits_{n=1}^{\infty} aq^{n-1}$ 发散.

综上所述,当 $|q| < 1$ 时,等比级数收敛,且其和为 $\dfrac{a}{1-q}$;当 $|q| \geqslant 1$ 时,等比级数发散.

例2 讨论级数 $\sum\limits_{n=1}^{\infty} \ln\left(1 + \dfrac{1}{n}\right)$ 的敛散性.

解 由于

$$u_n = \ln\left(1 + \frac{1}{n}\right) = \ln(n+1) - \ln n$$

从而其部分和

$$s_n = (\ln 2 - \ln 1) + (\ln 3 - \ln 2) + \cdots + [\ln(n+1) - \ln n] = \ln(n+1)$$

于是

$$\lim_{n\to\infty} s_n = \lim_{n\to\infty} \ln(n+1) = \infty$$

故所给级数发散.

例3 证明级数 $\sum\limits_{n=1}^{\infty} \dfrac{n}{(n+1)!}$ 收敛,且 $\sum\limits_{n=1}^{\infty} \dfrac{n}{(n+1)!} = 1$.

证　由于

$$u_n = \frac{n}{(n+1)!} = \frac{(n+1)-1}{(n+1)!} = \frac{1}{n!} - \frac{1}{(n+1)!}$$

从而其部分和

$$s_n = \left(1 - \frac{1}{2!}\right) + \left(\frac{1}{2!} - \frac{1}{3!}\right) + \cdots + \left[\frac{1}{n!} - \frac{1}{(n+1)!}\right] = 1 - \frac{1}{(n+1)!}$$

于是

$$\lim_{n \to \infty} s_n = \lim_{n \to \infty}\left[1 - \frac{1}{(n+1)!}\right] = 1$$

所以级数 $\displaystyle\sum_{n=1}^{\infty} \frac{n}{(n+1)!}$ 收敛，且 $\displaystyle\sum_{n=1}^{\infty} \frac{n}{(n+1)!} = 1$.

例 4　证明调和级数

$$\sum_{n=1}^{\infty} \frac{1}{n} = 1 + \frac{1}{2} + \frac{1}{3} + \cdots + \frac{1}{n} + \cdots \tag{12.2}$$

发散.

证　（用反证法）假设调和级数（12.2）收敛，且其和为 s，即 $\lim\limits_{n \to \infty} s_n = s$，则有

$$\lim_{n \to \infty}(s_{2n} - s_n) = s - s = 0$$

而

$$s_{2n} - s_n = \frac{1}{n+1} + \frac{1}{n+2} + \cdots + \frac{1}{2n} > \frac{1}{2n} + \frac{1}{2n} + \cdots + \frac{1}{2n} = \frac{1}{2}$$

此与 $\lim\limits_{n \to \infty}(s_{2n} - s_n) = 0$ 矛盾，故调和级数 $\displaystyle\sum_{n=1}^{\infty} \frac{1}{n}$ 发散.

12.1.2　收敛级数的基本性质

性质 1（线性性质）　如果级数 $\displaystyle\sum_{n=1}^{\infty} u_n, \sum_{n=1}^{\infty} v_n$ 分别收敛于 s 和 σ，则对任意常数 α, β，级数 $\displaystyle\sum_{n=1}^{\infty}(\alpha u_n + \beta v_n)$ 也收敛，且其和为 $\alpha s + \beta \sigma$.

证　设 $\displaystyle\sum_{n=1}^{\infty} u_n, \sum_{n=1}^{\infty} v_n, \sum_{n=1}^{\infty}(\alpha u_n + \beta v_n)$ 的部分和分别为 s_n, σ_n, τ_n，由于级数 $\displaystyle\sum_{n=1}^{\infty} u_n, \sum_{n=1}^{\infty} v_n$ 分别收敛于 s 和 σ，则 $\lim\limits_{n \to \infty} s_n = s, \lim\limits_{n \to \infty} \sigma_n = \sigma$，故

$$\begin{aligned}
\tau_n &= (\alpha u_1 + \beta v_1) + (\alpha u_2 + \beta v_2) + \cdots + (\alpha u_n + \beta v_n) \\
&= \alpha(u_1 + u_2 + \cdots + u_n) + \beta(v_1 + v_2 + \cdots + v_n) \\
&= \alpha s_n + \beta \sigma_n
\end{aligned}$$

于是

$$\lim_{n \to \infty} \tau_n = \alpha \lim_{n \to \infty} s_n + \beta \lim_{n \to \infty} \sigma_n = \alpha s + \beta \sigma$$

故级数 $\displaystyle\sum_{n=1}^{\infty}(\alpha u_n + \beta v_n)$ 收敛，且其和为 $\alpha s + \beta \sigma$.

性质 2　在级数中去掉、加上或改变有限项，不会改变级数的敛散性.

证　这里只证明"改变级数的前面有限项不会改变级数的敛散性". 其他情形可类似

证明.

设有级数

$$\sum_{n=1}^{\infty} u_n = u_1 + u_2 + \cdots + u_k + u_{k+1} + \cdots \tag{12.3}$$

改变它的前面 k 项,得到新的级数

$$v_1 + v_2 + \cdots + v_k + u_{k+1} + \cdots \tag{12.4}$$

设级数(12.3)的前 n 项和为 $s_n(n > k)$,且 $u_1 + u_2 + \cdots + u_k = a$,则

$$s_n = a + u_{k+1} + \cdots + u_n$$

设级数(12.4)的前 n 项和为 $\sigma_n(n > k)$,且 $v_1 + v_2 + \cdots + v_k = b$,则

$$\sigma_n = b + u_{k+1} + \cdots + u_n = s_n + b - a$$

于是,数列 $\{s_n\}$ 与 $\{\sigma_n\}$ 具有相同的敛散性,从而级数(12.3)与级数(12.4)具有相同的敛散性.

例如,级数 $\dfrac{1}{1 \cdot 2} + \dfrac{1}{2 \cdot 3} + \dfrac{1}{3 \cdot 4} + \cdots + \dfrac{1}{n(n+1)} + \cdots$ 是收敛的,级数

$$10\ 000 + \frac{1}{1 \cdot 2} + \frac{1}{2 \cdot 3} + \cdots + \frac{1}{n(n+1)} + \cdots 与 \frac{1}{50 \cdot 51} + \frac{1}{51 \cdot 52} + \cdots + \frac{1}{n(n+1)} + \cdots$$

也是收敛的.

注 性质 2 表明一个级数是否收敛与级数前面有限项的取值无关. 但是,对于收敛级数来说,去掉或增加有限项后,级数的和一般会改变.

性质 3 如果级数 $\displaystyle\sum_{n=1}^{\infty} u_n$ 收敛,则在这级数项中任意加括号后所成的级数仍收敛,且其和不变.

注 如果加括号后所成的级数收敛,则不能断定去括号后原来的级数也收敛.

例如,级数 $\displaystyle\sum_{n=1}^{\infty} (-1)^{n-1}$,虽然 $[1+(-1)] + [1+(-1)] + \cdots + [1+(-1)] + \cdots$ 收敛于零,但级数 $\displaystyle\sum_{n=1}^{\infty} (-1)^{n-1}$ 却是发散的.

推论 12.1 如果一个级数加括号后所成的级数发散,则原来的级数也发散.

12.1.3 级数收敛的必要条件

定理 12.1 若级数 $\displaystyle\sum_{n=1}^{\infty} u_n$ 收敛,则 $\displaystyle\lim_{n\to\infty} u_n = 0$.

证 设级数 $\displaystyle\sum_{n=1}^{\infty} u_n$ 的部分和 s_n,且 $\displaystyle\sum_{n=1}^{\infty} u_n = s$,则有

$$\lim_{n\to\infty} s_n = s, \lim_{n\to\infty} s_{n-1} = s$$

所以

$$\lim_{n\to\infty} u_n = \lim_{n\to\infty}(s_n - s_{n-1}) = \lim_{n\to\infty} s_n - \lim_{n\to\infty} s_{n-1} = s - s = 0$$

注 ①定理 12.1 的逆否命题是成立的,即如果 $\displaystyle\lim_{n\to\infty} u_n \neq 0$,则 $\displaystyle\sum_{n=1}^{\infty} u_n$ 必定发散. 例如,级

数 $\sum\limits_{n=1}^{\infty} \dfrac{n}{n+1}$ ，由于 $\lim\limits_{n\to\infty} u_n = \lim\limits_{n\to\infty} \dfrac{n}{n+1} = 1 \neq 0$ ，因此，该级数发散.

②定理 12.1 的逆命题是不成立的. 例如，调和级数 $\sum\limits_{n=1}^{\infty} \dfrac{1}{n}$ ，虽然有 $\lim\limits_{n\to\infty} u_n = \lim\limits_{n\to\infty} \dfrac{1}{n} = 0$ ，但该级数 $\sum\limits_{n=1}^{\infty} \dfrac{1}{n}$ 是发散的.

*12.1.4　柯西审敛原理

定理 12.2（柯西审敛原理）　级数 $\sum\limits_{n=1}^{\infty} u_n$ 收敛的充分必要条件：对于任意给定的正数 ε ，总存在正整数 N ，使得当 $n > N$ 时，对任意正整数 p ，恒有

$$|u_{n+1} + u_{n+2} + \cdots + u_{n+p}| < \varepsilon$$

证　设级数 $\sum\limits_{n=1}^{\infty} u_n$ 的部分和 s_n ，因为

$$|s_{n+p} - s_n| = |u_{n+1} + u_{n+2} + \cdots + u_{n+p}| < \varepsilon$$

所以由数列的柯西收敛原理，即可得本定理的结论.

例 5　证明级数 $\sum\limits_{n=1}^{\infty} \dfrac{1}{n^2}$ 收敛.

证　对任意正数数 p ，有

$$
\begin{aligned}
|u_{n+1} + u_{n+2} + \cdots + u_{n+p}| &= \frac{1}{(n+1)^2} + \frac{1}{(n+2)^2} + \cdots + \frac{1}{(n+p)^2} \\
&\leqslant \frac{1}{n(n+1)} + \frac{1}{(n+1)(n+2)} + \cdots + \frac{1}{(n+p-1)(n+p)} \\
&= \frac{1}{n} - \frac{1}{n+p} \leqslant \frac{1}{n}
\end{aligned}
$$

故对任意给定的正数 ε ，总存在正整数 $N = \left[\dfrac{1}{\varepsilon}\right] + 1$ ，使得当 $n > N$ 时，对任意正整数 p ，恒有

$$|u_{n+1} + u_{n+2} + \cdots + u_{n+p}| < \varepsilon$$

根据定理 12.2 可知，级数 $\sum\limits_{n=1}^{\infty} \dfrac{1}{n^2}$ 收敛.

习题 12.1

1. 写出下列级数的前 6 项：

(1) $\sum\limits_{n=1}^{\infty} \dfrac{2+n}{1+n^2}$ ；

(2) $\sum\limits_{n=1}^{\infty} \dfrac{2 \cdot 4 \cdot 6 \cdot \cdots \cdot (2n)}{1 \cdot 3 \cdot 5 \cdot \cdots \cdot (2n-1)}$ ；

(3) $\sum\limits_{n=1}^{\infty} \dfrac{(-1)^{n+1}}{4^n}$ ；

(4) $\sum\limits_{n=1}^{\infty} \dfrac{n!}{n^n}$.

2. 写出下列级数的一般项：

(1) $\dfrac{1}{2} + \dfrac{1}{4} + \dfrac{1}{6} + \dfrac{1}{8} + \cdots$；

(2) $\dfrac{2}{1} - \dfrac{3}{2} + \dfrac{4}{3} - \dfrac{5}{4} + \dfrac{6}{5} - \cdots$；

(3) $\dfrac{\sqrt{x}}{1} + \dfrac{x}{1 \cdot 3} + \dfrac{x\sqrt{x}}{1 \cdot 3 \cdot 5} + \dfrac{x^2}{1 \cdot 3 \cdot 5 \cdot 7} + \cdots$；

(4) $\dfrac{a^2}{2} - \dfrac{a^3}{4} + \dfrac{a^4}{6} - \dfrac{a^5}{8} + \cdots$。

3. 根据级数收敛与发散的定义，判别下列级数的敛散性：

(1) $\displaystyle\sum_{n=1}^{\infty} (\sqrt{n} - \sqrt{n+1})$；

(2) $\dfrac{1}{1 \cdot 3} + \dfrac{1}{3 \cdot 5} + \dfrac{1}{5 \cdot 7} + \cdots + \dfrac{1}{(2n-1)(2n+1)} + \cdots$；

(3) $\displaystyle\sum_{n=1}^{\infty} (\sqrt{n+2} - 2\sqrt{n+1} + \sqrt{n})$；

(4) $-\dfrac{5}{7} + \dfrac{5^2}{7^2} - \dfrac{5^3}{7^3} + \cdots + (-1)^n \dfrac{5^n}{7^n} + \cdots$。

4. 判别下列级数的敛散性：

(1) $\sin \dfrac{\pi}{6} + \sin \dfrac{2\pi}{6} + \cdots + \sin \dfrac{n\pi}{6} + \cdots$；

(2) $\dfrac{1}{2} + \dfrac{1}{\sqrt{2}} + \dfrac{1}{\sqrt[3]{2}} + \cdots + \dfrac{1}{\sqrt[n]{2}} + \cdots$；

(3) $\displaystyle\sum_{n=1}^{\infty} \left(\dfrac{\ln^n 2}{2^n} + \dfrac{1}{3^n} \right)$；

(4) $\displaystyle\sum_{n=1}^{\infty} \left(\dfrac{1}{2^n} + \dfrac{1}{n(n+1)} \right)$。

5. 一小球从 2 m 高处下落到地平面上，设球下落距离 h 后碰到地面再弹起的距离为 $\dfrac{2}{3}h$，试求该球上下运动的总距离。

6. 已知级数 $\displaystyle\sum_{n=1}^{\infty} u_n$，其前 $2n$ 项部分和满足 $s_{2n} \to a(n \to \infty)$，且 $u_n \to 0(n \to \infty)$，证明级数 $\displaystyle\sum_{n=1}^{\infty} u_n$ 收敛，且其和为 $s = a$。

神奇的 koch 雪花

koch 雪花的性质

12.2　常数项级数的审敛法

12.2.1　正项级数及其审敛法

若级数 $\sum\limits_{n=1}^{\infty} u_n$ 满足 $u_n \geqslant 0 (n=1,2,3,\cdots)$，则称级数 $\sum\limits_{n=1}^{\infty} u_n$ 为正项级数.

对正项级数 $\sum\limits_{n=1}^{\infty} u_n$，它的部分和数列 $\{s_n\}$ 是一个单调增加数列，即

$$s_1 \leqslant s_2 \leqslant s_3 \leqslant \cdots \leqslant s_n \leqslant \cdots$$

根据数列的单调有界准则知，数列 $\{s_n\}$ 收敛的充要条件是数列 $\{s_n\}$ 有界. 由此可得到正项级数收敛的充分必要条件.

(1) 正项级数收敛的充分必要条件

定理 12.3　正项级数 $\sum\limits_{n=1}^{\infty} u_n$ 收敛的充分必要条件是：它的部分和数列 $\{s_n\}$ 有上界.

显然，如果正项级数 $\sum\limits_{n=1}^{\infty} u_n$ 发散，其部分和数列 $\{s_n\}$ 无界，且 $\lim\limits_{n\to\infty} s_n = +\infty$.

定理 12.3 的重要性并不在于利用定理来判别正项级数的敛散性，而在于它是证明下面一系列正项级数审敛法的基础.

(2) 比较审敛法

定理 12.4（比较审敛法）　设 $\sum\limits_{n=1}^{\infty} u_n$ 和 $\sum\limits_{n=1}^{\infty} v_n$ 都是正项级数，且

$$u_n \leqslant v_n \qquad (n=1,2,\cdots)$$

若 $\sum\limits_{n=1}^{\infty} v_n$ 收敛，则 $\sum\limits_{n=1}^{\infty} u_n$ 也收敛；反之，若 $\sum\limits_{n=1}^{\infty} u_n$ 发散，则 $\sum\limits_{n=1}^{\infty} v_n$ 也发散.

证　若 $\sum\limits_{n=1}^{\infty} v_n$ 收敛，其部分和数列 $\{s_n\}$ 有上界，即存在实数 $M>0$，使得

$$s_n = v_1 + v_2 + \cdots + v_n \leqslant M$$

级数 $\sum\limits_{n=1}^{\infty} u_n$ 的部分和为

$$\tau_n = u_1 + u_2 + \cdots + u_n$$

又 $u_n \leqslant v_n$，从而有

$$\tau_n \leqslant s_n \leqslant M$$

即 $\sum\limits_{n=1}^{\infty} u_n$ 的部分和数列 $\{\tau_n\}$ 有上界. 根据定理 12.3 可知，级数 $\sum\limits_{n=1}^{\infty} u_n$ 也收敛.

反之，若 $\sum\limits_{n=1}^{\infty} u_n$ 发散，则级数 $\sum\limits_{n=1}^{\infty} v_n$ 必发散. 假设级数 $\sum\limits_{n=1}^{\infty} v_n$ 收敛，由上面已证的结论，将有

级数 $\sum\limits_{n=1}^{\infty} u_n$ 也收敛,与假设矛盾.

由于级数每项乘以非零常数,以及去掉级数的有限项,所得级数的敛散性与原级数相同,可得以下推论.

推论 12.2 设 $\sum\limits_{n=1}^{\infty} u_n$,$\sum\limits_{n=1}^{\infty} v_n$ 均为正项级数,k 为正常数,且存在正整数 N. 当 $n > N$ 时,恒有

$$u_n \leqslant kv_n$$

若 $\sum\limits_{n=1}^{\infty} v_n$ 收敛,则 $\sum\limits_{n=1}^{\infty} u_n$ 也收敛;反之,若 $\sum\limits_{n=1}^{\infty} u_n$ 发散,则 $\sum\limits_{n=1}^{\infty} v_n$ 也发散.

例1 证明调和级数 $1 + \dfrac{1}{2} + \dfrac{1}{3} + \cdots + \dfrac{1}{n} + \cdots$ 是发散的.

证 利用微分学知识可证,当 $x > 0$ 时,$x > \ln(1+x)$,于是得

$$s_n = 1 + \frac{1}{2} + \frac{1}{3} + \cdots + \frac{1}{n} > \ln(1+1) + \ln\left(1+\frac{1}{2}\right) + \ln\left(1+\frac{1}{3}\right) + \cdots + \ln\left(1+\frac{1}{n}\right)$$

$$= \ln 2 + \ln \frac{3}{2} + \ln \frac{4}{3} + \cdots + \ln \frac{n+1}{n}$$

$$= \ln\left(2 \cdot \frac{3}{2} \cdot \frac{4}{3} \cdot \cdots \cdot \frac{n+1}{n}\right) = \ln(1+n)$$

所以有 $\lim\limits_{n \to \infty} s_n = +\infty$. 因此,调和级数发散.

例2 讨论 p-级数 $\sum\limits_{n=1}^{\infty} \dfrac{1}{n^p}$ 的敛散性,其中,常数 $p > 0$.

解 当 $p \leqslant 1$ 时,由于 $\dfrac{1}{n^p} \geqslant \dfrac{1}{n}$,且调和级数 $\sum\limits_{n=1}^{\infty} \dfrac{1}{n}$ 发散.

由定理 12.4 可知,当 $p \leqslant 1$ 时,级数 $\sum\limits_{n=1}^{\infty} \dfrac{1}{n^p}$ 发散.

当 $p > 1$ 时,设 $n-1 \leqslant x \leqslant n$,有 $\dfrac{1}{n^p} \leqslant \dfrac{1}{x^p}$,得

$$\frac{1}{n^p} = \int_{n-1}^{n} \frac{1}{n^p} dx \leqslant \int_{n-1}^{n} \frac{1}{x^p} dx \qquad (n = 2, 3, \cdots)$$

级数 $\sum\limits_{n=1}^{\infty} \dfrac{1}{n^p}$ 的部分和为 s_n,于是有

$$s_n = 1 + \frac{1}{2^p} + \frac{1}{3^p} + \cdots + \frac{1}{n^p} \leqslant 1 + \int_1^2 \frac{1}{x^p} dx + \int_2^3 \frac{1}{x^p} dx + \cdots + \int_{n-1}^{n} \frac{1}{x^p} dx$$

$$= 1 + \int_1^n \frac{1}{x^p} dx = 1 + \frac{1}{p-1}\left(1 - \frac{1}{n^{p-1}}\right) \leqslant 1 + \frac{1}{p-1}$$

由定理 12.3 可知,当 $p > 1$ 时,级数 $\sum\limits_{n=1}^{\infty} \dfrac{1}{n^p}$ 收敛.

综上所述,当 $p > 1$ 时,级数 $\sum\limits_{n=1}^{\infty} \dfrac{1}{n^p}$ 收敛;当 $p \leqslant 1$ 时,级数 $\sum\limits_{n=1}^{\infty} \dfrac{1}{n^p}$ 发散.

定理 12.5（比较审敛法的极限形式）　设 $\sum\limits_{n=1}^{\infty} u_n$ 和 $\sum\limits_{n=1}^{\infty} v_n$ 都是正项级数,若

$$\lim_{n\to\infty}\frac{u_n}{v_n}=l$$

①当 $0 < l < +\infty$ 时, 则级数 $\sum\limits_{n=1}^{\infty} v_n$ 与 $\sum\limits_{n=1}^{\infty} u_n$ 同时收敛或同时发散;

②当 $l = 0$ 时, 若级数 $\sum\limits_{n=1}^{\infty} v_n$ 收敛,则级数 $\sum\limits_{n=1}^{\infty} u_n$ 也收敛;

③当 $l = +\infty$ 时, 若级数 $\sum\limits_{n=1}^{\infty} v_n$ 发散,则级数 $\sum\limits_{n=1}^{\infty} u_n$ 也发散.

证　①当 $0 < l < +\infty$ 时,由数列极限的定义可知,对任给的 $\varepsilon > 0$,不妨设 $0 < \varepsilon < l$,存在正整数 N,当 $n > N$ 时,有 $\left|\dfrac{u_n}{v_n}-l\right| < \varepsilon$,即

$$0 < (l-\varepsilon)v_n < u_n < (l+\varepsilon)v_n$$

由推论 12.2 可知,级数 $\sum\limits_{n=1}^{\infty} v_n$ 与 $\sum\limits_{n=1}^{\infty} u_n$ 同时收敛或同时发散.

②当 $l = 0$ 时,对任给的 $\varepsilon > 0$,存在正整数 N,当 $n > N$ 时,有 $\left|\dfrac{u_n}{v_n}\right| < \varepsilon$,即

$$0 < u_n < \varepsilon \cdot v_n$$

由推论 12.2 可知,所证结论成立.

③当 $l = +\infty$ 时,即极限 $\lim\limits_{n\to\infty}\dfrac{v_n}{u_n} = 0$. 若级数 $\sum\limits_{n=1}^{\infty} v_n$ 发散, 假设级数 $\sum\limits_{n=1}^{\infty} u_n$ 收敛,则由结论②可知,级数 $\sum\limits_{n=1}^{\infty} v_n$ 收敛,与已知级数 $\sum\limits_{n=1}^{\infty} v_n$ 发散相矛盾,故级数 $\sum\limits_{n=1}^{\infty} u_n$ 也发散.

推论 12.3　设 $\sum\limits_{n=1}^{\infty} u_n$ 为正项级数.

①如果 $\lim\limits_{n\to\infty} n u_n = l > 0$（或 $\lim\limits_{n\to\infty} n u_n = +\infty$）,则级数 $\sum\limits_{n=1}^{\infty} u_n$ 发散;

②如果存在常数 $p > 1$,且 $\lim\limits_{n\to\infty} n^p u_n = l (0 \leqslant l < +\infty)$,则级数 $\sum\limits_{n=1}^{\infty} u_n$ 收敛.

证　①在定理 12.5 中, 取 $v_n = \dfrac{1}{n}$,级数 $\sum\limits_{n=1}^{\infty} \dfrac{1}{n}$ 发散,由定理 12.5 可知,结论成立;

②在定理 12.5 中,取 $v_n = \dfrac{1}{n^p}$　$(p > 1)$,此时, $\sum\limits_{n=1}^{\infty} \dfrac{1}{n^p}$ 收敛,由定理 12.5 可知,结论成立.

例 3　判别下列级数的敛散性:

(1) $\sum\limits_{n=1}^{\infty} \sin\dfrac{1}{n}$;　　　　　　(2) $\sum\limits_{n=1}^{\infty} \dfrac{1}{n+\sqrt{n}}$.

解　(1)由于 $\lim\limits_{n\to\infty} n \sin\dfrac{1}{n} = 1$,而级数 $\sum\limits_{n=1}^{\infty} \dfrac{1}{n}$ 发散,由定理 12.5 可知,级数 $\sum\limits_{n=1}^{\infty} \sin\dfrac{1}{n}$ 也发散.

（2）由于 $\dfrac{1}{n+\sqrt{n}} > \dfrac{1}{2n}$，$\displaystyle\sum_{n=1}^{\infty}\dfrac{1}{2n} = \dfrac{1}{2}\sum_{n=1}^{\infty}\dfrac{1}{n}$，级数 $\displaystyle\sum_{n=1}^{\infty}\dfrac{1}{n}$ 是发散的，级数 $\displaystyle\sum_{n=1}^{\infty}\dfrac{1}{2n}$ 也发散．则由定理 12.4 可知，$\displaystyle\sum_{n=1}^{\infty}\dfrac{1}{n+\sqrt{n}}$ 也发散．

例 4　判别下列级数的敛散性：

（1）$\displaystyle\sum_{n=1}^{\infty}\dfrac{1}{2^n-n}$；　　　　　　（2）$\displaystyle\sum_{n=1}^{\infty}\sqrt{n+1}\left(1-\cos\dfrac{\pi}{n}\right)$．

解　（1）这里 $u_n = \dfrac{1}{2^n-n}$，取 $v_n = \dfrac{1}{2^n}$，因为

$$\lim_{n\to\infty}\frac{u_n}{v_n} = \lim_{n\to\infty}\frac{\dfrac{1}{2^n-n}}{\dfrac{1}{2^n}} = \lim_{n\to\infty}\frac{2^n}{2^n-n} = \lim_{n\to\infty}\frac{1}{1-\dfrac{n}{2^n}} = 1$$

而 $\displaystyle\sum_{n=1}^{\infty}\dfrac{1}{2^n}$ 是收敛的．由定理 12.5 可知，级数 $\displaystyle\sum_{n=1}^{\infty}\dfrac{1}{2^n-n}$ 收敛．

（2）这里 $u_n = \sqrt{n+1}\left(1-\cos\dfrac{\pi}{n}\right)$，因为

$$\lim_{n\to\infty} n^{\frac{3}{2}} u_n = \lim_{n\to\infty} n^{\frac{3}{2}}\sqrt{n+1}\left(1-\cos\dfrac{\pi}{n}\right)$$

$$= \lim_{n\to\infty} n^2\sqrt{\frac{n+1}{n}} \cdot \frac{1}{2}\left(\frac{\pi}{n}\right)^2 = \frac{1}{2}\pi^2$$

由推论 12.3 可知，级数 $\displaystyle\sum_{n=1}^{\infty}\sqrt{n+1}\left(1-\cos\dfrac{\pi}{n}\right)$ 收敛．

利用比较审敛法来判别级数的敛散性，通常找 p-级数或等比级数作为比较级数．事实上，也可通过级数自身的特性来判别级数的敛散性．

（3）比值审敛法（达朗贝尔审敛法）

定理 12.6　设 $\displaystyle\sum_{n=1}^{\infty} u_n$ 为正项级数，若

$$\lim_{n\to\infty}\frac{u_{n+1}}{u_n} = \rho$$

则当 $\rho < 1$ 时，级数 $\displaystyle\sum_{n=1}^{\infty} u_n$ 收敛；当 $\rho > 1$ 或 $\rho = +\infty$ 时，级数 $\displaystyle\sum_{n=1}^{\infty} u_n$ 发散．

证　当 $\rho < 1$ 时，由 $\lim\limits_{n\to\infty}\dfrac{u_{n+1}}{u_n} = \rho$，根据数列极限的定义，任取一个适当正数 ε，满足 $\rho + \varepsilon = \gamma < 1$，则存在正整数 m，当 $n > m$ 时，有

$$\frac{u_{n+1}}{u_n} < \rho + \varepsilon = \gamma$$

即

$$u_{m+2} < \gamma u_{m+1}, u_{m+3} < \gamma u_{m+2} < \gamma^2 u_{m+1}, u_{m+4} < \gamma u_{m+3} < \gamma^3 u_{m+1}, \cdots$$

级数 $u_{m+2} + u_{m+3} + u_{m+4} + \cdots$ 各项小于等比级数 $\gamma u_{m+1} + \gamma^2 u_{m+1} + \gamma^3 u_{m+1} + \cdots$ 的各对应项，

由于 $\gamma < 1$, 级数 $\gamma u_{m+1} + \gamma^2 u_{m+1} + \gamma^3 u_{m+1} + \cdots$ 收敛. 由推论 12.2 可知, $u_{m+2} + u_{m+3} + u_{m+4} + \cdots$ 收敛, 由于 $\displaystyle\sum_{n=1}^{\infty} u_n$ 只比它多了前 $m+1$ 项, 因此, $\displaystyle\sum_{n=1}^{\infty} u_n$ 也收敛.

当 $\rho > 1$ 时, 根据数列极限的定义取一个适当正数 ε, 使 $\rho - \varepsilon > 1$, 都存在正整数 m, 当 $n > m$ 时, 有 $\dfrac{u_{n+1}}{u_n} > \rho - \varepsilon > 1$, 即 $u_{n+1} > u_n$, 从而 $\displaystyle\lim_{n \to \infty} u_n \neq 0$, 故 $\displaystyle\sum_{n=1}^{\infty} u_n$ 发散.

注　定理 12.6 中, 当 $\displaystyle\lim_{n \to \infty} \dfrac{u_{n+1}}{u_n} = 1$ 时, 级数 $\displaystyle\sum_{n=1}^{\infty} u_n$ 可能收敛也可能发散. 例如, p-级数 $\displaystyle\sum_{n=1}^{\infty} \dfrac{1}{n^p}$, 当 $p > 0$ 时, 都有 $\displaystyle\lim_{n \to \infty} \dfrac{u_{n+1}}{u_n} = 1$. 由例 2 可知, 当 $p > 1$ 时, 级数 $\displaystyle\sum_{n=1}^{\infty} \dfrac{1}{n^p}$ 收敛; 当 $p \leqslant 1$ 时, 级数 $\displaystyle\sum_{n=1}^{\infty} \dfrac{1}{n^p}$ 发散.

例 5　判断正项级数 $\displaystyle\sum_{n=1}^{\infty} n \sin \dfrac{1}{3^n}$ 的敛散性.

解　这里 $u_n = n \sin \dfrac{1}{3^n}$, 因为

$$\lim_{n \to +\infty} \frac{u_{n+1}}{u_n} = \lim_{n \to +\infty} \frac{(n+1) \sin \dfrac{1}{3^{n+1}}}{n \sin \dfrac{1}{3^n}} = \lim_{n \to +\infty} \left(\frac{n+1}{n} \cdot \frac{\dfrac{1}{3^{n+1}}}{\dfrac{1}{3^n}} \right) = \frac{1}{3} \lim_{n \to +\infty} \frac{n+1}{n} = \frac{1}{3} < 1$$

根据定理 12.6 可知, 级数 $\displaystyle\sum_{n=1}^{\infty} n \sin \dfrac{1}{3^n}$ 收敛.

例 6　判别级数 $\displaystyle\sum_{n=1}^{\infty} \dfrac{2^n \cdot n!}{n^n}$ 的敛散性.

解　这里

$$u_n = \frac{2^n \cdot n!}{n^n}, \quad \frac{u_{n+1}}{u_n} = \frac{2^{n+1} \cdot (n+1)!}{(n+1)^{n+1}} \cdot \frac{n^n}{2^n \cdot n!} = 2 \cdot \left(\frac{n}{n+1} \right)^n$$

于是

$$\lim_{n \to \infty} \frac{u_{n+1}}{u_n} = \frac{2}{e} < 1$$

根据定理 12.6 可知, 级数 $\displaystyle\sum_{n=1}^{\infty} \dfrac{2^n \cdot n!}{n^n}$ 收敛.

(4) 根值审敛法 (柯西审敛法)

定理 12.7　设 $\displaystyle\sum_{n=1}^{\infty} u_n$ 为正项级数, 且

$$\lim_{n \to \infty} \sqrt[n]{u_n} = \rho$$

则当 $\rho < 1$ 时, 级数收敛; 当 $\rho > 1$ 时, 级数发散.

定理的证明类似定理 12.7, 故从略.

注　定理 12.7 中, 当 $\displaystyle\lim_{n \to \infty} \sqrt[n]{u_n} = \rho = 1$ 时, 级数 $\displaystyle\sum_{n=1}^{\infty} u_n$ 可能收敛也可能发散.

例 7 判别级数 $\sum\limits_{n=1}^{\infty} \dfrac{3+(-1)^n}{2^n}$ 的敛散性.

解 这里 $u_n = \dfrac{3+(-1)^n}{2^n}$,由于

$$\lim_{n\to\infty} \sqrt[n]{u_n} = \lim_{n\to\infty} \frac{\sqrt[n]{3+(-1)^n}}{2} = \frac{1}{2} < 1$$

根据定理 12.7 知,级数 $\sum\limits_{n=1}^{\infty} \dfrac{3+(-1)^n}{2^n}$ 收敛.

注 凡能由比值审敛法判别敛散性的级数,它也能用根值审敛法判断. 因此,根值审敛法比比值审敛法更有效. 如果利用比值审敛法来判别例 7 中级数的敛散性时,由于 $\lim\limits_{n\to\infty} \dfrac{u_{n+1}}{u_n} = \dfrac{1}{2} \lim\limits_{n\to\infty} \dfrac{3+(-1)^{n+1}}{3+(-1)^n}$,可得 $\lim\limits_{n\to\infty} \dfrac{u_{n+1}}{u_n}$ 不存在,无法判别此级数的敛散性. 例 7 也表明,利用比值审敛法判别级数收敛时,条件 $\rho < 1$ 是充分的,而非必要的. 同样的,利用根值审敛法判别级数收敛时,条件 $\rho < 1$ 也是充分的,而非必要的.

12.2.2 交错级数及其审敛法

若 $u_n > 0 (n = 1, 2, \cdots)$,则称级数

$$\sum_{n=1}^{\infty} (-1)^{n-1} u_n = u_1 - u_2 + u_3 - \cdots + (-1)^{n-1} u_n + \cdots \tag{12.5}$$

或

$$\sum_{n=1}^{\infty} (-1)^n u_n = -u_1 + u_2 - u_3 + \cdots + (-1)^n u_n + \cdots \tag{12.6}$$

为**交错级数**.

由于交错级数(12.5)的各项乘以 -1 后就变为级数(12.6),且其敛散性不改变. 因此,为不失一般性,只讨论级数(12.5)的敛散性.

定理 12.8(莱布尼兹判别法) 若交错级数 $\sum\limits_{n=1}^{\infty} (-1)^{n-1} u_n$ 满足条件:

① $u_n \geqslant u_{n+1} (n = 1, 2, \cdots)$;

② $\lim\limits_{n\to+\infty} u_n = 0.$

则交错级数 $\sum\limits_{n=1}^{\infty} (-1)^{n-1} u_n$ 收敛,且其和 $s \leqslant u_1$,其余项的绝对值 $|r_n| \leqslant u_{n+1}$.

证 设交错级数 $\sum\limits_{n=1}^{\infty} (-1)^{n-1} u_n$ 的部分和 s_n,得

$$s_{2n} = (u_1 - u_2) + (u_3 - u_4) + \cdots + (u_{2n-1} - u_{2n})$$

由条件①可知,$\{s_{2n}\}$ 为单调增加数列,又

$$s_{2n} = u_1 - (u_2 - u_3) - (u_4 - u_5) - \cdots - (u_{2n-2} - u_{2n-1}) - u_{2n}$$

从而
$$s_{2n} \leqslant u_1$$

由单调有界准则可知,极限 $\lim\limits_{n\to\infty} s_{2n}$ 存在,设 $\lim\limits_{n\to\infty} s_{2n} = s$,且有 $s \leqslant u_1$.

又因为 $s_{2n+1} = s_{2n} + u_{2n+1}$,所以由条件②可得
$$\lim_{n\to\infty} s_{2n+1} = \lim_{n\to\infty}(s_{2n} + u_{2n+1}) = s$$

故
$$\lim_{n\to\infty} s_n = s \leqslant u_1$$

由于
$$r_n = s - s_n = \pm\left[u_{n+1} - (u_{n+2} - u_{n+3}) - (u_{n+4} - u_{n+5}) - \cdots\right]$$

因此
$$|r_n| \leqslant u_{n+1}$$

注　交错级数是一类特殊的级数,定理 12.8 表明,若交错级数收敛,其和 $s \leqslant u_1$,即不超过首项;若用部分和 s_n 作为 s 的近似值,所产生的误差 $|r_n| \leqslant u_{n+1}$.

例 8　证明交错级数 $\sum\limits_{n=1}^{\infty} (-1)^{n-1} \dfrac{1}{n^p}$ $\quad (p > 0)$ 收敛.

证　这里 $u_n = \dfrac{1}{n^p} > 0, u_n = \dfrac{1}{n^p} > \dfrac{1}{(n+1)^p} = u_{n+1} (n = 1, 2, \cdots)$,又 $\lim\limits_{n\to\infty} u_n = \lim\limits_{n\to\infty} \dfrac{1}{n^p} = 0$.

由莱布尼兹判别法可知, $\sum\limits_{n=1}^{\infty} (-1)^{n-1} \dfrac{1}{n^p}$ 收敛,且其和 $s < 1$.

注　①如果取前 n 项的和 $s_n = 1 - \dfrac{1}{2^p} + \dfrac{1}{3^p} + \cdots + (-1)^{n-1} \dfrac{1}{n^p}$ 作为 s 的近似值,产生的误差 $|r_n| \leqslant \dfrac{1}{(n+1)^p}$.

②判别交错级数 $\sum\limits_{n=1}^{\infty} (-1)^{n-1} u_n$ 的敛散性时,如果判别其是否满足条件 $u_n \geqslant u_{n+1}$ 比较困难时,可令 $u_n = f(n)$,通过判别函数 $f(x)$ 的单调性来分析 $\{u_n\}$ 的单调性;也可通过极限 $\lim\limits_{x\to+\infty} f(x)$ 来求 $\lim\limits_{n\to\infty} u_n$.

例 9　判别级数 $\sum\limits_{n=1}^{\infty} (-1)^{n-1} \dfrac{\ln n}{n}$ 的敛散性.

解　设 $u_n = \dfrac{\ln n}{n} > 0 \quad (n > 1)$, $\sum\limits_{n=1}^{\infty} (-1)^{n-1} \dfrac{\ln n}{n}$ 为交错级数.

令 $f(x) = \dfrac{\ln x}{x}$,显然 $f(x)$ 在 $[3, +\infty)$ 内连续且可导,且当 $x > 3$ 时,有
$$f'(x) = \frac{1 - \ln x}{x^2} < 0$$

故 $f(x)$ 在区间 $[3, +\infty)$ 单调递减,即当 $n > 3$ 时, $\left\{\dfrac{\ln n}{n}\right\}$ 是单调递减数列,得 $u_{n+1} < u_n$,且由于 $\lim\limits_{x\to+\infty} f(x) = \lim\limits_{x\to+\infty} \dfrac{\ln x}{x} = 0$,得
$$\lim_{n\to\infty} u_n = \lim_{n\to\infty} \frac{\ln n}{n} = 0$$

故由莱布尼兹判别法可知, $\sum\limits_{n=3}^{\infty} (-1)^{n-1} \dfrac{\ln n}{n}$ 收敛,从而 $\sum\limits_{n=1}^{\infty} (-1)^{n-1} \dfrac{\ln n}{n}$ 也收敛.

12.2.3 绝对收敛与条件收敛

一般的常数项级数 $\sum\limits_{n=1}^{\infty} u_n$,其中 u_n 可以是正数、负数或零,如果将其各项都换为它的绝对值,就可构造一个正项级数 $\sum\limits_{n=1}^{\infty} |u_n|$,级数 $\sum\limits_{n=1}^{\infty} |u_n|$ 与 $\sum\limits_{n=1}^{\infty} u_n$ 的敛散性有下面定理所述的关系.

定理 12.9 若 $\sum\limits_{n=1}^{\infty} |u_n|$ 收敛,则 $\sum\limits_{n=1}^{\infty} u_n$ 也收敛.

证 令 $v_n = \dfrac{1}{2}(|u_n| + u_n)$,则 $v_n \geqslant 0$ 且 $v_n \leqslant |u_n|$ $(n=1,2,3,\cdots)$,即 $\sum\limits_{n=1}^{\infty} v_n$ 是正项级数.

而 $\sum\limits_{n=1}^{\infty} |u_n|$ 收敛,从而 $\sum\limits_{n=1}^{\infty} v_n$ 收敛,又

$$u_n = 2v_n - |u_n|$$

由 12.1 节的性质 1 可知, $\sum\limits_{n=1}^{\infty} u_n$ 收敛.

定理 12.9 的逆定理不成立. 例如, $\sum\limits_{n=1}^{\infty} (-1)^{n-1} \dfrac{1}{n}$ 收敛,但 $\sum\limits_{n=1}^{\infty} \left| (-1)^{n-1} \dfrac{1}{n} \right| = \sum\limits_{n=1}^{\infty} \dfrac{1}{n}$ 发散.

定义 12.2 设 $\sum\limits_{n=1}^{\infty} u_n$ 为常数项级数. 若 $\sum\limits_{n=1}^{\infty} |u_n|$ 收敛,则称级数 $\sum\limits_{n=1}^{\infty} u_n$ 绝对收敛;如果 $\sum\limits_{n=1}^{\infty} |u_n|$ 发散,但 $\sum\limits_{n=1}^{\infty} u_n$ 收敛,则称级数 $\sum\limits_{n=1}^{\infty} u_n$ 条件收敛.

根据定义 12.2,全体收敛级数可分为绝对收敛级数和条件收敛级数两大类. 由级数的条件收敛可知,若级数 $\sum\limits_{n=1}^{\infty} |u_n|$ 发散, 则 $\sum\limits_{n=1}^{\infty} u_n$ 未必发散. 对于一般常数项级数,通常先利用正项级数的审敛法来判别 $\sum\limits_{n=1}^{\infty} |u_n|$ 是否收敛;如果 $\sum\limits_{n=1}^{\infty} |u_n|$ 收敛,则级数 $\sum\limits_{n=1}^{\infty} u_n$ 绝对收敛;如果 $\sum\limits_{n=1}^{\infty} |u_n|$ 发散,可利用莱布尼兹判别法或级数收敛的定义等来判别级数 $\sum\limits_{n=1}^{\infty} u_n$ 是否收敛. 易知, $\sum\limits_{n=1}^{\infty} (-1)^{n-1} \dfrac{1}{n^2}$ 是绝对收敛的,而 $\sum\limits_{n=1}^{\infty} (-1)^{n-1} \dfrac{1}{n}$ 是条件收敛的.

绝对收敛级数有很多性质是条件收敛级数所没有的,下面给出关于绝对收敛级数的两个重要性质.

*定理 12.10 绝对收敛级数经改变项的位置后所构成的级数也收敛,且与原级数有相同的和(即绝对收敛级数具有可交换性).

定理 12.10 证明从略.

*定理 12.11(柯西定理) 设级数 $\sum\limits_{n=1}^{\infty} u_n$, $\sum\limits_{n=1}^{\infty} v_n$ 都是绝对收敛,其和分别为 s 和 σ,则它们的柯西乘积

$$\sum_{n=1}^{\infty} u_n \cdot \sum_{n=1}^{\infty} v_n = u_1 v_1 + (u_1 v_2 + u_2 v_1) + (u_1 v_3 + u_2 v_2 + u_3 v_1) + \cdots +$$
$$(u_1 v_n + u_2 v_{n-1} + \cdots + u_n v_1) + \cdots$$

也是绝对收敛的,且其和为 $s \cdot \sigma$.

定理 12.11 证明从略.

例 10　判断级数 $\displaystyle\sum_{n=1}^{\infty} \frac{\sin nx}{n^2}$ 的敛散性.

解　因为 $\left|\dfrac{\sin nx}{n^2}\right| \leqslant \dfrac{1}{n^2}$,而级数 $\displaystyle\sum_{n=1}^{\infty} \frac{1}{n^2}$ 收敛. 由比较审敛法可知,级数 $\displaystyle\sum_{n=1}^{\infty} \left|\frac{\sin nx}{n^2}\right|$ 收敛,所以级数 $\displaystyle\sum_{n=1}^{\infty} \frac{\sin nx}{n^2}$ 绝对收敛.

例 11　判别级数 $\displaystyle\sum_{n=1}^{\infty} (-1)^{n-1} \frac{n^{n+1}}{(n+1)!}$ 的敛散性.

解　这是一个交错级数,其一般项 $u_n = (-1)^{n-1} \dfrac{n^{n+1}}{(n+1)!}$,先判别级数 $\displaystyle\sum_{n=1}^{\infty} |u_n|$ 的敛散性,利用比值审敛法,因为

$$\lim_{n\to\infty} \left|\frac{u_{n+1}}{u_n}\right| = \lim_{n\to\infty} \frac{(n+1)^{n+2}}{(n+2)!} \cdot \frac{(n+1)!}{n^{n+1}} = \lim_{n\to\infty} \frac{n+1}{n+2} \cdot \left(1 + \frac{1}{n}\right)^{n+1} = e > 1$$

所以级数 $\displaystyle\sum_{n=1}^{\infty} |u_n|$ 发散.

由于 $\lim\limits_{n\to\infty} \left|\dfrac{u_{n+1}}{u_n}\right| > 1$,从而存在正整数 N. 当 $n > N$ 时,$|u_{n+1}| \geqslant |u_n|$,故级数 $\displaystyle\sum_{n=1}^{\infty} u_n$ 发散.

例 12　为了治病需要,医生希望某药物在人体内的长期效用水平达 200 mg,医生要求病人连续等量服药,同时假设病人每天人体排放 25% 的药物. 试问医生确定每天的用药量是多少?

解　因为是连续等量服药,留存体内的药物水平是前一天药物量的 75%($q = 1 - 25\%$)加上当日的服用量 a mg,可见第 n 天人体内该药物含量

$$a + aq + aq^2 + \cdots + aq^{n-1} = a(1 + q + q^2 + \cdots + q^{n-1}) = \frac{a(1 - q^n)}{1 - q}$$

不考虑会产生抗药性等复杂情况,由于是长期服药,不妨设服药期可看成趋于无穷大. 因此,体内该药物最终存留量 200 mg 就是等比级数 $a\displaystyle\sum_{n=1}^{\infty} 0.75^{n-1}$ 的和 $\dfrac{a}{1 - 0.75}$,即 $\dfrac{a}{1 - 0.75} = 200$. 由此,有 $a = 200$ mg $\times 0.25 = 50$ mg. 因此,为使该药物在体内的长期效用水平达到 200 mg,医生确定的每天用药量应为 50 mg.

习题 12.2

1. 选择题：

(1) 若级数 $\sum\limits_{n=1}^{\infty} u_n$ 收敛，记 $s_n = \sum\limits_{i=1}^{n} u_i$，则（　　）.

  A. $\lim\limits_{n\to\infty} s_n = 0$ B. $\lim\limits_{n\to\infty} s_n$ 存在

  C. $\lim\limits_{n\to\infty} s_n$ 可能不存在   D. $\{s_n\}$ 为单调数列

(2) 设 $\lim\limits_{n\to\infty} u_n \neq 0$，则级数 $\sum\limits_{n=1}^{\infty} u_n$（　　）.

  A. 绝对收敛   B. 条件收敛

  C. 发散   D. 敛散性不确定

(3) $\lim\limits_{n\to\infty} u_n = 0$ 是无穷级数 $\sum\limits_{n=1}^{\infty} u_n$ 收敛的（　　）.

  A. 充分而非必要条件   B. 必要而非充分条件

  C. 充分且必要条件   D. 既非充分也非必要条件

(4) 设常数 $a > 0$，则级数 $\sum\limits_{n=1}^{\infty} \dfrac{1}{\sqrt{n+a}} \sin \dfrac{a}{n}$（　　）.

  A. 绝对收敛   B. 条件收敛

  C. 发散   D. 敛散性与 a 的取值有关

2. 用比较审敛法（或比较审敛法的极限形式）判别下列级数的敛散性：

(1) $\sum\limits_{n=1}^{\infty} \dfrac{1}{2n-1}$;   (2) $\sum\limits_{n=1}^{\infty} \dfrac{2+n}{1+n^2}$;

(3) $\sum\limits_{n=1}^{\infty} \dfrac{1}{(n+1)(n+4)}$;   (4) $\sum\limits_{n=1}^{\infty} \sin \dfrac{\pi}{3^n}$;

(5) $\sum\limits_{n=1}^{\infty} \dfrac{1}{1+a^n} (a > 0)$.

3. 用比值审敛法判别下列级数的敛散性：

(1) $\sum\limits_{n=1}^{\infty} \dfrac{4^n}{n \cdot 2^n}$;   (2) $\sum\limits_{n=1}^{\infty} \dfrac{n^3}{5^n}$;

(3) $\sum\limits_{n=1}^{\infty} \dfrac{3^n \cdot n!}{n^n}$;   (4) $\sum\limits_{n=1}^{\infty} n \tan \dfrac{\pi}{3^{n+1}}$.

4. 用根值审敛法判别下列级数的敛散性：

(1) $\sum\limits_{n=1}^{\infty} \left(\dfrac{n}{3n+1}\right)^n$;   (2) $\sum\limits_{n=1}^{\infty} \dfrac{1}{[\ln(n+2)]^n}$;

(3) $\sum\limits_{n=1}^{\infty} \left(\dfrac{n}{2n-1}\right)^{2n-1}$;   (4) $\sum\limits_{n=1}^{\infty} \left(\dfrac{b}{a_n}\right)^n$，其中，$\lim\limits_{n\to\infty} a_n = a, a_n, a, b$ 均为正数.

5. 判别下列级数的敛散性:

(1) $\sum_{n=1}^{\infty} n \left(\frac{4}{5} \right)^n$;

(2) $\sum_{n=1}^{\infty} \frac{n^3}{n!}$;

(3) $\sum_{n=1}^{\infty} \frac{n+2}{(n+1)(n+3)}$;

(4) $\sum_{n=1}^{\infty} 3^n \sin \frac{\pi}{4^n}$;

(5) $\sum_{n=1}^{\infty} \sqrt{\frac{n+1}{n}}$;

(6) $\sum_{n=1}^{\infty} \frac{1}{na+b} (a>0, b>0)$.

6. 判别下列级数是否收敛? 如果是收敛的,是绝对收敛还是条件收敛?

(1) $\sum_{n=1}^{\infty} (-1)^{n-1} \frac{1}{\sqrt{n+1}}$;

(2) $\sum_{n=1}^{\infty} \frac{1}{n} \sin \frac{n\pi}{2}$;

(3) $\sum_{n=1}^{\infty} (-1)^{n-1} \frac{n}{2^{n-1}}$;

(4) $\sum_{n=1}^{\infty} (-1)^{n+1} \frac{1}{\ln(n+1)}$;

(5) $\sum_{n=1}^{\infty} (-1)^{n+1} \frac{3^n}{n!}$;

(6) $\sum_{n=2}^{\infty} (-1)^{n+1} \frac{(2n-2)!!}{(2n)!!}$.

7. 已知级数 $\sum_{n=1}^{\infty} a_n^2$ 收敛,且 $a_n > 0$,试证级数 $\sum_{n=1}^{\infty} \frac{a_n}{n}$ 也收敛.

12.3　幂级数

前面已讨论了常数项级数,但在科学技术的理论与实践中用得更多的是函数项级数. 本节主要讨论函数项级数的一般概念及幂级数的敛散性.

12.3.1　函数项级数的概念

定义 12.3　设给定一个定义在区间 I 上的函数列
$$u_1(x), u_2(x), \cdots, u_n(x), \cdots$$
则由这个函数列构成的表达式
$$\sum_{n=1}^{\infty} u_n(x) = u_1(x) + u_2(x) + \cdots + u_n(x) + \cdots \tag{12.7}$$
称为定义在区间 I 上的**函数项无穷级数**,简称函数项级数.

对于每一个确定的值 $x_0 \in I$,函数项级数(12.7)成为常数项级数
$$u_1(x_0) + u_2(x_0) + \cdots + u_n(x_0) + \cdots \tag{12.8}$$
它可能收敛,也可能发散. 因此,有以下定义:

定义 12.4　如果级数(12.8)收敛,则称 x_0 是函数项级数(12.7)的**收敛点**. 如果级数(12.8)发散,则称 x_0 是函数项级数(12.7)的**发散点**. 函数项级数(12.7)的收敛点的全体称为它的**收敛域**,发散点的全体称为它的**发散域**.

例如,函数项级数

$$\sum_{n=1}^{\infty} x^{n-1} = 1 + x + x^2 + \cdots + x^{n-1} + \cdots \tag{12.9}$$

是以变量 x 为公比的几何级数. 当 $|x| < 1$ 时,级数(12.9)收敛;当 $|x| \geqslant 1$ 时,级数(12.9)发散. 故其收敛域为 $(-1,1)$,发散域为 $(-\infty, -1] \cup [1, +\infty)$.

设 I_0 为级数(12.7)的收敛域,对应于收敛域 I_0 内的任意一个数 x,级数(12.7)成为一收敛的常数项级数,因而有一确定的和 s,它是 x 的函数,记为 $s(x)$,称为函数项级数(12.7)的和函数,即

$$s(x) = u_1(x) + u_2(x) + \cdots + u_n(x) + \cdots \qquad (x \in I_0)$$

例如,级数(12.9)的收敛域 $(-1,1)$ 内的和函数为 $\dfrac{1}{1-x}$.

函数项级数(12.7)的前 n 项的和称为该级数的部分和,记作 $s_n(x)$,则对 $\forall x \in I_0$ 均有

$$\lim_{n \to \infty} s_n(x) = s(x)$$

仍称 $r_n(x) = s(x) - s_n(x) = \sum_{i=n+1}^{\infty} u_i(x)$ 为函数项级数(12.7)的余项. 当函数项级数(12.7)收敛时,有

$$\lim_{n \to \infty} r_n(x) = 0 \qquad (x \in I_0)$$

下面讨论在理论和实践中有着广泛应用的一种函数项级数——幂级数.

12.3.2 幂级数及其收敛域

形如

$$\sum_{n=0}^{\infty} a_n(x-x_0)^n = a_0 + a_1(x-x_0) + a_2(x-x_0)^2 + \cdots + a_n(x-x_0)^n + \cdots \tag{12.10}$$

的函数项级数,称为 $(x-x_0)$ 的**幂级数**. 其中,$a_0, a_1, \cdots, a_n, \cdots$ 都是常数,称为幂级数的系数. 当 $x_0 = 0$ 时,级数(12.10)变成

$$\sum_{n=0}^{\infty} a_n x^n = a_0 + a_1 x + a_2 x^2 + \cdots + a_n x^n + \cdots \tag{12.11}$$

称为 x 的**幂级数**.

例如,$1 - x + x^2 - x^3 + \cdots + (-1)^n x^n + \cdots, 1 + x + \dfrac{1}{2!}x^2 + \cdots + \dfrac{1}{n!}x^n + \cdots$ 都是 x 的幂级数.

级数(12.10)中,当 $x_0 \neq 0$ 时,令 $t = x - x_0$,幂级数(12.10)变为 $\sum_{n=0}^{\infty} a_n t^n$. 因此,主要讨论幂级数(12.11)的有关性质.

前面已讨论过幂级数(12.9)的收敛性,它的收敛域是开区间 $(-1,1)$,这是一个以原点为中心的区间. 对于给定的幂级数(12.11),其收敛域的形式是否也是一个以原点为中心的区间,又该如何求其收敛域. 下面的定理就给出了解决方案.

定理 12.12(阿贝尔定理) 如果幂级数 $\sum_{n=0}^{\infty} a_n x^n$ 在 $x = x_0 (x_0 \neq 0)$ 处收敛,则对于满足不等式 $|x| < |x_0|$ 的一切 x,幂级数 $\sum_{n=0}^{\infty} a_n x^n$ 绝对收敛;反之,若幂级数 $\sum_{n=0}^{\infty} a_n x^n$ 在 $x = x_0$

$(x_0 \neq 0)$处发散,则对满足不等式$|x| > |x_0|$的一切x,幂级数$\sum\limits_{n=0}^{\infty} a_n x^n$发散.

证　若$\sum\limits_{n=0}^{\infty} a_n x^n$在$x = x_0 (x_0 \neq 0)$处收敛,则有

$$\lim_{n \to +\infty} a_n x_0^n = 0$$

故存在$M > 0$,使得

$$|a_n x_0^n| \leqslant M \qquad (n = 0, 1, 2, \cdots)$$

从而有

$$|a_n x^n| = |a_n x_0^n| \cdot \left|\frac{x^n}{x_0^n}\right| = |a_n x_0^n| \cdot \left|\frac{x}{x_0}\right|^n \leqslant M \left|\frac{x}{x_0}\right|^n$$

当$|x| < |x_0|$时,$\left|\dfrac{x}{x_0}\right| < 1$. 故等比级数$\sum\limits_{n=0}^{\infty} M \left|\dfrac{x}{x_0}\right|^n$收敛. 由正项级数的比较判别法可

知,级数$\sum\limits_{n=0}^{\infty} |a_n x^n|$收敛,即级数$\sum\limits_{n=0}^{\infty} a_n x^n$绝对收敛.

定理第二部分用反正法证明,若幂级数在$x = x_0$处发散,假设存在点x_1满足$|x_1| > |x_0|$,使级数$\sum\limits_{n=0}^{\infty} a_n x_1^n$收敛,则根据本定理第一部分的结论,由于$|x_0| < |x_1|$,级数在$x = x_0$处收敛,这与所设矛盾. 故定理的第二部分结论成立.

阿贝尔定理的几何说明如图 12.1 所示,若幂级数$\sum\limits_{n=0}^{\infty} a_n x^n$在$x = x_1 (x_1 > 0)$处收敛,则对于满足不等式$|x| < |x_1|$的一切$x$,幂级数$\sum\limits_{n=0}^{\infty} a_n x^n$绝对收敛,若幂级数$\sum\limits_{n=0}^{\infty} a_n x^n$在$x = x_2 (|x_2| > |x_1|)$处发散,则对于满足不等式$|x| > |x_2|$的一切$x$,幂级数$\sum\limits_{n=0}^{\infty} a_n x^n$发散;若幂级数$\sum\limits_{n=0}^{\infty} a_n x^n$在$x = x_3 (|x_1| < |x_3| < |x_2|)$处收敛,则对于满足不等式$|x| < |x_3|$的一切$x$,幂级数$\sum\limits_{n=0}^{\infty} a_n x^n$也收敛,这样收敛域和发散域依次扩大,故存在某个正数R,当$|x| < R$,级数$\sum\limits_{n=0}^{\infty} a_n x^n$收敛,而当$|x| > R$,级数$\sum\limits_{n=0}^{\infty} a_n x^n$发散.

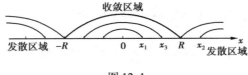

图 12.1

推论 12.4　若幂级数$\sum\limits_{n=0}^{\infty} a_n x^n$不是仅在$x = 0$处收敛,也不是在整个数轴上都收敛,则必有一个确定的正数R存在,使得

当$|x| < R$时,幂级数绝对收敛;

当$|x| > R$时,幂级数发散;

当 $x = R$ 与 $x = -R$ 时,幂级数可能收敛也可能发散.

R 称为幂级数 $\sum\limits_{n=0}^{\infty} a_n x^n$ 的收敛半径,$(-R,R)$ 称为幂级数 $\sum\limits_{n=0}^{\infty} a_n x^n$ 的收敛区间. 再根据幂级数 $\sum\limits_{n=0}^{\infty} a_n x^n$ 在 $x = \pm R$ 处的敛散性,便可确定该幂级数 $\sum\limits_{n=0}^{\infty} a_n x^n$ 的收敛域可能为以下 4 种情形之一:$(-R,R)$,$[-R,R)$,$(-R,R]$,$[-R,R]$. 若幂级数 $\sum\limits_{n=0}^{\infty} a_n x^n$ 只在 $x = 0$ 处收敛,则规定它的收敛半径 $R = 0$;若对任何实数 x,幂级数 $\sum\limits_{n=0}^{\infty} a_n x^n$ 皆收敛,则规定其收敛半径 $R = +\infty$,这时其收敛域为 $(-\infty, +\infty)$. 关于幂级数的收敛半径有以下定理.

定理 12. 13 设幂级数 $\sum\limits_{n=0}^{\infty} a_n x^n$ 满足

$$\lim_{n \to \infty} \left| \frac{a_{n+1}}{a_n} \right| = \rho$$

则

①当 $0 < \rho < +\infty$ 时,幂级数 $\sum\limits_{n=0}^{\infty} a_n x^n$ 的收敛半径为 $R = \dfrac{1}{\rho}$;

②当 $\rho = 0$ 时,幂级数 $\sum\limits_{n=0}^{\infty} a_n x^n$ 的收敛半径为 $R = +\infty$;

③当 $\rho = +\infty$ 时,幂级数 $\sum\limits_{n=0}^{\infty} a_n x^n$ 的收敛半径为 $R = 0$.

证 将幂级数 $\sum\limits_{n=0}^{\infty} a_n x^n$ 的各项取绝对值所成的级数为

$$|a_0| + |a_1 x| + |a_2 x^2| + \cdots + |a_n x^n| + \cdots$$

该级数相邻两项之比为

$$\frac{|a_{n+1} x^{n+1}|}{|a_n x^n|} = \left| \frac{a_{n+1}}{a_n} \right| |x|$$

①如果 $\lim\limits_{n \to \infty} \left| \dfrac{a_{n+1}}{a_n} \right| = \rho \quad (0 < \rho < +\infty)$ 存在,根据比值审敛法,则当 $\rho |x| < 1$,即 $|x| < \dfrac{1}{\rho}$ 时,级数收敛,从而级数 $\sum\limits_{n=0}^{\infty} a_n x^n$ 绝对收敛;当 $\rho |x| > 1$,即 $|x| > \dfrac{1}{\rho}$ 时,则存在正整数 N,当 $n > N$ 时,有 $|a_{n+1} x^{n+1}| > |a_n x^n|$. 因此,有 $\lim\limits_{n \to \infty} |a_n x^n| \neq 0$,故 $\lim\limits_{n \to \infty} a_n x^n \neq 0$,从而当 $|x| > \dfrac{1}{\rho}$ 时,级数 $\sum\limits_{n=0}^{\infty} a_n x^n$ 发散,于是幂级数 $\sum\limits_{n=0}^{\infty} a_n x^n$ 收敛半径 $R = \dfrac{1}{\rho}$.

②如果 $\lim\limits_{n \to \infty} \left| \dfrac{a_{n+1}}{a_n} \right| = \rho = 0$,则任何 $x \neq 0$,有 $\lim\limits_{n \to \infty} \dfrac{|a_{n+1} x^{n+1}|}{|a_n x^n|} = 0 < 1$. 根据比值审敛法可知,$\forall x \in (-\infty, +\infty)$,级数 $\sum\limits_{n=0}^{\infty} a_n x^n$ 绝对收敛,于是幂级数 $\sum\limits_{n=0}^{\infty} a_n x^n$ 收敛半径 $R = +\infty$.

③如果 $\lim\limits_{n\to\infty}\left|\dfrac{a_{n+1}}{a_n}\right| = +\infty$,则当 $x\neq0$ 时,有 $\lim\limits_{n\to\infty}\left|\dfrac{a_{n+1}x^{n+1}}{a_nx^n}\right| = \lim\limits_{n\to\infty}\left|\dfrac{a_{n+1}}{a_n}\right||x| = +\infty$,当 n 足够

大时,有 $\left|\dfrac{a_{n+1}x^{n+1}}{a_nx^n}\right| > 1$,即 $|a_{n+1}x^{n+1}| > |a_nx^n|$,故有 $\lim\limits_{n\to\infty}a_nx^n\neq0$,幂级数 $\sum\limits_{n=0}^{\infty}a_nx^n$ 发散,故其收

敛半径 $R = 0$.

例1　试求下列幂级数的收敛半径和收敛域:

(1) $\sum\limits_{n=1}^{\infty}\dfrac{x^n}{2^n}$;　　　　　　　　(2) $\sum\limits_{n=1}^{\infty}(-1)^n\dfrac{x^n}{\sqrt{n}}$.

解　(1)这里 $a_n = \dfrac{1}{2^n}$,由于

$$\rho = \lim_{n\to\infty}\left|\frac{a_{n+1}}{a_n}\right| = \frac{1}{2}$$

该幂级数收敛半径 $R = \dfrac{1}{\rho} = 2$,当 $x = -2$ 时,级数为 $\sum\limits_{n=1}^{\infty}(-1)^n$,此级数发散;当 $x = 2$ 时,

级数为 $\sum\limits_{n=1}^{\infty}1$,此级数发散. 因此,该幂级数的收敛域是 $(-2,2)$.

(2)这里 $a_n = \dfrac{(-1)^n}{\sqrt{n}}$,由于

$$\rho = \lim_{n\to+\infty}\left|\frac{a_{n+1}}{a_n}\right| = \lim_{n\to+\infty}\left|\frac{\dfrac{1}{\sqrt{n+1}}}{\dfrac{1}{\sqrt{n}}}\right| = \lim_{n\to+\infty}\sqrt{\frac{n}{n+1}} = 1$$

该幂级数的收敛半径 $R = \dfrac{1}{\rho} = 1$,当 $x = -1$ 时,级数为 $\sum\limits_{n=1}^{\infty}\dfrac{1}{\sqrt{n}}$,此级数发散;当 $x = 1$ 时,级

数为 $\sum\limits_{n=1}^{\infty}\dfrac{(-1)^n}{\sqrt{n}}$,此级数条件收敛. 因此,该幂级数的收敛域为 $(-1,1]$.

例2　求幂级数 $\sum\limits_{n=1}^{\infty}\dfrac{(2n)!}{(n!)^2}x^{2n-1}$ 的收敛半径.

解　由于级数缺少偶次幂项,即系数 $a_{2n} = 0(n = 1,2,\cdots)$,不能直接应用定理12.13,根据正项级数的比值审敛法来求收敛半径.

考虑级数 $\sum\limits_{n=1}^{\infty}\left|\dfrac{(2n)!}{(n!)^2}x^{2n-1}\right|$,设 $u_n(x) = \dfrac{(2n)!}{(n!)^2}x^{2n-1}$,则有

$$\lim_{n\to\infty}\left|\frac{u_{n+1}(x)}{u_n(x)}\right| = \lim_{n\to\infty}\left|\frac{\dfrac{[2(n+1)]!}{[(n+1)!]^2}x^{2n+1}}{\dfrac{(2n)!}{(n!)^2}x^{2n-1}}\right| = 4|x|^2$$

故当 $4|x|^2 < 1$,即 $|x| < \dfrac{1}{2}$ 时,级数(绝对)收敛;当 $4|x|^2 > 1$,即 $|x| > \dfrac{1}{2}$ 时,级数发散,故

所求幂级数的收敛半径 $R = \dfrac{1}{2}$.

定理 12.14　设幂级数 $\sum\limits_{n=0}^{\infty} a_n x^n$ 满足

$$\lim_{n \to \infty} \sqrt[n]{|a_n|} = \rho$$

则

①当 $0 < \rho < +\infty$ 时，幂级数 $\sum\limits_{n=0}^{\infty} a_n x^n$ 的收敛半径为 $R = \dfrac{1}{\rho}$；

②当 $\rho = 0$ 时，幂级数 $\sum\limits_{n=0}^{\infty} a_n x^n$ 的收敛半径为 $R = +\infty$；

③当 $\rho = +\infty$ 时，幂级数 $\sum\limits_{n=0}^{\infty} a_n x^n$ 的收敛半径为 $R = 0$.

定理 12.14 的证明与定理 12.13 的证明类似，这里从略.

例 3　求幂级数 $\sum\limits_{n=1}^{\infty} \dfrac{(x-1)^n}{n \cdot 2^n}$ 的收敛半径和收敛域.

解　设 $t = x - 1$，级数 $\sum\limits_{n=1}^{\infty} \dfrac{(x-1)^n}{n \cdot 2^n}$ 变为 $\sum\limits_{n=1}^{\infty} \dfrac{t^n}{n \cdot 2^n}$.

　　这里 $a_n = \dfrac{1}{n \cdot 2^n}$，由于

$$\rho = \lim_{n \to +\infty} \sqrt[n]{|a_n|} = \lim_{n \to +\infty} \frac{1}{2} \sqrt[n]{\frac{1}{n}} = \frac{1}{2}$$

该幂级数的收敛半径 $R = 2$.

当 $t = -2$ 时，级数为 $\sum\limits_{n=1}^{\infty} \dfrac{(-1)^n}{n}$，此级数收敛；当 $t = 2$ 时，级数为 $\sum\limits_{n=1}^{\infty} \dfrac{1}{n}$，此级数发散，因而幂级数 $\sum\limits_{n=1}^{\infty} \dfrac{t^n}{n \cdot 2^n}$ 的收敛域为 $[-2, 2)$，幂级数 $\sum\limits_{n=1}^{\infty} \dfrac{(x-1)^n}{n \cdot 2^n}$ 的收敛域为 $[-1, 3)$.

12.3.3　幂级数的运算、幂级数的分析性质

设幂级数 $\sum\limits_{n=0}^{\infty} a_n x^n$ 与 $\sum\limits_{n=0}^{\infty} b_n x^n$ 的收敛半径分别在区间 R_1 和 R_2，且其和函数分别为 $a(x)$ 和 $b(x)$. 设 $R = \min\{R_1, R_2\}$，则这两个级数可进行下列代数运算：

(1)幂级数运算

1）加减运算

$$\sum_{n=0}^{\infty} a_n x^n \pm \sum_{n=0}^{\infty} b_n x^n = \sum_{n=0}^{\infty} (a_n \pm b_n) x^n = a(x) \pm b(x) \qquad (x \in (-R, R))$$

2）乘法运算

$$\sum_{n=0}^{\infty} a_n x^n \cdot \sum_{n=0}^{\infty} b_n x^n = \sum_{n=0}^{\infty} c_n x^n = a(x) \cdot b(x) \qquad (x \in (-R, R))$$

其中，$c_n = \sum\limits_{k=0}^{n} a_k b_{n-k}$.

注　两个幂级数的柯西乘积如图 12.2 所示.

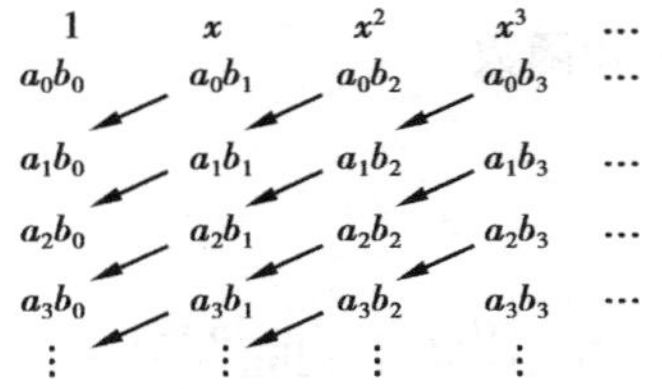

$$
\begin{array}{ccccc}
1 & x & x^2 & x^3 & \cdots \\
a_0 b_0 & a_0 b_1 & a_0 b_2 & a_0 b_3 & \cdots \\
a_1 b_0 & a_1 b_1 & a_1 b_2 & a_1 b_3 & \cdots \\
a_2 b_0 & a_2 b_1 & a_2 b_2 & a_2 b_3 & \cdots \\
a_3 b_0 & a_3 b_1 & a_3 b_2 & a_3 b_3 & \cdots \\
\vdots & \vdots & \vdots & \vdots &
\end{array}
$$

图 12.2

3）除法运算

$$
\frac{\sum\limits_{n=0}^{\infty} a_n x^n}{\sum\limits_{n=0}^{\infty} b_n x^n} = \sum_{n=0}^{\infty} c_n x^n \qquad (b_0 \neq 0)
$$

为了确定系数 $c_0, c_1, \cdots, c_n, \cdots$，可将级数 $\sum\limits_{n=0}^{\infty} b_n x^n$ 与 $\sum\limits_{n=0}^{\infty} c_n x^n$ 相乘，并令乘积中各项的系数

分别等于幂级数 $\sum\limits_{n=0}^{\infty} a_n x^n$ 中同次幂的系数，即得

$$
c_0 b_0 = a_0, c_1 b_0 + c_0 b_1 = a_1, \cdots, c_n b_0 + c_{n-1} b_1 + \cdots + c_0 b_n = a_n, \cdots
$$

由这些方程就可顺序地求出 $c_0, c_1, \cdots, c_n, \cdots$.

注　两个幂级数相除，所得的幂级数 $\sum\limits_{n=0}^{\infty} c_n x^n$ 的收敛区间可能比原来的两个级数的收敛区间小得多.

（2）幂级数的分析性质

所谓幂级数的分析性质，是指幂级数和函数的连续性、可微性和可积性. 下面不加证明地给出幂级数的分析性质.

设 $\sum\limits_{n=0}^{\infty} a_n x^n = s(x)$，其收敛半径为 R.

性质 1　幂级数 $\sum\limits_{n=0}^{\infty} a_n x^n$ 的和函数 $s(x)$ 在收敛区间 $(-R, R)$ 内连续.

性质 2　幂级数 $\sum\limits_{n=0}^{\infty} a_n x^n$ 的和函数 $s(x)$ 在收敛区间 $(-R, R)$ 内可积，并有逐项积分公式

$$
\int_0^x s(x)\,\mathrm{d}x = \int_0^x \left[\sum_{n=0}^{\infty} a_n x^n \right] \mathrm{d}x = \sum_{n=0}^{\infty} \int_0^x a_n x^n \mathrm{d}x = \sum_{n=0}^{\infty} \frac{a_n}{n+1} x^{n+1}
$$

性质 3　幂级数 $\sum\limits_{n=0}^{\infty} a_n x^n$ 的和函数 $s(x)$ 在其收敛区间 $(-R, R)$ 内可导，且有逐项求导

公式

$$
s'(x) = \left(\sum_{n=0}^{\infty} a_n x^n \right)' = \sum_{n=0}^{\infty} (a_n x^n)' = \sum_{n=1}^{\infty} n a_n x^{n-1}
$$

注　幂级数逐项求导或逐项积分得到的新幂级数，其收敛半径不变，但其收敛域可能发生改变. 例如，$\sum\limits_{n=0}^{\infty} x^n$ 的收敛域为 $(-1, 1)$，$\sum\limits_{n=0}^{\infty} \dfrac{x^{n+1}}{n+1}$ 的收敛域为 $[-1, 1)$.

例4 求幂级数 $\sum\limits_{n=0}^{\infty} \dfrac{x^n}{n+1}$ 的和函数.

解 设 $a_n = \dfrac{1}{n+1}$,则

$$\lim_{n\to\infty} \left| \frac{a_{n+1}}{a_n} \right| = \lim_{n\to\infty} \frac{n+1}{n+2} = 1$$

该幂级数的收敛半径 $R = \dfrac{1}{\rho} = 1$.

当 $x = -1$ 时,级数 $\sum\limits_{n=0}^{\infty} \dfrac{(-1)^n}{n+1}$ 收敛;当 $x = -1$ 时,级数 $\sum\limits_{n=0}^{\infty} \dfrac{1}{n+1}$ 发散.

因此,其收敛域为 $[-1,1)$.

设和函数为 $s(x)$,即

$$s(x) = \sum_{n=0}^{\infty} \frac{x^n}{n+1} \qquad (x \in [-1,1))$$

于是,$xs(x) = \sum\limits_{n=0}^{\infty} \dfrac{x^{n+1}}{n+1}$.

利用性质3,逐项求导,并由 $\dfrac{1}{1-x} = \sum\limits_{n=0}^{\infty} x^n (-1 < x < 1)$,得

$$[xs(x)]' = \sum_{n=0}^{\infty} \left(\frac{x^{n+1}}{n+1} \right)' = \sum_{n=0}^{\infty} x^n = \frac{1}{1-x} \qquad (|x| < 1)$$

对上式从0到 x 积分,得

$$xs(x) = \int_0^x \frac{1}{1-x}\mathrm{d}x = -\ln(1-x) \qquad (-1 \leqslant x < 1)$$

于是,当 $x \neq 0$ 时,有

$$s(x) = -\frac{1}{x}\ln(1-x)$$

当 $x = 0$ 时,$s(0) = a_0 = 1$,故

$$s(x) = \begin{cases} -\dfrac{1}{x}\ln(1-x) & x \in [-1,0) \cup (0,1) \\ 1 & x = 0 \end{cases}$$

例5 求幂级数 $\sum\limits_{n=1}^{\infty} n(x-1)^{n-1}$ 的和函数,并由此计算级数 $\sum\limits_{n=1}^{\infty} \dfrac{n}{2^{n-1}}$ 的和.

解 令 $x - 1 = t$,则幂级数变为 $\sum\limits_{n=1}^{\infty} nt^{n-1}$,显然这个幂级数的收敛域为 $(-1,1)$.

设

$$s(t) = \sum_{n=1}^{\infty} nt^{n-1} \qquad (t \in (-1,1))$$

则有

$$\int_0^t s(t)\mathrm{d}t = \sum_{n=1}^{\infty} \int_0^t nt^{n-1}\mathrm{d}t = \sum_{n=1}^{\infty} t^n = \frac{t}{1-t}$$

上式两边求导,可得

$$s(t) = \frac{1}{(1-t)^2} \qquad (t \in (-1,1))$$

可知,幂级数 $\sum\limits_{n=1}^{\infty} n(x-1)^{n-1}$ 的和函数为

$$f(x) = s(x-1) = \frac{1}{[1-(x-1)]^2} = \frac{1}{(2-x)^2} \qquad (x \in (0,2))$$

令 $x = \frac{3}{2}$,得

$$\sum_{n=1}^{\infty} \frac{n}{2^{n-1}} = \frac{1}{\left(2-\frac{3}{2}\right)^2} = 4$$

习题 12.3

1. 选择题:

(1)幂级数 $\sum\limits_{n=1}^{\infty} \frac{x^n}{(n+1)2^n}$ 的收敛区间是(　　).

    A. $(-2,2)$ B. $(-2,2]$ C. $[-2,2)$ D. $[-2,2]$

(2)幂级数 $\sum\limits_{n=1}^{\infty} (-1)^{n-1} \frac{x^n}{n+1}$ 的收敛域是(　　).

    A. $(-1,1)$ B. $(-1,1]$ C. $[-1,1)$ D. $[-1,1]$

(3)幂级数 $\sum\limits_{n=1}^{\infty} (-1)^{n+1} \frac{(x+1)^n}{n^2}$ 的收敛域是(　　).

    A. $(-2,0)$ B. $(-2,0]$ C. $[-2,0)$ D. $[-2,0]$

2. 填空题:

(1)若级数 $\sum\limits_{n=0}^{\infty} a_n x^n$ 的收敛半径为 R,则级数 $\sum\limits_{n=0}^{\infty} a_n x^{2n}$ 的收敛半径为_____.

(2)若级数 $\sum\limits_{n=0}^{\infty} a_n x^n$ 的收敛半径为 R,则级数 $\sum\limits_{n=0}^{\infty} \frac{a_n}{2^{n+1}} x^n$ 的收敛半径为_____.

(3)级数 $\sum\limits_{n=0}^{\infty} \frac{(-1)^n}{n!} x^{n+1}$ 的和函数为_____.

(4)级数 $\sum\limits_{n=0}^{\infty} \frac{(-1)^{n-1}}{(2n-1)!} x^{2n}$ 的和函数为_____.

3. 求下列幂级数的收敛半径和收敛域:

(1) $\sum\limits_{n=1}^{\infty} n x^n$;

(2) $\sum\limits_{n=1}^{\infty} (-1)^n \frac{x^n}{n^2}$;

(3) $\sum\limits_{n=1}^{\infty} \frac{x^n}{2 \cdot 4 \cdot \cdots \cdot (2n)}$;

(4) $\sum\limits_{n=1}^{\infty} \frac{x^n}{n \cdot 2^n}$;

(5) $\displaystyle\sum_{n=1}^{\infty} \frac{2^n}{n^2+1}x^n$;

(6) $\displaystyle\sum_{n=1}^{\infty} (-1)^n \frac{x^{2n+1}}{2n}$;

(7) $\displaystyle\sum_{n=1}^{\infty} \frac{2n-1}{3^n}x^{2n}$;

(8) $\displaystyle\sum_{n=1}^{\infty} \frac{(x-4)^n}{\sqrt{n}}$;

(9) $\displaystyle\sum_{n=1}^{\infty} \frac{x^{2n-1}}{2^n}$;

(10) $\displaystyle\sum_{n=1}^{\infty} (-1)^{n-1} \frac{(2x-3)^n}{2n-1}$.

4. 利用幂级数和函数性质，求下列幂级数的和函数：

(1) $\displaystyle\sum_{n=1}^{\infty} nx^{n-1}$;

(2) $\displaystyle\sum_{n=1}^{\infty} \frac{x^{3n+1}}{3n+1}$;

(3) $\displaystyle\sum_{n=1}^{\infty} n(x-1)^{n-1}$;

(4) $\displaystyle\sum_{n=1}^{\infty} \frac{2^n+3^n}{6^n}x^n$.

5. 证明级数 $\displaystyle\sum_{n=1}^{\infty} \frac{3n+5}{3^n}$ 收敛，并求其和.

12.4 函数展开成幂级数

前面讨论了幂级数的收敛区间及其和函数的性质，由此可知，幂级数不仅结构简单，而且还有很多特殊的性质. 但从应用的角度出发，遇到的却是相反的问题：给定函数 $f(x)$，是否能找到一个在某区间内收敛的幂级数，且其和函数恰好就是给定的函数 $f(x)$. 如果能找到这样的幂级数，就称函数 $f(x)$ 在该区间内能展开成幂级数，简单地说，如果函数 $f(x)$ 能展开成幂级数，则幂级数就称为 $f(x)$ 的幂级数展开式.

由上册第 3 章第 3 节已知，若函数 $f(x)$ 在点 x_0 的某一邻域内具有直到 $(n+1)$ 阶的导数，则在该邻域内 $f(x)$ 的泰勒公式

$$f(x) = f(x_0) + f'(x_0)(x-x_0) + \frac{f''(x_0)}{2!}(x-x_0)^2 + \cdots + \frac{f^{(n)}(x_0)}{n!}(x-x_0)^n + R_n(x)$$

成立，其中，$R_n(x)$ 为拉格朗日余项，即

$$R_n(x) = \frac{f^{(n+1)}(\xi)}{(n+1)!}(x-x_0)^{n+1}$$

ξ 是 x 与 x_0 之间的某个值. 这时，在该邻域内 $f(x)$ 可用 n 次多项式

$$P_n(x) = f(x_0) + f'(x_0)(x-x_0) + \frac{f''(x_0)}{2!}(x-x_0)^2 + \cdots + \frac{f^{(n)}(x_0)}{n!}(x-x_0)^n$$

来近似表达，并且误差等于余项的绝对值 $|R_n(x)|$. 显然，如果 $|R_n(x)|$ 随着 n 的增大而减小. 那么，就可用增加多项式 $P_n(x)$ 项数的办法来提高精确度.

12.4.1 泰勒级数

假设 $f(x)$ 可展开成 $x-x_0$ 的幂级数

$$f(x) = a_0 + a_1(x-x_0) + a_2(x-x_0)^2 + a_3(x-x_0)^3 + \cdots + a_n(x-x_0)^n + \cdots \quad (12.12)$$

并设函数 $f(x)$ 在点 x_0 的某一邻域内具有任意阶导数,则将级数(12.12)依次求导,得

$$f'(x) = a_1 + 2a_2(x - x_0) + 3a_3(x - x_0)^2 + \cdots + na_n(x - x_0)^{n-1} + \cdots$$

$$f''(x) = 2a_2 + 3 \cdot 2a_3(x - x_0) + \cdots + n(n-1)a_n(x - x_0)^{n-2} + \cdots$$

$$\vdots$$

$$f^{(n)}(x) = n! \, a_n + (n+1)! \, a_{n+1}(x - x_0) + \cdots$$

$$\vdots$$

在上述各式中,令 $x = x_0$,得到

$$a_0 = f(x_0), \, a_1 = f'(x_0), \, a_2 = \frac{f''(x_0)}{2!}, \cdots, a_n = \frac{f^{(n)}(x_0)}{n!}, \cdots$$

综上所述,若函数 $f(x)$ 能在 x_0 的某一邻域展开成幂级数(12.12),要求函数 $f(x)$ 在点 x_0 处具有任意阶导数,且幂级数的系数为 $a_n = \dfrac{f^{(n)}(x_0)}{n!}$($n = 0, 1, 2, 3, \cdots$),从而其展开式也是唯一的.

定义 12.5　如果函数 $f(x)$ 在点 x_0 的某邻域具有任意阶导数,则称级数

$$f(x_0) + f'(x_0)(x - x_0) + \cdots + \frac{f^{(n)}(x_0)}{n!}(x - x_0)^n + \cdots \tag{12.13}$$

为函数 $f(x)$ 在 x_0 处的**泰勒级数**. 其中,$a_n = \dfrac{f^{(n)}(x_0)}{n!}$($n = 0, 1, 2, 3 \cdots$)为函数 $f(x)$ 在 x_0 处泰勒系数.

特别地,当 $x_0 = 0$ 时,泰勒级数为

$$f(0) + f'(0)x + \frac{f''(0)}{2!}x^2 + \cdots + \frac{f^{(n)}(0)}{n!}x^n + \cdots \tag{12.14}$$

称为 $f(x)$ 的**麦克劳林级数**.

由上述讨论可知,如果 $f(x)$ 在点 x_0 的某一邻域内能展开成幂级数,则它必为泰勒级数(12.13). 因此,$f(x)$ 能不能展开成幂级数,就看级数(12.13)的和函数 $s(x)$ 与 $f(x)$ 在点 x_0 的某一邻域内是否相等. 关于这一点,可给出以下展开定理.

定理 12.15　设 $f(x)$ 在点 x_0 的某一邻域内 $U(x_0)$ 内具有任意阶导数,则 $f(x)$ 在该邻域内能展开成泰勒级数的充要条件为在该邻域内 $f(x)$ 的泰勒公式中的余项 $R_n(x)$ 满足

$$\lim_{n \to \infty} R_n(x) = 0 \qquad (x \in U(x_0)) \tag{12.15}$$

证　先证必要性. 设 $f(x)$ 在点 x_0 处的某一邻域内 $U(x_0)$ 能展开为泰勒级数,即

$$f(x) = f(x_0) + f'(x_0)(x - x_0) + \frac{f''(x_0)}{2!}(x - x_0)^2 + \cdots + \frac{f^{(n)}(x_0)}{n!}(x - x_0)^n + \cdots$$

又设 $s_{n+1}(x)$ 是 $f(x)$ 的泰勒级数的前 $n+1$ 项的和,则在 $U(x_0)$ 内,有

$$\lim_{n \to \infty} s_{n+1}(x) = f(x)$$

而 $f(x)$ 的泰勒公式可写成 $f(x) = s_{n+1}(x) + R_n(x)$,于是有

$$\lim_{n \to \infty} R_n(x) = \lim_{n \to \infty} (f(x) - s_{n+1}(x)) = 0$$

再证充分性. 设 $\lim\limits_{n \to \infty} R_n(x) = 0$ 在邻域 $U(x_0)$ 内成立.

因为 $f(x)$ 的泰勒公式可写成 $f(x) = s_{n+1}(x) + R_n(x)$,于是有

$$\lim_{n \to \infty} s_{n+1}(x) = \lim_{n \to \infty} (f(x) - R_n(x)) = f(x)$$

即 $f(x)$ 的泰勒级数在邻域 $U(x_0)$ 内收敛,并且收敛于 $f(x)$.

12.4.2 函数展开成幂级数

(1)直接法

将函数展开成麦克劳林级数的步骤如下:

①求出 $f(x)$ 的各阶导数:$f'(x)$,$f''(x)$,$\cdots$,$f^{(n)}(x)$,$\cdots$;

②求函数及其各阶导数在 $x = 0$ 处的值:$f(0)$,$f'(0)$,$f''(0)$,$\cdots$,$f^{(n)}(0)$,$\cdots$;

③写出幂级数

$$f(0) + f'(0)x + \frac{f''(0)}{2!}x^2 + \cdots + \frac{f^{(n)}(0)}{n!}x^n + \cdots$$

并求出收敛半径 R.

④考察在区间 $(-R, R)$ 内,判别极限

$$\lim_{n \to \infty} R_n(x) = \lim_{n \to \infty} \frac{f^{(n+1)}(\xi)}{(n+1)!}x^{n+1}$$

是否为零.如果 $\lim\limits_{n \to \infty} R_n(x) = 0$,则 $f(x)$ 在区间 $(-R, R)$ 内的幂级数展开式为

$$f(x) = f(0) + f'(0)x + \frac{f''(0)}{2!}x^2 + \cdots + \frac{f^{(n)}(0)}{n!}x^n + \cdots \qquad (-R < x < R)$$

例1 将函数 $f(x) = e^x$ 展开成 x 的幂级数.

解 函数 $f(x) = e^x$ 在 $(-\infty, +\infty)$ 内具有任意阶导数

$$f^{(n)}(x) = e^x \qquad (n = 1, 2, 3, \cdots)$$

因此

$$f^{(n)}(0) = 1 \qquad (n = 1, 2, 3, \cdots)$$

于是,$f(x)$ 的麦克劳林级数为

$$\sum_{n=0}^{\infty} \frac{1}{n!}x^n = 1 + x + \frac{1}{2!}x^2 + \cdots + \frac{1}{n!}x^n + \cdots$$

易求得它的收敛半径 $R = +\infty$.

对于 $x \in (-\infty, +\infty)$,有

$$|R_n(x)| = \left| \frac{e^{\xi}}{(n+1)!}x^{n+1} \right| < e^{|x|} \cdot \frac{|x|^{n+1}}{(n+1)!} \qquad (其中 |\xi| < |x|)$$

对于固定的 x,$e^{|x|}$ 是一个有限值,又因为级数 $\sum\limits_{n=0}^{\infty} \frac{|x|^{n+1}}{(n+1)!}$ 收敛,所以 $\lim\limits_{n \to \infty} \frac{|x|^{n+1}}{(n+1)!} = 0$. 于是 $\lim\limits_{n \to \infty} R_n(x) = 0$. 根据定理 12.15,得

$$e^x = 1 + x + \frac{1}{2!}x^2 + \cdots + \frac{1}{n!}x^n + \cdots \qquad (-\infty < x < +\infty) \qquad (12.16)$$

例2 将函数 $f(x) = \sin x$ 展开成 x 的幂级数.

解 函数 $f(x) = \sin x$ 在 $(-\infty, +\infty)$ 内具有任意阶导数

$$f^{(n)}(x) = \sin\left(x + \frac{n\pi}{2}\right)$$

当 n 取 $0,1,2,3,\cdots$ 时，$f^{(n)}(0)$ 依次取 $0,1,0,-1,\cdots$，于是得级数

$$x - \frac{1}{3!}x^3 + \frac{1}{5!}x^5 + \cdots + (-1)^k \frac{1}{(2k-1)!}x^{2k-1} + \cdots$$

此级数的收敛半径 $R = +\infty$.

对于 $x \in (-\infty, +\infty)$，有

$$|R_n(x)| = \left| \frac{\sin\left[\xi + \frac{(n+1)\pi}{2}\right]}{(n+1)!}x^{n+1} \right| \leqslant \frac{|x|^{n+1}}{(n+1)!} \qquad (\text{其中} |\xi| < |x|)$$

由于 $\lim\limits_{n\to\infty} \frac{|x|^{n+1}}{(n+1)!} = 0$，所以 $\lim\limits_{n\to\infty} R_n(x) = 0$，根据定理 12.15，得展开式

$$\sin x = x - \frac{x^3}{3!} + \frac{x^5}{5!} - \cdots + (-1)^{n-1}\frac{x^{2n-1}}{(2n-1)!} + \cdots \qquad (-\infty < x < +\infty) \quad (12.17)$$

例 3 将函数 $f(x) = (1+x)^m$ 展开成 x 的幂级数，其中，m 为任意常数.

解 $f(x)$ 的各阶导数为

$$f'(x) = m(1+x)^{m-1}, f''(x) = m(m-1)(1+x)^{m-2}, \cdots,$$
$$f^{(n)}(x) = m(m-1)\cdot\cdots\cdot(m-n+1)(1+x)^{m-n}, \cdots$$

所以

$$f(0) = 1, f'(0) = m, f''(0) = m(m-1), \cdots, f^{(n)}(0) = m(m-1)\cdot\cdots\cdot(m-n+1), \cdots$$

于是，得幂级数

$$1 + mx + \frac{m(m-1)}{2!}x^2 + \cdots + \frac{m(m-1)\cdot\cdots\cdot(m-n+1)}{n!}x^n + \cdots$$

可以证明

$$(1+x)^m = 1 + mx + \frac{m(m-1)}{2!}x^2 + \cdots + \frac{m(m-1)\cdot\cdots\cdot(m-n+1)}{n!}x^n + \cdots \quad (-1 < x < 1)$$
$$\tag{12.18}$$

式(12.18)的证明见右边二维码.

式(12.18)的证明

式(12.18)称为二项展开式. 特殊地，当 m 为正整数时，级数为 x 的 m 次多项式，这就是初等代数中的二项式定理. 式(12.18)在 $x = \pm 1$ 处是否成立，要视指数 m 的数值而定，例如对 $m = \frac{1}{2}$ 与 $m = -\frac{1}{2}$ 时，有

$$\sqrt{1+x} = 1 + \frac{1}{2}x - \frac{1}{2\cdot4}x^2 + \frac{1\cdot3}{2\cdot4\cdot6}x^3 - \frac{1\cdot3\cdot5}{2\cdot4\cdot6\cdot8}x^4 + \cdots \qquad (-1 \leqslant x \leqslant 1)$$

$$\frac{1}{\sqrt{1+x}} = 1 - \frac{1}{2}x + \frac{1\cdot3}{2\cdot4}x^2 - \frac{1\cdot3\cdot5}{2\cdot4\cdot6}x^3 + \frac{1\cdot3\cdot5\cdot7}{2\cdot4\cdot6\cdot8}x^4 - \cdots \qquad (-1 < x \leqslant 1)$$

(2)间接展开法

一般情况下，只有少数的简单函数的麦克劳林展开式可用直接法得到. 更多的函数是根据幂级数展开式的唯一性，利用一些已知函数的展开式，幂级数的线性运算、幂级数的和函数的性质及变量代换等，间接地求出幂级数展开式.

例 4 将函数 $f(x) = \cos x$ 展开成 x 的幂级数.

解 因为 $\cos x = (\sin x)'$，对式(12.17)两边求导，即得

$$\cos x = \left[\sum_{n=0}^{\infty} (-1)^n \frac{x^{2n+1}}{(2n+1)!} \right]' = \sum_{n=0}^{\infty} \left[(-1)^n \frac{x^{2n+1}}{(2n+1)!} \right]' = \sum_{n=0}^{\infty} (-1)^n \frac{x^{2n}}{(2n)!} , 即$$

$$\cos x = 1 - \frac{x^2}{2!} + \frac{x^4}{4!} - \cdots + (-1)^n \frac{x^{2n}}{(2n)!} + \cdots \qquad (-\infty < x < +\infty) \qquad (12.19)$$

例 5　将函数 $f(x) = \ln(1-x)$ 展开成 x 的幂级数.

解　因为

$$\frac{1}{1-x} = 1 + x + x^2 + \cdots + x^n + \cdots \qquad (x \in (-1,1))$$

两边积分得

$$\int_0^x \frac{1}{1-x} dx = x + \frac{x^2}{2} + \frac{x^3}{3} + \cdots + \frac{x^{n+1}}{n+1} + \cdots$$

即

$$\ln(1-x) = -\left(x + \frac{x^2}{2} + \frac{x^3}{3} + \cdots + \frac{x^{n+1}}{n+1} + \cdots \right) \qquad (x \in [-1,1))$$

例 6　将函数 $f(x) = \arctan x$ 展开成 x 的幂级数.

解　因为 $f'(x) = \dfrac{1}{1+x^2}$,而

$$\frac{1}{1+x^2} = \frac{1}{1-(-x^2)} = \sum_{n=0}^{\infty} (-x^2)^n = \sum_{n=0}^{\infty} (-1)^n x^{2n} \qquad x \in (-1,1)$$

将上式两边从 0 到 $x(x \in (-1,1))$ 积分,注意得 $f(0) = \arctan 0 = 0$,可得

$$\arctan x = x - \frac{1}{3}x^3 + \frac{1}{5}x^5 - \cdots + (-1)^n \frac{x^{2n+1}}{2n+1} + \cdots \qquad x \in (-1,1)$$

当 $x = \pm 1$ 时,右边的级数变为 $\pm \displaystyle\sum_{n=0}^{\infty} \frac{(-1)^n}{2n+1}$,它们都是收敛的,而函数 $f(x) = \arctan x$ 当在 $x = \pm 1$ 处又是连续的,因此得

$$\arctan x = x - \frac{1}{3}x^3 + \frac{1}{5}x^5 - \cdots + (-1)^n \frac{x^{2n+1}}{2n+1} + \cdots \qquad (x \in [-1,1]) \qquad (12.20)$$

例 7　将函数 $f(x) = \sin x$ 展开成 $\left(x - \dfrac{\pi}{4} \right)$ 的幂级数.

解　因为

$$\sin x = \sin\left[\frac{\pi}{4} + \left(x - \frac{\pi}{4} \right) \right] = \frac{\sqrt{2}}{2} \left[\cos\left(x - \frac{\pi}{4} \right) + \sin\left(x - \frac{\pi}{4} \right) \right]$$

并且有

$$\cos\left(x - \frac{\pi}{4} \right) = 1 - \frac{1}{2!}\left(x - \frac{\pi}{4} \right)^2 + \frac{1}{4!}\left(x - \frac{\pi}{4} \right)^4 - \cdots \qquad (-\infty < x < +\infty)$$

$$\sin\left(x - \frac{\pi}{4} \right) = \left(x - \frac{\pi}{4} \right) - \frac{1}{3!}\left(x - \frac{\pi}{4} \right)^3 + \frac{1}{5!}\left(x - \frac{\pi}{4} \right)^5 - \cdots \qquad (-\infty < x < +\infty)$$

所以

$$\sin x = \frac{\sqrt{2}}{2} \left[1 + \left(x - \frac{\pi}{4} \right) - \frac{1}{2!}\left(x - \frac{\pi}{4} \right)^2 - \frac{1}{3!}\left(x - \frac{\pi}{4} \right)^3 + \cdots \right] \qquad (-\infty < x < +\infty)$$

例 8　将函数 $f(x) = \dfrac{1}{x^2 - 5x + 6}$ 展开成 x 的幂级数.

解　因为

$$f(x) = \frac{1}{(x-2)(x-3)} = \frac{1}{x-3} - \frac{1}{x-2}$$

其中

$$\frac{1}{x-2} = -\frac{1}{2} \frac{1}{1 - \dfrac{x}{2}} = -\frac{1}{2} \sum_{n=0}^{\infty} \left(\frac{x}{2}\right)^n \qquad (|x| < 2)$$

$$\frac{1}{x-3} = -\frac{1}{3} \frac{1}{1 - \dfrac{x}{3}} = -\frac{1}{3} \sum_{n=0}^{\infty} \left(\frac{x}{3}\right)^n \qquad (|x| < 3)$$

因此,当 $|x| < 2$ 时,有

$$f(x) = \frac{1}{2} \sum_{n=0}^{\infty} \frac{1}{2^n} x^n - \frac{1}{3} \sum_{n=0}^{\infty} \frac{1}{3^n} x^n = \sum_{n=0}^{\infty} \left(\frac{1}{2^{n+1}} - \frac{1}{3^{n+1}}\right) x^n$$

习题 12.4

1. 将下列函数展开成 x 的幂级数,并求其展开式成立的区间:

(1) $f(x) = \dfrac{4-x}{2-x-x^2}$;

(2) $f(x) = \displaystyle\int_0^x \frac{\sin t}{t} \mathrm{d}t$;

(3) $f(x) = \ln(a+x)\ (a>0)$;

(4) $f(x) = \arcsin x$;

(5) $f(x) = \ln(1 + x + x^2 + x^3)$.

2. 将函数 $f(x) = \dfrac{1}{x}$ 展开成 $(x-3)$ 的幂级数,并求其展开式成立的区间.

3. 将函数 $f(x) = \lg x$ 展开成 $(x-1)$ 的幂级数,并求其展开式成立的区间.

4. 将函数 $f(x) = \sin \dfrac{\pi x}{4}$ 展开成 $(x-2)$ 的幂级数,并求其展开式成立的区间.

5. 将函数 $f(x) = \dfrac{1}{x^2 + 3x + 2}$ 展成 $(x+4)$ 的幂级数.

*12.5　函数的幂级数展开式的应用

12.5.1　近似计算

用函数的幂级数展开式,可以在展开式有效的区间内计算函数的近似值,而且可达到预先指定的精确度要求.

例1 计算 $\sqrt[5]{240}$ 的近似值,要求误差不超过 10^{-4}.

解 因为

$$\sqrt[5]{240} = \sqrt[5]{243 - 3} = 3\left(1 - \frac{1}{3^4}\right)^{\frac{1}{5}}$$

所以在二项展开式中取 $m = \frac{1}{5}, x = -\frac{1}{3^4}$,即得

$$\sqrt[5]{240} = 3\left(1 - \frac{1}{5} \cdot \frac{1}{3^4} - \frac{1 \cdot 4}{5^2 \cdot 2!} \cdot \frac{1}{3^8} - \frac{1 \cdot 4 \cdot 9}{5^3 \cdot 3!} \cdot \frac{1}{3^{12}} - \cdots\right)$$

这个级数收敛很快.取前两项的和作为 $\sqrt[5]{240}$ 的近似值,其误差(也称截断误差)为

$$\begin{aligned}|r_2| &= 3\left(\frac{1 \cdot 4}{5^2 \cdot 2!} \cdot \frac{1}{3^8} + \frac{1 \cdot 4 \cdot 9}{5^3 \cdot 3!} \cdot \frac{1}{3^{12}} + \frac{1 \cdot 4 \cdot 9 \cdot 14}{5^4 \cdot 4!} \cdot \frac{1}{3^{16}} + \cdots\right)\\ &< 3 \cdot \frac{1 \cdot 4}{5^2 \cdot 2!} \cdot \frac{1}{3^8}\left[1 + \frac{1}{81} + \left(\frac{1}{81}\right)^2 + \cdots\right]\\ &= \frac{6}{25} \cdot \frac{1}{3^8} \cdot \frac{1}{1 - \frac{1}{81}} = \frac{1}{25 \cdot 27 \cdot 40} < \frac{1}{20\,000}\end{aligned}$$

于是,取近似式为 $\sqrt[5]{240} \approx 3\left(1 - \frac{1}{5} \cdot \frac{1}{3^4}\right)$.

为了使"四舍五入"引起的误差(称为舍入误差)与截断误差之和不超过 10^{-4},计算时应取五位小数,然后四舍五入.因此,最后得

$$\sqrt[5]{240} \approx 2.992\,6$$

例2 计算 $\ln 2$ 的近似值,要求误差不超过 $0.000\,1$.

解 $\ln(1 + x) = x - \frac{x^2}{2} + \frac{x^3}{3} - \frac{x^4}{4} + \cdots + (-1)^n \frac{x^{n+1}}{n+1} + \cdots \qquad (-1 < x \leqslant 1)$

令 $x = 1$,可得

$$\ln 2 = 1 - \frac{1}{2} + \frac{1}{3} - \cdots + (-1)^{n-1} \frac{1}{n} + \cdots$$

如果取这级数前 n 项和作为 $\ln 2$ 的近似值,则其误差为 $|r_n| \leqslant \frac{1}{n+1}$.

为了保证误差不超过 10^{-4},就需要取级数的前 $10\,000$ 项进行计算. 这样做计算量太大了,因此,设法选一个收敛较快的级数来代替它.

把展开式

$$\ln(1 + x) = x - \frac{x^2}{2} + \frac{x^3}{3} - \frac{x^4}{4} + \cdots + (-1)^n \frac{x^{n+1}}{n+1} + \cdots \qquad (-1 < x \leqslant 1)$$

中的 x 换成 $-x$,得

$$\ln(1 - x) = -x - \frac{x^2}{2} - \frac{x^3}{3} - \frac{x^4}{4} - \cdots \qquad (1 \leqslant x < 1)$$

两式相减,得到不含有偶次幂的展开式为

$$\ln\frac{1+x}{1-x} = \ln(1+x) - \ln(1-x) = 2\left(x + \frac{1}{3}x^3 + \frac{1}{5}x^5 + \cdots\right) \qquad (-1 < x < 1)$$

令 $\dfrac{1+x}{1-x} = 2$，解出 $x = \dfrac{1}{3}$. 以 $x = \dfrac{1}{3}$ 代入上式，得

$$\ln 2 = 2\left(\frac{1}{3} + \frac{1}{3} \cdot \frac{1}{3^3} + \frac{1}{5} \cdot \frac{1}{3^5} + \frac{1}{7} \cdot \frac{1}{3^7} + \cdots\right)$$

如果取前 4 项作为 $\ln 2$ 的近似值，则误差为

$$|r_4| = 2\left(\frac{1}{9} \cdot \frac{1}{3^9} + \frac{1}{11} \cdot \frac{1}{3^{11}} + \frac{1}{13} \cdot \frac{1}{3^{13}} + \cdots\right) < \frac{2}{3^{11}}\left[1 + \frac{1}{9} + \left(\frac{1}{9}\right)^2 + \cdots\right]$$

$$= \frac{2}{3^{11}} \cdot \frac{1}{1 - \dfrac{1}{9}} = \frac{1}{4 \cdot 3^9} < \frac{1}{700\,000}$$

于是取

$$\ln 2 \approx 2\left(\frac{1}{3} + \frac{1}{3} \cdot \frac{1}{3^3} + \frac{1}{5} \cdot \frac{1}{3^5} + \frac{1}{7} \cdot \frac{1}{3^7}\right)$$

同样地，考虑舍入误差，计算时应取 5 位小数

$$\frac{1}{3} \approx 0.333\,33, \quad \frac{1}{3} \cdot \frac{1}{3^3} \approx 0.012\,35, \quad \frac{1}{5} \cdot \frac{1}{3^5} \approx 0.000\,82, \quad \frac{1}{7} \cdot \frac{1}{3^7} \approx 0.000\,07$$

因此得 $\ln 2 \approx 0.693\,1$.

例 3　利用 $\sin x \approx x - \dfrac{1}{3!}x^3$，求 $\sin 9°$ 的近似值，并估计误差.

解　首先把角度化成弧度，即

$$9° = \frac{\pi}{180} \times 9(\text{弧度}) = \frac{\pi}{20}(\text{弧度})$$

从而

$$\sin\frac{\pi}{20} \approx \frac{\pi}{20} - \frac{1}{3!}\left(\frac{\pi}{20}\right)^3$$

其次估计这个近似值的精确度. 在 $\sin x$ 的幂级数展开式中令 $x = \dfrac{\pi}{20}$，得

$$\sin\frac{\pi}{20} = \frac{\pi}{20} - \frac{1}{3!}\left(\frac{\pi}{20}\right)^3 + \frac{1}{5!}\left(\frac{\pi}{20}\right)^5 - \frac{1}{7!}\left(\frac{\pi}{20}\right)^7 + \cdots$$

等式右端是一个收敛的交错级数，且各项的绝对值单调减少. 取它的前两项之和作为 $\sin\dfrac{\pi}{20}$ 的近似值，其误差为

$$|r_2| \leqslant \frac{1}{5!}\left(\frac{\pi}{20}\right)^5 < \frac{1}{120} \cdot (0.2)^5 < \frac{1}{300\,000}$$

因此，取 $\dfrac{\pi}{20} \approx 0.157\,080, \left(\dfrac{\pi}{20}\right)^3 \approx 0.003\,876.$

于是，得 $\sin 9° \approx 0.156\,43$. 这时，误差不超过 10^{-5}.

例 4　计算定积分 $\dfrac{2}{\sqrt{\pi}}\displaystyle\int_0^{\frac{1}{2}} e^{-x^2}\,dx$ 的近似值，要求误差不超过 $0.000\,1$（取 $1/\sqrt{\pi} \approx 0.564\,19$）.

解 将 e^x 的幂级数展开式中的 x 换成 $-x^2$,得到被积函数的幂级数展开式

$$e^{-x^2} = 1 + \frac{(-x^2)}{1!} + \frac{(-x^2)^2}{2!} + \frac{(-x^2)^3}{3!} + \cdots = \sum_{n=0}^{\infty} (-1)^n \frac{x^{2n}}{n!} \qquad (-\infty < x < +\infty)$$

于是,根据幂级数在收敛区间内逐项可积,得

$$\frac{2}{\sqrt{\pi}} \int_0^{\frac{1}{2}} e^{-x^2} dx = \frac{2}{\sqrt{\pi}} \int_0^{\frac{1}{2}} \left[\sum_{n=0}^{\infty} (-1)^n \frac{x^{2n}}{n!} \right] dx = \frac{2}{\sqrt{\pi}} \sum_{n=0}^{\infty} \frac{(-1)^n}{n!} \int_0^{\frac{1}{2}} x^{2n} dx$$

$$= \frac{1}{\sqrt{\pi}} \left(1 - \frac{1}{2^2 \cdot 3} + \frac{1}{2^4 \cdot 5 \cdot 2!} - \frac{1}{2^6 \cdot 7 \cdot 3!} + \cdots \right)$$

前 4 项的和作为近似值,其误差为

$$|r_4| \leqslant \frac{1}{\sqrt{\pi}} \frac{1}{2^8 \cdot 9 \cdot 4!} < \frac{1}{90\,000}$$

所以

$$\frac{2}{\sqrt{\pi}} \int_0^{\frac{1}{2}} e^{-x^2} dx \approx \frac{1}{\sqrt{\pi}} \left(1 - \frac{1}{2^2 \cdot 3} + \frac{1}{2^4 \cdot 5 \cdot 2!} - \frac{1}{2^6 \cdot 7 \cdot 3!} \right) \approx 0.529\,5$$

例 5 计算积分 $\int_0^1 \frac{\sin x}{x} dx$ 的近似值,要求误差不超过 0.000 1.

解 由于 $\lim\limits_{x \to 0} \frac{\sin x}{x} = 1$,因此,所给积分不是反常积分.如果定义被积函数在 $x = 0$ 处的值为 1,则它在积分区间 $[0,1]$ 上连续.

展开被积函数,有

$$\frac{\sin x}{x} = 1 - \frac{x^2}{3!} + \frac{x^4}{5!} - \frac{x^6}{7!} + \cdots \qquad (-\infty < x < +\infty)$$

在区间 $[0,1]$ 上逐项积分,得

$$\int_0^1 \frac{\sin x}{x} dx = 1 - \frac{1}{3 \cdot 3!} + \frac{1}{5 \cdot 5!} - \frac{1}{7 \cdot 7!} + \cdots$$

因为第 4 项

$$\frac{1}{7 \cdot 7!} < \frac{1}{30\,000}$$

所以取前 3 项的和作为积分的近似值

$$\int_0^1 \frac{\sin x}{x} dx \approx 1 - \frac{1}{3 \cdot 3!} + \frac{1}{5 \cdot 5!} = 0.946\,1$$

12.5.2 欧拉公式

定义 12.6 ①设数项级数

$$(u_1 + iv_1) + (u_2 + iv_2) + \cdots + (u_n + iv_n) + \cdots \qquad (12.21)$$

其中 $i^2 = -1$,$u_n, v_n (n = 1, 2, 3, \cdots)$ 为实常数或实函数,称级数(12.21)为**复数项级数**.

②如果复数项级数(12.21)实部所成的级数 $u_1 + u_2 + \cdots + u_n + \cdots$ 收敛于 u,并且虚部所成的级数 $v_1 + v_2 + \cdots + v_n + \cdots$ 收敛于 v,则称复数项级数(12.21)收敛且和为 $u + iv$.

③如果级 $\sum\limits_{n=1}^{\infty} (u_n + iv_n)$ 的各项的模所构成的级数 $\sum\limits_{n=1}^{\infty} \sqrt{u_n^2 + v_n^2}$ 收敛,则称级数

$$\sum_{n=1}^{\infty} (u_n + iv_n) \text{ 绝对收敛}.$$

考察复数项级数

$$1 + z + \frac{1}{2!}z^2 + \cdots + \frac{1}{n!}z^n + \cdots$$

可以证明此级数在复平面上是绝对收敛的,在 x 轴上它表示指数函数 e^x,在复平面上用它来定义复变量指数函数,记为 e^z,即

$$e^z = 1 + z + \frac{1}{2!}z^2 + \cdots + \frac{1}{n!}z^n + \cdots$$

当 $x = 0$ 时,$z = iy$,于是

$$e^{iy} = 1 + iy + \frac{1}{2!}(iy)^2 + \cdots + \frac{1}{n!}(iy)^n + \cdots$$

$$= 1 + iy - \frac{1}{2!}y^2 - i\frac{1}{3!}y^3 + \frac{1}{4!}y^4 + i\frac{1}{5!}y^5 - \cdots$$

$$= \left(1 - \frac{1}{2!}y^2 + \frac{1}{4!}y^4 - \cdots\right) + i\left(y - \frac{1}{3!}y^3 + \frac{1}{5!}y^5 - \cdots\right)$$

$$= \cos y + i \sin y$$

把 y 换成 x 得

$$e^{ix} = \cos x + i \sin x$$

这就是欧拉公式.

复数的指数形式

$$z = r(\cos \theta + i \sin \theta) = re^{i\theta}$$

其中,$r = |z|$ 是 z 的模,$\theta = \arg z$ 是 z 的辐角.

三角函数与复变量指数函数之间的联系如下:

因 $e^{ix} = \cos x + i \sin x, e^{-ix} = \cos x - i \sin x$,故可得到

$$\cos x = \frac{1}{2}(e^{ix} + e^{-ix}), \ \sin x = \frac{1}{2i}(e^{ix} - e^{-ix})$$

这两个式子也称为欧拉公式.

复变量指数函数的性质为

$$e^{z_1 + z_2} = e^{z_1} \cdot e^{z_2}$$

特殊地,有

$$e^{x+iy} = e^x(\cos y + i \sin y)$$

12.5.3　微分方程的幂级数解法

这里简单介绍微分方程的幂级数解法,这种方法可用来处理不能通过积分求解或者不能用初等函数表示解得那类微分方程. 如微分方程 $\dfrac{dy}{dx} = x^2 + y^2$ 的解不能用初等函数或其积分式表达.

(1)一阶方程的幂级数求法

求一阶方程的初值问题

$$\begin{cases} y' = P(x, y) \\ y|_{x=x_0} = y_0 \end{cases}$$

的解,其中函数 $P(x,y)$ 是 $(x-x_0)$、$(y-y_0)$ 的多项式

$$P(x,y) = a_{00} + a_{10}(x-x_0) + a_{01}(y-y_0) + \cdots + a_{lm}(x-x_0)^l(y-y_0)^m$$

其中,l,m 为正整数.

设所求解 y 可以展开成的幂级数

$$y = y_0 + a_1(x-x_0) + a_2(x-x_0)^2 + \cdots$$

其中,$a_1,a_2,\cdots,a_n,\cdots$ 为待定系数,把上式代入原方程,就得到一组恒等式,比较等式两端 $(x-x_0)$ 的同次幂的系数,便可定出系数 $a_1,a_2,\cdots,a_n,\cdots$,这时,在幂级数的收敛区间内,其和函数就是初值问题的解.

例 6 求方程 $y' = x + y^2$ 满足 $y|_{x=0} = 0$ 的特解.

解 这里 $x_0 = 0$,故设方程的特解为 $y = a_0 + a_1x + a_2x^2 + a_3x^3 + \cdots + a_nx^n + \cdots$

因为 $y|_{x=0} = 0$,故 $a_0 = 0$,因此

$$y = a_1x + a_2x^2 + a_3x^3 + \cdots + a_nx^n + \cdots$$

$$y' = a_1 + 2a_2x^1 + 3a_3x^2 + \cdots + na_nx^{n-1} + \cdots$$

将 y,y' 的幂级数展开式代入原方程,得

$$a_1 + 2a_2x + 3a_3x^2 + 4a_4x^3 + \cdots = x + (a_1x + a_2x^2 + a_3x^3 + a_4x^4 + \cdots)^2$$

$$= x + a_1^2x^2 + 2a_1a_2x^3 + (a_2^2 + 2a_1a_3)x^4 + \cdots$$

比较恒等式两端 x 的同次幂的系数,得

$$a_1 = 0, a_2 = \frac{1}{2}, a_3 = 0, a_4 = 0, a_5 = \frac{1}{20}, \cdots,$$

$$a_{n+1} = \frac{1}{n+1}(a_na_0 + a_{n-1}a_1 + a_{n-2}a_2 + \cdots + a_0a_n)$$

由此可得所求解

$$y = \frac{1}{2}x^2 + \frac{1}{20}x^5 + \cdots$$

(2)二阶齐次线性方程的幂级数求法

如果二阶齐次线性方程 $y'' + P(x)y' + Q(x)y = 0$ 中的系数 $P(x)$ 与 $Q(x)$ 在区间在 $(-R,R)$ 内可展开为 x 的幂级数,则该方程在 $(-R,R)$ 内必有形如

$$y = \sum_{n=0}^{\infty} a_nx^n$$

的解(证明从略).下面举例说明其解法.

例 7 求方程 $y'' - xy' - y = 0$ 的解.

解 设方程的解为 $y = \sum_{n=0}^{\infty} a_nx^n$,则

$$y' = \sum_{n=1}^{\infty} na_nx^{n-1}$$

$$y'' = \sum_{n=2}^{\infty} n(n-1)a_nx^{n-2} = \sum_{n=0}^{\infty} (n+2)(n+1)a_{n+2}x^n$$

将 y,y',y'' 代入 $y'' - xy' - y = 0$,得

$$\sum_{n=0}^{\infty} (n+2)(n+1)a_{n+2}x^n - x\sum_{n=0}^{\infty} (n+1)a_{n+1}x^n - \sum_{n=0}^{\infty} a_nx^n = 0$$

即

$$\sum_{n=0}^{\infty} \left[(n+2)(n+1)a_{n+2} - (n+1)a_n \right] x^n \equiv 0$$

于是有 $a_{n+2} = \dfrac{a_n}{n+2}$，$n = 0, 1, 2, \cdots$

$$a_2 = \frac{a_0}{2}, \ a_4 = \frac{a_0}{8}, \cdots, a_{2k} = \frac{a_0}{k! 2^k},$$

$$a_3 = \frac{a_1}{3}, \ a_5 = \frac{a_1}{15}, \cdots, a_{2k+1} = \frac{a_1}{(2k+1)!!}, k = 1, 2, 3, \cdots$$

原方程的通解 $y = a_0 \sum_{n=0}^{\infty} \dfrac{x^{2n}}{2^n n!} + a_1 \sum_{n=0}^{\infty} \dfrac{x^{2n+1}}{(2n+1)!!}$，其中 a_0, a_1 为任意常数.

习题 12.5

1. 利用函数的幂级数展开式，求下列各数的近似值，且误差不超过 0.000 1：

（1）$\ln 3$；　　　　　（2）$\sqrt[9]{522}$；　　　　　（3）$\cos 2°$.

2. 利用被积函数的幂级数展开式，求定积分 $\displaystyle\int_0^{0.5} \dfrac{1}{1+x^4} \mathrm{d}x$ 的近似值，且误差不超过 0.000 1.

3. 利用幂级数求解下列微分方程的初值问题：

（1）$y' - x^3 - y^2 = 0$，$y \big|_{x=0} = \dfrac{1}{2}$；

（2）$y'' + xy' + y = 0$，$y \big|_{x=0} = 1$，$y' \big|_{x=0} = 0$.

函数项级数的一致收敛性

12.6　傅里叶级数

12.6.1　三角级数及三角函数系的正交性

在物理学及其他一些学科中，如讨论弹簧振动、交流电的电流与电压的变化等周期运动的现象时，都常常会利用周期函数. 在周期函数中，正弦型函数 $y = A \sin(\omega t + \varphi)$ 是较为简单的一种，它的周期 $T = \dfrac{2\pi}{\omega}$. 用它来表示简谐振动时，t 表示时间，A 是振幅，ω 是角频率，φ 是初相. 这里将讨论:将一个周期为 $T = \dfrac{2\pi}{\omega}$ 的周期函数 $f(t)$,用一系列正弦型函数 $A_n \sin(n\omega t + \varphi_n)$ $(n = 1, 2, 3, \cdots)$ 之和来表示,记作

$$f(t) = A_0 + \sum_{n=1}^{\infty} A_n \sin(n\omega t + \varphi_n) \tag{12.22}$$

其中,$A_0, A_n (n = 1, 2, 3, \cdots)$ 都是常数.

将周期函数按上述方法展开,它的物理意义是很明确的,即把一个比较复杂的周期运动看作许多不同频率的简谐振动的叠加. 在电工学中这种展开称为谐波分析.

为了讨论方便,设 $f(t)$ 是以 2π 为周期的函数,它的角频率 $\omega = 1$. 这时

$$A_n \sin(n\omega t + \varphi_n) = A_n \sin \varphi_n \cos nt + A_n \cos \varphi_n \sin nt$$

令 $A_n \sin \varphi_n = a_n, A_n \cos \varphi_n = b_n, A_0 = \dfrac{a_0}{2}$,则式(12.22)右端可写成

$$\frac{a_0}{2} + \sum_{n=1}^{\infty} (a_n \cos nt + b_n \sin nt) \tag{12.23}$$

式(12.23)称为**三角级数**.

下面讨论以 2π 为周期的三角级数(12.23).

如前面讨论幂级数时一样,三角级数(12.23)的收敛问题,以及给定周期为 2π 的函数如何展开成三角级数(12.23),为此首先介绍三角函数系的正交性.

所谓三角函数系

$$1, \cos x, \sin x, \cos 2x, \sin 2x, \cdots, \cos nx, \sin nx, \cdots \tag{12.24}$$

在区间 $[-\pi, \pi]$ 上正交,就是指三角函数系(12.24)中任意两个不同的函数的乘积在 $[-\pi, \pi]$ 上的积分等于零,即

$$\int_{-\pi}^{\pi} 1 \cdot \cos nx \, \mathrm{d}x = 0 \qquad (n = 1, 2, 3, \cdots)$$

$$\int_{-\pi}^{\pi} 1 \cdot \sin nx \, \mathrm{d}x = 0 \qquad (n = 1, 2, 3, \cdots)$$

$$\int_{-\pi}^{\pi} \sin kx \cos nx \, \mathrm{d}x = 0 \qquad (k, n = 1, 2, 3, \cdots)$$

$$\int_{-\pi}^{\pi} \cos kx \cos nx \, \mathrm{d}x = 0 \qquad (k, n = 1, 2, 3, \cdots, k \neq n)$$

$$\int_{-\pi}^{\pi} \sin kx \sin nx \, \mathrm{d}x = 0 \qquad (k, n = 1, 2, 3, \cdots, k \neq n)$$

上述各等式都可以直接通过计算定积分来验证,现对第五式验证如下:

由三角函数中积化和差公式

$$\sin kx \sin nx = \frac{1}{2} \big[\cos(k-n)x - \cos(k+n)x \big]$$

当 $k \neq n$ 时

$$\int_{-\pi}^{\pi} \sin kx \sin nx \, \mathrm{d}x = \frac{1}{2} \int_{-\pi}^{\pi} \big[\cos(k-n)x - \cos(k+n)x \big] \mathrm{d}x$$

$$= \frac{1}{2} \left[\frac{\sin(k-n)x}{k-n} - \frac{\sin(k+n)x}{k+n} \right]_{-\pi}^{\pi}$$

$$= 0 \qquad (k, n = 1, 2, 3, \cdots, k \neq n)$$

在三角函数系(12.24)中,任意两个相同的函数的乘积在 $[-\pi, \pi]$ 上的积分不等于0,即

$$\int_{-\pi}^{\pi} 1^2 dx = \pi, \qquad \int_{-\pi}^{\pi} \sin^2 nx dx = \pi, \qquad \int_{-\pi}^{\pi} \cos^2 nx dx = \pi \qquad (n = 1, 2, 3, \cdots)$$

12.6.2 函数展开成傅里叶级数

设以 2π 为周期的函数 $f(x)$ 可展为三角级数,即

$$f(x) = \frac{a_0}{2} + \sum_{k=1}^{\infty} (a_k \cos kx + b_k \sin kx) \tag{12.25}$$

那么,在式(12.25)中的系数 $a_0, a_1, b_1, \cdots$ 与函数 $f(x)$ 之间存在怎样的关系. 假设式(12.25)右端的级数可以逐项积分.

①先求 a_0.

对式(12.25)在区间 $[-\pi, \pi]$ 逐项积分,有

$$\int_{-\pi}^{\pi} f(x) dx = \int_{-\pi}^{\pi} \frac{a_0}{2} dx + \sum_{k=1}^{\infty} \left[a_k \int_{-\pi}^{\pi} \cos kx dx + b_k \int_{-\pi}^{\pi} \sin kx dx \right]$$

根据三角函数系的正交性,等式右边除第一项外,其余都为零,所以

$$\int_{-\pi}^{\pi} f(x) dx = \frac{a_0}{2} \cdot 2\pi = \pi a_0$$

于是,得

$$a_0 = \frac{1}{\pi} \int_{-\pi}^{\pi} f(x) dx$$

②其次求 a_n.

用 $\cos nx$ 乘式(12.25)两端,再在区间 $[-\pi, \pi]$ 逐项积分,可得

$$\int_{-\pi}^{\pi} f(x) \cos nx dx = \frac{a_0}{2} \int_{-\pi}^{\pi} \cos nx dx + \sum_{k=1}^{\infty} \left[a_k \int_{-\pi}^{\pi} \cos kx \cdot \cos nx dx + b_k \int_{-\pi}^{\pi} \sin kx \cdot \cos nx dx \right]$$

根据三角函数系的正交性,等式右端除 $a_n \int_{-\pi}^{\pi} \cos nx \cdot \cos nx dx$ 的这一项外,其余各项均为零,所以

$$\int_{-\pi}^{\pi} f(x) \cos nx dx = a_n \int_{-\pi}^{\pi} \cos^2 nx dx = a_n \pi$$

于是,得

$$a_n = \frac{1}{\pi} \int_{-\pi}^{\pi} f(x) \cos nx dx \qquad (n = 1, 2, 3, \cdots)$$

③最后求 b_n.

用 $\sin nx$ 乘式(12.25)两端,再在区间 $[-\pi, \pi]$ 上逐项积分,可得

$$\int_{-\pi}^{\pi} f(x) \sin nx dx = \frac{a_0}{2} \int_{-\pi}^{\pi} \sin nx dx + \sum_{k=1}^{\infty} \left[a_k \int_{-\pi}^{\pi} \cos kx \sin nx dx + b_k \int_{-\pi}^{\pi} \sin kx \sin nx dx \right]$$

根据三角函数系的正交性，等式右端除 $b_n \int_{-\pi}^{\pi} \sin nx \cdot \sin nx \mathrm{d}x$ 的这一项外，其余各项均为零，所以

$$\int_{-\pi}^{\pi} f(x) \sin nx \mathrm{d}x = b_n \int_{-\pi}^{\pi} \sin^2 nx \mathrm{d}x = b_n \pi$$

于是，得

$$b_n = \frac{1}{\pi} \int_{-\pi}^{\pi} f(x) \sin nx \mathrm{d}x \qquad (n = 1, 2, 3, \cdots)$$

故式（12.25）中的系数为

$$\begin{cases} a_n = \dfrac{1}{\pi} \displaystyle\int_{-\pi}^{\pi} f(x) \cos nx \mathrm{d}x & (n = 0, 1, 2, \cdots) \\ b_n = \dfrac{1}{\pi} \displaystyle\int_{-\pi}^{\pi} f(x) \sin nx \mathrm{d}x & (n = 1, 2, \cdots) \end{cases} \qquad (12.26)$$

如果式（12.26）的积分都存在，这时它们的系数 $a_0, a_1, b_1, \cdots$ 称为函数 $f(x)$ 的**傅里叶系数**，将这些系数代入式（12.25），所得的三角级数 $\dfrac{a_0}{2} + \displaystyle\sum_{n=1}^{\infty} (a_n \cos nx + b_n \sin nx)$ 称为函数 $f(x)$ 的**傅里叶级数**．

那么，一个周期函数 $f(x)$ 具备什么样的条件，它的傅里叶级数才能收敛于 $f(x)$？下面的收敛定理给出了这个问题的结论（定理证明从略）．

定理 12.16（收敛定理）　设 $f(x)$ 是以 2π 为周期的函数，如果它满足条件：在一个周期内连续或至多只有有限个间断点，并且至多只有有限个极值点，则函数 $f(x)$ 的傅里叶级数收敛，并且

①当 x 是 $f(x)$ 的连续点时，级数收敛于 $f(x)$；

②当 x 是 $f(x)$ 的间断点时，级数收敛于 $\dfrac{1}{2}[f(x+0) + f(x-0)]$．

根据上述收敛定理，对于一个周期为 2π 的函数 $f(x)$，如果可将区间 $[-\pi, \pi]$ 分成有限个小区间，使 $f(x)$ 在每一个小区间内都是有界、单调、连续的，那么，它的傅里叶级数在函数 $f(x)$ 的连续点处，收敛到该点的函数值；在函数 $f(x)$ 的间断点处，收敛函数 $f(x)$ 在该点的左极限与右极限的平均值．通常在实际应用中，所遇到的周期函数都能满足上述条件．因此，它的傅里叶级数除 $f(x)$ 的间断点外都能收敛到 $f(x)$，这时也称函数 $f(x)$ 可展成傅里叶级数．

例 1　设 $f(x)$ 是周期为 2π 的周期函数，它在 $[-\pi, \pi)$ 上的表达式为

$$f(x) = \begin{cases} x & -\pi \leqslant x < 0 \\ 0 & 0 \leqslant x < \pi \end{cases}$$

将 $f(x)$ 展开成傅里叶级数．

解　所给函数 $f(x)$ 满足收敛定理的条件，$f(x)$ 在点 $x = (2k+1)\pi$ （$k \in \mathbf{Z}$）处不连续．因此，$f(x)$ 的傅里叶级数在点 $x = (2k++1)\pi$ （$k \in \mathbf{Z}$）处收敛于

$$\frac{1}{2}[f(x-0) + f(x+0)] = \frac{1}{2}(0 - \pi) = -\frac{\pi}{2}$$

在连续点 $x \neq (2k+1)\pi$ （$k \in \mathbf{Z}$）处，$f(x)$ 的傅里叶级数收敛于 $f(x)$．

傅里叶系数计算为

$$a_0 = \frac{1}{\pi}\int_{-\pi}^{\pi} f(x)\,\mathrm{d}x = \frac{1}{\pi}\int_{-\pi}^{0} x\mathrm{d}x = -\frac{\pi}{2}$$

$$a_n = \frac{1}{\pi}\int_{-\pi}^{\pi} f(x)\cos nx\mathrm{d}x = \frac{1}{\pi}\int_{-\pi}^{0} x\cos nx\mathrm{d}x = \frac{1}{\pi}\Big[\frac{x\sin nx}{n} + \frac{\cos nx}{n^2}\Big]_{-\pi}^{0}$$

$$= \frac{1}{n^2\pi}(1 - \cos n\pi)$$

$$= \begin{cases} \dfrac{2}{n^2\pi} & n = 1,3,5,\cdots \\ 0 & n = 2,4,6,\cdots \end{cases}$$

$$b_n = \frac{1}{\pi}\int_{-\pi}^{\pi} f(x)\sin nx\mathrm{d}x = \frac{1}{\pi}\int_{-\pi}^{0} x\sin nx\mathrm{d}x = \frac{1}{\pi}\Big[-\frac{x\cos nx}{n} + \frac{\sin nx}{n^2}\Big]_{-\pi}^{0}$$

$$= -\frac{\cos n\pi}{n} = \frac{(-1)^{n+1}}{n} \qquad (n = 1,2,\cdots)$$

$f(x)$ 的傅里叶级数展开式为

$$f(x) = -\frac{\pi}{4} + \Big(\frac{2}{\pi}\cos x + \sin x\Big) - \frac{1}{2}\sin 2x + \Big(\frac{2}{3^2\pi}\cos 3x + \frac{1}{3}\sin 3x\Big) -$$

$$\frac{1}{4}\sin 4x + \Big(\frac{2}{5^2\pi}\cos 5x + \frac{1}{5}\sin 5x\Big) - \cdots \qquad (x \neq (2k+1)\pi, k \in \mathbf{Z})$$

例 2　设矩形波 $u(t)$ 是周期为 2π 的函数,它在 $[-\pi,\pi)$ 上的表达式为

$$u(t) = \begin{cases} -1 & -\pi \leqslant t < 0 \\ 1 & 0 \leqslant t < \pi \end{cases}$$

将 $u(t)$ 展开成傅里叶级数.

解　所给函数满足收敛定理的条件,它在点 $t = k\pi$　$(k \in \mathbf{Z})$ 处不连续,在其他点处连续,从而由收敛定理知 $u(t)$ 的傅里叶级数收敛,并且当 $t = k\pi$　$(k \in \mathbf{Z})$ 时,收敛于

$$\frac{1}{2}[u(k\pi - 0) + u(k\pi + 0)] = \frac{1}{2}(-1 + 1) = 0$$

当 $t \neq k\pi$　$(k \in \mathbf{Z})$ 时,级数收敛于 $u(t)$.

傅里叶系数为

$$a_n = \frac{1}{\pi}\int_{-\pi}^{\pi} u(t)\cos nt\mathrm{d}t = \frac{1}{\pi}\int_{-\pi}^{0}(-1)\cos nt\mathrm{d}t + \frac{1}{\pi}\int_{0}^{\pi} 1\cdot\cos nt\mathrm{d}t = 0 \qquad (n = 0,1,$$

$2,\cdots)$

$$b_n = \frac{1}{\pi}\int_{-\pi}^{\pi} u(t)\sin nt\mathrm{d}t = \frac{1}{\pi}\int_{-\pi}^{0}(-1)\sin nt\mathrm{d}t + \frac{1}{\pi}\int_{0}^{\pi} 1\cdot\sin nt\mathrm{d}t$$

$$= \frac{1}{\pi}\Big[\frac{\cos nt}{n}\Big]_{-\pi}^{0} + \frac{1}{\pi}\Big[-\frac{\cos nt}{n}\Big]_{0}^{\pi} = \frac{1}{n\pi}[1 - \cos n\pi - \cos n\pi + 1]$$

$$= \frac{2}{n\pi}[1 - (-1)^n] = \begin{cases} \dfrac{4}{n\pi} & n = 1,3,5,\cdots \\ 0 & n = 2,4,6,\cdots \end{cases}$$

于是，$u(t)$的傅里叶级数展开式为

$$u(t) = \frac{4}{\pi}\left[\sin t + \frac{1}{3}\sin 3t + \cdots + \frac{1}{2k-1}\sin(2k-1)t + \cdots\right] \qquad (t \neq k\pi, k \in \mathbf{Z})$$

傅里叶级数和函数如图 12.3 所示.

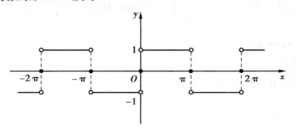

图 12.3

如果 $f(x)$ 只在 $[-\pi,\pi]$ 上有定义，并且满足收敛定理的条件，我们也可以将函数 $f(x)$ 展开成傅里叶级数. 一般可以这样处理：在 $[-\pi,\pi)$ 或 $(-\pi,\pi]$ 外补充函数 $f(x)$ 的定义，使它拓展成为周期为 2π 的周期函数 $F(x)$，以这种方式拓广函数定义域的过程叫作函数的周期延拓. 这样可以将函数 $F(x)$ 展开成傅里叶级数，限制在 $(-\pi,\pi)$ 内，此时 $F(x) = f(x)$，便可得到函数 $f(x)$ 的傅里叶级数展开式.

例 3　将函数 $f(x) = \begin{cases} -x & -\pi \leqslant x < 0 \\ x & 0 \leqslant x \leqslant \pi \end{cases}$ 展开成傅里叶级数.

解　将所给函数在区间 $[-\pi,\pi]$ 外作周期延拓（见图 12.4），延拓后的周期函数在每一点 x 处都连续，而且它满足收敛定理的条件，因此其傅里叶级数在 $[-\pi,\pi]$ 上收敛于 $f(x)$.

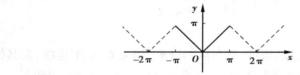

图 12.4

$$a_0 = \frac{1}{\pi}\int_{-\pi}^{\pi} f(x)\,\mathrm{d}x = \frac{1}{\pi}\int_{-\pi}^{0} f(-x)\,\mathrm{d}x + \frac{1}{\pi}\int_{0}^{\pi} f(x)\,\mathrm{d}x = \pi$$

$$a_n = \frac{1}{\pi}\int_{-\pi}^{\pi} f(x)\cos nx\,\mathrm{d}x = \frac{1}{\pi}\int_{-\pi}^{0} f(-x)\cos nx\,\mathrm{d}x + \frac{1}{\pi}\int_{0}^{\pi} f(x)\cos nx\,\mathrm{d}x$$

$$= \frac{2}{n^2\pi}(\cos nx - 1) = \frac{2}{n^2\pi}\left[(-1)^n - 1\right] = \begin{cases} -\dfrac{4}{(2k-1)^2\pi} & n = 2k-1, k \in \mathbf{N}^+ \\ 0 & n = 2k, k \in \mathbf{N}^+ \end{cases}$$

$$b_n = \frac{1}{\pi}\int_{-\pi}^{\pi} f(x)\sin nx\,\mathrm{d}x = \frac{1}{\pi}\int_{-\pi}^{0}(-x)\sin nx\,\mathrm{d}x + \frac{1}{\pi}\int_{0}^{\pi} x\sin nx\,\mathrm{d}x = 0 \qquad (n = 1,2,3,\cdots)$$

所求函数的傅里叶级数展开式为

$$f(x) = \frac{\pi}{2} - \frac{4}{\pi}\sum_{n=1}^{\infty}\frac{1}{(2n-1)^2}\cos(2n-1)x \qquad (-\pi \leqslant x \leqslant \pi)$$

注　利用函数的傅里叶展开式，有时可以得到一些特殊级数的和，利用例 3 的结果

$$f(x) = \frac{\pi}{2} - \frac{4}{\pi} \sum_{n=1}^{\infty} \frac{1}{(2n-1)^2} \cos(2n-1)x$$

上式中,令 $x = 0$,得

$$f(0) = 0 = \frac{\pi}{2} - \frac{4}{\pi} \sum_{n=1}^{\infty} \frac{1}{(2n-1)^2}$$

$$1 + \frac{1}{3^2} + \frac{1}{5^2} + \cdots = \frac{\pi^2}{8}$$

设

$$\sigma = 1 + \frac{1}{2^2} + \frac{1}{3^2} + \frac{1}{4^2} + \cdots$$

$$\sigma_1 = 1 + \frac{1}{3^2} + \frac{1}{5^2} + \cdots = \frac{\pi^2}{8}$$

$$\sigma_2 = \frac{1}{2^2} + \frac{1}{4^2} + \frac{1}{6^2} + \cdots$$

$$\sigma_3 = 1 - \frac{1}{2^2} + \frac{1}{3^2} - \frac{1}{4^2} + \cdots$$

因为

$$\sigma_2 = \frac{\sigma}{4} = \frac{\sigma_1 + \sigma_2}{4}, \sigma_2 = \frac{\sigma_1}{3} = \frac{\pi^2}{24}$$

所以

$$\sigma = \sigma_1 + \sigma_2 = \frac{\pi^2}{6}, \sigma_3 = \sigma_1 - \sigma_2 = \frac{\pi^2}{12}$$

12.6.3　正弦级数和余弦级数

在前面两个例题中,有的级数只含有余弦项,有的级数只含有正弦项,这与函数的奇偶性有关. 例如,例 2 中的函数 $u(t)$ 是奇函数,它的傅里叶级数只含有正弦项;例 3 中的函数 $f(x)$ 是偶函数,它的傅里叶级数只含有余弦项.

在一个三角级数中,若只含有正弦项,则该级数称为**正弦级数**;若只含有余弦项,则称为**余弦级数**. 事实上,根据在对称区间上奇函数和偶函数的积分性质,有下述结论:

①设 $f(x)$ 是以 2π 为周期的奇函数,则 $f(x)$ 的傅里叶系数为

$$a_0 = 0, \quad a_n = 0 \qquad (n = 1,2,3,\cdots);$$

$$b_n = \frac{2}{\pi} \int_0^{\pi} f(x) \sin nx \mathrm{d}x \qquad (n = 1,2,3,\cdots);$$

即奇函数的傅里叶级数是正弦级数 $\sum_{n=1}^{\infty} b_n \sin nx$.

②设 $f(x)$ 是以 2π 为周期的偶函数,则 $f(x)$ 的傅里叶系数为

$$b_n = 0 \qquad (n = 1,2,3,\cdots);$$

$$a_n = \frac{2}{\pi} \int_0^{\pi} f(x) \cos nx \mathrm{d}x \qquad (n = 0,1,2,\cdots);$$

即偶函数的傅里叶级数是余弦级数 $\dfrac{a_0}{2} + \sum\limits_{n=1}^{\infty} a_n \cos nx$.

例 4 设 $f(x)$ 是以 2π 为周期的函数，它在 $[-\pi,\pi)$ 上的表示式为

$$f(x) = x$$

将 $f(x)$ 展开为傅里叶级数.

解 函数 $f(x)$ 满足收敛定理的条件，它在点 $x = (2k+1)\pi(k \in \mathbf{Z})$ 处不连续，因此 $f(x)$ 的傅里叶级数在点 $x = (2k+1)\pi(k \in \mathbf{Z})$ 处收敛于 $\dfrac{1}{2}[f(x-0) + f(x+0)] = 0$，在连续点 $x \neq (2k+1)\pi(k \in \mathbf{Z})$ 处，$f(x)$ 的傅里叶级数收敛于 $f(x)$.

因为函数 $f(x)$ 是奇函数，所以它的傅里叶级数是正弦级数. 因此

$$a_n = 0 \qquad (n = 0, 1, 2, 3, \cdots)$$

$$
\begin{aligned}
b_n &= \frac{2}{\pi}\int_0^\pi x \sin nx\,\mathrm{d}x \\
&= \frac{2}{\pi}\Big[-\frac{x}{n}\cos nx + \frac{1}{n^2}\sin nx \Big]_0^\pi \\
&= -\frac{2}{n}\cos n\pi = (-1)^{n+1}\frac{2}{n} \qquad (n = 1, 2, 3, \cdots)
\end{aligned}
$$

根据收敛定理，函数 $f(x)$ 的傅里叶展开式为

$$f(x) = 2\Big[\sin x - \frac{1}{2}\sin 2x + \frac{1}{3}\sin 3x - \cdots + \frac{(-1)^{n+1}}{n}\sin nx + \cdots \Big]$$

$$(x \neq (2k-1)\pi, k \in \mathbf{Z})$$

图 12.5 和图 12.6 分别是 $f(x)$ 与它的傅里叶级数的和函数的图形.

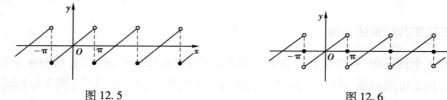

图 12.5　　　　　　　　　　　　图 12.6

例 5 将函数 $u(t) = |E\sin t|$ 展开成傅里叶级数，其中，E 是正的常数（见图 12.7）.

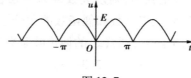

图 12.7

解 因为函数 $u(t)$ 满足收敛定理的条件，而且在整个数轴上连续，所以它的傅里叶级数处处收敛于函数 $u(t)$.

因为函数 $u(t)$ 是偶函数，所以

$$b_n = 0 \qquad (n = 1, 2, 3, \cdots)$$

$$a_0 = \frac{2}{\pi}\int_0^\pi u(t)\,\mathrm{d}t = \frac{2}{\pi}\int_0^\pi E\sin t\,\mathrm{d}t = \frac{4E}{\pi}$$

$$a_n = \frac{2}{\pi}\int_0^\pi u(t)\cos nt\,dt = \frac{2}{\pi}\int_0^\pi E\sin t\cos nt\,dt = \frac{E}{\pi}\int_0^\pi \big[\sin(n+1)t - \sin(n-1)t\big]dt$$

$$= \frac{E}{\pi}\left[-\frac{\cos(n+1)t}{n+1} + \frac{\cos(n-1)t}{n-1}\right]_0^\pi = \frac{E}{\pi}\left[\frac{1-\cos(n+1)\pi}{n+1} + \frac{\cos(n-1)\pi - 1}{n-1}\right]$$

$$= \begin{cases} 0 & n = 3,5,7,\cdots \\ -\dfrac{4E}{(n^2-1)\pi} & n = 2,4,6,\cdots \end{cases}$$

在上述 a_n 的计算中 $n\neq 1$,所以 a_1 要另外计算,即

$$a_1 = \frac{2}{\pi}\int_0^\pi u(t)\cos t\,dt = \frac{2}{\pi}\int_0^\pi E\sin t\cos t\,dt = 0$$

由此得 $u(t)$ 的傅里叶展开式为

$$u(t) = \frac{4E}{\pi}\left(\frac{1}{2} - \frac{1}{2^2-1}\cos 2t - \frac{1}{4^2-1}\cos 4t - \cdots - \frac{1}{4m^2-1}\cos 2mt - \cdots\right)$$

$$= \frac{4E}{\pi}\left(\frac{1}{2} - \frac{1}{1\cdot 3}\cos 2t - \frac{1}{3\cdot 5}\cos 4t - \cdots - \frac{1}{(2m-1)(2m+1)}\cos 2mt - \cdots\right)$$

$$(-\infty < t < +\infty)$$

12.6.4 函数展开成正弦级数或余弦级数

在实际应用中,有时需要把定义在区间 $[0,\pi]$ 的函数 $f(x)$ 展开成正弦级数或余弦级数. 设函数 $f(x)$ 定义在区间 $[0,\pi]$ 上,在区间 $(-\pi,0)$ 内补充定义,使它成为奇函数(或偶函数),按这种方式拓广函数定义域的过程称为奇延拓(或偶延拓),得到定义在区间 $(-\pi,\pi]$ 的函数 $F(x)$,并将函数 $F(x)$ 再延拓为以 2π 为周期的周期函数,再限制在 $(0,\pi]$,此时 $f(x) = F(x)$,这样就得到函数 $f(x)$ 的正弦级数(或余弦级数)展开式.

$$F(x) = \begin{cases} f(x) & 0 \leq x \leq \pi \\ g(x) & -\pi < x < 0 \end{cases}$$

其中 $F(x+2\pi) = F(x)$.

函数的奇延拓和偶延拓方式如下:

1)奇延拓

令取 $g(x) = -f(-x)$,则

$$F(x) = \begin{cases} f(x) & 0 < x \leq \pi \\ 0 & x = 0 \\ -f(-x) & -\pi < x < 0 \end{cases}$$

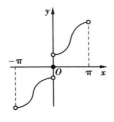

图 12.8

其图形如图 12.8 所示.

函数 $f(x)$ 可展开为正弦级数

$$f(x) = \sum_{n=1}^\infty b_n \sin nx \qquad (0 < x \leq \pi)$$

2)偶延拓

令取 $g(x) = f(-x)$，则

$$F(x) = \begin{cases} f(x) & 0 \leqslant x \leqslant \pi \\ f(-x) & -\pi < x < 0 \end{cases}$$

其图形如图 12.9 所示.

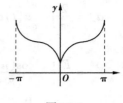

图 12.9

函数 $f(x)$ 可展开为余弦级数

$$f(x) = \frac{a_0}{2} + \sum_{n=1}^{\infty} a_n \cos nx \quad (0 < x \leqslant \pi)$$

例 6 将函数 $f(x) = x + 1(0 \leqslant x \leqslant \pi)$ 分别展开成正弦级数和余弦级数.

解 （1）展开为正弦级数. 将函数 $f(x)$ 在 $[-\pi, 0)$ 进行奇延拓，再作周期延拓，延拓后的函数满足收敛定理的条件，即

$$b_n = \frac{2}{\pi} \int_0^{\pi} f(x) \sin nx \mathrm{d}x$$

$$= \frac{2}{\pi} \int_0^{\pi} (x+1) \sin nx \mathrm{d}x$$

$$= \frac{2}{n\pi} (1 - \pi \cos n\pi - \cos n\pi)$$

$$= \begin{cases} \dfrac{2}{\pi} \cdot \dfrac{\pi + 2}{n} & n = 1, 3, 5, \cdots \\ -\dfrac{2}{n} & n = 2, 4, 6, \cdots \end{cases}$$

$$x + 1 = \frac{2}{\pi} \left[(\pi + 2) \sin x - \frac{\pi}{2} \sin 2x + \frac{1}{3} (\pi + 2) \sin 3x - \cdots \right] \quad (0 < x < \pi)$$

函数 $y = x + 1$ 的图形与函数

$$y_1 = \frac{2}{\pi} \left[(\pi + 2) \sin x - \frac{\pi}{2} \sin 2x + \frac{1}{3} (\pi + 2) \sin 3x - \frac{\pi}{4} \sin 4x + \frac{1}{5} (\pi + 2) \sin 5x \right]$$

的图形如图 12.10 所示.

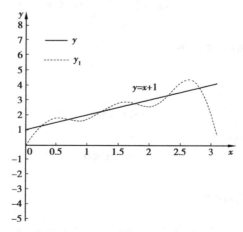

图 12.10

（2）展开为余弦级数. 将函数 $f(x)$ 在 $[-\pi, 0)$ 进行偶延拓，再作周期延拓，延拓后的函数

满足收敛定理的条件,即

$$a_0 = \frac{2}{\pi}\int_0^\pi (x+1)\,\mathrm{d}x = \pi + 2$$

$$a_n = \frac{2}{\pi}\int_0^\pi (x+1)\cos nx\,\mathrm{d}x = \frac{2}{n^2\pi}(\cos n\pi - 1)$$

$$= \begin{cases} 0 & n=2,4,6,\cdots \\ -\dfrac{4}{n^2\pi} & n=1,3,5,\cdots \end{cases}$$

$$x+1 = \frac{\pi}{2}+1-\frac{4}{\pi}\Big(\cos x + \frac{1}{3^2}\cos 3x + \frac{1}{5^2}\cos 5x + \cdots\Big] \qquad (0\leqslant x\leqslant \pi)$$

函数 $y = x+1$ 的图形与函数

$$y_2 = \frac{\pi}{2}+1-\frac{4}{\pi}\Big(\cos x + \frac{1}{3^2}\cos 3x + \frac{1}{5^2}\cos 5x + \frac{1}{7^2}\cos 7x\Big)$$

的图形如图 12.11 所示.

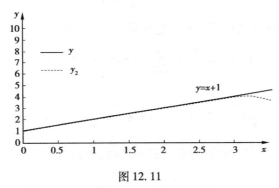

图 12.11

12.6.5　周期为 2l 的周期函数的傅里叶级数

到现在为止,所讨论的周期函数都是以 2π 为周期的. 但是实际问题中所遇到的周期函数,它的周期不一定是 2π. 因此,下面讨论周期为 $2l$ 的周期函数的傅里叶级数. 根据前面讨论的结果,经过自变量的变量代换,可得下面的定理.

定理 12.17　设周期为 $2l$ 的周期函数 $f(x)$ 满足收敛定理的条件,则它的傅里叶级数展开式为

$$f(x) = \frac{a_0}{2} + \sum_{n=1}^\infty \Big(a_n\cos\frac{n\pi x}{l} + b_n\sin\frac{n\pi x}{l}\Big) \tag{12.27}$$

其中

$$\begin{cases} a_n = \dfrac{1}{l}\displaystyle\int_{-l}^l f(x)\cos\dfrac{n\pi x}{l}\mathrm{d}x & n=0,1,2,3,\cdots \\[3mm] b_n = \dfrac{1}{l}\displaystyle\int_{-l}^l f(x)\sin\dfrac{n\pi x}{l}\mathrm{d}x & n=1,2,3,\cdots \end{cases} \tag{12.28}$$

当 $f(x)$ 为奇函数时

$$f(x) = \sum_{n=1}^{\infty} b_n \sin \frac{n\pi x}{l} \tag{12.29}$$

其中

$$b_n = \frac{2}{l} \int_0^l f(x) \sin \frac{n\pi x}{l} dx \qquad (n = 1,2,3,\cdots) \tag{12.30}$$

当 $f(x)$ 为偶函数时

$$f(x) = \frac{a_0}{2} + \sum_{n=1}^{\infty} a_n \cos \frac{n\pi x}{l} \tag{12.31}$$

其中

$$a_n = \frac{2}{l} \int_0^l f(x) \cos \frac{n\pi x}{l} dx \qquad (n = 0,1,2,\cdots) \tag{12.32}$$

证 作变量代换 $z = \frac{\pi x}{l}$，于是区间 $-l \leqslant x \leqslant l$ 就变换成 $-\pi \leqslant z \leqslant \pi$，设函数

$$f(x) = f\left(\frac{lz}{\pi}\right) = F(z)$$

从而 $F(z)$ 是周期为 2π 的周期函数，并且它满足收敛定理的条件，将 $F(z)$ 展开成傅里叶级数

$$F(z) = \frac{a_0}{2} + \sum_{n=1}^{\infty} (a_n \cos nz + b_n \sin nz)$$

其中

$$a_n = \frac{1}{\pi} \int_{-\pi}^{\pi} F(z) \cos nz dz, b_n = \frac{1}{\pi} \int_{-\pi}^{\pi} F(z) \sin nz dz$$

在以上式子中，令 $z = \frac{\pi x}{l}$，并注意到 $F(z) = f(x)$，于是有

$$f(x) = \frac{a_0}{2} + \sum_{n=1}^{\infty} \left(a_n \cos \frac{n\pi x}{l} + b_n \sin \frac{n\pi x}{l}\right)$$

而且

$$a_n = \frac{1}{l} \int_{-l}^{l} f(x) \cos \frac{n\pi x}{l} dx, b_n = \frac{1}{l} \int_{-l}^{l} f(x) \sin \frac{n\pi x}{l} dx$$

类似地，可证明定理的其余部分.

例7 设 $f(x)$ 是周期为 4 的周期函数，它在 $[-2,2)$ 上的表达式为

$$f(x) = \begin{cases} 0 & -2 \leqslant x < 0 \\ k & 0 \leqslant x < 2 \end{cases}$$

其中，常数 $k \neq 0$，将其展成傅里叶级数.

解 这里 $l = 2$，满足收敛定理条件，根据式(12.28)有

$$a_0 = \frac{1}{2} \int_{-2}^{0} 0 dx + \frac{1}{2} \int_0^2 k dx = k$$

$$a_n = \frac{1}{2} \int_0^2 k \cdot \cos \frac{n\pi}{2} x dx = 0 \qquad (n = 1,2,\cdots)$$

$$b_n = \frac{1}{2} \int_0^2 k \cdot \sin \frac{n\pi}{2} x dx = \frac{k}{n\pi}(1 - \cos n\pi)$$

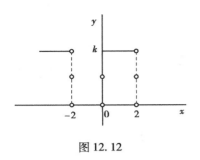

图 12.12

$$= \begin{cases} \dfrac{2k}{n\pi} & n = 1,3,5,\cdots \\ 0 & n = 2,4,6,\cdots \end{cases}$$

函数的傅里叶展开式为

$$f(x) = \frac{k}{2} + \frac{2k}{\pi}\left(\sin\frac{\pi x}{2} + \frac{1}{3}\sin\frac{3\pi x}{2} + \frac{1}{5}\sin\frac{5\pi x}{2} + \cdots \right)$$

$$(-\infty < x < +\infty; x \neq 0, \pm 2, \pm 4, \cdots)$$

函数 $f(x)$ 的傅里叶级数的和函数如图 12.12 所示.

例8 将函数

$$M(x) = \begin{cases} \dfrac{px}{2} & 0 \leq x < \dfrac{l}{2} \\ \dfrac{p(l-x)}{2} & \dfrac{l}{2} \leq x \leq l \end{cases}$$

展开成正弦级数.

解 对 $M(x)$ 进行奇延拓,则延拓所得的函数满足收敛定理的条件

$$a_n = 0 \qquad (n = 0, 1, 2, \cdots)$$

$$b_n = \frac{2}{l}\int_0^l M(x)\sin\frac{n\pi x}{l}\mathrm{d}x = \frac{2}{l}\Big[\int_0^{\frac{l}{2}} \frac{px}{2}\sin\frac{n\pi x}{l}\mathrm{d}x + \int_{\frac{l}{2}}^l \frac{p(l-x)}{2}\sin\frac{n\pi x}{l}\mathrm{d}x \Big]$$

对上式右边的第二项,令 $t = l - x$,则

$$b_n = \frac{2}{l}\Big[\int_0^{\frac{l}{2}} \frac{px}{2}\sin\frac{n\pi x}{l}\mathrm{d}x + \int_{\frac{l}{2}}^0 \frac{pt}{2}\sin\frac{n\pi(l-t)}{l}(-\mathrm{d}t) \Big]$$

$$= \frac{2}{l}\Big[\int_0^{\frac{l}{2}} \frac{px}{2}\sin\frac{n\pi x}{l}\mathrm{d}x + (-1)^{n+1}\int_0^{\frac{l}{2}} \frac{pt}{2}\sin\frac{n\pi t}{l}\mathrm{d}t \Big]$$

当 $n = 2k(k \in \mathbf{N})$ 时,$b_{2k} = 0$;

当 $n = 2k - 1(k \in \mathbf{N})$ 时,

$$b_{2k-1} = \frac{2p}{l}\int_0^{\frac{l}{2}} x\sin\frac{2k-1}{l}\pi x\mathrm{d}x = \frac{2pl}{(2k-1)^2\pi^2}\sin\frac{2k-1}{2}\pi = \frac{(-1)^{k-1}2pl}{(2k-1)^2\pi^2}$$

于是函数 $f(x)$ 的傅里叶展开式为

$$M(x) = \frac{2pl}{\pi^2}\Big(\sin\frac{\pi x}{l} - \frac{1}{3^2}\sin\frac{3\pi x}{l} + \frac{1}{5^2}\sin\frac{5\pi x}{l} - \cdots \Big) \qquad (0 \leq x \leq l)$$

例9 将函数 $f(x) = 10 - x$ $(5 < x < 10)$ 展开成傅里叶级数.

解 作变量代换 $z = x - 10$,将 $5 < x < 10$ 化为 $-5 < z < 5$,则

$$f(x) = f(z + 10) = -z = F(z)$$

$$F(z) = -z \qquad (-5 < z < 5)$$

令 $F(-5) = 5$,然后将 $F(z)$ 作周期延拓 $(T = 10)$,延拓以后的函数如图 12.13 所示.

周期延拓后的函数满足收敛定理条件,且在区间 $(-5, 5)$ 内收敛于 $F(z)$,则

$$a_n = 0 \qquad (n = 0, 1, 2, \cdots)$$

$$b_n = \frac{2}{5}\int_0^5 (-z)\sin\frac{n\pi z}{5}\mathrm{d}z = (-1)^n\frac{10}{n\pi} \qquad (n = 1, 2, \cdots)$$

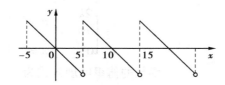

图 12.13

$$F(z) = \frac{10}{\pi} \sum_{n=1}^{\infty} \frac{(-1)^n}{n} \sin \frac{n\pi z}{5} \quad (-5 < z < 5)$$

$$10 - x = \frac{10}{\pi} \sum_{n=1}^{\infty} \frac{(-1)^n}{n} \sin\left[\frac{n\pi}{5}(x-10)\right] = \frac{10}{\pi} \sum_{n=1}^{\infty} \frac{(-1)^n}{n} \sin \frac{n\pi}{5}x \quad (5 < x < 15)$$

习题 12.6

1. 填空题：

(1) 设 $\frac{a_0}{2} + \sum_{n=1}^{\infty} (a_n \cos nx + b_n \sin nx)$ 为函数 $f(x) = \pi x + x^2 (-\pi \leqslant x < \pi)$ 的傅里叶级数，则系数 $a_3 = $_____；

(2) 设 $f(x) = \begin{cases} 2 & -\pi < x \leqslant 0 \\ x^3 & 0 < x \leqslant \pi \end{cases}$ 是以 2π 为周期的周期函数，则 $f(x)$ 的傅里叶级数在 $x = \pi$ 处收敛于_____；

(3) 设 $f(x)$ 在 $[0,l]$ 上连续，在 $(0,l)$ 内有 $f(x) = \sum_{n=1}^{\infty} b_n \sin \frac{n\pi}{l}x$，则 b_n 的计算公式为_____，此时 $f(x)$ 的周期为_____；

(4) 若将 $f(x) = \begin{cases} 1 & 0 \leqslant x \leqslant \frac{\pi}{2} \\ 0 & \frac{\pi}{2} < x \leqslant \pi \end{cases}$ 展开为正弦级数，则此级数在 $x = \frac{\pi}{4}$ 处收敛于_____，此级数在 $x = \frac{\pi}{2}$ 处收敛于_____.

2. 设 $f(x) = 3x^2 + 1 (-\pi \leqslant x < \pi)$ 是以 2π 为周期的周期函数，将 $f(x)$ 展开为傅里叶级数.

3. 将 $f(x) = \begin{cases} 0 & -\pi < x \leqslant 0 \\ \pi - x & 0 < x \leqslant \pi \end{cases}$ 展开成以 2π 为周期的傅里叶级数.

4. 设函数 $f(x) = \begin{cases} -1 & -\pi < x < 0 \\ 0 & x = 0 \\ 1 & 0 < x \leqslant \pi \end{cases}$

(1) 作出 $f(x)$ 的图形；

(2) 在区间 $(-\pi, \pi)$ 内将 $f(x)$ 展开成傅里叶级数，并作出级数的和函数的图形；

(3) 利用(2)的展开式，求级数 $\sum_{n=1}^{\infty} \frac{(-1)^{n-1}}{2n-1}$ 的和.

5. 将 $f(x) = \dfrac{\pi}{2} - x (0 \le x \le \pi)$ 展开成正弦级数.

6. 将函数 $f(x) = \cos \dfrac{x}{2} (-\pi \le x \le \pi)$ 展开成傅里叶级数.

7. 将 $f(x) = \dfrac{\pi - x}{2} (0 \le x \le \pi)$ 分别展开成正弦级数和余弦级数, 并计算 $\displaystyle\sum_{n=1}^{\infty} \dfrac{1}{(2n-1)^2}$ 的值.

8. 将 $f(x) = \begin{cases} 2x + 1 & -3 \le x < 0 \\ 1 & 0 \le x < 3 \end{cases}$ 展开成傅里叶级数.

9. 设 $f(x) = \begin{cases} 0 & 1 \le |x| \le 4 \\ A & |x| \le 1 \end{cases}$, 写出 $f(x)$ 以 8 为周期的傅里叶级数的和函数 $s(x)$ 在 $[-4, 4]$ 上的表达式.

10. 将函数 $f(x) = x^2 \quad (0 \le x \le 2)$ 展开成傅里叶级数.

不同正弦波的叠加　　　数学家泰勒　　　数学家傅里叶

总习题 12

1. 填空题:

(1) 设幂级数 $\displaystyle\sum_{n=0}^{\infty} a_n x^n$ 的收敛半径为 3, 则幂级数 $\displaystyle\sum_{n=1}^{\infty} n a_n (x-1)^{n-1}$ 的收敛区间为_____;

(2) 幂级数 $\displaystyle\sum_{n=1}^{\infty} \dfrac{x^n}{(n+1)2^n}$ 的收敛区间是_____;

(3) 幂级数 $\displaystyle\sum_{n=1}^{\infty} \dfrac{(x-2)^{2n}}{n 4^n}$ 的收敛域为_____;

(4) 若幂级数 $\displaystyle\sum_{n=0}^{\infty} a_n (x-b)^n$ 在 $x=0$ 处收敛, 在 $x=2b$ 处发散, 则幂级数 $\displaystyle\sum_{n=0}^{\infty} a_n x^n$ 的收敛半径为_____;

(5) 若级数 $\displaystyle\sum_{n=1}^{\infty} (a_n + 2)^2$ 收敛, 则 $\displaystyle\lim_{n \to \infty} a_n$ _____;

(6) 设 $f(x) = \begin{cases} 2 & -1 < x \le 0 \\ x^3 & 0 < x \le 1 \end{cases}$, 则其以 2 为周期的傅里叶级数在 $x=1$ 处收敛于_____;

（7）设 $f(x) = \begin{cases} x & 0 \leq x \leq \dfrac{1}{2} \\ 2 - 2x & \dfrac{1}{2} < x < 1 \end{cases}$ 的傅里叶级数展开式为 $f(x) = \dfrac{a_0}{2} + \sum\limits_{n=1}^{\infty} a_n \cos n\pi x$ ，其

中，$a_n = 2\int_0^1 f(x)\cos n\pi x \mathrm{d}x$ ，则 $s\left(-\dfrac{11}{2}\right) = $ _____；

（8）设 $f(x)$ 是定义在 $(-\infty, +\infty)$ 内的周期函数，周期 $T = 2\pi$ ，且 $f(x) = \pi x + x^2$

$(-\pi < x \leq \pi)$ ，其傅里叶级数为 $\dfrac{a_0}{2} + \sum\limits_{n=1}^{\infty} (a_n \cos nx + b_n \sin nx)$ ，则系数 $b_3 = $ _____.

2. 选择题：

（1）设 $0 \leq a_n < \dfrac{1}{n}(n = 1, 2, 3, \cdots)$ ，则下列级数中一定收敛的是（　　　　）.

    A. $\sum\limits_{n=1}^{\infty} \sqrt{a_n}$ B. $\sum\limits_{n=1}^{\infty} a_n$ C. $\sum\limits_{n=1}^{\infty} (-1)^n a_n$ D. $\sum\limits_{n=1}^{\infty} (-1)^n a_n^2$

（2）若级数 $\sum\limits_{n=1}^{\infty} a_n (a_n \geq 0, n = 1, 2, 3, \cdots)$ 收敛，则（　　　　）.

    A. $\sum\limits_{n=1}^{\infty} a_n^2$ 发散   B. $\sum\limits_{n=1}^{\infty} \dfrac{\sqrt{a_n}}{n}$ 收敛   C. $\sum\limits_{n=1}^{\infty} \dfrac{a_n}{1 + a_n}$ 发散   D. $\sum\limits_{n=1}^{\infty} \dfrac{a_n}{\sqrt{n}}$ 发散

（3）设常数 $\lambda > 0$ ，则级数 $\sum\limits_{n=1}^{\infty} (-1)^n \dfrac{\lambda + n}{n^2}$ （　　　　）.

    A. 绝对收敛   B. 条件收敛

    C. 发散   D. 敛散性与 λ 有关

（4）设常数 $a > 0$ ，则级数 $\sum\limits_{n=1}^{\infty} (-1)^n \left(1 - \cos \dfrac{a}{n}\right)$ （　　　　）.

    A. 发散   B. 条件收敛

    C. 绝对收敛   D. 收敛性与 a 的取值有关

（5）若级数 $\sum\limits_{n=1}^{\infty} a_n$ 收敛，$\lim\limits_{n\to\infty} b_n = 1$ ，则 $\sum\limits_{n=1}^{\infty} a_n b_n$ （　　　　）.

    A. 绝对收敛   B. 条件收敛

    C. 一定发散   D. 可能收敛，也可能发散

（6）设函数 $f(x) = x^2 (0 \leq x \leq 1)$ ，而 $s(x) = \sum\limits_{n=1}^{\infty} b_n \sin n\pi x (-\infty < x < +\infty)$ ，其中，

$b_n = 2\int_0^1 f(x)\sin n\pi x \mathrm{d}x (n = 1, 2, \cdots)$ ，则 $s\left(-\dfrac{1}{2}\right)$ 等于（　　　　）.

    A. $-\dfrac{1}{2}$ B. $-\dfrac{1}{4}$ C. $\dfrac{1}{4}$ D. $\dfrac{1}{2}$

（7）若 $\sum\limits_{n=1}^{\infty} a_n (x - 1)^2$ 在 $x = -1$ 收敛，则此级数在 $x = 2$ 处（　　　　）.

    A. 条件收敛   B. 绝对收敛   C. 发散   D. 收敛性不能确定

（8）设级数 $\sum\limits_{n=1}^{\infty} u_n$ 收敛，则下列级数一定收敛是（　　　　）.

A. $\sum_{n=1}^{\infty} (-1)^n \frac{u_n}{n}$ B. $\sum_{n=1}^{\infty} u_n^2$ C. $\sum_{n=1}^{\infty} (u_{2n-1} - u_{2n})$ D. $\sum_{n=1}^{\infty} (u_n + u_{n+1})$

（9）设 $f(x) = \begin{cases} 2x & -\pi \leqslant x \leqslant 0 \\ 4x & 0 < x \leqslant \pi \end{cases}$，将 $f(x)$ 作周期延拓，则展开所得傅里叶级数在 $x = \pi$ 处收敛于（　　）.

A. 2π B. 4π C. π D. 0

（10）幂级数 $\sum_{n=1}^{\infty} (-1)^n \frac{(x-3)^n}{2n \cdot 2^n}$ 的收敛域为（　　）.

A. $(1,5)$ B. $(1,5]$ C. $[1,5)$ D. $[1,5]$

3. 判别下列级数的敛散性：

（1）$\sum_{n=1}^{\infty} \frac{6^n}{7^n - 5^n}$ ；   （2）$\sum_{n=2}^{\infty} \frac{1}{\sqrt[n]{\ln n}}$ ；

（3）$\sum_{n=1}^{\infty} \frac{1! + 2! + \cdots + n!}{(2n)!}$ ；   （4）$\sum_{n=1}^{\infty} \frac{a^n n!}{n^n} (a > 0)$ ；

（5）$\sum_{n=1}^{\infty} \frac{n}{e^n - 1}$ ；   （6）$\sum_{n=1}^{\infty} \ln \frac{n-1}{n+1}$.

4. 讨论下列级数的收敛性，若收敛，指出是条件收敛或绝对收敛：

（1）$\sum_{n=1}^{\infty} \frac{(-1)^n \ln\left(1 + \frac{1}{n}\right)}{\sqrt{(3n-2)(3n+1)}}$ ；   （2）$\sum_{n=1}^{\infty} (-1)^n \frac{(n+1)!}{n^{n+1}}$.

5. 判定级数 $\sum_{n=1}^{\infty} \frac{a^n}{n^s}$（$a$ 是常数，$a > 0, s > 0$）的敛散性.

6. 求幂级数 $\sum_{n=1}^{\infty} \frac{n}{2^n + (-3)^n} x^{2n-1}$ 的收敛区间（不讨论端点处的敛散性）.

7. 设数列 $\{a_n\}$ 单调减小，且 $a_n > 0$（$n = 1, 2, \cdots$），又级数 $\sum_{n=1}^{\infty} (-1)^n a_n$ 发散，证明：级数 $\sum_{n=1}^{\infty} \left(\frac{1}{1 + a_n}\right)^n$ 收敛.

8. 求下列幂级数的收敛区间与和函数：

（1）$\sum_{n=1}^{\infty} n(x-1)^{n-1}$ ；   （2）$\sum_{n=0}^{\infty} \frac{n^2+1}{3^n n!} x^n$ ；

（3）$\sum_{n=1}^{\infty} \frac{x^n}{n \cdot 4^n}$ ；   （4）$\sum_{n=1}^{\infty} n^2 x^{n-1}$.

9. 求下列级数的和：

（1）$\sum_{n=1}^{\infty} \frac{2n-1}{2^n}$ ；   （2）$\sum_{n=2}^{\infty} \frac{(n+1)(n+2)}{n!}$ ；

（3）$\sum_{n=1}^{\infty} n\left(-\frac{1}{3}\right)^{n-1}$ ；   （4）$\sum_{n=0}^{\infty} \frac{2n+1}{n!}$.

10. 求极限 $\lim_{n \to \infty} \left[2^{\frac{1}{3}} \cdot 4^{\frac{1}{9}} \cdot 8^{\frac{1}{27}} \cdots \cdots (2^n)^{\frac{1}{3^n}} \right]$.

11. 将函数 $f(x) = x \arctan x - \ln\sqrt{1+x^2}$ 展为 x 的幂级数，并写出收敛区间.

12. 求幂级数 $\sum\limits_{n=1}^{\infty} \dfrac{1}{3^n + (-2)^n} \dfrac{x^n}{n}$ 的收敛区间，并讨论端点处的收敛性.

13. 已知 $f(x)$ 是周期函数，又

$$f(x) = \begin{cases} x & 0 < x < 1 \\ 0 & 1 < x < 2 \end{cases}, \quad f(x) = f(x+2)$$

试求其傅里叶级数，并利用此结果证明等式：$1 + \dfrac{1}{3^2} + \dfrac{1}{5^2} + \dfrac{1}{7^2} + \cdots = \dfrac{\pi^2}{8}$.

14. 将 $f(x) = \begin{cases} 2x+1 & -3 \leqslant x < 0 \\ 1 & 0 \leqslant x < 3 \end{cases}$ 展开成傅里叶级数.

部分习题
答案

（1）柱面（A）：$y = x^3$

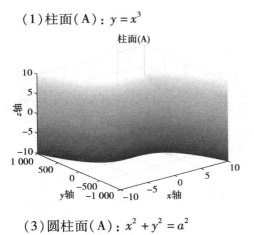

（2）柱面（B）：$z = x^3$

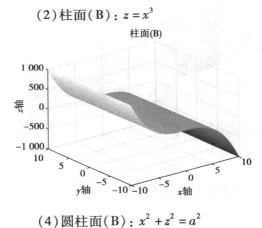

（3）圆柱面（A）：$x^2 + y^2 = a^2$

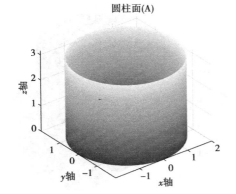

（4）圆柱面（B）：$x^2 + z^2 = a^2$

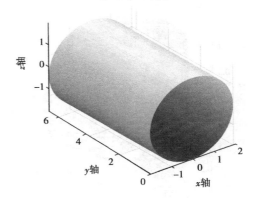

（5）椭圆柱面（A）：$\dfrac{x^2}{a^2} + \dfrac{y^2}{b^2} = 1$

（6）椭圆柱面（B）：$\dfrac{x^2}{a^2} + \dfrac{z^2}{b^2} = 1$

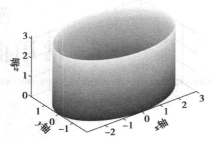

椭圆柱面(A)

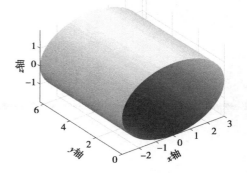

椭圆柱面(B)

（7）双曲柱面：$\dfrac{x^2}{a^2} - \dfrac{y^2}{b^2} = 1$

（8）抛物柱面：$x = y^2$

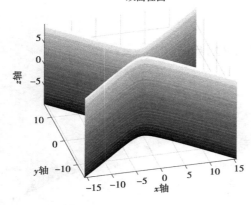

双曲柱面

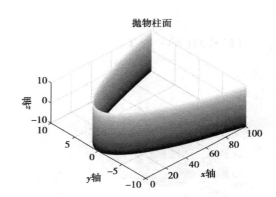

抛物柱面

（9）两柱面相交例（A）：$\begin{cases} x^2 + y^2 = a^2 \\ y^2 + z^2 = a^2 \end{cases}$

（10）两柱面相交例（B）：$\begin{cases} x^2 + y^2 = a^2 \\ x^2 + z^2 = a^2 \end{cases}$

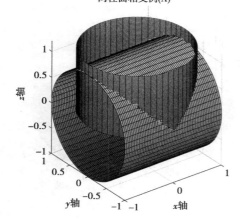

两柱面相交例(A)

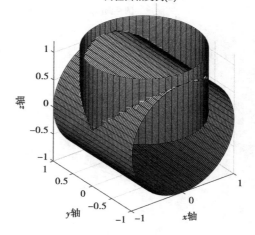

两柱面相交例(B)

（11）椭球面：$\left(\dfrac{x}{a}\right)^2 + \left(\dfrac{y}{b}\right)^2 + \left(\dfrac{z}{c}\right)^2 = 1$　　　　（12）椭圆抛物面：$z = \left(\dfrac{x}{a}\right)^2 + \left(\dfrac{y}{b}\right)^2$

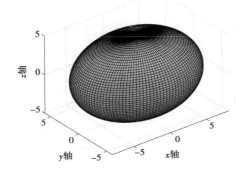

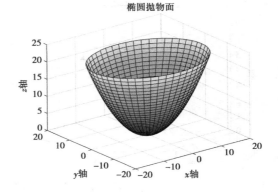

（13）球面（A）：$x^2 + y^2 + z^2 = R^2$　　（14）球面（B）：$(x-a)^2 + (y-b)^2 + (z-c)^2 = R^2$

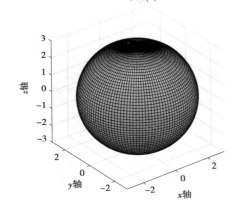

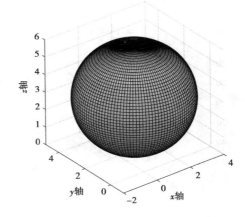

（15）旋转曲面：$z = 1 + x^2 + y^2$　　　　（16）双曲抛物面（马鞍面）：$z = \dfrac{x^2}{a^2} - \dfrac{y^2}{b^2}$

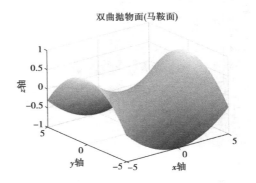

（17）椭圆锥面：$z^2 = \dfrac{x^2}{a^2} + \dfrac{y^2}{b^2}$

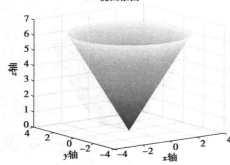

椭圆锥面

（18）单叶双曲面：$\left(\dfrac{x}{a}\right)^2 + \left(\dfrac{y}{b}\right)^2 - \left(\dfrac{z}{c}\right)^2 = 1$

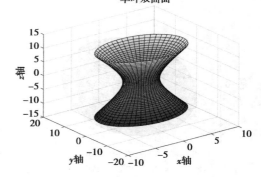

单叶双曲面

（19）双叶双曲面：$\left(\dfrac{z}{c}\right)^2 - \left(\dfrac{x}{a}\right)^2 - \left(\dfrac{y}{b}\right)^2 = 1$

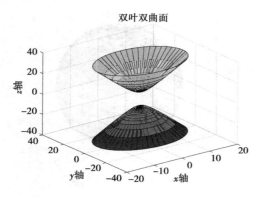

双叶双曲面

（20）旋转抛物面：$z = \dfrac{x^2}{4} + \dfrac{y^2}{4}$

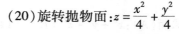
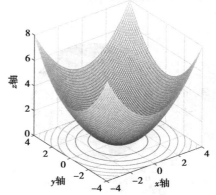

旋转抛物面

（21）二次锥面：$\dfrac{x^2}{a^2} + \dfrac{y^2}{b^2} - \dfrac{z^2}{c^2} = 0$

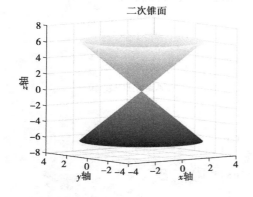

二次锥面

参考文献

［1］同济大学数学系.高等数学:下册［M］.7 版.北京:高等教育出版社,2014.

［2］朱士信,唐烁.高等数学:下［M］.北京:高等教育出版社,2014.

［3］同济大学应用数学系.微积分:下册［M］.北京:高等教育出版社,2002.

［4］王绵森,马知恩.工科数学分析基础:下册［M］.3 版.北京:高等教育出版社,2016.

［5］李忠,周建莹.高等数学:下册［M］.2 版.北京:北京大学出版社,2009.

［6］复旦大学数学系.数学分析:下册［M］.3 版.北京:高等教育出版社,2007.

［7］齐民友.重温微积分［M］.北京:高等教育出版社,2004.

［8］莫里斯・克莱因.古今数学思想:全三册［M］.张理京,张锦炎,江泽涵,等,译.上海:上海
科学技术出版社,2013.

［9］吴赣昌.高等数学:下册,理工类［M］.4 版.北京:中国人民大学出版社,2011.

［10］吴赣昌.高等数学(下册)学习辅导与习题解答［M］.北京:中国人民大学出版社,2012.

［11］李心灿.高等数学应用 205 例［M］.北京:高等教育出版社,1997.

［12］欧阳光中,朱学炎,金福临,等.数学分析:下册［M］.3 版.北京:高等教育出版社,2013.

［13］陈殿友.2015 全国硕士研究生入学考试辅导教材:数学［M］.北京:清华大学出版社,
2014.